Christiane Gräff | Silke Meermann

OSTEOPATHIE
BEI HUNDEN

3., aktualisierte und erweiterte Auflage mit bewährten und neuen Methoden

Christiane Gräff | Silke Meermann

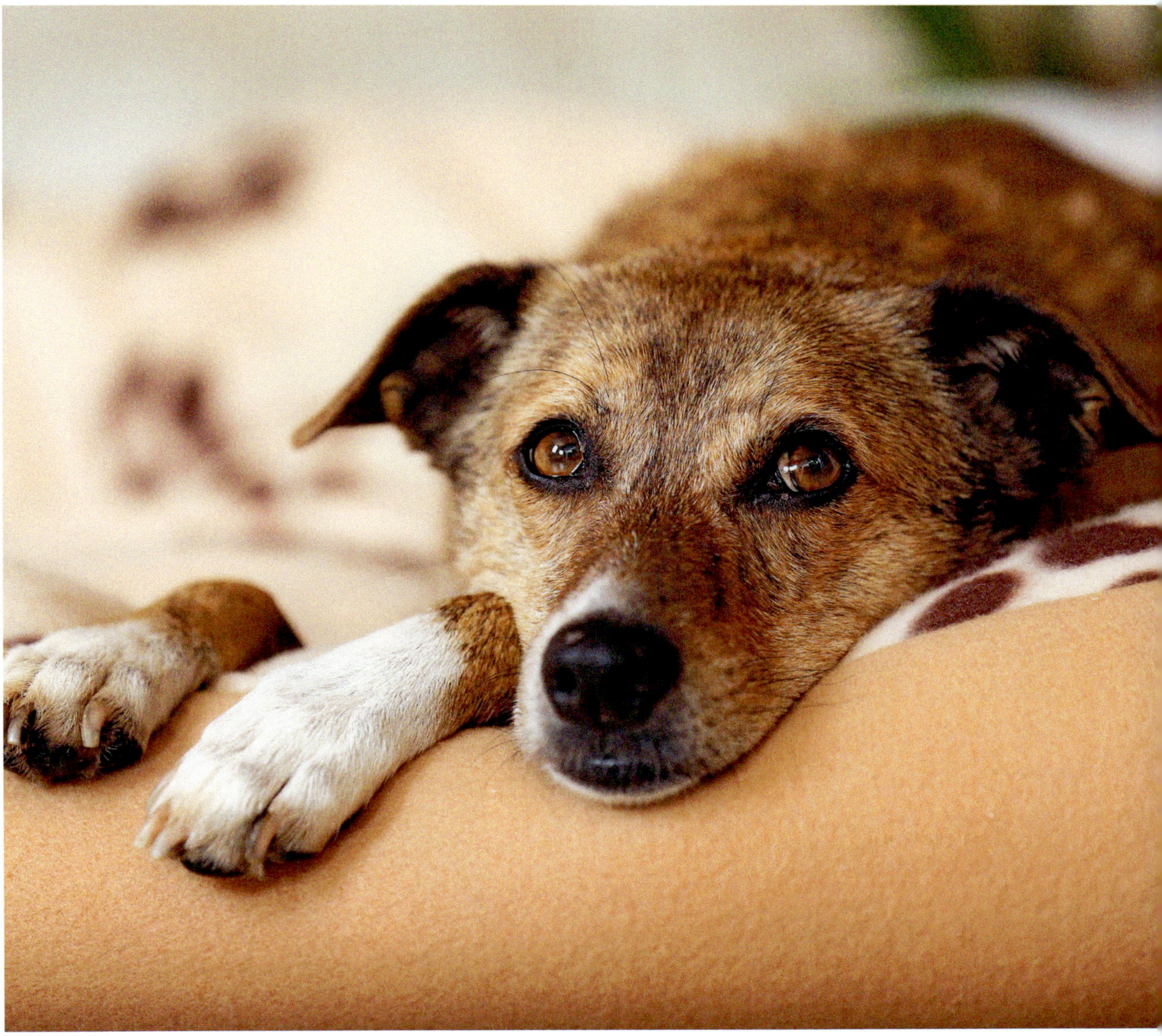

OSTEOPATHIE
BEI HUNDEN

3., aktualisierte und erweiterte Auflage mit bewährten und neuen Methoden

INHALT

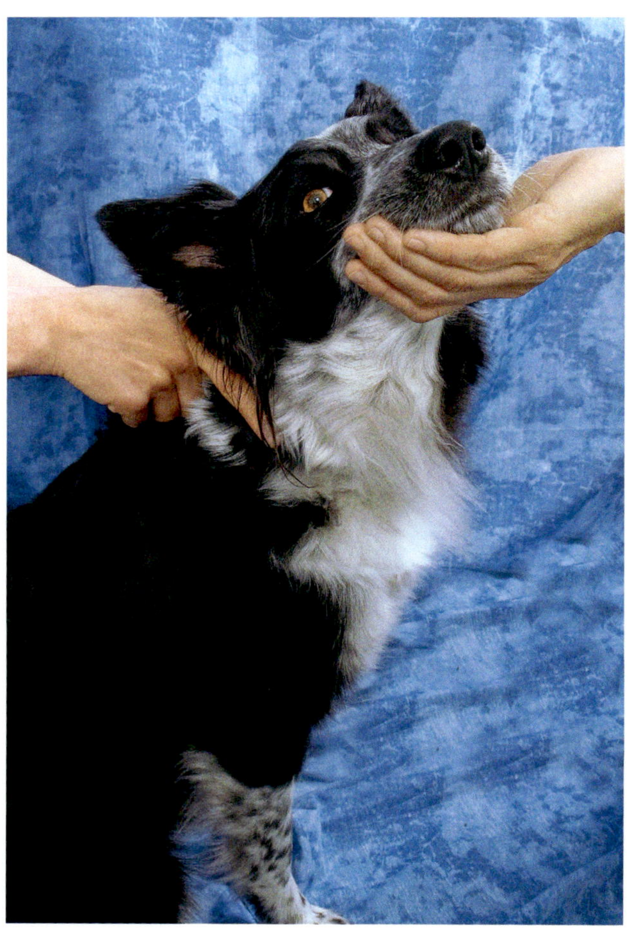

Schädel und Kreuzbein

KRANIOSAKRALE THERAPIE 183

Patienten

BEHANDLUNGSABLAUF 209

Darüber hinaus

ERGÄNZENDE MASSNAHMEN 213

Wissenswertes

SERVICE 227

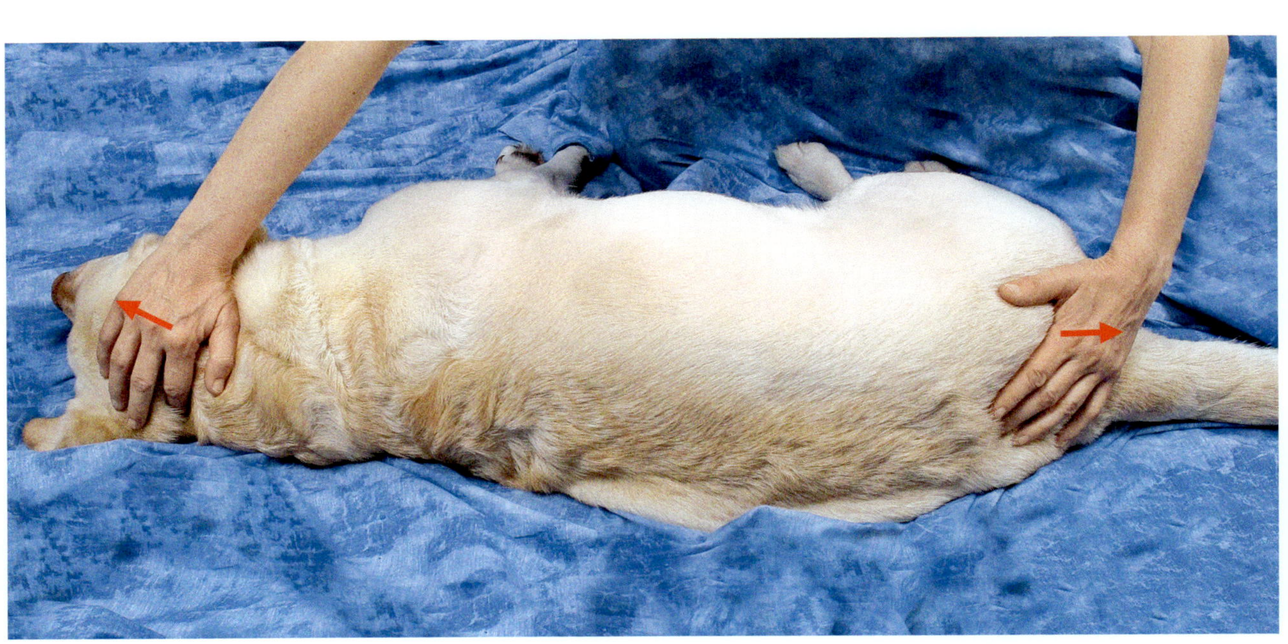

VORWORT ZUR 1. AUFLAGE

Während es bereits zahlreiche Lehrbücher zu Therapieformen wie Osteopathie, Chiropraktik und Kraniosakrale Therapie beim Menschen und beim Pferd gibt, wurden die Prinzipien der Osteopathie erst in den letzten Jahren auf den Hund übertragen. Das zunehmende Seminar- und Weiterbildungsangebot für Tierärzte und Physiotherapeuten in den Bereichen Osteopathie und Chiropraktik beim Kleintier zeigt jedoch, dass von medizinischer Seite her Interesse an diesen Therapieformen besteht. Die zunehmende Nachfrage nach **integrativen Behandlungsmöglichkeiten** bei Erkrankungen des Bewegungsapparates des Hundes spiegelt sich auch in den zahlreichen in den letzten Jahren erschienenen Lehrbüchern zum Thema Physiotherapie beim Kleintier wider. Durch positive Erfahrungen „am eigenen Leibe" erkundigen sich auch mehr und mehr Hundebesitzer nach den entsprechenden Behandlungsmöglichkeiten für ihr Tier.

Dieses Buch richtet sich in erster Linie an Tierärzte, die eine qualifizierte Weiterbildung im Bereich der Osteopathie beim Kleintier anstreben, um ihnen die theoretischen Grundlagen dieser Therapieform nahe zu bringen. Darüber hinaus werden Therapeuten angesprochen, die bereits eine osteopathische (oder verwandte) Ausbildung haben, bisher aber ausschließlich am Menschen oder am Pferd arbeiten und ihr Spektrum durch eine Ausbildung im Bereich der Hundeosteopathie erweitern möchten; für sie werden die Grundlagen der Anatomie und der Biomechanik des Hundes erläutert, die unbedingte Voraussetzung für die Anwendung osteopathischer Techniken am Hund sind. Als dritte Gruppe werden Tierphysiotherapeuten adressiert, die bereits mit Hunden arbeiten und die nun durch eine osteopathische Ausbildung diese Techniken mit in ihr Therapieangebot aufnehmen möchten.

Für alle Zielgruppen gilt, dass das Buch eine gründliche und praxisorientierte Weiterbildung weder ersetzen kann noch will, sondern vielmehr das Studium in diesen Bereichen durch eine fundierte Darstellung des theoretischen Hintergrundes erleichtern möchte. Die Techniken der Osteopathie sind nicht im Selbststudium erlernbar: Wer sich ohne eine entsprechende Ausbildung und Erfahrung ans Tier begibt, wird ihm mehr Schaden zufügen als Nutzen. Hiervor sei ausdrücklich gewarnt – aus Tierschutz- und aus haftungsrechtlichen Gründen!

Im ersten Teil des Buches werden die **geschichtlichen Hintergründe** der Osteopathie beleuchtet und verwandte Therapieformen wie Chiropraktik und Manuelle Therapie vorgestellt. Die physiologischen und pathophysiologischen Grundlagen, die bei der Entstehung osteopathischer Läsionen sowie bei der Untersuchung und Behandlung eine Rolle spielen, werden im Hinblick auf die praktische Relevanz erläutert. Der sich anschließende **Praxisteil** ist nach Körperregionen gegliedert: Für jede Region erfolgt zunächst eine Darstellung der funktionellen Anatomie, aus der sich die entsprechende Biomechanik ableitet. Anschließend werden die Symptome der jeweiligen Dysfunktion beschrieben und verschiedene Untersuchungs- und Behandlungsmöglichkeiten dargestellt. Zudem werden die besonderen Belastungsmomente wie beispielsweise in bestimmten Hundesportarten für die jeweilige Körperregion herausgestellt und Anleitungen gegeben, wie diese durch gezieltes Training abgefangen werden können. Anhand von **Fallbeispielen** werden schließlich häufige Probleme aufgegriffen und mögliche Heilungsverläufe skizziert.

Um die osteopathischen Untersuchungs- und Behandlungstechniken korrekt und zum Wohle des Hundes einsetzen zu können, sind fundierte Kenntnisse in den Bereichen Anatomie, Biomechanik, Physiologie und Pathologie notwendig. Es ist nicht Ziel dieses Buches, diese Grundlagen zu vermitteln, hier sei auf die entsprechende Fachliteratur verwiesen.

Alle in diesem Buch beschriebenen Techniken wurden direkt in Anlehnung an die **Techniken aus dem Humanbereich** entwickelt und speziell auf die anatomischphysiologischen Verhältnisse beim Hund abgestimmt. Hierdurch ergeben sich zum Teil erhebliche Unterschiede gegenüber den osteopathischen Techniken, mit denen am **Pferd** gearbeitet wird: Obwohl sich sowohl Pferd als auch Hund vierbeinig fortbewegen, steht der Hund bei vielen Techniken nicht, sondern wird im Sitzen oder sogar – ähnlich wie ein Mensch – im Liegen behandelt. Anders als beim Pferd können beim Hund auch viszerale Techniken ohne Schwierigkeiten zur Anwendung kommen, da die Bauchwand des Hundes nicht nur sehr viel dünner als die des Pferdes, sondern bei der Behandlung im Liegen auch in weitgehender Entspannung zugänglich ist. Generell muss im Umgang mit Tieren beachtet werden, dass der Hund – im Gegensatz zum Fluchttier Pferd – ein Jagdraubtier ist und sich hieraus für den Therapeuten auch unterschiedliche Gefahrenmomente ergeben können. Nicht zuletzt aus diesem Grund sind theoretische und vor allem praktische Erfahrungen im allgemeinen Umgang mit Hunden Voraussetzung für eine sichere Behandlung.

In der täglichen Anwendung am Hund wurden die vom Menschen hergeleiteten Techniken aufgrund von Erfahrungen und empirischen Beobachtungen im Laufe der letzten Jahre zum Teil mehrfach abgewandelt und modifiziert. Die in diesem Buch nun beschriebenen Techniken haben sich in mehrjähriger Praxistätigkeit bewährt, erheben jedoch keinen Absolutheits- oder Vollkommenheitsanspruch.

Wenn es auch nicht Hauptanliegen dieses Buches ist, so ist es dennoch unser persönliches Anliegen dazu beizutragen, den **Dialog zwischen den Berufsgruppen** der Tierärzte und der Tierphysiotherapeuten zu intensivieren und auch zum Austausch zwischen den verschiedenen Disziplinen innerhalb dieser Gruppen – Manuelle Therapie, Osteopathie, Chiropraktik etc. – beizutragen. Nur wenn es auf Dauer gelingt, Vorbehalte abzubauen und aufeinander zu zu gehen, können alle Seiten zum Wohle der Patienten voneinander lernen.

Gerade weil die Mehrzahl der Zusatzausbildungen und Berufsbezeichnungen in den Bereichen der Osteopathie und auch Physiotherapie beim Tier staatlich bisher nicht geregelt bzw. geschützt sind, sind Vorbehalte hinsichtlich der Qualität dieser Ausbildungen nachvollziehbar. Es sollte jedoch im Interesse aller mit Tieren arbeitenden Berufsgruppen liegen, hier für die Zukunft neue Wege zu beschreiten.

Karlsdorf und Münster, im Juni 2009
Christiane Gräff
Silke Meermann

VORWORT ZUR 2. AUFLAGE

Seit Erscheinen der ersten Auflage vor acht Jahren haben sich Anatomie und Physiologie des Hundes sowie die Grundsätze osteopathischen Denkens und Be-Handelns nicht verändert. Bedeutung und Stellenwert der Osteopathie beim Hund haben sich in diesem Zeitraum jedoch sehr wohl weiterentwickelt:

So ist im Jahr 2010 ein weiteres deutschsprachiges Buch zur Kleintierosteopathie (H. Könneker/U. Reiter) erschienen und auch die Notwendigkeit einer zweiten Auflage dieses Buches spiegelt die große Nachfrage am Thema wider.

Am von Christiane Gräff geleiteten Fortbildungszentrum FBZ-vet in Karlsdorf haben mittlerweile etwa 140 Therapeuten/innen die Weiterbildungsreihe Strukturelle Canine Osteopathie (SCO) absolviert, welche sich an dem vorliegenden Buch orientiert.

Darüber hinaus existieren nun auch für Tierärzte von der Akademie für Tierärztliche Fortbildung offiziell anerkannte Fort- und Weiterbildungen im Bereich der Kleintierosteopathie, die von der ATF selbst, aber auch von anderen Gesellschaften und privaten Instituten veranstaltet werden. Mehrere Landestierärztekammern haben außerdem in jüngster Vergangenheit die Voraussetzungen geschaffen, um die Erlangung neuer Zusatzbezeichnungen in den Bereichen Manuelle Therapie, Osteopathie und Chiropraktik zu ermöglichen.

Nicht zuletzt hat sich insgesamt auch die Wahrnehmung von funktionellen Weichteilläsionen verändert: so kennt die wissenschaftliche Literatur mittlerweile Diagnosen wie die Tendopathie des M. bizeps brachii und des M. gastrocnemius, die Mediale Schulter-Instabilität und den Iliopsoas-Strain. Die Tatsache, dass Weichteilerkrankungen mehr ins Blickfeld geraten sind, stärkt auch die osteopathische Betrachtungsweise von Erkrankungen des Bewegungsapparates. Hierzu hat sicherlich auch das Interesse für die Bedeutung und Behandlung der Faszien beim Menschen beigetragen.

Darüber hinaus unterliegen die therapeutischen Fähigkeiten jedes Behandlers einer Dynamik und jeder, der osteopathische Techniken anwendet, wird diese auch für sich modifizieren und weiterentwickeln. Dabei bleiben die strukturellen Vorgaben der Anatomie, vor allem aber auch die Funktionalität stets der Maßstab, an dem sich die Behandlung orientieren und messen lassen muss. Dem tragen wir in der vorliegenden 2. Auflage Rechnung, indem die Kapitel der Myofaszialen und der Viszeralen Osteopathie um weitere Techniken ergänzt wurden.

Weiterhin unbefriedigend bleibt der Umstand, dass es keine übergreifende Regelung und somit auch keine einheitlichen Qualitätsstandards hinsichtlich osteopathischer Qualifikationen von Therapeuten für Tiere gibt, so dass wir uns für die Zukunft mehr Schutz und Anerkennung für diese Berufsgruppen wünschen. Die staatlich anerkannte, einheitliche und geschützte Weiterbildung für Tierosteopathen unterschiedlicher beruflicher Hintergründe wird jedoch auch in den nächsten Jahren Utopie bleiben.

Karlsdorf und Ascheberg im Januar 2017

VORWORT ZUR 3. AUFLAGE

Seit Erscheinen der Erstauflage im Jahr 2009 sind mittlerweile 13 Jahre vergangen; das Erscheinen der überarbeiteten 2. Auflage liegt ebenfalls bereits fünf Jahre zurück und seit dem Jahr 2020 ist unser Buch nun auch auf Spanisch erhältlich.

Am FBZ-Vet, dem von Christiane Gräff geleiteten interdisziplinären Fortbildungsinstitut, haben mittlerweile 250 Therapeutinnen und Therapeuten die Ausbildung in Struktureller Caniner Osteopathie (SCO) abgeschlossen und es haben dort zahlreiche weitere Fortbildungen zu Themen der manuellen Behandlung beim Hund stattgefunden. Im Bereich der Tierärzteschaft wurde von fast allen Landestierärztekammern die Möglichkeit geschaffen, eine bundesweit einheitliche Zusatzbezeichnung „Manuelle Therapie“, getrennt für Pferde bzw. Kleintiere, zu erlangen, auch wenn die Umsetzung teilweise noch kompliziert ist.

Dass Manuelle Therapieformen wie die Osteopathie, aber natürlich auch die Physiotherapie und die Chiropraktik in der Behandlung von Kleintieren zum Einsatz kommen, wird immer selbstverständlicher. Vor allem durch Erkenntnisse der Grundlagenforschung ist auch die Anerkennung für diese Therapieformen von Seiten der evidenzbasierten Medizin in den letzten Jahren deutlich gewachsen.

Dabei steht insbesondere das Bindegewebe im Fokus: Dieses wird nicht mehr ausschließlich über seine mechanischen Eigenschaften definiert, sondern auch als biochemisch bzw. hormonell aktives Gewebe wahrgenommen. Auch die Zusammenhänge von bindegewebigen Veränderungen, Entzündungsprozessen und der Schmerzentstehung und -Wahrnehmung werden zunehmend besser erforscht.

Die Faszien als Teil des Bindegewebes und wesentlicher Drehpunkt im Verständnis der Zusammenhänge von Bewegung, Schmerz und therapeutischem Zugang scheinen dabei von besonderer Bedeutung: Untersuchungen verschiedener Forschungsgruppen aus unterschiedlichen Blickwinkeln haben dazu beigetragen, ihre Aufgaben und Einflussmöglichkeiten besser zu verstehen.

So konnten tieranatomische Studien des Humanphysiotherapeuten Prof. Luigi Stecco und seiner Kinder Prof. Antonio und Prof. Carla Stecco als erstes zeigen, dass für Mensch und Tier generell dieselben histologischen und z.T. homologen anatomischen Voraussetzungen gelten. Prof. Vibeke Elbrønd wiederum untersuchte diese Homologien bei Pferd und Hund im Detail und verglich sie mit denen von Thomas Myers beim Menschen gefundenen myofaszialen Ketten, den sogenannten „Anatomy Trains“. Die Forschungen von Prof. Martin Fischer zur (Fort-)Bewegung des Hundes verbesserten wiederum das Verständnis für die physiologische Funktion der knöchernen, muskulären und bindegewebigen Anteile des Bewegungsapparates beim Hund.

Durch das bessere Verständnis der chemischen und immunologischen Einflussmöglichkeiten auf Entzündung und Schmerz gab es in den vergangenen fünf Jahren auch echte medikamentöse Neuerungen in der Schmerztherapie beim Hund: So steht mit den Pipranten mittlerweile eine neue Generation von schmerz- und entzündungshemmenden Wirkstoffen zur Verfügung, die ein deutlich besseres Nebenwirkungsprofil besitzen als die älteren Präparate; mit dem Wirkstoff Bedinvetmab, einem so genannten monoklonalen Antikörper, existiert darüber hinaus seit diesem Jahr erstmalig ein immunologisches Präparat zur Behandlung von Schmerzen durch Osteoarthrose beim Hund.

Trotz dieser besseren Möglichkeiten zur medikamentösen Schmerztherapie machen wir in der Praxis die Erfahrung, dass diese neuen Medikamente die wesentlich gezielter und von der anatomischen Lokalisation her spezifischer wirksamen manuellen Techniken nicht ersetzen können.

Umso mehr freuen wir uns, dass wir mit dieser neuen Auflage des Buches „Osteopathie bei Hunden“ die Möglichkeit haben, ebenfalls neue manuelle Behandlungstechniken vorzustellen, die wir in der Zwischenzeit durch die tagtägliche praktische Arbeit entwickelt haben. So wurden die Kapitel zum Thema Faszien- und Weichteiltechniken sowie zur Viszeralen Therapie um mehrere neue Techniken erweitert.

Wir freuen uns, weiter mit darauf hinzuarbeiten, dass das interdisziplinäre Verständnis besser wird und diese Form der Behandlung vielen Patienten zugänglich gemacht werden kann!

Karlsdorf und Ascheberg, im Oktober 2021
Christiane Gräff
Silke Meermann

Einführung

GRUNDLAGEN DER OSTEOPATHIE

GESCHICHTLICHER HINTERGRUND

Der Versuch von Menschen, Schmerzen durch bestimmte Behandlungen mit den Händen zu lindern, ist vermutlich so alt wie die Menschheit selbst. Erste Zeugnisse hierfür stammen aus dem indischen und asiatischen Raum und sind bereits über 4000 Jahre alt. Auch **Hippokrates** beschrieb die Behandlung geringfügiger Wirbelverschiebungen. Während in Europa im Mittelalter und durch die großen Seuchenzüge sowie zur Zeit der Hexenverfolgung das Wissen um viele Heilmethoden verloren ging, waren es zu Beginn der Neuzeit die Knochenbrecher, *Bonesetter* oder Renker, die in Europa und in Nordamerika Menschen – und zum Teil auch Tiere – mit bestimmten Handgrifftechniken behandelten. Sie hatten im heutigen Sinne keine medizinische Ausbildung und gaben ihr Wissen meist innerhalb der Familie von Generation zu Generation weiter. Ende des neunzehnten Jahrhunderts dann entwickelten sich auf dem nordamerikanischen Kontinent mehr oder weniger gleichzeitig die Osteopathie und die Chiropraktik.

Dr. Andrew Taylor Still (1828–1917) gilt als Begründer der **Osteopathie.** Er wurde als Sohn eines Methodistenpfarrers geboren und begleitete seinen Vater bei der Arbeit in einer Mission in einem Indianerreservat in Missouri, wo dieser auch die medizinische Versorgung der Reservatsbewohner übernahm. **Still** heiratete im Alter von 21 Jahren seine erste Frau, mit der er fünf Kinder hatte. Doch die Ehe war nur von kurzer Dauer, seine Frau starb 1859 und auch zwei der Kinder starben. **Still** studierte an der *Kansas School of Medicine and Surgery* und wurde im Jahr 1860 Arzt. Im selben Jahr heiratete er seine zweite Frau; ihr gemeinsames Kind starb wenige Tage nach der Geburt. 1864, kurz vor Ende des amerikanischen Bürgerkrieges starben zwei weitere Kinder **Stills** an einer Meningitis-Epidemie.

In seinem Wirken wurde **Still** maßgeblich durch seinen religiösen Hintergrund beeinflusst; so war er fasziniert von der „gottgegebenen“ Anatomie und der „Vollkommenheit der Struktur“. Außerdem hatte er durch seine Beobachtungen der Menschen im Umgang mit Alkohol sowie durch die Machtlosigkeit der damaligen Medizin gegenüber Krankheit und Tod trotz seines medizinischen Studiums ein deutliches Misstrauen gegenüber Arzneimitteln entwickelt. All dies beeinflusste ihn bei der Suche nach effektiveren Möglichkeiten, seinen Patienten zu helfen. Nach und nach entwickelte er ein medizinphilosophisches Konzept, welches sich in den Osteopathischen Prinzipien widerspiegelt. Dabei standen die **Ganzheitlichkeit**, die Behandlung ohne Arzneimittel, die Beziehung zwischen **Struktur und Form** sowie die **Aktivierung der Selbstheilungskräfte** zunächst im Vordergrund. Das Konzept der manuellen Behandlung von Bewegungseinschränkungen kam erst sehr viel später hinzu. **Still** entdeckte schließlich immer mehr Anzeichen dafür, dass viele Krankheiten erst durch Bewegungsverluste an Gelenken, Muskeln, Faszien und inneren Organen hervorgerufen werden und zum Ausbruch kommen. Nachdem er mehrere Durchfallpatienten erfolgreich über die Behandlung der Wirbelsäule behandelt und schlussgefolgert hatte, dass die Versteifung der Wirbelsäule verantwortlich war für die Fehlversorgung des Darms, gab er seinem Konzept den Namen *Osteopathy* – Osteopathie. In den folgenden Jahren entwickelte und verfeinerte **Still** sein Konzept und seine Therapien und gründete schließlich 1892 in **Kirksville, Missouri**, die erste Schule für Osteopathie.

Trotz einiger anfänglicher rechtlicher Schwierigkeiten wurden nach dem 2. Weltkrieg die Osteopathie und die Chiropraktik in den USA der allgemeinmedizinischen Ausbildung gleichgestellt: In allen Berufsgruppen schließt sich an die gleichwertige medizinische Grundausbildung ein vier- oder fünfjähriges Studium an, an dessen Ende dann der Titel M.D. (*Medical Doctor*; Allgemeinmediziner), D.O. (*Doctor of Osteopathy*) oder D.C. (*Doctor of Chiropractic*) erworben wird.

In Europa erfolgte die Gründung der *British School of Osteopathy* 1917 durch **John Martin Littlejohn** (1866–1947) in London, England. **Littlejohn** stammte aus Schottland und war ein Schüler **Stills**; er übertrug die in erster Linie anatomischen Konzepte **Stills** auf die Physiologie und trug dadurch sehr zur Weiterentwicklung der Osteopathie bei. **Still** starb im selben Jahr im Alter von 89 Jahren.

1922 erfolgte der nächste wichtige Schritt in der Osteopathie: **William Garner Sutherland** (1873–1954) entdeckte Pulsationen am Schädel, die als dritter Rhythmus neben dem Herzschlag und der Atmung unabhängig von diesen existieren. **Sutherland** bezeichnete diese Pulsationen als **Primären Respiratorischen Rhythmus** (PRM). Erst in den 1970er und 1980er Jahren jedoch kam man der Ursache für diese Bewegungen auf den Grund: Die Pulsation am Schädel wird durch eine Bewegung der Schädelknochen bedingt, die durch die abwechselnde Produktion und Resorption von *Liquor cerebrospinalis* hervorgerufen wird. Obwohl man bereits in den 1920er Jahren Mechanorezeptoren mit histologischen Methoden in den Schädelnähten nachgewiesen hatte, gelang der Nachweis dieser Bewegung erst sehr viel später – das Bewegungsausmaß liegt dabei etwa im Bereich von 1/15000 Millimeter. Auf diesen Grundlagen entwickelte **John Upledger** in den 1980er Jahren die Konzepte der Kraniosakralen Therapie. Die Konzepte der viszeralen Manipulationen schließlich kamen noch später hinzu, sie wurden 1985 von **J.P. Barral** entwickelt.

Anders als in den USA erfolgt die Osteopathie-Ausbildung in Deutschland im Humanbereich nicht an Universitäten oder Hochschulen, sondern ausschließlich an privaten Instituten. Sie steht Ärzten, Physiotherapeuten und zum Teil auch Heilpraktikern offen – die Ausübung der Osteopathie ist nach deutscher Rechtssprechung eine Heilkunde und obliegt dadurch nur Ärzten und Heilpraktikern.

In der Tiermedizin schließlich fanden die osteopathischen Techniken noch später Einzug. In den 1970er Jahren begann der französische Tierarzt **Dominique Giniaux** erstmals, Techniken aus dem Humanbereich auf das Pferd zu übertragen. Dies wurde später durch den belgischen Osteopathen und Reiter **Pascal Evrard** vervollständigt. 1997 schließlich wurde von **Beatrix Schulte Wien**, Physiotherapeutin und ebenfalls Reiterin, das Deutsche Institut für Pferdeosteopathie (DIPO), die erste Ausbildungsstätte für Pferdeosteopathie in Deutschland gegründet. Durch sie wurde auch der Begriff „Osteopath“ durch die Bezeichnung „Osteotherapeut“ ersetzt. Wie bei vielen anderen Therapieformen auch benötigte der Schritt vom Pferd zum Hund noch einmal mehrere Jahre: 2005 startete fast zeitgleich der erste Osteopathiekurs am Hund für Pferdeosteotherapeuten im DIPO, während **Christiane Gräff** den ersten Kurs in kaniner Osteopathie im 1. DAHP (1. Deutsche Ausbildungsstätten für HundePhysiotherapie) unterrichtete.

DIE OSTEOPATHISCHEN PRINZIPIEN

Dr. **Andrew Taylor Still** stellte vier Prinzipien auf, auf denen die osteopathischen Funktionsmechanismen beruhen. Diese Grundsätze stimmen zum Teil mit denen überein, die auch für andere integrative bzw. regulative Therapieformen formuliert wurden.

Der Zusammenhang zwischen Struktur und Funktion

Still formulierte den Zusammenhang zwischen Struktur und Funktion selber so: „Die Struktur bestimmt die Funktion und die Funktion formt die Struktur.“ Hieraus wird ersichtlich, dass es sich bei diesem osteopathischen Prinzip nicht um eine einfache Formel handelt, welche nur in eine Richtung gültig ist, sondern um eine komplexe Gleichung.

Diese Zusammenhänge werden so auch am Bewegungsapparat des Hundes deutlich: Die Ausbildung der Muskelfortsätze an den Knochen des wachsenden Tieres wird wesentlich durch Richtung und Intensität des Muskelzugs beeinflusst – hier bestimmt die Funktion (Arbeit der Muskulatur) die Form (Ausbildung des Knochens). Umgekehrt geben die Form eines Knochens und insbesondere die Form seiner Gelenkflächen die Art und den Umfang der möglichen Bewegungen vor – hier bestimmt die Form (knöcherne Form des Gelenks) die Funktion (Art und Ausmaß der Gelenkbewegung).

Die Arterielle Regel

Bereits Ende des 19. Jahrhunderts erkannte **Still**, dass eine unzureichende Durchblutung den Organismus anfällig macht gegenüber Krankheiten und beschrieb dies als Arterielle Regel. Doch erst Jahrzehnte später wurden die zugrunde liegenden Mechanismen identifiziert: Eine ausreichende arterielle Durchblutung ist nicht nur Voraussetzung für die Versorgung des Gewebes mit Glukose, Flüssigkeit und Sauerstoff; ein ungehinderter venöser Abfluss und Lymphfluss ist ebenso Voraussetzung für den Abtransport von Stoffwechselendprodukten. Dabei ist neben der Durchblutung der größeren Gefäße vor allem die **Mikrozirkulation** in den Kapillaren der Endstrombahn von Bedeutung. Minderdurchblutungen und Hypoxien führen zu einer unzureichenden Versorgung der Zellen, die dadurch ihren spezifischen Aufgaben schlechter nachkommen können; ein gestörter Flüssigkeitsabtransport kann Ödeme bedingen. Durch weitere Mechanismen wie pH-Wert-Verschiebungen wird Entzündungen und chronisch-fibrotischen Veränderungen Vorschub geleistet. Auch die Immunabwehr des Körpers ist wesentlich auf eine funktionierende Durchblutung angewiesen, da nur so die Leukozyten ins Gewebe gelangen können. Durch eine gestörte Mikrozirkulation wird das Gewebe letztendlich angreifbar für pathogene Noxen wie virale oder bakterielle Erreger; auch mechanischen Belastungen kann das geschwächte Gewebe schlechter standhalten.

Bei den Untersuchungs- und Behandlungstechniken der Wirbelsäule spielt darüber hinaus die *Arteria vertebralis* eine besondere Rolle, da sie zum einen im Bereich der oberen Halswirbelsäule exponiert verläuft und bei nicht *lege artes* durchgeführten Techniken (insbesondere Manipulationstechniken) beschädigt werden kann (beim Menschen wird ein erhöhtes Schlaganfallrisiko nach solchen Manipulationen diskutiert). Zum anderen entsendet sie segmentale Abzweigungen, die zusammen mit den Spinalnerven aus dem *Foramen intervertebrale* austreten und die bei einer Veränderung von dessen Durchmesser unter Druck geraten, sodass es zu einer Minderdurchblutung des jeweils segmental zugeordneten Gewebes kommt.

Das Prinzip der Ganzheitlichkeit

Das Prinzip der Ganzheitlichkeit besagt im Wesentlichen, dass ein Organismus mehr ist als die Summe seiner Einzelteile und spiegelt sicherlich auch **Stills** Verhältnis zu Religion bzw. Spiritualität wider. Ein Individuum lässt sich nicht auf seine körperlichen Bausteine und seine mechanischen Funktionen beschränken, sondern wird darüber hinaus durch das bestimmt, was in Religion und Philosophie als Seele oder Geist bezeichnet wird.

Zusätzlich beinhaltet dieser Aspekt jedoch auch, dass eine Störung in einem Teil des Körpers nie auf dieses Organ oder dessen Funktion beschränkt bleibt, sondern den gesamten Körper beeinträchtigt. Ein einfaches Beispiel ist der Riss des kranialen Kreuzbandes am rechten Knie, der nicht nur zu einer Lahmheit im Bereich der rechten Hintergliedmaße führt, sondern aufgrund der Gewichtsumverteilung auch eine Überlastung des linken Vorderbeines nach sich zieht. Diese Last-Umverteilung geht auch mit veränderten, asymmetrischen Spannungen in der Muskulatur und im Fasziensystem einher, sodass es beispielsweise zu einem Hypertonus der autochtonen Rückenmuskulatur sowie zu Fehlspannungen der *Fascia thoracolumbalis* kommen kann.

Im Körper existieren drei so genannte **holistische Systeme**, die die Grundlage dieser Verbindungen darstellen. Das erste holistische System ist das Gefäßsystem (vgl. auch die Arterielle Regel); alle Körperteile und Organe stehen über das Blutgefäßsystem miteinander in Verbindung. Das zweite holistische System wird durch das Nervensystem repräsentiert, auch hier enthalten alle Organe und Körperteile Rezeptoren sowie Leitungsstrukturen, über die sie miteinander in Verbindung stehen. Das dritte holistische System ist das Faszien- oder Bindegewebssystem; alle Organe, alle Muskeln und Leitungsstrukturen werden von Bindegewebszügen umgeben und in Kompartimente geteilt. Würde man alle übrigen Gewebearten des Körpers entfernen und jeweils nur die holistischen Systeme darstellen, so erhielte man jeweils ein vollständiges Abbild des Körpers.

Das Prinzip der Ganzheitlichkeit findet nicht zuletzt bei der osteopathischen Untersuchung und Behandlung praktische Anwendung, indem der Therapeut sich niemals nur auf einen Körperteil oder ein Organ beschränkt, sondern den ganzen Körper auf Bewegungseinschränkungen und Fehlstellungen untersucht und anschließend entsprechend behandelt.

Die Aktivierung der Selbstheilungskräfte

Der osteopathisch arbeitende Therapeut begreift sich nicht als Heiler, sondern er unterstützt den Körper dabei, sich selbst zu heilen, indem er Bewegungseinschränkungen behandelt und Fehlspannungen nimmt. Dies ist ein wesentlicher Teil des Selbstverständnisses und der Grundeinstellung dem Patienten gegenüber. Ist die Anpassungsfähigkeit des Körpers überschritten, kommt es zum Ausbruch von Krankheiten. Durch die osteopathische Behandlung erhält der Körper Impulse, durch die der Selbstheilungsprozess aktiviert wird. Ist auch das Selbstheilungsvermögen erschöpft, kann die osteopathische Behandlung nur noch palliativ wirken.

Anders als ein Schulmediziner behandelt der Osteopath auch keine Krankheiten, sondern Bewegungseinschränkungen von Gelenken und Organen. Er aktiviert das Blutgefäßsystem, wodurch die Ver- und Entsorgung des Gewebes und dadurch dessen Ernährung, aber auch die Immunabwehr optimiert werden. Dabei ist es essentiell, die vorhandenen Funktionseinschränkungen nicht isoliert, sondern im Sinne der Ganzheitlichkeit zu betrachten. Entsprechend dieses Selbstverständnisses ist das Vorliegen einer schulmedizinischen Diagnose zwar hilfreich, aber nicht zwingend notwendig, da im Laufe der Befunderhebung eine oder mehrere osteopathische Diagnosen erhoben werden.

Mittlerweile ist bekannt, dass das Vorliegen somatischer Dysfunktionen zu einer Erhöhung des Sympathikotonus und damit zu einer Aktivierung des **Stress-Systems** führt. Bei chronischem Stress wird durch die Ausschüttung von Kortikosteroiden das Immunsystem suprimmiert, wodurch der Körper leichter angreifbar für Erreger und schädigende Noxen wird. Durch die Behandlung von muskulären Fehlspannungen kann der Stress-Level im Körper gesenkt werden, da es zu einem Ausgleich im Bereich der parasympathischen und sympathischen Anteile des vegetativen Nervensystems kommt. Auf diese Weise wird auch der **immunsupressive Effekt** verringert, wodurch der Körper wieder besser in der Lage ist, sich zu schützen.

Der Chiropraktiker **Goodheart** formulierte diesen Zusammenhang so, dass er das Individuum als eine **Einheit** aus Seele, Körperstruktur und chemischer Funktion beschrieb; beim Gesunden befinden sich diese drei Aspekte im Einklang. Jeder Anteil kann jedoch durch schädigende Einflüsse geschwächt werden (Seele: Schwächung durch Stress etc.; Körperstruktur: Schädigung durch Zusammenhangstrennungen, Bewegungseinschränkungen etc.; chemische Funktion: Schädigung durch Toxinwirkung, Allergene etc.), sodass sich Krankheiten manifestieren können. Umgekehrt stehen dem Therapeuten jedoch dadurch auch verschiedene Möglichkeiten zur Verfügung, das Individuum wieder ins Gleichgewicht zu bringen (Seele: energetische Behandlungsformen wie Bachblüten, homöopathische Hochpotenzen etc.; Körperstruktur: Osteopathie, Chiropraktik, Manuelle Therapie, Kraniosakrale Therapie etc.; chemische Funktion: Medikamente, spezielle Diäten, Heilkräuter etc.).

DIE OSTEOPATHISCHEN SYSTEME

In der Osteopathie werden drei Systeme unterschieden, die zu unterschiedlichen Zeitpunkten entdeckt und beschrieben wurden, jedoch untereinander in Verbindung stehen.

Das Parietale System

Diese Bezeichnung leitet sich vom lateinischen Wort *paries*, Wand, ab und bezeichnet die Körperwand im weitesten Sinne: Hierzu wird der gesamte Bewegungsapparat mit all seinen Knochen, Gelenken, Muskeln, Sehnen, Bändern und Nerven gezählt. Bei der Untersuchung wird in erster Linie nach Bewegungseinschränkungen bzw. so genannten Dysfunktionen gesucht. Diese werden im Anschluss gezielt behandelt. Die Osteopathie ist jedoch nicht die einzige Therapieform, in der das Parietale System behandelt wird, auch in der Manuellen Therapie und in der Chiropraktik wird mit diesem System gearbeitet. Ziel der Behandlung ist es, die **physiologische Gelenkbeweglichkeit** wieder herzustellen und dadurch muskuläre und fasziale Spannungen zu normalisieren und die Durchblutung zu verbessern.

Das Viszerale System

Das Viszerale System umfasst die inneren Organe des Körpers. Dabei stehen auch hier die Beweglichkeit und Eigenbewegung dieser Organe und nicht so sehr die Organfunktion im allgemeinmedizinischen Sinne im Vordergrund. Ähnlich wie die Muskeln des Körpers sind auch die inneren Organe von Bindegewebshüllen umgeben, die eine Verschieblichkeit gegeneinander ermöglichen. Diese ist notwendig, damit sich die Organe zum Beispiel mit dem Rhythmus der Atmung bewegen können (durch die Zwerchfellbewegung werden beispielsweise die Bauchhöhlenorgane bei der Einatmung um mehrere Zentimeter nach hinten gedrückt, während sie sich bei der Ausatmung wieder nach vorne bewegen). Die Kontaktflächen der Organe zueinander können dabei mit den Gelenkflächen der Knochen verglichen werden.

Das Viszerale System steht mit dem Parietalen System in relativ enger Verbindung, da auch die inneren Organe mit Nerven und Blutgefäßen versorgt werden, die aus dem Bereich der Wirbelsäule heranziehen. Diese Verbindung war bereits in der Traditionell-Chinesischen Medizin bekannt, wo den segmental angelegten *Shu*-Punkten des Blasenmeridians (paravertebrale Muskulatur) bestimmte innere Organe zugeordnet wurden. Diese Zuordnung kann mittlerweile durch das Phänomen der **Segmentalreflektorik** (s. S. 52f.) wissenschaftlich erklärt werden.

Das Kraniosakrale System

Das Kraniosakrale System umfasst den Schädel, *Cranium*, auf der einen Seite und das Kreuzbein, *Os sacrum*, auf der anderen Seite. Auch diejenigen Strukturen, über die diese beiden topographisch relativ weit voneinander entfernten knöchernen Gebilde miteinander in Verbindung stehen, werden zum Kraniosakralen System gezählt. Hier kommt den Hirn- und Rückenmarkshäuten, insbesondere der *Dura mater*, eine wichtige Rolle zu: Sie ist als äußere Hirnhaut im Schädelbereich eng mit dem Periost verbunden, ansonsten im Bereich der Wirbelsäule als äußere Rückenmarkshaut aber nur an der oberen Halswirbelsäule sowie mit dem *Filum terminale* am Sakrum befestigt. Da es sich bei der *Dura mater* um einen relativ derben, bindegewebigen Schlauch handelt, kann sie ähnlich wie ein **Seilzugsystem** Bewegungen aus dem Schädelbereich in den Sakralbereich übertragen und umgekehrt. Die *Dura mater* spielt physiologisch eine Rolle bei der Übertragung des Primären Respiratorischen Rhythmus, der durch die Ausdehnung und Annäherung der Schädelknochen während der Liquorproduktion und -resorption entsteht. Aber auch in der Pathologie kommt ihr eine besondere Bedeutung zu, indem sie beispielsweise Fehlspannungen, wie sie bei Dysfunktionen des Sakrums entstehen, auf den Schädel übertragen kann oder eine Störung im Primären Respiratorischen Rhythmus in die Beckenregion weiterleitet.

Auch der *Liquor cerebrospinalis* ist ein Teil des Kraniosakralen Systems; er umspült und durchfließt das Gehirn und das Rückenmark im inneren und äußeren Liquorraum und steht außerdem mit den Hirnhäuten in Verbindung. Er erfüllt sowohl biochemisch als auch mechanisch betrachtet eine Schutzfunktion für das Zentralnervensystem, indem er Stöße und chemische Veränderungen abpuffert. Die Liquorbilung in den *Plexus chorioidei* im dritten (III.) und vierten (IV.) Gehirnventrikel sowie die Liquorresorption über das venöse Blutleitersystem und über das Lymphsystem sind verantwortlich für die Entstehung des Primären Respiratorischen Rhythmus. Dieser besteht physiologischerweise aus acht bis zwölf Zyklen pro Minute und wird vermutlich über das vegetative Nervensystem reguliert.

Kraniosakrale Läsionen stehen häufig im Zusammenhang mit angeborenen oder durch Traumata erworbenen Asymmetrien im Kopfbereich; hierdurch kommt es zu Fehlspannungen an den Hirnhäuten, die über die *Dura mater* auf das Sakrum übertragen werden. Eine Asymmetrie im Bereich des Gesichtsschädels sowie eine einseitig schiefe Rutenhaltung können daher Hinweise auf kraniosakrale Dysfunktionen sein.

Auch Dysfunktionen anderer Wirbelsäulenregionen können jedoch mit kraniosakralen Läsionen im Zusammenhang stehen. Die Spinalnerven, die das Rückenmark verlassen, nehmen bei ihrem Austritt durch die *Foramina intervertebralia* eine Dura-Aussackung mit, über diese kann sich bei Vorliegen einer Dysfunktion eine Fehlspannung auf das Kraniosakrale System auswirken. Die isolierte Behandlung kraniosakraler Dysfunktionen ist daher meist nicht so effektiv wie die Behandlung im Zusammenhang mit parietalen Techniken.

Das Fasziensystem

Das Fasziensystem gilt historisch betrachtet nicht als eigenständiges osteopathisches System, wird an dieser Stelle aber kurz angesprochen, da es als ganzheitliches System alle Strukturen im Körper wie Muskeln und innere Organe, aber auch Gefäße und Nerven auf der einen Seite trennt, auf der anderen Seite aber auch miteinander verbindet und den Körper dadurch strukturiert. Es ist verantwortlich für die Weiterleitung von Druck- und Zugeffekten auch in entfernte Körperregionen; dies geschieht entlang der so genannten **Faszienketten**, die den Körper und die Gliedmaßen – ähnlich wie Muskelfunktionsketten oder die Meridiane in der Traditionellen Chinesischen Medizin – in Längsrichtung durchziehen. Zwischen diesen longitudinalen Ketten befinden sich im Körper mehrere so genannte Pufferzonen, die die Aufgabe haben, Zug- und Druckkräfte umzulenken und dadurch abzufangen. Dies sind als wichtigste Struktur das Zwerchfell, der Übergang zwischen Okziput und Atlas, der Zungenbeinapparat sowie der Schulter- und der Beckengürtel.

Die Faszien bestehen hauptsächlich aus straffem Bindegewebe, enthalten aber auch Zellen der Immunabwehr und dienen als Boten- und Informationsträger. Liegt eine Dysfunktion vor, kann das fasziale System eine Bewegungseinschränkung verursachen bzw. in entfernte Regionen übertragen. Umgekehrt können Narbenzüge oder Verklebungen des Bindegewebes ihrerseits zu einer Dysfunktion führen. Die Weiterleitung von Druck- und Zugkräften kann man sich jedoch auch therapeutisch zu Nutze machen, da die Faszien auch die Impulse der verschiedenen Behandlungstechniken weiterleiten.

OSTEOPATHISCHE LÄSION, SOMATISCHE DYSFUNKTION, VERTEBRALER SUBLUXATIONSKOMPLEX

Durch zahlreiche Begriffe und Modelle wird in den unterschiedlichen Disziplinen versucht, die Mechanismen und Vorgänge zu erklären, die zu einer Bewegungseinschränkung im Bereich der Gelenke führen.

Der Begriff **Blockade** wird dabei eher umgangssprachlich benutzt, um den Sachverhalt, dass ein Gelenk in seiner Beweglichkeit eingeschränkt, also blockiert ist, zu beschreiben.

In der Chiropraktik wird für dieses Phänomen die Bezeichnung **Vertebraler Subluxationskomplex** gewählt. Durch diese Benennung wird die besondere Bedeutung der Gelenke der Wirbelsäule gegenüber den Gliedmaßengelenken herausgestellt. Der Begriff Subluxation wird als Synonym für eine Gelenkfehlstellung verwendet. Hierbei handelt es sich jedoch nicht wie im allgemeinmedizinischen Sprachgebrauch um einen röntgenologisch darstellbaren Teilkontaktverlust der Gelenkflächen, sondern vielmehr um eine funktionelle Gelenkfehlstellung. Durch die Bezeichnung dieses Phänomens als Subluxationskomplex wird der Tatsache Rechnung getragen, dass nicht nur die Wirbel selbst beteiligt sind, sondern auch das umliegende Gewebe in seiner Funktion beeinträchtigt ist (Störung der Mikrozirkulation, Veränderungen im Bindegewebe, muskulärer Hypertonus, nervale Dysfunktion). Traditionell wird in der Chiropraktik dabei die Rolle des Nervensystems besonders herausgestellt: Bei Vorliegen eines Subluxationskomplexes kann der Spinalnerv durch veränderte Druckverhältnisse im Bereich des *Foramen intervertebrale* beeinträchtigt bzw. übererregt werden, was wiederum zu einem muskulären Hypertonus bzw. zu Koordinationsschwierigkeiten und dadurch zu Schmerzen, Fehl- und Schonhaltungen bzw. erhöhten Verletzungsrisiken führt.

In der Osteopathie wird der Begriff **Somatische Dysfunktion** gewählt, um diese Zusammenhänge zu bezeichnen. Durch das Adjektiv "somatisch" wird auf das Parietale System hingewiesen. Das Wort Dysfunktion stellt den funktionellen Charakter dieser Störung heraus und hebt ihn gegenüber den in der Schulmedizin meist diagnostizierten strukturellen Veränderungen hervor. Mit dem Begriff somatische Dysfunktion wird eine **gestörte Funktion** eines **artikulären Komplexes** bezeichnet; der Komplex umfasst dabei alle knöchernen, artikulären myofaszialen Anteile sowie die entsprechende vaskuläre, lymphatische und neuronale Versorgung.

Die ebenfalls aus dem osteopathischen Sprachgebrauch stammende Bezeichnung **Osteopathische Läsion** hingegen benennt die Störung spezifischer: Wörtlich übersetzt bedeutet Läsion zunächst nur Verletzung, die Verwendung dieses Begriffs in der Osteopathie impliziert jedoch das Vorliegen einer Bewegungseinschränkung. Wenn an einem Gelenk die Bewegung in die eine Richtung eingeschränkt ist, so wird diese als Restriktion bzw. Restriktionsrichtung bezeichnet. Die Läsionsrichtung ist in Bezug dazu die jeweils entgegengesetzte Richtung und die Läsion wird benannt, indem die Position bezeichnet wird, in der das Gelenk fixiert ist bzw. indem die freie Bewegungsrichtung angegeben wird.

Als Ursachen für solche Bewegungseinschränkungen kommen Makrotraumata mit Überdehnung der bindegewebigen und muskulären Strukturen in Frage, aber auch so genannte Mikrotraumata, die durch immer dieselben, wiederkehrenden Bewegungen oder Fehlhaltungen entstehen. Man nimmt an, dass die Bewegungseinschränkung – vor allem bei akuten Verletzungen – durch eine muskuläre Schutzspannung hervorgerufen wird und eine Ruhigstellung des betroffenen Körperteils bewirken soll, um diesen so vor weiteren schädigenden Einflüssen zu schützen. Probleme entstehen dann, wenn die Bewegungseinschränkung bestehen bleibt, obwohl der ursprünglich auslösende Faktor nicht mehr vorhanden ist. Es kommt zu einer Fehlbelastung des betroffenen Gelenks, durch die muskuläre Verspannung wird die Blutzufuhr verschlechtert und die Mikrozirkulation und die lokale Immunabwehr werden gestört, langfristig kann es so zu Entzündungen oder degenerativen Veränderungen wie Arthrosen kommen. Vor allem bei Bewegungseinschränkungen, welche durch subakute bis chronische schmerzhafte Zustände hervorgerufen werden, spielen auch **neurophysiologische Mechanismen** eine wichtige Rolle: Es kommt zu einer Dysfunktion des Nervensystems, die mit einem erhöhten Sympathikotonus einhergeht. Dadurch kommt es zu einer Veränderung der Einstellung der Mechanorezeptoren (veränderte Einstellung der Muskelspindelzellen über die Gamma-Schleife), die eine starke Anspannung der Muskulatur bewirken. Dies bleibt jedoch nicht nur lokal begrenzt, sondern führt zu einem erhöhten Muskeltonus im gesamten Körper, da durch die Sympathikus-Erregung der Stress-Level allgemein ansteigt. Über diesen Mechanismus lässt sich auch erklären, warum eine erhöhte psychische Belastung das Entstehen von Bewegungseinschränkungen begünstigt. Der muskuläre Hypertonus verschlechtert die Gewebedurchblutung, die Sympathikus-Erregung führt zusätzlich zu einer Ausschüttung von Kortikosteroiden, wodurch das Immunsystem geschwächt wird. Durch segmentale Bezüge können zudem Erkrankungen oder Störungen an den inneren Organen zu Dysfunktionen in den Gelenken der Wirbelsäule führen. Ihrerseits können Erkrankungen der inneren Organe durch Störungen in den Gelenken der Wirbelsäule hervorgerufen werden.

In der Folge findet ausgehend von einer lokalen Störung meist eine Übertragung in entfernte Körperregionen über auf- und absteigende Ketten oder so genannte **Folgeketten** statt. Zu diesen Mechanismen gehört die Umverteilung der Körperlast durch die Entlastung einer Gliedmaße, die dauerhaft gesehen zu einer Überlastung einer anderen Gliedmaße führt. Auch über das Nervensystem können Dysfunktionen in topographisch weit entfernte Regionen übertragen werden (vgl. Segmentalreflektorik). Einen weiteren Übertragungsweg stellen darüber hinaus die Körperfaszien dar.

Koordination und Propriozeption

Für die Koordination der Vorwärtsbewegung sind das Gleichgewichtssystem und das System der Propriozeptoren von Bedeutung.

Zum Gleichgewichtssystem gehört als Sinnesorgan das so genannte Labyrinthorgan, welches zusammen mit der Gehörschnecke das Innenohr bildet und in der Felsenbeinpyramide von Perilymphe umgeben liegt. Aufgabe des Gleichgewichtsorgans ist die Wahrnehmung von **Beschleunigungsbewegungen** und deren Weiterleitung an übergeordnete Zentren. Die Informationen werden an das Kleinhirn weitergegeben, welches für die zeitliche und räumliche Koordination von Bewegungsabläufen verantwortlich ist, aber auch an die Augenmuskelnerven und an die Nerven, die die Muskulatur im Bereich der oberen Halswirbelsäule motorisch versorgen. Auf diese Weise werden Kopfhaltung und Blickrichtung den Körperbewegungen angepasst. Alle diese Vorgänge laufen vollständig unbewusst ab.

Das System der Propriozeption wird auch als **Tiefensensibilität** oder Stellungs- und Haltungssinn bezeichnet. Die Propriozeption ist die Fähigkeit, sich über die Stellung des Körpers und die Lage der Gliedmaßen im Raum und zueinander zu orientieren. Die Sinneswahrnehmung erfolgt über spezialisierte Mechanorezeptoren, die so genannten Propriozeptoren, welche Zug- und Druckkräfte messen. Propriozeptoren befinden sich in unterschiedlichster Form in allen passiven und aktiven Strukturen des Bewegungsapparates; sie erfüllen wichtige Aufgaben bei Haltungs- und Stützfunktion sowie bei der Gelenkstabilisierung. Eine Dysfunktion im Bereich der Wirbelsäule führt zu Tonusveränderungen der segmental zugeordneten muskulären und ligamentären Strukturen und damit zu einer Störung der Propriozeption. Dies bedeutet für die Praxis, dass nach der Behandlung einer Dysfunktion für eine verbesserte **segmentale Gelenkstabilisation** ein propriozeptives Trainingsprogramm folgen sollte.

Es lassen sich zwei Arten von Propriozeptoren unterscheiden, die im Zusammenhang mit der Entstehung und Behandlung von Dysfunktionen von Bedeutung sind (Tab. 1):

1. Die Golgi-Sehnen-Organe. Diese befinden sich an den Muskel-Sehnen-Übergängen und messen die Spannung an der Sehne. Sie bilden so das **Kontrollsystem** für die **Muskelspannung**. Bei ansteigender Spannung führt die Reizung der Golgi-Sehnen-Organe über afferente Fasern und Interneurone zu einer Hemmung der Alpha-Motoneurone des betroffenen Muskels, wodurch sich dieser entspannt. Aufgabe der Golgi-Sehnen-Organe ist es also, die Sehne vor einer übermäßigen Kontraktion des Muskels oder einer starken Überdehnungssituation zu schützen. Die Stärke einer Muskelkontraktion wird reduziert, dadurch wird gleichzeitig eine Muskelverlängerung ermöglicht.

2. Die Muskelspindelzellen. Sie befinden sich im Gegensatz zu den Golgi-Sehnen-Organen eingebettet in die Fasern des Muskelbauches. Sie messen die Länge bzw. Dehnung der Muskelfasern und bilden so den **Kontrollmechanismus** für die **Muskellänge**. Bei zunehmender Muskellänge führt die Reizung der Muskelspindelzellen über eine direkte Verschaltung zu einer Aktivierung der Alpha-Motoneurone. Durch die Aktivierung kontrahiert sich der Muskel und wird so durch die Funktion der Muskelspindelzellen vor einer ungewollten Überdehnung geschützt. Außerdem geben die Muskelspindelzellen über gamma-afferente Fasern Informationen über den Grad der Dehnung der Muskelfaser an das Rückenmark; über

Tab. 1 Arten von Rezeptoren

Rezeptoren	Fasergruppe + Leitungsgeschwindigkeit (m/sek)	Rezeptoraktivierung durch:
Propriozeptoren		
Muskelspindel	Ia + II Fasern 70–120	Muskellängenänderung
Golgi-Sehnenorgan	Ib Fasern 70–100	Muskelspannungsänderung
Muskelrezeptoren		
Ergorezeptoren	III Fasern 10–25	Muskelarbeit
Nozizeptoren	III–IV Fasern 1–25	Schmerz
Gelenk-Bänderrezeptoren	II–III Fasern 10–60	Gelenkstellung und Gelenkbewegung
Haut- und Unterhautrezeptoren		
Druck-Berührungsrezeptoren	II Fasern 30–70	Geschwindigkeit / Beschleunigung
Thermorezeptoren	III–IV Fasern 1–25	Wärme–Kälte
Nozizeptoren	III Fasern 1–30	Schmerz

gamma-efferente Nervenfasern vom Rückenmark zur Muskelspindelzelle kann der Sollwert für die Muskellänge verändert werden, sodass ein Feedbacksystem der Kontrolle über das Gamma-Motoneuronensystem bzw. die so genannte „Gamma-Schleife" entsteht. Auf diese Weise kann über Training erreicht werden kann, dass der Muskel eine stärkere Dehnung zulässt. Andererseits kann der Sollwert jedoch bei einer Aktivierung des sympathischen Systems so verändert werden, dass sich der Muskel auf eine kürzere Länge einstellt und dadurch hyperton wird.

Die **Unterschiede in der Wirkungsweise** von Muskelspindelzellen und Golgi-Sehnen-Organen macht man sich in der Therapie zu Nutze; so werden beispielsweise bei detonisierenden Massagetechniken (z.B. Streichungen) eher die Golgi-Sehnen-Organe angesprochen, bei tonisierenden Massagetechniken (z.B. *Tapping*) hingegen die Muskelspindelzellen. Auch bei der Mobilisierung von Bewegungseinschränkungen an den Gelenken arbeiten verschiedene Techniken mit diesen Unterschieden: durch langsame, weiche Techniken wird wiederum eine Aktivierung der Golgi-Sehnen-Organe erreicht, wodurch sich die zuvor hypertone Muskulatur entspannt; durch schnelle, harte Techniken hingegen werden in erster Linie die Muskelspindelzellen angesprochen und es kommt dadurch zu einer völlig neuen Einstellung des Muskeltonus über die Gamma-Schleife.

Folgen osteopathischer Läsionen

Bei Vorliegen einer Funktionseinschränkung an einem Gelenk ist zunächst in erster Linie die physiologische **Gelenkmobilität** lokal gestört. Wird sie nicht behandelt, hat dies längerfristig Auswirkungen auf den Kapselbandapparat, die Blut- und Lymphgefäße, die Muskeln und Faszien, die Hirn- und Rückenmarkshäute und auf das Nervensystem.

Diese Auswirkungen bleiben jedoch nicht lokal begrenzt, sondern rufen auch in entfernten Bereichen zunächst funktionelle und später auch strukturelle Veränderungen hervor.

Lokale Folgen:

- Hypersensibilität von Haut und Muskulatur (durch Reizung des Nervensystems)
- Muskulärer Hypertonus (durch Reizung des Nervensystems)
- Veränderung der Bindegewebsstruktur (Ödeme, Verquellungen; später Verklebungen und Fibrosen; vgl. Kiblersche Hautfalte als diagnostisches Werkzeug)
- Veränderung der Mikrozirkulation (eingeschränkter Stoffaustausch, unzureichende Versorgung mit Sauerstoff und Nährstoffen; unzureichender Abtransport von Schlackestoffen); neuroarterielle Störungen

Systemische und topographisch entfernte Folgen:

- Viszerale Probleme (über segmentale Verschaltungen zwischen somatischen und viszeralen Fasern)
- Gewichtsumverteilung und dadurch sekundäre Überlastung entfernter Gliedmaßen und Gelenke
- Fehlspannungen in entfernten Regionen über Faszienketten
- Fehlspannungen an der Dura mater; die Beweglichkeit des Dura-Sacks ist eingeschränkt; vor allem im Bereich der Wurzeln der Spinalnerven kommt es zu Überlastungen (durale Aussackung)
- Aktivierung des sympathischen Systems: Zunahme des Muskeltonus im Körper und Ausschüttung von Kortikosteroiden, dadurch Immunsuppression

Faszilitation und Schmerzgedächtnis

Bei Vorliegen einer Dysfunktion kommt es beispielsweise durch eine Druckzunahme im Bereich des *Foramen intervertebrale* zu einer Reizung des Spinalnervs. Diese bedingt ein Phänomen, welches als **Faszilitation** bezeichnet wird: die Nervenreizung führt zu einer erhöhten Impulsrate, wodurch es im Bereich der Sinneswahrnehmungen zu einer Übererregbarkeit durch äußere Reize und über die motorischen Fasern zu einem erhöhten Muskeltonus durch muskuläre Hypererregung kommt. Durch diesen Hypertonus wird die Gefäßversorgung beeinträchtigt, wodurch der Muskel schlechter mit Sauerstoff und Nährstoffen versorgt wird. Es kommt zu einer Anoxie und Übersäuerung des Gewebes, wodurch Entzündungen, aber auch Fibrosen begünstigt werden. In der Folge nimmt die Kontraktionsfähigkeit des Muskels ab und es kommt schließlich zu einer muskulären Hypoaktivität, die letztendlich in eine Atrophie des Muskels mündet.

Ein Aspekt, der beim Tier wenig erforscht, aber wahrscheinlich genauso vorhanden ist wie beim Menschen, ist das so genannte **„Schmerzgedächtnis"**. Über einen längeren Zeitraum bestehende Schmerzen können dazu führen, dass der Körper auch später noch eine Schmerzempfindung wahrnimmt, wenn die eigentliche Schmerzursache nicht mehr vorhanden ist. Auch dies kann eine Rolle bei der Manifestierung von Dysfunktionen spielen.

Ein weiterer Mechanismus, der an der Etablierung unphysiologischer Bewegungsabläufe beteiligt ist, ist die Plastizität des Nervensystems. Nervenbahnen und Verschaltungen, die über eine gewisse Zeit häufiger benutzt werden, funktionieren schneller und werden unter Umständen gegenüber älteren Mustern bevorzugt. Dies kann man sich beispielsweise beim Training bestimmter Bewegungsabläufe zu Nutze machen. Es kann jedoch auch äußerst nachteilig wirken, wenn der Körper sich beispielsweise aufgrund einer Lahmheit ein unphysiologisches Bewegungsmuster angewöhnt und dieses beibehält, auch wenn die Lahmheitsursache behoben bzw. ausgeheilt ist.

Das Barriere-Prinzip

Jedes Gelenk hat einen ihm eigenen, typischen **Bewegungsspielraum**. Dieser wird zum einen durch die knöcherne Anatomie vorgegeben, aber auch von Faktoren wie beispielsweise der Bindegewebsqualität beeinflusst.

Die physiologischen und pathologischen Bewegungsbarrieren können wie folgt beschrieben werden:

- **Anatomische Barriere:** Die anatomische Barriere eines Gelenks wird durch anatomische Begrenzungen bzw. durch den Knochenkontakt vorgegeben
- **Elastische Barriere:** Die elastische Barriere wird durch die elastischen, periartikulären Strukturen wie beispielsweise den Kapsel-Bandapparat und die Faszien repräsentiert; sie gibt den physiologischen Spielraum des Gelenks vor
- **Physiologische Barriere:** Die physiologische Barriere kennzeichnet den Endpunkt des aktiven Bewegungsumfanges an einem Gelenk. Die physiologische Grenze wird durch den Tonus und die Gewebebeschaffenheit der Faszien und Muskeln bedingt
- **Pathologische Barriere:** Eine pathologische Barriere wird durch Faktoren hervorgerufen, die den physiologischen Bewegungsspielraum verändern; dies können muskuläre Kontrakturen, fasziale Fehlspannungen, Verklebungen, Fibrosen, aber auch raumfordernde Prozesse sein

Zwischen der anatomischen und der physiologischen Barriere liegt der so genannte **paraphysiologische Bewegungsspielraum** eines Gelenks. In diesem Bereich finden die Manipulations- oder Impulstechniken *(High Velocity Techniques)* wie sie in der Chiropraktik entwickelt wurden, statt. Korrekt durchgeführt, verletzen sie die anatomischen Grenzen nicht. Myofasziale Verkürzungen lösen häufig eine Reduktion des aktiven Bewegungsumfanges aus. Die Barriere, welche die Bewegung einschränkt, wird als restriktive oder pathologische Barriere bezeichnet. Die restriktive Barriere, die durch eine somatische Dysfunktion entsteht, führt zu erheblichen **Bewegungsverlusten** (Abb. 1). Ziel der Therapie ist somit eine Vergrößerung des Bewegungsspielraumes durch eine maximale Verschiebung der restriktiven Barriere. Erfolgt dies in die Richtung der Bewegungseinschränkung, spricht man von einer direkten Technik. Die Mobilisierung der restriktiven Barriere kann aber auch in Richtung der freien Bewegungsrichtung erfolgen, dann spricht man von einer indirekten Technik.

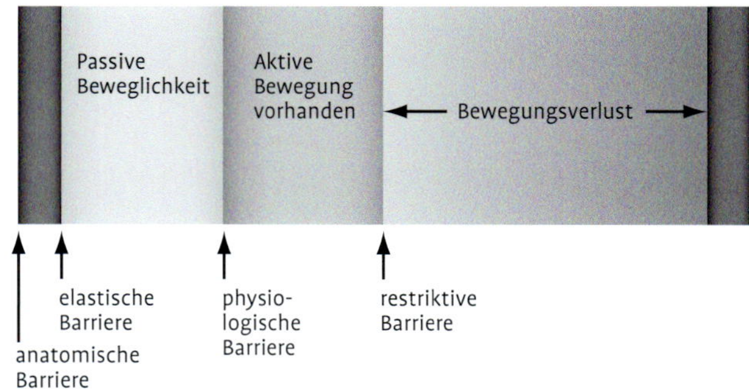

Abb. 1: Barrieren und Bewegungsspielräume.

Theorien zur Entstehung somatischer Dysfunktionen

Es existieren vielfältige Theorien, die die Entstehung somatischer Dysfunktionen erläutern. Als ein ursächlicher Faktor wird ein gestörtes Gleitverhalten der Gelenkflächen bedingt durch eine fehlende Kongruenz angenommen. Als weitere mögliche Ursache wird eine Veränderung der Synovia und ein dadurch hervorgerufenes Verkleben der Gelenkflächen diskutiert. Ein dritter Faktor macht biochemische und biomechanische Veränderungen der myofaszialen Elemente in Muskeln, Gelenkkapseln, Bändern und Faszien für die Entstehung von somatischen Dysfunktionen verantwortlich. Laut einer weiteren Theorie ist die Entstehung einer Dysfunktion auf eine Veränderung von Muskellänge und Muskelspannung und dadurch einem **Verlust der Muskelkontrolle** über das Gelenk zurückzuführen. Die Stabilität eines Gelenks kann nur durch eine koordinierte Muskelkontraktion der Agonisten und Antagonisten gewährleistet werden. Durch Veränderungen der Muskellänge und der Muskelspannung sind die Muskeln eines Gelenks in der Lage, die Gelenkbewegungen den Erfordernissen des täglichen Lebens anzupassen. Diese Regelung erfolgt über die Propriozeptoren; die Muskellänge wird über die Muskelspindeln reguliert, die Muskelspannung über die Golgi-Sehnen-Organe. Beide Mechanismen zusammen ergänzen sich innerhalb einer Agonisten-Antagonistengruppe eines Gelenks und steuern so die Gelenkstellung. Kommt es nun zu einer plötzlichen, unkontrollierten Bewegung, so wird dies durch die Propriozeptoren wahrgenommen. Reflektorisch bedingt dies eine muskuläre Reaktion, die die auftretende Fehlspannung ausgleichen kann. Andererseits kann es hierbei jedoch auch zu einer erhöhten Muskelspindelaktivität kommen, sodass dauerhaft ein Spasmus der Muskulatur entsteht. Durch diesen Spasmus wird die Bewegungsamplitude des Gelenks eingeschränkt oder dieses sogar komplett fixiert.

Die Wiederherstellung einer ausgeglichenen Muskelaktivität ist daher Voraussetzung für eine erfolgreiche Therapie.

Ursachen für eine somatische Dysfunktion:

- Trauma
- Mangelnde intra- und intermuskuläre Koordination
- Degenerative oder entzündliche Veränderungen der periartikulären Strukturen
- Segmentale Irritation eines inneren Organs (viszerale Probleme)
- Muskel- und Faszienfehlspannungen auch in entfernt liegenden Regionen, die sich innerhalb der myofaszialen Kette ausbreiten

MANUELLE THERAPIEFORMEN

Obwohl die im Folgenden vorgestellten manuellen Therapieformen weitgehend mit denselben Mechanismen arbeiten und sich sowohl in den Untersuchungs- als auch Behandlungstechniken zum Teil weitreichende Überschneidungen finden, sind jedoch auch heute noch Unterschiede zu finden. Diese sind teilweise im unterschiedlichen historischen bzw. philosophischen Hintergrund begründet, aber auch auf unterschiedliche Behandlungsziele zurückzuführen.

Chiropraktik

Die Chiropraktik geht auf den in Kanada geborenen Amerikaner **Daniel David Palmer** (1845–1913) zurück, der eine Praxis als magnetischer Heiler führte, anders als **Still** jedoch kein medizinisches Studium abgeschlossen hatte. Es gibt historische Zeugnisse, die darauf hindeuten, dass 1893 ein Treffen zwischen **Still** und **Palmer** in Kirksville stattgefunden hat, welches vor allem **Palmers** Arbeit in der Folge stark beeinflusst haben soll. **Palmer** übernahm jedoch keinesfalls einfach die von **Still** zu jener Zeit angewandten Methoden, sondern entwickelte sowohl ein eigenes theoretisches Konzept sowie eigene Behandlungsmethoden, die sich deutlich von denen der Osteopathie unterschieden: Während **Still** in den frühen Jahren der Osteopathie vor allem die Bedeutung der Arterie bzw. der Durchblutung hervorhob, stand für **Palmer** von jeher die Bedeutung des **Nervensystems** im Vordergrund. Umfassten die osteopathischen Techniken ursprünglich insbesondere langhebelige, aber weiche Techniken, stand bei **Palmer** von Beginn an der möglichst kurze Hebel *(Processus spinosus* bzw. *transversus)* und die Behandlung mit Impuls im Vordergrund. Die eigentliche Geburtsstunde der Chiropraktik wird von **Palmer** schließlich mit einem Ereignis aus dem Jahr 1895 angegeben, als er bei seinem Hausmeister, der Jahre zuvor nach einer unglücklichen Bewegung sein Gehör verloren hatte, einige hervorstehende Wirbel behandelte und so dem Mann sein Hörvermögen zurückgab. **Bartlett Joshua Palmer**, Sohn von **Daniel David Palmer**, vertiefte und systematisierte die Entdeckungen seines Vaters und entwickelte auf diese Weise viele der Prinzipien, die in der Chiropraktik auch heute noch Anwendung finden. Auf ihn ist unter anderem auch der routinemäßige Einsatz von Röntgenuntersuchungen bei der Behandlung von Problemen des Bewegungsapparates zurückzuführen.

Die Chiropraktik sieht sich als Wissenschaft und Kunst, deren Aufgabe es ist, durch die Behandlung von Bewegungseinschränkungen im Bereich der Wirbelsäule das Nervensystem zu aktivieren und dadurch die Selbstheilungskraft des Patienten zu unterstützen. Das **chiropraktische Prinzip** besagt, dass die dem Körper innewohnenden Selbstheilungskräfte durch das Nervensystem koordiniert und beeinflusst werden. Durch das Vorliegen einer Bewegungseinschränkung werden neuronale Afferenzen verändert; auch der Spinalnerv als Ganzes wird durch Druckveränderungen innerhalb des *Foramen intervertebrale* beeinträchtigt. Über die Wiederherstellung der Beweglichkeit eines Gelenks mit Hilfe einer chiropraktischen Manipulation wird das Nervensystem angesprochen, da es zu einer spezifischen Reizung der Mechanorezeptoren kommt. Dadurch werden alle anderen, untergeordneten Strukturen wie Muskulatur und Gefäßsystem mitbehandelt, da ihre Funktion durch das Nervensystem reguliert wird.

Die Untersuchung und Behandlung geschieht ausschließlich mit den Händen. Anders als in der Osteopathie spielt die statische Befundung nur eine untergeordnete Rolle – die Diagnostik einer Bewegungseinschränkung erfolgt über die Palpation der Gelenkbeweglichkeit (*motion palpation*; hier ist insofern ein Unterschied zu sehen, als auf diese Weise auch Bewegungseinheiten identifiziert und behandelt werden, die keine funktionelle Fehlstellung, sondern eine Fixierung in neutraler Position aufweisen, welche über eine reine statische Stellungsdiagnostik nicht erkannt werden). Die Bewegungseinschränkung ist dabei wichtiger als die aktuelle Position, in der sich ein Gelenk bzw. ein Knochen befindet.

Eine Bewegungseinschränkung wird als **chiropraktische Subluxation** oder als **vertebraler Subluxations-Komplex** bezeichnet. Darunter wird ein verändertes Verhältnis zwischen zwei benachbarten Wirbeln sowie den zugehörigen Gelenkstrukturen verstanden, welches biomechanische und neurophysiologische Veränderungen verursacht, die lokale, aber auch weit entfernte nachteilige Effekte zur Folge haben können.

Effekte bei Vorliegen eines vertebralen Subluxations-Komplexes:

- **Kinesiopathologie:** veränderte Beweglichkeit; Hyper- oder Hypomobilität lokal; Spannungsveränderungen an der *Dura mater* mit verändertem Liquorfluss
- **Neuropathologie:** veränderte neuronale Afferenzen (veränderter *Input*), z.B. durch erhöhten Druck auf den Spinalnerv im Bereich des *Foramen intervertebrale* und dadurch veränderte neuronale Afferenzen; durch eine Zunahme der afferenten Impulse führt das Prinzip der Faszilitation zu hyperaktiven Antworten:
  - Störung der Sinnes- und Schmerzwahrnehmung (oberflächlicher Schmerz und Tiefenschmerz)
  - Motorische Störungen und Koordinationsprobleme
  - Muskulärer Hypertonus
  - Beeinflussung des Vegetativums; Erhöhung des Sympathikotonus, dadurch Veränderungen von Durchblutung, Schweißdrüsenaktivität etc.
- **Myopathologie:** Störung der muskulären Aktivität; asymmetrische Funktion
- **Histopathologie:** Durch chemische Botenstoffe kommt es zu Entzündungsreizen, welche das Gewebe schädigen; auch das Gefäßsystem wird hiervon beeinflusst
- **Biochemische und endokrine Mechanismen:** Durch den Einfluss von Noxen kommt es zu einer Schädigung der Mechanorezeptoren, auf die auch das autonome Nervensystem reflektorisch reagiert

Als chiropraktische Behandlungstechniken im engeren Sinne werden ausschließlich direkte Manipulationstechniken verstanden, bei denen ein fixiertes Gelenk unter Vorspannung gebracht wird und dann ein schneller Impuls gegen die Bewegungseinschränkung erfolgt. Diese Techniken werden als *High-Velocity-Techniques*, *Adjustments*, *Thrust-Techniques* oder im deutschen Sprachgebrauch als Impuls- oder Manipulationstechniken bezeichnet bzw. als schnelle oder harte Techniken beschrieben. Ein chiropraktisches *Adjustment* ist dabei definiert als ein **kontrollierter Druckimpuls** in den paraphysiologischen Bewegungsraum, der über einen kurzen Hebel und bei spezifischem Knochenkontakt mit hoher Geschwindigkeit bzw. Beschleunigung und niedriger Amplitude in eine ganz bestimmte Richtung erfolgt. Neuere Untersuchungen haben ergeben, dass der Erfolg eines *Adjustments* im Wesentlichen auf der spezifischen Reizung der Mechanorezeptoren und hier insbesondere der Muskelspindelzellen beruht – für diese sind vor allem die Bewegungsrichtung, eine hohe Behandlungsgeschwindigkeit und ein niedriger Druck bzw. eine geringe Amplitude entscheidend. Langhebelige Techniken oder Techniken, bei denen ein aktives Mitwirken des Patienten erforderlich ist, kommen in der Chiropraktik nicht zur Anwendung. Ebenso werden in der klassischen Chiropraktik keine viszeralen oder myofaszialen Techniken eingesetzt; allerdings findet auch hier vielfach eine Ergänzung durch kraniosakrale Techniken statt. Als Sonderformen sind die angewandte Kinesiologie (*Applied Kinesiology*) und die *Logan-Basic-Technique* aus der Chiropraktik hervorgegangen.

Der Chiropraktik haftet im Humanbereich ebenso wie anderen Therapieformen, in denen Impulstechniken eingesetzt werden, der Ruf an, im Zusammenhang mit Manipuationen an der Halswirbelsäule ein erhöhtes Schlaganfallrisiko zu bedingen. Der Schlaganfall tritt als Folge einer Loslösung eines Thrombus aus der *Arteria vertebralis* ein; auch können grobe Manipulationen zu Zerreißungen der Intima dieser Arterie führen. Verschiedene Studien kommen hierbei je nach Ansatz zu sehr unterschiedlichen Ergebnissen in Bezug auf die Risikohöhe und es bleibt häufig unklar, ob es sich bei den Behandlungen, die zu einem Schlaganfall führten, tatsächlich um kunstgerecht ausgeführte Manipulationen gehandelt hat.

Im Humanbereich gibt es in Deutschland nur wenige Therapeuten, die eine dem amerikanischen Studium entsprechende Ausbildung haben; diese bezeichnen sich selbst meist als *Chiropractor*. Bei den Techniken, die von Ärzten mit Zusatzausbildung Chirotherapie bzw. von Physiotherapeuten und Heilpraktikern mit Zusatzausbildung als Chiropraktiker angewandt werden, handelt es sich hingegen meist um manualtherapeutische Techniken, die sich zwar zum Teil aus der klassischen Chiropraktik entwickelt haben, sich aber in weiten Teilen auch deutlich von ihr unterscheiden (s. Manuelle Medizin S. 23).

Im Veterinärbereich verhält sich dies anders – im Jahr 2007 wurden Tierärzte mit einer Zusatzausbildung in Tier- bzw. Veterinärchiropraktik in Deutschland bereits an zwei Schulen ausgebildet (*International*

Academy for Veterinary Chiropractic und *Backbone Academy for Healing Arts*), die beide aus der *European Academy for Veterinary Chiropractic* hervorgegangen sind, nach amerikanischem Vorbild geführt werden und die entsprechenden Techniken vermitteln. In beiden Ausbildungen wird an den Tierarten Pferd und Hund gelehrt und geprüft.

Manuelle Medizin

Die Manuelle Medizin bezeichnet sich selbst als medizinische Disziplin, in der unter Nutzung der Grundlagen, Kenntnisse und Verfahren anderer medizinischer Gebiete eine Befundung und Behandlung am Bewegungsapparat vorgenommen wird. Die Behandlung erfolgt mit den Händen und zielt darauf ab, Funktionsstörungen zu beheben; sie wird zu präventiven, kurativen und Rehabilitations-Zwecken eingesetzt. Die Prinzipien sind auf biomechanische und neurophysiologische Phänomene zurückzuführen. In diesem Rahmen werden vor allem auch Verkettungen von Funktionsstörungen sowie vertebroviszerale, viszerovertebrale, viszerokutane, aber auch psychosomatische Einflüsse berücksichtigt. In der Manuellen Medizin wird dabei betont, dass die zum Einsatz kommenden Verfahren mit den aktuellen Methoden der Wissenschaft überprüfbar sind (evidenzbasierte Medizin); der Ansatz der Ganzheitlichkeit steht hier hingegen nicht im Mittelpunkt.

Die normale ärztliche Befunderhebung wird in der Manuellen Medizin durch die spezifische manualmedizinische Anamnese und die spezifische Palpations- und Bewegungsuntersuchung ergänzt. Auf dieser Grundlage werden eine Strukturdiagnose und eine Funktionsdiagnose erstellt. Die Funktionsdiagnose wird auch als **manualmedizinische Diagnose** bezeichnet und beschreibt eine reversible, durch Techniken der Manuellen Medizin behebbare Funktionskrankheit oder -Störung. In Bezug auf die Untersuchung bzw. Diagnose wird zwischen dem parietalen System (muskulär, faszial, gelenkig), dem viszerofaszialen System (Eingeweide; Aufhängestrukturen der Organe etc.) und dem neurofaszialen System (Nerven; Bindegewebshüllen der Nerven) unterschieden. In die Behandlung fließen verschiedene Techniken ein, die sich auch in der Physiotherapie, der Osteopathie und der Chiropraktik wiederfinden. Dies sind unter anderem Traktionstechniken, rhythmische Techniken, Faszientechniken (myofaszial, viszerofaszial, neurofaszial), neuromuskuläre Techniken (*muscle energy techniques*; *Counterstrain-Technique*) und Gelenkmobilisationstechniken mit und ohne Impuls.

Die Techniken der Manuellen Medizin werden in Deutschland zum einen von Fachärzten mit entsprechender Zusatzausbildung in Manueller Medizin ausgeführt, zum anderen von Ärzten mit der Zusatzbezeichnung Chirotherapie, die ebenfalls eine Zusatzausbildung abgeschlossen haben. Darüber hinaus kann ein Teil der Techniken auch im Rahmen der Manuellen Therapie nach ärztlicher Verordnung durch einen Physiotherapeuten mit spezieller Zusatzausbildung durchgeführt werden. Dabei sind Techniken ausgenommen, bei denen mit Impuls gearbeitet wird, da diese in Deutschland der ärztlichen Tätigkeit vorbehalten sind. Die Unterscheidung der Begrifflichkeiten ist also nur zum Teil im Einsatz unterschiedlicher Techniken begründet; sie wird im Wesentlichen durch die Berufsausbildung des Therapeuten vorgegeben.

Dorn-Methode

Die Dorn-Methode, die zum Teil auch als Dorn-Therapie bezeichnet wird, wurde um das Jahr 1975 von dem süddeutschen Landwirt und Sägewerksbesitzer **Dieter Dorn** begründet. **Dorn** selbst besaß keine medizinische Ausbildung und keine detaillierten Kenntnisse der Anatomie des Menschen, sodass die von ihm entwickelten Behandlungsansätze vor allem aufgrund seiner **eigenen Erfahrungen** entwickelt wurden und sich nicht auf eine wissenschaftliche Grundlage berufen. Nach **Dorn** kommt es durch den modernen Lebenswandel zu Bewegungsmangel und Fehlbelastungen, die sich letztendlich in Fehlstellungen von Becken und Wirbelsäule manifestieren und so Ursache von Rückenschmerzen sind. **Dorn** sieht einen engen Zusammenhang zwischen einer Beinlängendifferenz und einem Beckenschiefstand.

Sein Behandlungsansatz zielt entsprechend darauf ab, die Unterschiede in der Beinlänge zu behandeln und Wirbel zu korrigieren, die sich in einer falschen Position befinden, um die Schmerzhaftigkeit zu lindern. Über den segmentalen Zusammenhang zu den inneren Organen sollen auch diese positiv beeinflusst werden. Die Behandlung der peripheren Gelenke erfolgt stets unter Kompression und unter achtmaliger Wiederholung der einzelnen Mobilisationen. Häufig wird die Behandlung mit Massagen kombiniert; vor allem in neuerer Zeit wurden auch Ansätze aus der Traditionellen Chinesischen Medizin übernommen (Meridianlehre etc.).

Die Dorn-Methode ist in Deutschland momentan relativ populär und wird von vielen Heilpraktikern und zum Teil auch Physiotherapeuten im Humanbereich angeboten. Auch für den Hund finden sich zunehmend Angebote von Therapeuten mit unterschiedlichem Ausbildungshintergrund. Dabei wird oft betont, dass es sich bei der Dorn-Methode im Gegensatz zu anderen Mobilisationstechniken um eine sanftere und nahezu risikofreie Methode handele.

Es bleibt jedoch zu kritisieren, dass es sich beispielsweise im Vergleich zur Osteopathie oder Chiropraktik um eine sehr **unspezifische Methode** handelt, bei der jedes Mal jeder Wirbel und jedes Gelenk behandelt werden, unabhängig davon, ob hier eine Funktionsstörung vorliegt oder nicht. Darüber hinaus ist die Dorn-Methode bisher wissenschaftlich kaum untersucht, die von **Dorn** vertretenen Theorien sind nicht nachgewiesen und ein Beleg für die Wirksamkeit der Methode fehlt bislang. Sehr unterschiedlich gestaltet sich zudem auch die Qualifikation der Therapeuten, die nach der Dorn-Methode arbeiten.

Osteopathie

Auch in der Osteopathie haben sich im Laufe der Jahre unterschiedliche Strömungen entwickelt. In der Anfangszeit von Osteopathie und Chiropraktik wurde viel Wert darauf gelegt, die unterschiedlichen Wurzeln zu betonen und die Techniken voneinander abzugrenzen. So handelt es sich bei den „klassischen" osteopathischen Techniken vor allem um direkte, langsame und weiche Techniken. Techniken mit Impuls kamen erst später hinzu und auch der Einsatz der indirekten Techniken ist deutlich jünger und im Wesentlichen auf **Sutherlands** Arbeiten in den 1950er Jahren zurückzuführen. Auch die viszeralen, faszialen und kraniosakralen Techniken waren zu **Stills** Wirkungszeit noch nicht bekannt.

> Die Osteopathie wird vielfach noch als Alternativ-Medizin bezeichnet. Dies ist jedoch irreführend, da sie sich nicht als Alternative, sondern vielmehr als Ergänzung zu anderen Therapieformen und medizinischen Disziplinen sieht. Daher sind die Begriffe Integrativ- oder Komplementär-Medizin zutreffender.

Mit dem heutigen Wissen um die zugrunde liegenden biomechanischen und neurophysiologischen Phänomene und Gesetzmäßigkeiten nähern sich viele Behandlungsformen einander nun jedoch immer mehr an. Dennoch gibt es auch heute natürlich noch Unterschiede zwischen verschiedenen Therapierichtungen, die sich in den Ausbildungen der verschiedenen Fortbildungsinstitute und auch in der Arbeit der einzelnen Therapeuten widerspiegeln.

UNTERSUCHUNGSTECHNIKEN

Bei der osteopathischen Untersuchung steht die Feststellung von **Bewegungseinschränkungen** bzw. von einem Mangel an Harmonie der Mobilität im Vordergrund; dabei müssen zum einen das betroffene Gelenk, zum anderen die Art der Bewegungseinschränkung genau festgestellt werden. Es wird in Deutschland diskutiert, ob der Begriff Diagnose im Zusammenhang mit der osteopathischen Untersuchung und Befundung verwendet werden darf, da eine Diagnosestellung im eigentlichen Sinne einem Arzt oder Tierarzt obliegt, die osteopathische Befundung jedoch häufig durch Physiotherapeuten erfolgt.

Fragestellungen bei der osteopathischen Untersuchung:

- Welches Gelenk ist betroffen?
- In welche Richtung ist die Bewegung eingeschränkt (z.B. Flexion oder Extension)?
- In welchem Ausmaß (Quantität) ist die Bewegung eingeschränkt?
- Welcher Art (Qualität) ist die Bewegungseinschränkung?
- Wie ist das Endgefühl?

Bei der Untersuchung können dabei verschiedene Techniken zur Anwendung kommen. In der Regel wird mit einer so genannten *Screening Examination*, einer **Übersichtsuntersuchung** begonnen: Es werden vor allem die Bereiche, die sich hierbei auffällig zeigen, eingehender untersucht (*Specific Examination*, spezifische Untersuchung), sodass man vom Überblick ins Detail geht. Darüber hinaus können Techniken unterschieden werden, mit denen die aktive Beweglichkeit auf der einen, bzw. die passive Beweglichkeit auf der anderen Seite untersucht werden. Außerdem müssen Techniken, bei denen die Untersuchung der Körperstruktur im Vordergrund steht (*Static Palpation*; statische Palpation) unterschieden werden von Techniken, bei denen das Hauptaugenmerk auf der Untersuchung der Gelenkfunktion (*Motion Palpation*; Palpation der Beweglichkeit) liegt. Bei allen Techniken ist der Vergleich zwischen rechter und linker Körperseite entscheidend!

Untersuchung und Tests der Gelenke des Stammes

Übersichtsuntersuchung: Die Untersuchung der Wirbelsäule beginnt in der Regel mit einer Übersichtsuntersuchung (*Screening Examination*). Hierbei können die Kiblersche Hautfalte sowie die Textur des Bindegewebes bzw. der Tonus der paravertebralen Muskulatur untersucht werden; Methoden wie die Überprüfung der *Shu*-Punkte oder der Schmerzrosette sowie die Laminäre Stoßpalpation leiten über zur mehr spezifischen Testung.

Aktive Überprüfung: Da beim Tier eine aktive Überprüfung einzelner Wirbelsäulengelenke nicht möglich ist, wird auf diese Weise lediglich die allgemeine Beweglichkeit getestet. Diese ist im Wesentlichen von der Funktion der Stammesmuskulatur abhängig (z.B. Überprüfung der aktiven Seitneigung der Wirbelsäule mit Hilfe von Futter).

Spezifische Untersuchung und passive Überprüfung: Die spezifische Untersuchung der einzelnen Gelenke erfolgt in Form der passiven Überprüfung der Gelenkbeweglichkeit. Dabei muss jedes Gelenk in allen möglichen Bewegungsrichtungen überprüft werden; beurteilt werden Bewegungsausmaß und Bewegungsqualität.

Statische und dynamische Untersuchung: Bei der Untersuchung der Gelenke der Wirbelsäule kann außerdem zwischen statischen und dynamischen Untersuchungsmethoden unterschieden werden. Bei der statischen Untersuchung steht die Befundung von knöchernen Fehlstellungen im Vordergrund, bei der dynamischen Untersuchung wird die Funktionalität des Gelenks in Ausmaß und Qualität überprüft. Häufig geht eine veränderte Gelenkfunktion auch mit einer knöchernen Fehlstellung einher. Allerdings kommen auch Funktionseinschränkungen ohne knöcherne Abweichungen vor; knöcherne Abweichungen wie Asymmetrien ohne Funktionseinschränkung hingegen sind eher selten.

Untersuchung und Tests peripherer Gelenke

Eine allgemeine Gelenkuntersuchung erfolgt immer nach dem gleichen Schema: Zunächst wird die aktive Beweglichkeit überprüft, anschließend die passive Beweglichkeit und zum Abschluss erfolgt die Überprüfung in der Translation. Nach den Funktionstests erfolgt die Palpation der periartikulären Strukturen.

Test der aktiven Bewegung: In der aktiven Bewegung werden alle anatomischen Strukturen getestet; der Untersucher achtet auf Bewegungsausmaß, Bewegungsausführung und eventuell vorhandene Krepitationen oder Schmerzen. Der aktive Bewegungsumfang ist wesentlich von der Muskelfunktion (**kontraktile Struktur**) abhängig. Die aktive Testung einzelner Gelenke beim Hund ist jedoch kaum möglich, da das Tier hierzu nicht gezielt aufgefordert werden kann. Die aktive Beweglichkeit kann also nur bei **Komplexbewegungen** überprüft werden, die jedoch nicht so spezifisch bzw. aussagekräftig sind.

Test der passiven Bewegung: Bei der passiven Bewegungsprüfung muss darauf geachtet werden, dass tatsächlich nur das zu testende Gelenk bewegt wird. Die passive Beweglichkeit testet vor allem die nicht-kontraktilen Strukturen. Entscheidend für die Untersuchung sind das Bewegungsausmaß, die Qualität der Bewegung, das Endgefühl und eine eventuell vorhandene Schmerzhaftigkeit. Die Untersuchung und Beurteilung erfolgt immer im Seitenvergleich. Sind aktive und passive Bewegungen in die gleiche Richtung eingeschränkt, weist das auf ein Problem im Bereich der nicht-kontraktilen Strukturen hin. Sind aktive und passive Bewegungen in entgegengesetzter Richtung eingeschränkt, deutet dies auf eine Läsion der kontraktilen Strukturen hin.

Translatorischer Gelenktest: Beim translatorischen Gelenktest wird das Gelenkspiel überprüft. Dies erfolgt mit Hilfe von Traktion oder Kompression rechtwinklig zur Behandlungsebene sowie durch eine Gleitbewegung translatorisch parallel zur Behandlungsebene. Dabei ist zu beachten, dass ein translatorisches Gleiten nur in Verbindung mit einer Traktion durchzuführen ist. Mit den translatorischen Gelenktests werden ausschließlich die **nicht-kontraktilen Strukturen** hinsichtlich Schmerz und Beweglichkeit getestet.

BEHANDLUNGSTECHNIKEN

Die Behandlungstechniken, die in der Osteopathie zum Einsatz kommen, können nach zahlreichen verschiedenen Kriterien unterschieden werden. Welche Techniken angewandt werden, hängt zum einen von den persönlichen Erfahrungen und auch Vorlieben des Therapeuten ab, zum anderen aber auch vom Verhalten des Patienten bzw. von der Indikation der Behandlung.

Bei der Einteilung der Techniken existieren zum Teil mehrere unterschiedliche Definitionen; außerdem kommt es teilweise zu Überschneidungen in der Benennung nach der behandelten Region oder Gewebeart, da auch bei der Behandlung das Prinzip der Ganzheitlichkeit zum Tragen kommt und niemals nur ein Gewebe oder eine Struktur behandelt werden kann, ohne dass es auch zu Auswirkungen auf die anderen Gewebetypen kommt.

Techniken der Strukturellen Osteopathie

Die Techniken der Strukturellen Osteopathie können an verschiedenen Geweben und in verschiedenen Regionen ausgeführt werden. Bei der Anwendung dieser Techniken steht die Normalisierung einer Dysfunktion im Vordergrund, welche sich als veränderte Gelenkbeweglichkeit oder Gewebespannung manifestiert. Die Strukturelle Osteopathie bildet den Gegenpol zur Energetischen Osteopathie, bei der nicht so sehr die mechanische Behandlung einer Bewegungseinschränkung im Vordergrund steht, sondern der Ausgleich des Energiegefüges das vorderste Behandlungsziel darstellt. Bei allen im speziellen Teil des Buches beschriebenen Techniken handelt es sich um Techniken der **Strukturellen Osteopathie** (eine weitere Einteilung unterscheidet strukturelle Techniken als direkte Techniken von funktionellen Techniken als indirekten Techniken; s.u.).

Parietale Techniken: Als parietale Techniken werden solche Behandlungen verstanden, bei denen der Therapeut direkt an einem Teil der Körperwand ansetzt. Parietale Techniken im engeren Sinne bezeichnen jedoch solche Behandlungsformen, bei denen der Therapeut primär an einem Knochen bzw. am betroffenen Gelenk arbeitet. Dies trifft für die Techniken der Chiropraktik und der Manuellen Therapie zu, aber auch für einen großen Teil der osteopathischen Techniken.

Weichteiltechniken: Weichteiltechniken hingegen setzen nicht spezifisch an den Knochen eines Gelenks an, sondern zielen auf die Normalisierung der Gewebespannung und Gewebedurchblutung ab. Muskeltechniken stellen eine Sonderform der Weichteiltechniken dar; zu ihnen gehören beispielsweise muskuläre Entspannungstechniken, aber auch Dehnungen und Massagen. Auch Faszientechniken gehören zu den Techniken des Weichgewebes; dabei steht hier meist die Normalisierung von Fehlspannungen im Vordergrund. Da Muskeln und Faszien untrennbar miteinander verbunden sind, wird hier zum Teil auch der Begriff der **myofaszialen Techniken** verwandt.

Viszerale Techniken: Eine weitere Sonderform der Weichteiltechniken stellen die viszeralen Techniken dar, bei denen die Eigenbeweglichkeit der inneren Organe sowie die Verschieblichkeit der Organe gegeneinander vor allem in der Bauchhöhle normalisiert werden sollen. Auch hierbei handelt es sich vorwiegend um eine Behandlung des bindegewebigen Aufhängeapparates der inneren Organe, sodass bei der viszeralen Behandlung vielfach auch Faszientechniken zur Anwendung kommen.

Kraniosakrale Techniken: Diese werden durch ihre Anwendung am Kraniosakralen System definiert; sie wirken an Schädel und Sakrum bzw. an der *Dura mater*, die als straffe Hülle des Zentralnervensystems von ihrer Funktion her einer Faszie ähnelt.

Strukturelle und funktionelle Techniken – direkte und indirekte Techniken: Des Weiteren kann eine Einteilung der Techniken nach der Richtung, in der die Behandlung stattfindet, vorgenommen werden; dadurch werden direkte und indirekte Techniken unterschieden.

Bei **direkten Techniken** wird gegen die Bewegungseinschränkung gearbeitet; die Behandlungsrichtung ist die Richtung der **Restriktion**. Durch diese Art der Behandlung können Verklebungen und Verwachsungen gelöst werden und an den beteiligten Gelenkflächen kommt es zu einer Gleit- oder Divergenzbewegung. Da hier der mechanische Aspekt bei der Wiederherstellung der Beweglichkeit gegen eine strukturelle Behinderung im Vordergrund steht, wird diese Technik auch als strukturelle Technik bezeichnet. Dennoch kommt es auch bei direkten Techniken über die Aktivierung der Propriozeptoren zu einer reflektorischen Wirkung und über die Auslösung eines afferenten Reflexes zu einem Ausgleich des vegetativen Systems.

Bei **indirekten Techniken** hingegen wird in die Richtung der Läsion behandelt, das heißt, das Bewegungssegment wird in die Richtung bewegt, in der keine Einschränkung vorliegt. Dadurch kommt es zu einer passiven Annäherung der muskulären und bindegewebigen Fasern, was einerseits zu einer mechanischen Entspannung führt, andererseits aber über **neuronale**

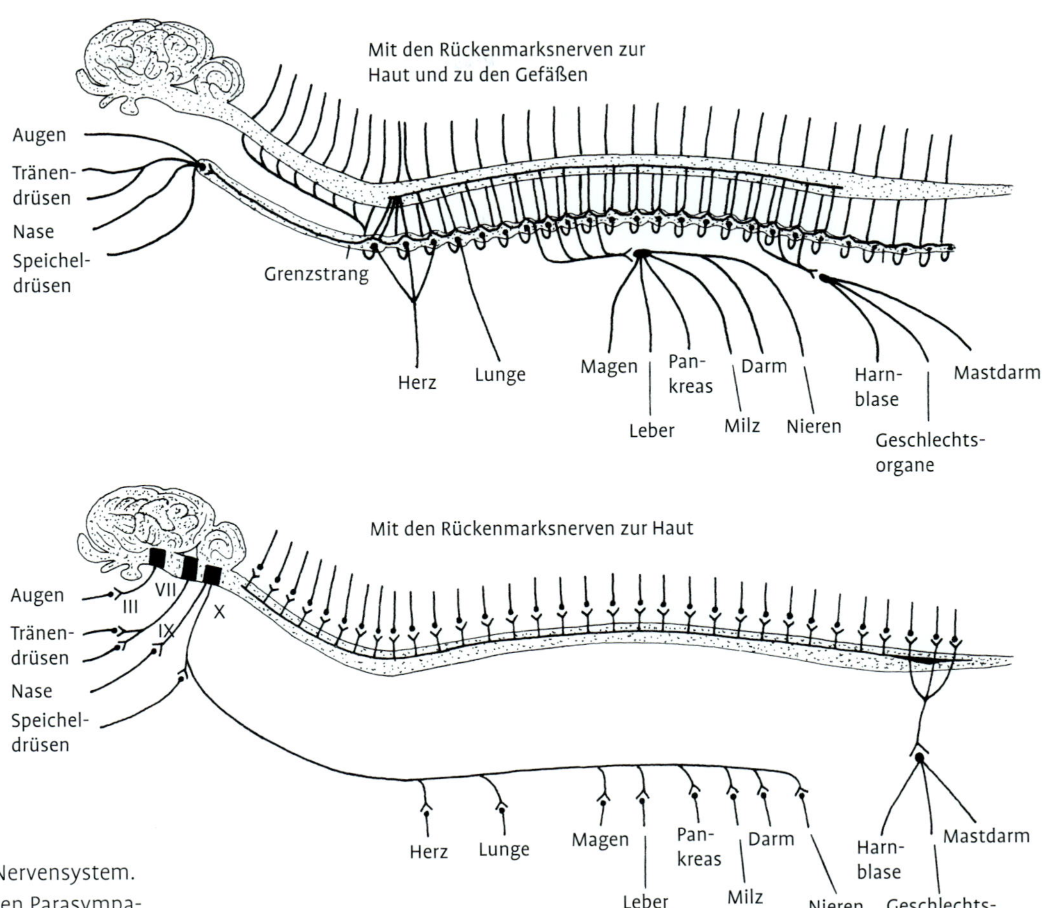

Abb. 2: Das vegetative Nervensystem. Oben Sympathikus, unten Parasympathikus (nach Kolb 1982, verändert).

Reflexe auch zu einer Reduktion fehlgeleiteter Afferenzen zum Rückenmark führt. Indirekte Techniken werden daher auch als funktionelle Techniken bezeichnet.

Manipulation und Mobilisation – harte und weiche Techniken: Eine weitere Differenzierung der Techniken kann nach der Geschwindigkeit erfolgen, mit der sie ausgeführt werden.

So gibt es die schnellen oder auch harten Techniken, bei denen mit Hilfe eines **kurzen Behandlungsimpulses** gearbeitet wird. Das Gelenk wird zunächst bis zum Bewegungsende geführt und hier unter Vorspannung gebracht, der Behandlungsimpuls wird in den paraphysiologischen Raum ausgeführt. Da sich die bei der Behandlung einwirkende Kraft aus dem Produkt von Masse mal Beschleunigung ergibt, ist hier die Schnellkraft entscheidend. Die Techniken werden mit wenig Druck und kleiner Amplitude bei hoher Geschwindigkeit ausgeführt (*High Velocity Techniques*). Durch Druckveränderungen in der Gelenkkapsel kann hierbei ein hörbares Klick-Phänomen ausgelöst werden – dieses sagt jedoch nichts über den Erfolg der Technik aus. Die Techniken, die in der Chiropraktik zur Anwendung kommen, arbeiten auf diese Weise, sie werden dort auch als *Thrust-Techniques* oder *Adjustments* bezeichnet. Ein anderer Begriff, der sich im Deutschen für diese schnellen Techniken eingebürgert hat, ist die Bezeichnung **Manipulation**. Hierbei ist zu beachten, dass die osteopathische Definition des Begriffes auch Techniken mit einem langen Hebel sowie ein aktives Mitwirken des Patienten einschließt. In der chiropraktischen Behandlung wird jedoch ausschließlich mit kurzem Hebel und ohne ein aktives Mitarbeiten des Patienten behandelt. Während die Impulstechniken in der Chiropraktik ausschließlich als direkte Techniken zur Anwendung kommen, arbeiten einige Osteopathen auch mit indirekten Impulsen von der Bewegungseinschränkung weg in die freie Richtung (Exaggerationstechnik).

Den harten Techniken werden die weichen Techniken gegenübergestellt, bei denen die Behandlung langsam erfolgt. Hier kann weiter zwischen **Haltetechniken** und **rhythmisch oszillierenden Techniken** unterschieden werden. Auch wenn der Begriff **Mobilisierung** eigentlich nur eine Wiederherstellung der Beweglichkeit beschreibt, wird diese Bezeichnung teilweise auch synonym für weiche Techniken verwendet, die als direkte Technik gegen die Bewegungseinschränkung arbeiten. Eine Vielzahl funktioneller Techniken wird jedoch als weiche oder langsame Technik in die Richtung der Läsion, also indirekt ausgeführt.

Listening-Techniken: Eine spezielle Form der weichen Techniken ist schließlich die so genannte *Listening*-Technik; bei ihr versucht der Therapeut mit der Hand „in das Gewebe **hineinzuhorchen**" (engl. *to listen* = zuhören, horchen). Diagnose und Behandlung gehen mehr oder weniger nahtlos ineinander über, indem zunächst Gewebszüge mit der aufgelegten Hand erspürt und dann aktiv verstärkt werden. Die aktive Einwirkung ist dabei so leicht, dass eine Bewegung der Hand mit dem bloßen Auge fast nicht zu erkennen ist. Am Ende einer *Listening*-Technik kommt es meist zu einem *Release*-Phänomen, bei dem sich das behandelte Gewebe entspannt; bei manchen Techniken kann auch ein so genanntes *Unwinding*-Phänomen beobachtet werden (s. Faszientechniken).

Die Unterschiede zwischen harten und weichen Techniken sind vor allem auf neurophysiologischer Ebene zu sehen und sind in einer Reizung unterschiedlicher Mechanorezeptoren begründet: Während durch harte Techniken vor allem die **Muskelspindelzellen** aktiviert werden und es so zu einer Sollwert-Veränderung über die Gamma-Schleife kommt, werden bei den weichen Techniken in erster Linie die **Golgi-Sehnen-Organe** angesprochen, sodass es zu einer Detonisierung der betroffenen Muskulatur kommt.

Bei allen im speziellen Teil des Buches besprochenen Techniken werden ausschließlich solche beschrieben, die ohne Impuls arbeiten. Außerdem werden im Zusammenhang mit den parietalen Techniken nur solche erläutert, die zudem möglichst direkt am betroffenen Gelenk ansetzen, also ohne lange Hebel auskommen und dadurch sehr spezifisch wirken. Diese Techniken sind auch für den Anfänger einfach nachzuvollziehen und vor allem relativ gefahrlos am Patienten anzuwenden.
Es sei jedoch noch einmal darauf hingewiesen, dass das Buch keine Anleitung zum Selbststudium ist!

Reflex-Techniken: Als Sonderform können schließlich so genannte Reflex-Techniken zur Anwendung kommen. Hierbei handelt es sich um Techniken, bei denen man sich reflektorische Antworten des Körpers therapeutisch zu Nutze macht. Prinzipiell kann man hier zwischen solchen Techniken unterscheiden, bei denen gezielt **mono- oder polysynaptische Reflexe** der Skelettmuskulatur ausgelöst werden (z.B. Reflexinduzierte Therapie) und solchen Techniken, die eine reflektorische Antwort über das **vegetative Nervensystem** auslösen und so beispielsweise zu einer erhöhten Gewebedurchblutung führen.

Das Vegetativum

Die Bedeutung des vegetativen Nervensystems wird häufig unterschätzt, da seine Mechanismen unbewusst ablaufen. Entsprechend wird das Vegetativum auch als autonomes Nervensystem bezeichnet. Funktionell lässt sich das Vegetativum in zwei Anteile unterteilen: das sympathische und das parasympathische System (Abb. 2). Beide Systeme stellen gegensätzliche Pole dar, die Aktivierung des Sympathikus bewirkt mehr oder weniger das Gegenteil der Aktivierung des Parasympathikus. Die beiden Anteile des Vegetativums finden ihre Entsprechungen in der Traditionellen Chinesischen Medizin in den Elementen **Yin** (Parasympathikus) und **Yang** (Sympathikus). Das harmonische Zusammenspiel zwischen diesen beiden Anteilen ist unerlässlich für die Aufrechterhaltung der Körperfunktionen.

Das **sympathische System** wird auch als *Fight-and-Flight*-System bezeichnet, da es die Körperfunktionen in eine Abwehr- bzw. Fluchtbereitschaft versetzt, und hat seinen Ursprung im Rückenmark des **thorakolumbalen Wirbelsäulen-Bereiches**. Die efferenten Fasern verlassen das Rückenmark segmental; die Umschaltung auf das zweite Neuron erfolgt organfern im sympathischen Grenzstrang (*Truncus sympathicus*). Der Grenzstrang ist im Thorakalbereich eng mit der dorsalen Brustwandfaszie verbunden und den Rippenköpfchen unmittelbar benachbart. Über diese topographischen Beziehungen lassen sich Zusammenhänge zwischen Dysfunktionen der Brustwandfaszie bzw. der Rippenkopfgelenke und einer Erhöhung des Sympathikotonus erklären. Im Grenzstrang erfolgt außerdem eine Verschaltung zu den jeweils in den Segmenten davor und dahinter liegenden Ganglien sowie zu denen der Gegenseite. Die Fasern des sympathischen Systems stehen außerdem mit dem Nebennierenmark in Verbindung. Eine Stimulation führt hier zunächst zu einer Ausschüttung von Adrenalin und Noradrenalin (akute Stress-Reaktion). Bei einer chronischen Erhöhung des Sympathikotonus schließlich kommt es zu einer vermehrten Freisetzung von Kortikosteroiden. Eine Erhöhung des sympathischen Tonus führt außerdem zu einer generalisierten Erhöhung des Muskeltonus der Skelettmuskulatur im gesamten Körper; das sympathische System hat dadurch direkten Einfluss auf den Haltungs- und Bewegungsapparat.

Das **parasympathische System** ist im Wesentlichen für die Regeneration des Körpers sowie für den Stoff- und Energiewechsel verantwortlich und wird daher auch als *Rest-and-Digest*-System bezeichnet. Die Ursprungsgebiete liegen im Bereich der **Hirn- und Sakralnerven**, sodass der Parasympathikus auch als Kraniosakrales System bezeichnet wird. Die Umschaltung der efferenten Fasern auf das zweite Neuron erfolgt im Gegensatz zum sympathischen System im parasympathischen System erst organnah. Im kranialen Teil ist der *Nervus vagus* (X. Hirnnerv) der wichtigste Teil des Parasympathikus; er verlässt die Schädelhöhle durch das *Foramen jugulare* und zieht entlang der Halswirbelsäule zum Brusteingang. Er innerviert hier die thorakalen Organe, durchtritt das Zwerchfell, um anschließend auch den größten Teil der Bauchhöhlenorgane zu versorgen. Dieser lange Weg macht den *Nervus vagus* anfällig für Störungen z.B. bei Dysfunktionen im Atlantookzipitalgelenk (topographische Nähe zum *Foramen jugulare*) und im Zwerchfell. Außer dem *Nervus vagus* enthalten noch weitere Hirnnerven parasympathische Anteile. An den Durchtrittsstellen der Hirnnerven aus dem Schädel durchdringen diese auch die *Dura mater*; bei Vorliegen von Dysfunktionen der Schädelknochen oder der Dura kann es hier ebenfalls zu Beeinträchtigungen kommen. Die Normalisierung kraniosakraler Fehlspannungen führt so auch zu einer Harmonisierung der Hirnnervenfunktion. Der sakrale Anteil des parasympathischen Systems findet sich im Wesentlichen durch den *Nervus pudendus* repräsentiert, der die Beckenhöhle und die darin befindlichen Organe innerviert.

Wird im efferenten Bereich zwischen sympathischen und parasympathischen Fasern unterschieden, so sind die Afferenzen allgemein vegetativ.

Techniken an den Gliedmaßen

Die Behandlungstechniken, die an den Gelenken der Gliedmaßen zur Anwendung kommen, unterscheiden sich meist deutlich von den Techniken, welche an den Gelenken der Wirbelsäule angewandt werden. Man differenziert hierbei zwischen Gelenkbehandlungen, die mit einer **Kompression** der Gelenkflächen einhergehen und solchen, bei denen die Gelenkflächen voneinander separiert werden und die auch als **Traktion** bezeichnet werden. Bei der Traktionsbehandlung kann zusätzlich noch eine gleitende Komponente hinzukommen, man spricht dann von einer **Translation**.

Der Gelenkknorpel kann seine stoßdämpfende Funktion nur dann erfüllen, wenn die physiologischen Auf- und Abbauprozesse der Knorpelmatrix im Gleichgewicht sind. Die Erneuerung der Grundsubstanz verläuft relativ schnell (*Turn-Over*-Rate von Hyaluronsäure = zwei bis vier Tage, *Turn-Over*-Rate von Glykosaminoglykanen = sieben bis zehn Tage); das bedeutet, dass für diese Syntheseleistung eine optimale Versorgung mit Sauerstoff und Nährstoffen sowie ein Abtransport der Stoffwechselabbauprodukte unbedingte Voraussetzung sind. Außerdem erfordert die Synthese von Grundsubstanz einen spezifischen Reiz der Knorpelzellen, der einerseits durch deren Verformung und andererseits durch einen **piezoelektrischen Effekt** erfolgt. Dieser piezoelektrische Effekt wird durch Belastungswechsel im Gelenk hervorgerufen, welche Schwankungen der elektrischen Spannung im Gewebe bewirken. Demzufolge ist der Wechsel zwischen Be- und Entlastung des Knorpels im Gelenk, wie er in der physiologischen Bewegung stattfindet, Voraussetzung für einen ungestörten Knorpelstoffwechsel. Ist die physiologische Beweglichkeit nicht mehr gegeben, treten auch an den Gelenkknorpeln pathologische Veränderungen auf. Wird die Syntheseaktivität der Knorpelzellen gesenkt, kommt es auf Dauer zu einem Verlust an Grundsubstanz sowie zu einer ungenügenden Wassereinlagerung. Dies vermindert die Stabilität des Kollagengewebes und führt zu einer verminderten Belastbarkeit des Knorpelgewebes. Parallel kommt es zu Verklebungen und Gewebeveränderungen im Sehnen-, Band- und Kapselgewebe. Kleine Einrisse im Knorpel und Entzündungen der Kapsel sind die Folge; diese gehen mit einer Einschränkung des Bewegungsumfangs des Gelenks einher. Langfristig kommt es außerdem zu einer Schädigung der subchondralen Knochensubstanz. Der entstehende Belastungsschmerz führt dazu, dass die Gelenkbewegung reflektorisch weiter eingeschränkt wird und Schonhaltungen die Folge sind.

Das Ziel der Behandlung peripherer Gelenke liegt bei allen Techniken in der Wiederherstellung der schmerzfreien Gelenkfunktion; hierfür ist eine vermehrte Produktion von Matrixbestandteilen durch eine Erhöhung der Syntheseleistung der Knorpelzellen, eine Heilung des subchondralen Knochens und die Behandlung der Gelenkkapsel Voraussetzung.

Der **spezifische Therapiereiz** wird durch eine gezielte Be- und Entlastung des Gelenks gesetzt; hierdurch wird der Knorpelstoffwechsel angeregt. Darüber hinaus kommt es jedoch auch an den peripheren Gelenken zu einer Aktivierung von Propriozeptoren. Durch Traktionen können Adhäsionen zwischen verschiedenen Gewebeschichten gelöst werden. Zirkulationsstörungen werden behoben und der Muskeltonus wird gesenkt bzw. normalisiert. Dabei gilt es stets zu beachten, dass alle Techniken nur im schmerzfreien Bereich ausgeführt werden dürfen.

Konzepte und Wirkmechanismen der Mobilisationstechniken

Die im Folgenden vorgestellten Konzepte dienen als Modelle, um die Wirkmechanismen bei der Mobilisation von Bewegungseinschränkungen zu erläutern. Allerdings kann man davon ausgehen, dass die Wirkung einer Technik wahrscheinlich erst durch das Zusammenspiel verschiedener Mechanismen hervorgerufen wird.

Das **biomechanische Konzept** arbeitet mit der biomechanischen Analyse des muskuloskelettalen Systems. Ziel der Therapie ist die Wiederherstellung der Gelenkbeweglichkeit, der Symmetrie von Bändern und Muskeln im Hinblick auf Länge und Kraft sowie ein **optimaler Spannungszustand** der Körperfaszien. Im Mittelpunkt steht hierbei die Mobilisation von Beckendysfunktionen mit dem Ziel der korrekten Wiederherstellung der biomechanischen Verhältnisse am Becken. Da in der vierbeinigen Bewegung der Schub in der Hinterhand entwickelt und von dort über das Becken auf den gesamten Körper übertragen wird, beeinträchtigen Dysfunktionen im Beckenbereich den gesamten Bewegungsablauf.

Das **neurologische Konzept** geht davon aus, dass muskuloskelettale Probleme über neuronale Verschaltungen, vor allem über den Sympathikus des autonomen Nervensystems, Einfluss auf die Gesamtkörperfunktionen haben. Während das parasympathische Nervensystem keinen direkten Einfluss auf den Haltungs- und Bewegungsapparat hat, kann eine Sympathikusaktivierung zu einer Erhöhung des Muskeltonus des gesamten Körpers führen. Behandlungsziel ist eine **Harmonisierung** der beiden Anteile des Vegetativums bzw. eine Reduktion des Sympathikotonus.

Das **neuroendokrine Konzept** arbeitet mit der Freisetzung und Aktivierung von Neurotransmittern wie z.B. den Endorphinen durch Veränderungen des muskuloskelettalen Systems. Über die Arbeit am muskuloskelettalen System sollen Neurotransmitter freigesetzt werden, die eine **Schmerzreduktion** bewirken.

Das **Konzept von Atmung und Kreislauf** sieht einen Zusammenhang zwischen der respiratorischen Bewegung des Zwerchfells und der Atemmuskulatur auf den venösen und lympathischen Rückstrom zum Herzen. Ziel der Therapie ist eine freie arterielle, venöse und lymphatische **Zirkulation** durch Beseitigung der Abflusshindernisse sowie eine Verbesserung der Pumpfunktion des Zwerchfells.

Das **bioenergetische Konzept** schließlich legt seinen Schwerpunkt auf die Aktivierung des körpereigenen Energiesystems und die Übertragung von **Energie** durch eine therapeutische Berührung.

Die ***Gate-Control-Theory*** wurde im Jahre 1965 von **Melzack** und **Wall** entwickelt und stellt einen Erklärungsansatz dar, warum durch strukturelle Behandlungstechniken, aber auch durch Therapieformen wie beispielsweise Akupunktur die Schmerzwahrnehmung beeinflusst werden kann. **Melzack** und **Wall** beschrieben, dass es durch die **Stimulation** bestimmter Rezeptoren im Gewebe zu einer Hemmung der Schmerzafferenzen kommt, da die von den Rezeptoren kommenden Informationen über dicke myelinisierte Nervenfasern schneller zum Rückenmark gesendet werden, als die Schmerzinformationen, die über dünn-myelinisierte Fasern führen. Die Afferenzen von Druck-, Berührungs- und Vibrationsrezeptoren weisen dicke Myelinscheiden auf, der gleiche Mechanismus trifft aber auch bei der Reizung von Propriozeptoren zu, welche bei der Gelenkbewegung aktiviert werden. In der Funktionsmassage, aber auch durch die Anwendung anderer Mobilisations- und Manipulationstechniken wird dieser Mechanismus angesprochen.

Historische Herkunft der Techniken

Heutzutage sind die Faktoren, die zu einer somatischen Dysfunktion führen, wesentlich genauer erforscht als in der Zeit, in der die Osteopathie als Behandlungsform entstanden ist. Auch die Mechanismen, die bei verschiedenen Behandlungstechniken eine Rolle spielen, sind wissenschaftlich untersucht. Sicherlich ist dies einer der Gründe dafür, dass auch in unterschiedlichen Disziplinen mittlerweile zum Teil ähnliche Techniken zur Anwendung kommen. Traditionell stammen direkte Techniken, die mit schnellen Impulsen direkt bzw. spezifisch am betroffenen Gelenke arbeiten, aus der Chiropraktik; langsame Behandlungstechniken hingegen leiten sich aus der traditionellen Osteopathie ab. Dabei standen auch hier zunächst die strukturellen bzw. direkten Behandlungsformen im Vordergrund, funktionelle Techniken und auch die weniger spezifischen Behandlungstechniken aus der Kraniosakralen und Viszeralen Therapie sowie die Faszientechniken kamen erst später hinzu.

Kontraindikationen für osteopathische Behandlungstechniken

Generell muss zwischen absoluten und relativen Kontraindikationen unterschieden werden. Eine **absolute Kon-**

traindikation stellen Erkrankungen oder Zustände dar, bei denen jede Form der osteopathischen Behandlung zu einer Verschlechterung führen würde. Dies sind vor allem frische Verletzungen wie Blutungen oder Knochenbrüche. Bei **relativen Kontraindikationen** hingegen müssen z.B. bestimmte Körperregionen von der Behandlung ausgenommen werden oder es dürfen bestimmte Techniken nicht zur Anwendung kommen (z.B. Ankylose: Das betroffene Gelenk kann aufgrund einer Verknöcherung nicht mobilisiert werden, dennoch können andere Gelenke behandelt werden; z.B. Trächtigkeit: Bestimmte kraniosakrale Techniken dürfen aufgrund einer durch sie hervorgerufenen Ausschüttung von Oxytocin nicht angewandt werden). Darüberhinaus spielen natürlich der aktuelle Stand der Wissenschaft, die bei einem Patienten vorliegende Diagnose sowie die jeweils gültige (Haftpflicht-)Rechtslage eine Rolle. So wird immer wieder diskutiert, ob Tumor-Erkrankungen eine Kontraindikation darstellen, da nicht auszuschließen ist, dass vor allem über eine Anregung des vaskulären Systems eine Abschwemmung von Tumor-Zellen und dadurch eine Metastasierung beschleunigt werden könnte. Dennoch profitieren natürlich auch Tumor-Patienten von den schmerzlindernden und allgemein ausgleichenden Effekten einer osteopathischen Behandlung. Hier muss unbedingt eine eingehende Aufklärung des Besitzers stattfinden – im Zweifelsfall sollte man den Wunsch des Besitzers, sein Tier trotz einer Tumorerkrankung behandeln zu lassen, schriftlich dokumentieren und vom Besitzer unterschreiben lassen

Darüber hinaus vergeht vom ersten Auftreten einzelner Krebszellen bis zur Diagnose einer klinisch manifesten Tumorerkrankung immer eine gewissen Latenzzeit, sodass hier ein Restrisiko niemals ganz auszuschließen ist.

Kontraindikationen für osteopathische Techniken:

- Frische Verletzungen wie Blutungen, Frakturen etc.
- Tumor-Erkrankungen (Aufklärung des Besitzers)
- Akute Infektionen, Fieber (aber: Für einige Techniken wurde ein positiver Effekt auch bei Vorliegen von akuten, fieberhaften Infektionen nachgewiesen)
- Trächtigkeit (vor allem im letzten Drittel der Trächtigkeit; bestimmte kraniosakrale und viszerale Techniken; Techniken in den Segmenten, die dem Uterus zugeordnet sind)
- Ankylosen und Arthrosen (im betroffenen Bereich)
- Hypermobilität (im betroffenen Bereich)
- Akute Bandscheibenerkrankungen

Bewegungsapparat

PARIETALE TECHNIKEN

Da die osteopathische Behandlung von Tieren in Deutschland sowohl durch Therapeuten mit einem humanmedizinischen Hintergrund als auch durch solche mit einem tiermedizinischen Hintergrund durchgeführt wird, ist es zwingend notwendig, sich auf ein gemeinsames Vokabular zu einigen. Da am Tier gearbeitet wird, wird im Folgenden die Terminologie aus dem Veterinärbereich verwendet (Achtung! Hierdurch bestehen Unterschiede zum Humanbereich: z.B. rückenwärts am Tier = dorsal – rückenwärts beim Menschen = posterior; beim Tier ist dies oben, beim Menschen jedoch hinten. Kopfwärts am Tier = kranial – kopfwärts beim Menschen = superior; beim Tier ist dies vorne, beim Menschen jedoch oben).

Richtungen am Körper:

- Kranial = kopfwärts, vorne am Tier
- Kaudal = schwanzwärts, hinten am Tier
- Dorsal = rückenwärts, oben am Tier
- Ventral = bauchwärts, unten am Tier
- Medial = zur Mittellinie hin (Mittellinie = Mediane), innen
- Lateral = zur Seite hin, außen
- Proximal = an den Extremitäten: zum Rumpf hin
- Distal = an den Extremitäten: vom Rumpf weg
- Palmar = Unterseite der Vordergliedmaße distal des Karpus
- Plantar = Unterseite der Hintergliedmaße distal des Tarsus
- Rostral = am Kopf, zur Nase hin

Gedachte Ebenen und Achsen des Körpers:

- Medianebene = mittlere Ebene, die das Tier in eine rechte und eine linke Körperhälfte (gleich groß) teilt
- Sagittalebenen = Ebenen, die parallel zur Medianebene verlaufen, den Körper also ebenfalls in eine rechte und eine linke Hälfte (ungleich groß) teilen
- Frontalebenen = Ebenen, die das Tier in eine vordere und eine hintere Hälfte teilen (Achtung! Einige Autoren bezeichnen als Frontalebene solche Ebenen, die das Tier in eine obere und eine untere Hälfte teilen.)
- Transversalebenen = Ebenen, die das Tier in eine obere und eine untere Hälfte teilen (Achtung! Einige Autoren bezeichnen als Transversalebenen solche Ebenen, die das Tier in eine vordere und eine hintere Hälfte teilen.)
- Longitudinalachse = Achse, die längs von hinten nach vorne (kaudal nach kranial) verläuft
- Sagittalachse = Achse, die vertikal von oben nach unten (dorsal nach vertral) verläuft
- Transversalachse = Achse, die horizontal von rechts nach links verläuft

KREUZ-BECKENREGION

Funktionelle Anatomie

Während das Becken selbst zu den Knochen der Hintergliedmaße gehört, stellt das Kreuzbein (*Os sacrum*) einen Teil der Wirbelsäule dar. Das Becken steht auf der einen Seite über die Hüftgelenke mit den Hintergliedmaßen in Verbindung, auf der anderen Seite ist es in den Kreuzdarmbeingelenken mit dem Kreuzbein verbunden. Das Kreuzbein wiederum artikuliert mit dem letzten Lendenwirbel (L7) und mit dem ersten Schwanzwirbel. Die Kreuz-Beckenregion umfasst somit mehrere Gelenke, die nicht nur aus klinischer Sicht (vor allem Hüftgelenke: HD; lumbosakraler Übergang: Cauda-equina-Kompressionssyndrom), sondern auch aus osteopathischer Sicht (Läsionen der Sakroileakalgelenke; Sakrums-Torsionen) eine besondere Bedeutung haben.

Kreuzbein: Das Kreuzbein, *Os sacrum*, besteht beim Hund in der Regel aus den drei Sakral-Wirbeln, die spätestens mit etwa zwei Jahren fest miteinander verwachsen sind. Bisweilen finden sich hier Übergangswirbel, d.h., Lenden- oder Schwanzwirbel, welche ganz oder teilweise mit dem Sakrum verschmolzen sind. Neben solchen Übergangswirbeln können auch unvollständige Verschmelzungen der Sakralwirbel zu funktionellen Instabilitäten in diesem Bereich führen. Die kranial gelegene Sakrumsbasis trägt seitlich die als Flügel (*Alae ossis sacri*) modifizierten Querfortsätze des ersten Kreuzwirbels. Die *Extremitas cranialis* steht über die Bandscheibe mit dem siebten Lendenwirbel in Verbindung; dorsal artikulieren die *Processus articulares craniales* des Sakrums mit den kaudalen Gelenkfacetten des siebten Lendenwirbels. Die *Extremitas caudalis* des Sakrums hat ebenfalls über eine Bandscheibe Kontakt zum ersten Schwanzwirbel, hier bilden die *Processus articulares caudales* mit den kranialen Gelenkfacetten des vorderen Schwanzwirbels eine gelenkige Verbindung. Die ventral gelegene Fläche des Sakrums wird als *Facies pelvina* bezeichnet, auf der nach lateral ausgerichteten *Facies auricularis* befinden sich die Gelenkflächen für die Artikulation mit dem Darmbein. Zwischen den einzelnen Wirbelanteilen treten die Dorsal- und Ventraläste der ersten und zweiten Sakralnerven aus den *Foramina sacralia dorsalia* und *ventralia* (Abb. 3).

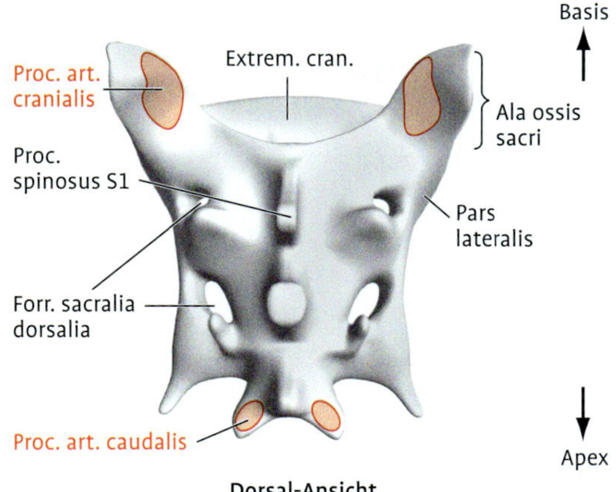

Abb. 3: Das Kreuzbein.

Knöcherner Beckengürtel: Dieser besteht aus dem Sakrum, dem knöchernen Becken (*Pelvis*) und den ersten beiden Schwanzwirbeln. Das *Foramen obturatum* wird jeweils vom *Os pubis* und *Os ischii* gebildet. Das knöcherne Becken selbst setzt sich aus den paarigen Hüftknochen (*Ossa coxae*) zusammen, welche ventral in der Beckensymphyse miteinander verschmolzen sind; dorsal sind sie durch das Sakrum voneinander getrennt. Jedes *Os coxae* besteht zunächst aus drei Einzelknochen, die knöchern miteinander verschmolzen sind (Abb. 4); dies sind **Darmbein** (*Os ilium*), **Schambein** (*Os pubis*) und **Sitzbein** (*Os ischii*). Diese drei Knochen treten in der Hüftgelenkspfanne (*Acetabulum*) zusammen, wo sich vor der Verschmelzung ein weiterer Knochen, das *Os acetabuli* befindet. Die Hüftgelenkspfanne dient der Artikulation mit dem Femurkopf. Die halbmondförmige Gelenkfläche (*Facies lunata*) lässt ventral eine Öffnung (*Incisura acetabuli*) frei, zentral befindet sich die Bandgrube (*Fossa acetabuli*). Die *Spina ischiadica* verbindet das Ilium mit dem *Os ischii*.

Das **Darmbein** oder *Os Ilium* ragt mit den nahezu senkrecht stehenden Darmbeinflügeln, den *Alae ossis ilii*, am weitesten nach kaudodorsal. Die Außenfläche des Darmbeins, *Facies glutaea*, bietet den Kruppenmuskeln Ansatz. Die nach medial zeigende *Facies sacropelvina* unterteilt sich in die *Facies iliaca*, welche ebenfalls als Muskelansatz dient, und die *Tuberositas iliaca*, welche mit ihrer *Facies auricularis* die Gelenkfläche für die Artikulation mit dem Sakrum darstellt. Die beim Hund konvexe *Crista iliaca* ist als deutlicher Wulst kranial am Darmbeinflügel zu ertasten; ventral an der Crista befindet sich der Hüfthöcker, *Tuber coxae*, mit der *Spina iliaca ventralis cranialis*; dorsal an der *Crista iliaca* liegt das *Tuber sacrale*, welches sich wiederum unterteilt in die *Spina iliaca dorsalis cranialis* und die *Spina iliaca dorsalis caudalis*. Das Ilium setzt sich mit seinem *Corpus* nach kaudoventral fort; der Übergang zwischen *Ala* und *Corpus* wird ventral durch die *Spina iliaca ventralis caudalis* markiert. Dorsal reicht die *Incisura ischiadica major* von der *Spina iliaca dorsalis caudalis* bis zur *Spina ischiadica* am *Os ischii*. Im *Acetabulum* tritt das Ilium schließlich mit den übrigen Beckenknochen in Verbindung.

Das *Corpus* des **Schambeins**, *Os pubis*, stellt ebenfalls einen Teil der Beckenpfanne dar. Der vordere Anteil des Pfannenastes, der *Ramus cranialis*, umrandet das *Foramen obturatum* auf der Vorderseite. Er trägt am Beckeneingang den Schambeinkamm, *Pecten ossis pubis*, auf dem sich dorsal die *Eminentia iliopubica* und ventral das *Tuberculum pubicum ventrale* befinden. Kaudal liegt der *Ramus caudalis*. Die Schambeine beider Körperseiten bilden den vorderen Anteil der Beckensymphyse.

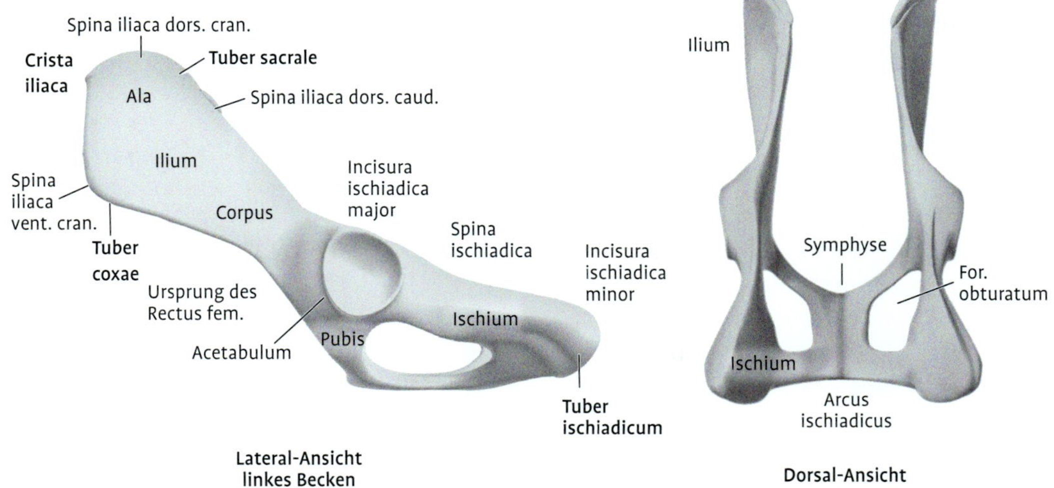

Abb. 4: Das knöcherne Becken.

Auch das *Corpus* des **Sitzbeins**, *Os ischii*, ist an der Bildung des *Acetabulums* beteiligt, kaudal befindet sich die *Tabula ossis ischii*. Dorsal zieht die *Incisura ischiadica minor* von der *Spina ischiadica* nach kaudal zum *Tuber ischiadicum*, wo sie in den *Arcus ischiadicus* übergeht. Dieser setzt sich wiederum nach lateral zum Sitzbeinhöcker, *Tuber ischiadicum,* fort, welcher der langen Sitzbeinmuskulatur Ursprung bietet. Der kaudale Teil der Beckensymphyse wird durch die Sitzbeine beider Körperseiten gebildet; auch die Umrahmung des *Foramen obturatum* auf der Kaudalseite geschieht durch die Sitzbeine. *Arcus ischiadicus*, *Tuber ischiadicum* und *Ligamentum sacrotuberale* bilden den Beckenausgang.

Anatomische Referenzpunkte

Tuber sacrale, *Tuber coxae* und *Tuber ischiadicum* sind als Referenz- und Kontaktpunkte bei der osteopathischen Untersuchung und Behandlung von Bedeutung.
Sie dienen auf der einen Seite als Bezugspunkte bei der Beurteilung von Beckenfehlstellungen, auf der anderen Seite werden sie bei der Korrektur solcher Fehlstellungen als Kontaktpunkte verwendet.

Kreuzdarmbeingelenk: Das Kreuzdarmbein- oder auch Sakroiliakalgelenk ist ein straffes Gelenk mit einer engen Gelenkkapsel, welches die *Facies auriculares* von Sakrum und Ilium miteinander verbindet (Abb. 5). Rückenseitig finden sich die *Ligamenta sacroiliacalia dorsalia*, die mit einem kurzen Anteil das *Tuber sacrale* mit der Kreuzbeinbasis, mit einem langen Anteil *Tuber sacrale* und die Seitenfläche des Sakrums verbinden. Auf der Ventralseite verstärken die *Ligamenta sacroiliacalia ventralia* die Gelenkkapsel; darüber hinaus besteht eine zusätzliche Verbindung durch die *Ligamenta sacroiliacalia interossea*. Das *Ligamentum sacrotuberale* ist beim Hund als dünner Strang ausgebildet, der jeweils seitlich von der Kreuzbeinspitze zum *Tuber ischiadicum* zieht; bei Torsionen des Sakrums gerät dieses Band einseitig unter Spannung.

Durch diese Bauweise ermöglichen die Kreuzdarmbeingelenke eine Weitergabe des Schubs, der in der Bewegung von den Hintergliedmaßen entwickelt wird; gleichzeitig werden starke Stoßbelastungen abgefangen.

Lange Zeit vertrat die medizinische Lehrmeinung die Ansicht, dass die Sakroiliakalgelenke straffe Gelenke ohne Bewegungsmöglichkeit seien. Jedoch seit Mitte des 19. Jahrhunderts wird in der Literatur eine Bewegung in den Sakroiliakalgelenken beschrieben. Allerdings ist die Feststellung einer Dysfunktion dieser Gelenke durch eine klinische Untersuchung weiterhin sehr strittig.
Die im Rahmen dieses Buches vorgestellten Techniken haben sich in der Praxis bewährt, sodass positive Behandlungsergebnisse immer wieder reproduzierbar sind.

Kruppenmuskulatur: Die Glutäenmuskulatur (Abb. 6), von deren drei Muskelanteilen (*M. glutaeus superficialis*, *medius* und *profundus*) beim Hund der *M. glutaeus medius* am stärksten ausgeprägt ist, spielt aufgrund ihres

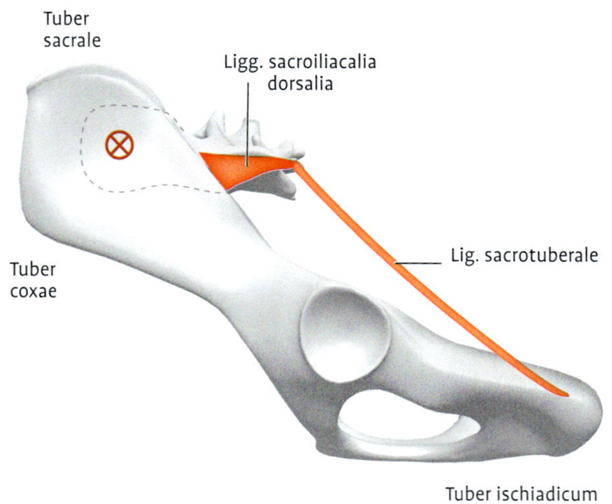

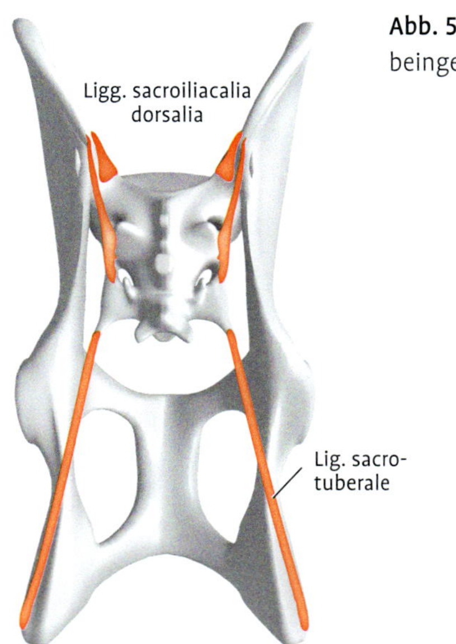

Abb. 5: Das Kreuzdarmbeingelenk.

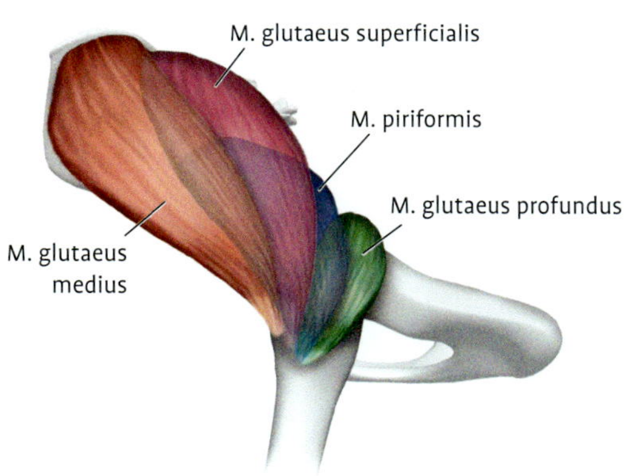

Abb. 6: Die Kruppenmuskulatur.

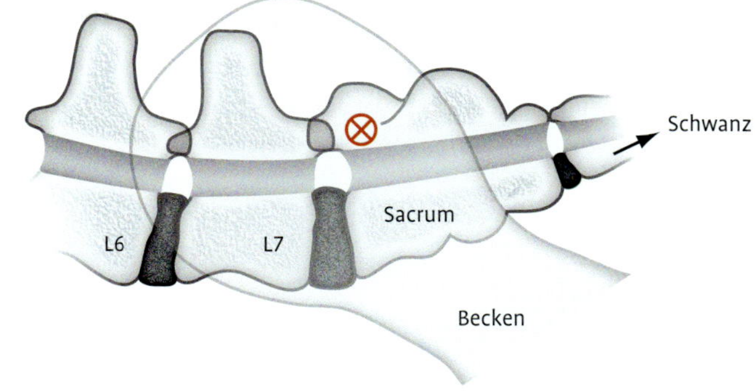

Abb. 7: Der lumbosakrale Übergang.

Verlaufes von Kreuz- und Darmbein zum *Trochanter major* des Oberschenkels bei Dysfunktionen der Kreuzdarmbeingelenke eine wichtige Rolle. Spannungsveränderungen bewirken nicht nur eine asymmetrische Kontur der Kruppe, sondern haben auch eine Verkürzung der Schrittlänge zur Folge. Die Kruppenmuskulatur wird durch den *Nervus glutaeus caudalis* und den *N. glutaeus cranialis* versorgt. Der *N. ischiadicus*, welcher unter anderem zwischen dem *M. glutaeus profundus* und dem *M. piriformis* zu liegen kommt, kann zudem beeinträchtigt sein, wenn es zu Kontrakturen der Kruppenmuskulatur kommt.

Lumbosakraler Übergang: Der lumbosakrale Übergang (LSÜ) umfasst die kaudalen Anteile des siebten Lendenwirbels sowie die kranialen Anteile des Sakrums (Abb. 7). Diese artikulieren über die Bandscheibe sowie über die bilateral symmetrisch ausgebildeten Facettengelenke, welche sich weiter dorsolateral befinden. Da das Sakrum jedoch nicht nur mit dem letzten Lendenwirbel, sondern über die Kreuzdarmbeingelenke auch mit dem Ilium artikuliert, kann der lumbosakrale Übergang aus funktioneller Sicht nicht isoliert betrachtet werden. Bei Fehlstellungen des Sakrums muss daher berücksichtigt werden, dass immer alle gelenkig verbundenen Strukturen (lumbosakraler Übergang; rechtes und linkes Kreuzdarmbeingelenk) betroffen sind!

Fossa ischiorectalis: Die *Fossa ischiorectalis* (Abb. 8) ist die Beckenausgangsgrube. Ihre laterale Begrenzung

Abb. 8: Die Fossa ischiorectalis.

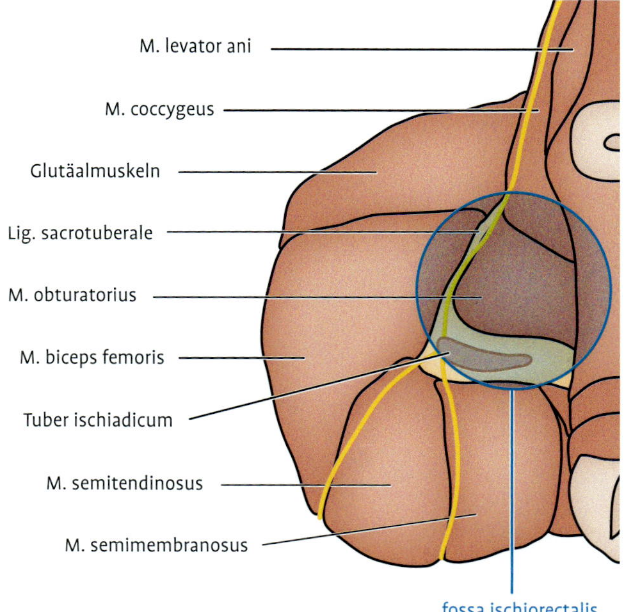

wird durch die *Tuber ischiadica* und die *Ligamenta sacrotuberalia* gebildet. Die ventrale Begrenzung stellt der *Musculus obturatorius* dar und medial wird die *Fossa ischiorectalis* durch den *M. levator ani* und den *M. coccygeus* gebildet. Die *Fossa ischiorectalis* enthält einen Fettkörper; durch den *Canalis pudendus* ziehen der *Nervus pudendus* sowie die zugehörige Vene und Arterie durch die Beckenausgangsgrube. Der *N. pudendus* innerviert das Perineum sowie die *Pars analis* und die *Pars urogenitalis* des *Diaphragma pelvis*. Infolge von Fehlstellungen des Beckens bzw. des Sakrums kann es zu Tonusveränderungen der begrenzenden Strukturen (Muskulatur, *Ligamentum sacrotuberale*) kommen, welche zu **Irritationen** des *N. pudendus* führen können. Die Folge können Störungen der Blasen- und Darmentleerung beispielsweise im Sinne einer Inkontinenz sein.

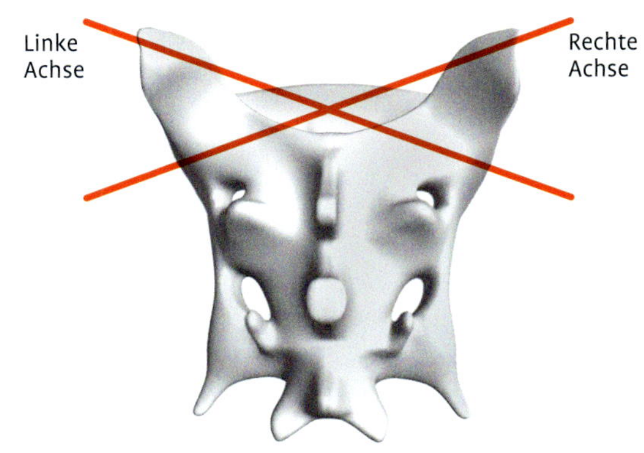

Abb. 9: Die Sakrumsachsen.

Biomechanik

Beschreibung der physiologischen sakroiliakalen Bewegung im Gang

Im physiologischen Gangzyklus ist über die Artikulation von Sakrum und Ilium im Sakroiliakalgelenk eine gegengleiche Rotationsbewegung der Beckenhälften mit einer Torsionsbewegung des Kreuzbeins gekoppelt. Diese Torsionsbewegung findet um zwei gedachte schräge Achsen statt (Abb. 9). In der Torsion ist die Rotation des Sakrums in die eine Richtung mit einer Seitneigung in die andere Richtung gekoppelt.

> Die linke schräge Achse verläuft vom vorderen oberen Ende des linken Sakroiliakalgelenks zum hinteren unteren Ende des rechten Sakroiliakalgelenks; die rechte schräge Achse verläuft entsprechend umgekehrt.

Während die rechte Hintergliedmaße in der Hangbeinphase nach vorne geführt wird, rotiert das Becken mit dem *Tuber sacrale* als Bezugspunkt auf dieser Seite nach kaudodorsal. Gleichzeitig senkt sich die rechte Kreuzbeinbasis in einem kranioventralen Kreisbogen auf dieser Seite nach ventral; dieses Absenken wird als Nutationsbewegung bzw. Torsionsbewegung nach ventral – *forward torsion* – beschrieben. Dieses schräge Absenken der rechten Kreuzbeinbasis zieht zwangsläufig eine relative Bewegung der linken Kreuzbeinbasis nach dorsal nach sich; gleichzeitig rotiert das Becken auf der linken Seite nach kranioventral und die linke Hintergliedmaße wird zurückgeführt. Anschließend erfolgt die Rückkehr aller Anteile in die Neutralstellung und der zweite Teil des Bewegungszyklus beginnt:

Das Becken rotiert nun auf der rechten Seite nach kranioventral, während gleichzeitig die nun auf dem Boden befindliche rechte Hintergliedmaße nach hinten geführt wird. Dabei bewegt sich die rechte Seite der Kreuzbeinbasis relativ gesehen nach dorsal, während nun die linke Kreuzbeinbasis eine Nutationsbewegung nach ventral – *forward torsion* – ausführt. Gleichzeitig rotiert nun wiederum das Becken auf der linken Seite nach kaudodorsal (Abb. 10). Um diese Bewegungen nun in Bezug zum Sakrum zu beschreiben, kann nicht nur die relative Position der rechten bzw. linken Sakrumsbasis angegeben werden, alternativ kann auch die Rotationsbewegung um die oben beschriebenen Torsionsachsen benannt werden (Tab. 2).

Tab. 2 Bewegungsbeschreibung bei physiologischer Torsionsbewegung

	forward torsion (physiologische Nutationsbewegung nach kranioventral)	Bewegungsbeschreibung
L/L	Linksrotation über linke schräge Achse	Sakrum rotiert nach links und geht in Seitneigung rechts Rechte Sakrumsbasis geht in Nutation
R/R	Rechtsrotation über rechte schräge Achse	Sakrum rotiert nach rechts und geht in Seitneigung links Linke Sakrumsbasis geht in Nutation

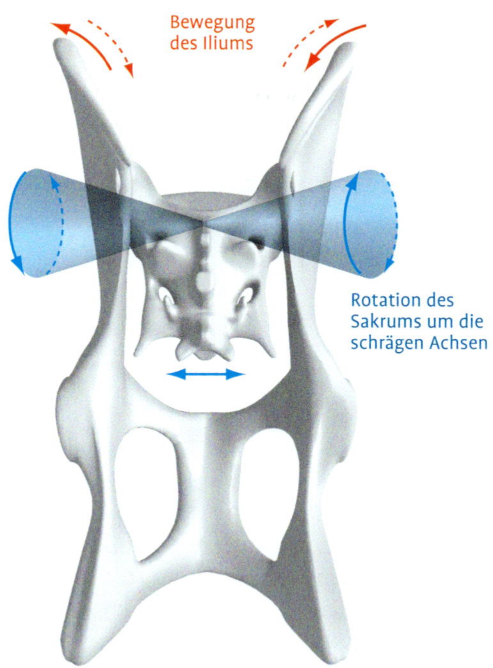

Abb. 10: Sakroiliakale Bewegung im Gang.

Bei der Nutationsbewegung der rechten Kreuzbeinbasis nach ventral bewegt sich die linke Kreuzbeinbasis nach dorsal, es handelt sich also um eine Linksrotation. Da die Bewegung der rechten Kreuzbeinbasis gleichzeitig auch nach vorne geht, findet die Rotation um die linke schräge Achse statt. Die Linksrotation über die linke schräge Achse wird auch als „L über L" oder **„L/L"** abgekürzt. Umgekehrt bezeichnet man die Rechtsrotation über die rechte schräge Achse als „R über R" bzw. **„R/R"**.

Im normalen Gangzyklus finden ausschließlich diese Nutationsbewegungen nach kranioventral statt; das heißt also, die Linksrotation über die linke schräge Achse und die Rechtsrotation über die rechte schräge Achse. Eine Kontranutation nach dorsal über die Neutralstellung hinaus findet im normalen Gangzyklus nicht statt.

Sakrumstorsionen gegen die Bewegungsrichtung (so genannte *backward-torsions*) können jedoch als Fehlstellungen auftreten. Solche Bewegungen des Sakrums entstehen, wenn der Kopf des Tieres nach unten gebeugt wird. Dabei findet eine Kontranutation des Sakrums statt. Bei einer Torsionsbewegung nach dorsal bewegt sich jedoch nur eine Seite der Sakrumsbasis über die Neutralstellung hinaus in die Kontranutation nach dorsal. Dies wird als *backward-torsion* bezeichnet. Bei einer *backward-torsion* nach rechts über die linke Achse rotiert das Sakrum nach rechts und führt eine Seitneigung nach links durch. Bei einer *backward-torsion* nach links verhält es sich genau umgekehrt.

An die Rotationsbewegung des Sakrums ist gleichzeitig auch eine Seitneigungsbewegung gekoppelt: bei einer Linksrotation um die linke schräge Achse, bei der sich also die rechte Kreuzbeinbasis absenkt, geht die Kreuzbeinspitze ebenfalls nach rechts. Das heißt, der lumbosakrale Übergang steht in Seitneigung rechts. Umgekehrt verhält es sich bei einer Rechtsrotation um die rechte schräge Achse: Hier geht die Kreuzbeinspitze nach links, der lumbosakrale Übergang steht in Seitneigung links. Bei diesen *forward-torsions* ist also die Rotationsbewegung an eine Seitneigungsbewegung in die entgegengesetzte Richtung (**heteronym**) gekoppelt.

Bei einer Linksrotation um die rechte schräge Achse, bei der also die linke Kreuzbeinbasis in Kontranutation steht, geht die Kreuzbeinspitze jedoch nach links, der lumbosakrale Übergang steht in Seitneigung links. Andersherum steht bei einer Rechtsrotation um die linke schräge Achse die Kreuzbeinspitze rechts und auch der lumbosakrale Übergang steht in Seitneigung rechts. Bei diesen *backward-torsions* ist die Rotationsbewegung also an eine Seitneigung in die gleiche Richtung (**homonym**) gekoppelt.

Physiologische bilaterale Nutations- und Kontranutationsbewegungen

Bei Bewegungsabläufen, die eine symmetrische Aktion der Hinterbeine erfordern (z.B. Streckung der Wirbelsäule beim Absprung über ein Hindernis; Flexion der Wirbelsäule z.B. beim Kotabsatz), rotiert auch das Sakrum **bilateral symmetrisch** um eine gedachte Transversalachse; die Sakrumsbasis wird als Bezugspunkt gesehen. Das Absenken der Sakrumsbasis nach ventral wird als **Nutation**,

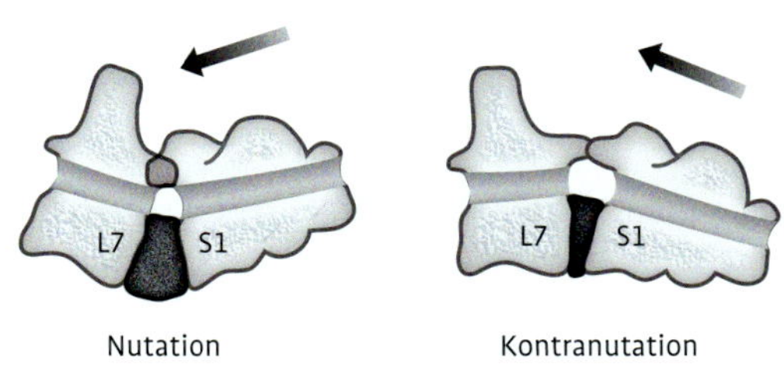

Abb. 11: Nutation und Kontranutation des Sakrums.

> Liegen Dysfunktionen im Bereich der Kreuzdarmbeingelenke oder des lumbosakralen Übergangs vor, so finden sich zwar häufig auch Muster, die den physiologischen Bewegungszusammenhängen entsprechen, allerdings können bei Vorliegen einer Dysfunktion auch isolierte Läsionen des Beckens bzw. des Sakrums auftreten, da das physiologische Bewegungsmuster gestört ist.

das Anheben als **Kontranutation** bezeichnet. Betrachtet man den lumbosakralen Übergang, so können diese Bewegungen auch als **Extensions- und Flexionsbewegungen** benannt werden. Die Nutation wird dabei als Extension und die Kontranutation als Flexion bezeichnet (Abb. 11).

Biomechanik und Nomenklatur der Dysfunktion

Liegt im Bereich des Sakroiliakalgelenks eine Dysfunktion vor, kann diese auf verschiedene Arten beschrieben werden: Wird als Referenzpunkt das *Tuber sacrale* bzw. auch das *Tuber ischiadicum* gewählt, so spricht man von einer Fehlstellung des Beckens, wählt man das Kreuzbein bzw. dessen Basis als Bezug, spricht man von einer Fehlstellung des Sakrums. Eine Fehlstellung des Beckens kann auch als **iliosakrale Dysfunktion**, d.h. Funktionsstörung seitens des *Os ilium* bezeichnet werden. Sie wird funktionell unterschieden von einer **sakroiliakalen Dysfunktion**, d.h. einer Funktionsstörung des *Os sacrum*. Iliosakrale und sakroiliakale Dysfunktionen treten häufig gemeinsam auf – wenn dies der Fall ist, sollte immer zuerst die sakroiliakale Dysfunktion korrigiert werden, da das Sakrum als zentrale Struktur eine dem Becken übergeordnete Bedeutung hat.

Häufig entstehen dabei Läsionen am Ende des physiologischen Bewegungsablaufes, d.h. beispielsweise in der maximalen Rotation des Beckens nach dorsal oder in der maximalen Torsion einer Sakrumsbasis nach ventral. Bei Fehlstellungen des Sakrums muss immer berücksichtigt werden, dass nicht nur die Kreuzdarmbeingelenke, sondern auch der lumbosakrale Übergang mitbetroffen ist.

Fehlstellungen des Beckens

Funktionsstörungen der Sakroiliakalgelenke seitens des *Os ilium* können einseitig oder auch beidseitig auftreten. In der Human- und auch in der Pferdeosteopathie wird unterschieden zwischen Fehlstellungen des Beckens um eine Rotationsachse (Läsion in Dorsal- bzw. Ventralrotation), Fehlstellungen in einer Translationsebene (*Upslip*- bzw. *Downslip*-Läsionen) und Fehlstellungen, bei denen es zu einer Annäherung (*Inflare*) oder Öffnung (*Outflare*) der Sakroiliakalgelenke kommt. Aus der praktischen Arbeit in der Hundeosteopathie ergab sich in Bezug auf die Fehlstellungen des Beckens ein etwas anderes Bild:

Fehlstellungen des Beckens beim Hund:

- Läsionen in *In*- bzw. *Outflare* sind – wahrscheinlich aufgrund der nahezu senkrecht stehenden Sakroiliakalgelenke – zu vernachlässigen.
- *Upslip*-Läsionen treten in Kombination mit Ventralrotationsläsionen auf.
- *Downslip*-Läsionen treten in Kombination mit Dorsalrotationläsionen auf.

Fehlstellung des Beckens in Rotation: Um die Rotation des Beckens um eine gedachte Achse, welche transversal durch die Kreuzdarmbeingelenke beider Seiten verläuft, zu beschreiben, verwendet man die *Tuber sacralia* bzw. *Tuber ischiadica* als Referenzpunkte. Bei der Rotation des Beckens nach kranioventral bewegt sich das *Tuber sacrale* ebenfalls nach kranioventral, das *Tuber ischiadicum* hingegen richtet sich nach dorsal. Im umgekehrten Fall, also bei der Rotation nach kaudodorsal, geht auch das *Tuber sacrale* nach kaudodorsal, das *Tuber ischiadicum* wiederum bewegt sich nach ventral. In der physiologischen Bewegung erfolgen diese Abläufe rechts und links gegengleich: während das Becken auf der einen Körperseite nach dorsal rotiert, rotiert es auf der anderen Körperseite nach ventral.

Dysfunktionen des Beckens können als ein- oder beidseitige Rotation nach dorsal oder ventral vorliegen. Beidseitig gleichgerichtete Blockierungen sind dabei selten; sehr häufig wird eine Rotation des rechten Iliums nach kauodorsal gefunden. Als Bezugspunkte dienen die *Tuber sacralia* (*Spina iliaca dorsalis cranialis* und *caudalis*) sowie die *Tuber ischiadica*, die jeweils im Seitenvergleich auf Positionsunterschiede (Höhe sowie Position kaudal und kranial) untersucht werden.

Liegt ein relativer Höhenunterschied zwischen rechter und linker Körperseite vor, muss in einem zweiten Schritt differenziert werden, ob es sich dabei um eine Fehlstellung in **Dorsalrotation** der einen oder eine Fehlstellung in

Tab. 3 Nomenklatur der Beckenfehlstellungen

Nomenklatur in der Osteopathie	Stellung des Beckens	Nomenklatur in der Chiropraktik
Rotation des Beckens nach kaudodorsal (*Downslip*)	*Tuber sacrale* kaudodorsal, *Tuber ischiadicum* ventral	PI-Ilium (posterior-inferior)
Rotation des Beckens nach kranioventral (*Upslip*)	*Tuber sacrale* kranioventral, *Tuber ischiadicum* dorsal	AS-Ilium (anterior-superior)

Ventralrotation der anderen Körperseite handelt (Tab. 3). Hierzu wird mit Hilfe von dynamischen Tests (s.S. 43) überprüft, auf welcher Seite das Sakroiliakalgelenk in seiner Beweglichkeit eingeschränkt ist.

Fehlstellungen des Sakrums

Fehlstellungen des Sakrums blockieren die Übertragung der Antriebskraft der Hintergliedmaße auf die Wirbelsäule und wirken sich dadurch auch auf die gesamte Stellung und Biomechanik der Wirbelsäule aus. Sakrumsläsionen korrespondieren nicht nur sehr häufig mit Beckenfehlstellungen, sondern auch mit Dysfunktionen der Halswirbelsäule sowie mit kranialen Läsionen. Diese Zusammenhänge ergeben sich unter anderem aus der Mittlerfunktion des Duraschlauches zwischen Becken- und Schädelregion.

So gehen Fehlstellungen des Sakrums meist mit asymmetrischen Spannungszuständen in der Kruppenmuskulatur, im *M. iliopsoas* und in der Folge auch im *M. longissimus* einher. Um die dadurch entstehende Skoliose der Wirbelsäule auszugleichen, reagiert der Körper mit einer vermehrten Spannung der Seitwärtsbieger der Halswirbelsäule auf der gegenüberliegenden Seite. Hierdurch können sich Fehlspannungen der Muskulatur bis zum Atlas hin (über die Atlasportion des *M. longissimus*) fortsetzen. Durch ähnliche Mechanismen entsteht auch die Rotations-Skoliose (s. Lendenwirbelsäule S. 57).

Des Weiteren setzen sich durch die besondere Anatomie der intrakraniellen Membranen und der Hirnhäute (s. kraniosakrale Therapie S. 184) Spannungsveränderungen vom Schädel bis zum Sakrum fort. Umgekehrt können auch Fehlstellungen des Sakrums über eine veränderte Zugspannung auf der *Dura mater* kraniale Dysfunktionen bedingen bzw. aufrechterhalten.

Fehlstellungen des Sakrums werden unterschieden in solche um eine **transversale** Achse und solche um eine **oblique**, also schräge Achse.

Tab. 4 Nomenklatur der Stellung des Sakrums um die Transversalachse

Sakrumsbasis dorsal	Kontranutation	Flexion des LSÜ
Sakrumsbasis ventral	Nutation	Extension des LSÜ

Fehlstellungen des Sakrums um eine Transversalachse: Als Referenzpunkt für Fehlstellungen des Sakrums um eine Transversalachse wird die Sakrumsbasis gewählt, welche jeweils auf beiden Seiten höher oder tiefer stehen kann. Als Nutation des Sakrums bezeichnet man die Bewegung der Basis im lumbosakralen Übergang nach ventral; als Kontranutation wird die entgegengesetzte Bewegung der Basis nach dorsal bezeichnet (Tab. 4).

Fehlstellungen des Sakrums um die schrägen Torsionsachsen: Bei den Läsionen des Sakrums um seine schrägen Achsen muss berücksichtigt werden, dass sowohl eine Dysfunktion des Sakroiliakalgelenks als auch eine Dysfunktion des Lumbosakralen Übergangs bzw. beides vorliegen kann. Als Referenzpunkt eignet sich die Sakrumsbasis, wobei beide Seiten im Vergleich gesehen werden müssen. Dabei werden Höhenunterschiede beurteilt.

Um die Läsion anzusprechen, wird entweder die fixierte Basisseite benannt (rechte oder linke Basis dorsal oder ventral fixiert; **ventrale Fixierung** = *forward torsion*; **dorsale Fixierung** = *backward torsion*) oder es werden die Rotationsrichtung und die betroffene Torsionsachse benannt bzw. mit Buchstaben abgekürzt (z.B. Linksrotation über die linke Achse = L/L). Die Rotationsrichtung ist identisch mit der Seite, auf der sich die Kreuzbeinbasis weiter dorsal befindet (erster Buchstabe). Die Bezeichnung der betroffenen Achse wiederum ist identisch mit der Seite der Kreuzbeinbasis, welche noch beweglich ist und sich so bei einem

Tab. 5 Vier Dysfunktionsmöglichkeiten des Sakrums um die schrägen Torsionsachsen

Dysfunktion in forward torsion	Kontranutation nach dorsal einseitig eingeschränkt	
L/L	Rechte Basis ventral fixiert	Linksrotation über linke schräge Achse (= L über L)
R/R	Linke Basis ventral fixiert	Rechtsrotation über rechte schräge Achse (= R über R)
Dysfunktion in backward torsion	Nutation nach ventral einseitig eingeschränkt	
L/R	Linke Basis dorsal fixiert	Linksrotation über rechte schräge Achse (= L über R)
R/L	Rechte Basis dorsal fixiert	Rechtsrotation über linke schräge Achse (= R über L)

Tab. 6 Blockade-Muster im Kreuz-Beckenbereich

Häufige Kombination	Seltenere Kombination
Fehlstellung des Beckens in Dorsalrotation rechts	Fehlstellung des Beckens in Dorsalrotation links
Rechte Basis ventral oder linke Basis dorsal fixiert	Linke Basis dorsal oder rechte Basis ventral fixiert
Fehlstellung des Beckens in Ventralrotation links	Fehlstellung des Beckens in Ventralrotation rechts

Hochbiegen der Rute (s. S. 46, Extension) nach ventral senkt (zur Vollständigkeit sei erwähnt, dass sich in manchen Veröffentlichungen eine andere Nomenklatur der Sakrumstorsionen findet, dort gibt der erste Buchstabe die betroffene Rotationsachse an, der zweite Buchstabe bezeichnet dann die Rotationsrichtung). Insgesamt sind vier verschiedene Läsionen denkbar (Tab. 5).

Bei einer dorsal fixierten Basis (*backward torsion*) ist die Ursache hierfür oft traumatisch bedingt. Eine ventral fixierte Basis (*forward torsion*; entspricht der physiologischen sakroiliakalen Bewegung) hingegen entwickelt sich in der Regel sekundär aufgrund einer anderen Primärläsion.

Als Folge einer Dysfunktion im Sakroiliakalgelenk geht die stoßdämpfende Wirkung dieser Struktur verloren. Dadurch übertragen sich die Impulse von der Beckengliedmaße zur Wirbelsäule weitgehend ungepuffert über das Sakrum auf den lumbosakralen Übergang und die kranial davon gelegenen Strukturen der Wirbelsäule, was zu einer stärkeren Beanspruchung der Bandscheiben führt.

Blockade-Muster im Kreuz-Beckenbereich: Die im Kreuz-Beckenbereich häufig gefundenen Blockade-Muster entsprechen den Positionen der Bezugspunkte des Beckens jeweils am Ende der physiologischen Bewegungen (Tab. 6).

Treten Dysfunktionen auf, die nicht dem Muster entsprechen, sind häufig Traumata oder viszerale Probleme die Ursache. Das Vorkommen von untypischen Dysfunktions-Mustern kann auch ein Hinweis auf das Vorliegen einer kompensatorischen Dysfunktion sein.

Ursachen für Fehlstellungen von Becken und Sakrum

Die Ursachen für Fehlstellungen und Dysfunktionen in diesem Bereich können recht vielfältig sein. Die hier aufgeführten Möglichkeiten sind in der Praxis häufig zu beobachten, erheben aber keinen Anspruch auf Vollständigkeit.

Wie in allen anderen Körperregionen kann es auch im Bereich der Kreuzdarmbeingelenke und am Lumbosakralen Übergang zu Dysfunktionen in Folge von **Makro- und Mikrotraumata** kommen. Hierzu zählen Unfälle, Stürze, bei denen der Hund mit dem Becken auftrifft, sowie sich ständig wiederholende, oft **einseitige Belastungen** (ADL = *Activities of Daily Life*, z.B. Training der Fußarbeit etc.), aber auch **Operationen** und deren Folgen. Da die Kreuzdarmbeingelenke bei der Übertragung der Schubkraft der Hintergliedmaßen auf die Wirbelsäule eine entscheidende Rolle spielen, werden sie außerdem häufig in Mitleidenschaft gezogen, wenn es durch Lahmheiten der Hinterbeine zu Bewegungsveränderungen kommt.

Darüber hinaus besteht außerdem ein Bezug zu den übrigen segmental zugeordneten Strukturen wie den Harn- und Geschlechtsorganen (sowohl bei männlichen als auch bei weiblichen Tieren), sodass sich Erkrankungen dieser Organe und Dysfunktionen im Bereich der Kreuzdarmbeingelenke und des lumbosakralen Übergangs gegenseitig bedingen oder auch aufrechterhalten können.

Durch die besondere Struktur des Kraniosakralen Systems (s. S. 190, Anheftung des Duraschlauchs im Bereich des Sakrums) können Läsionen des Sakrums außerdem mit kraniosakralen Dysfunktionen im Zusammenhang stehen.

Mögliche Ursachen für Fehlstellungen von Becken und Sakrum:

- Makrotraumata (Sturz, Unfall)
- Mikrotraumata (ständig wiederkehrende Fehlbelastungen)
- Lahmheiten der Hintergliedmaßen (akute Verletzungen, Dysplasien, Arthrosen etc.)
- Operationen (Lagerung, Narbenzug, Schonhaltung)

- Erkrankungen der Beckenorgane (Blase, Uterus, Prostata, Analbeutel etc.) und Fehlspannungen in deren Aufhängeapparaten (nach Kastration)
- Kraniosakrale Dysfunktionen

Besondere Belastungsmomente der Kreuz-Beckenregion

Blockierungen der Kreuzdarmbeingelenke finden sich insgesamt sehr häufig, da diese Gelenke bei der Übertragung der beim Vierbeiner aus der Hinterhand kommenden Schubkraft für die Vorwärtsbewegung eine entscheidende Rolle spielen. Dabei ist es oft jedoch schwierig, die primäre Ursache für eine Dysfunktion in diesem Bereich im Nachhinein zu identifizieren. Wahrscheinlich sind einseitige Fehlbelastungen bzw. Überlastungen wichtige Faktoren. Läufige Hündinnen sind besonders anfällig für die Entstehung von Läsionen der Kreuzdarmbeingelenke; hierbei spielen die Aufweichung des Bindegewebes unter **Östrogeneinfluss** sowie möglicherweise auch der segmentale Bezug zum Geschlechtsapparat eine Rolle.

Symptome der Dysfunktionen

Die Dysfunktionen der Beckenregion sind sehr komplex und häufig liegen entsprechend vielfältige Symptome vor. Sie ergeben sich durch Störungen aller beteiligten Strukturen. Hierzu zählen mechanische Bewegungseinschränkungen, aber vor allem auch motorische, sensorische und vegetative Ausfälle bzw. Veränderungen, die ihrerseits wiederum muskuläre und koordinative Beeinträchtigungen nach sich ziehen.

Folgende Symptome können auf Dysfunktionen im Kreuz-Beckenbereich hindeuten:

- Asymmetrische Ausbildung der Kruppen- und Oberschenkelmuskulatur; Muskelatrophie (motorisch bzw. muskulär)
- Lahmheiten der Hintergliedmaße (durch Beeinträchtigung zahlreicher Strukturen)
- Verminderte Gewichtsbelastung / Entlastung einer Gliedmaße
- Probleme bei Bewegungsübergängen wie z.B. Liegen – Aufstehen (mechanisch; motorisch)
- Kreuzgalopp (motorisch; koordinativ)
- Verminderter Schub aus der Hinterhand (mechanisch; motorisch bzw. muskulär)
- Verkürzte Schrittlänge (mechanisch; motorisch bzw. muskulär)
- Pfotenschleifen (mechanisch; motorisch bzw. muskulär)
- Schiefe Haltung der Rute
- Kalte Pfoten (vegetativ; durch eine Beeinträchtigung des sympathischen Ganglions kranial des Sakrums)
- Störungen des Harn- und Kotabsatzes (vegetativ bzw. motorisch; s. Bedeutung der *Fossa ischiorectalis*, S. 33)
- Sensible Ausfälle (sensorisch)

Untersuchungen und Tests

Es gibt zahlreiche Tests um zu überprüfen, ob Dysfunktionen im Bereich der Kreuzdarmbeingelenke und des lumbosakralen Übergangs vorliegen. Dabei wenden verschiedene Untersucher häufig unterschiedliche Techniken an, mit denen sie jeweils am besten zum Ziel kommen.

Generell sollte nicht allein der **statische** Befund (z.B. Höhe der *Tuber sacralia*) ausschlaggebend sein, sondern immer auch die Funktion der Strukturen mit Hilfe **dynamischer** Tests überprüft werden (z.B. *Spine*-, Vorlauf- oder Federtest), da nicht knöcherne Asymmetrien, sondern Bewegungseinschränkungen untersucht und behandelt werden sollen. So erhält man beispielsweise bei der Untersuchung von Becken und Sakrum auf Fehlstellungen über die dynamischen Tests Auskunft, welche Seite in ihrer Beweglichkeit eingeschränkt ist. Über die statischen Tests wird die Art der Fehlstellung ermittelt.

Statischer Test des Beckens

Die Untersuchung erfolgt über den Seitenvergleich der Höhe der *Tuber sacralia* und *Tuber ischiadica*. Der Untersucher befindet sich hinter dem Hund, der Hund steht und belastet dabei alle vier Gliedmaßen gleichmäßig. Mit beiden Händen werden vergleichend zunächst die *Tuber sacralia* aufgesucht und eventuelle Positionsunterschiede beurteilt (Foto 1); anschließend werden die *Tuber ischiadica* auf Stellungsunterschiede im Seitenvergleich untersucht (Foto 2):

Das *Tuber sacrale* befindet sich auf einer Seite weiter kaudodorsal, das gleichseitige *Tuber ischiadicum* befindet sich weiter ventral → Es liegt eine Rotationsfehlstellung des Beckens nach dorsal vor (bzw. Rotationsfehlstellung der kontralateralen Seite nach ventral; Überprüfung durch dynamische Tests).

Das *Tuber sacrale* befindet sich auf einer Seite weiter kranioventral, das gleichseitige *Tuber ischiadicum* befindet sich weiter dorsal → Es liegt eine Rotationsfehlstellung des Beckens nach ventral vor (bzw. Rotationsfehlstellung der kontralateralen Seite nach dorsal; Überprüfung durch dynamische Tests).

Bedeutung der Gliedmaßenlänge

Die Überprüfung der so genannten **anatomischen Beinlänge**, also der durch die Länge der Einzelknochen bedingten Gesamtlänge beim Hund ist zum einen relativ schwierig, zum anderen ist es – anders als bei Mensch

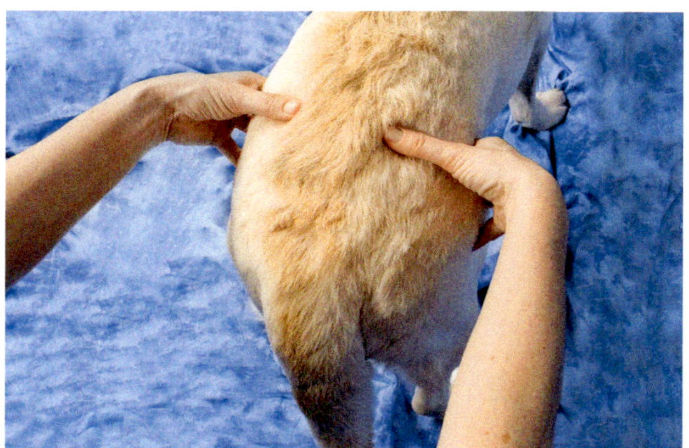
Foto 1: Stellungstest der Tuber sacralia.

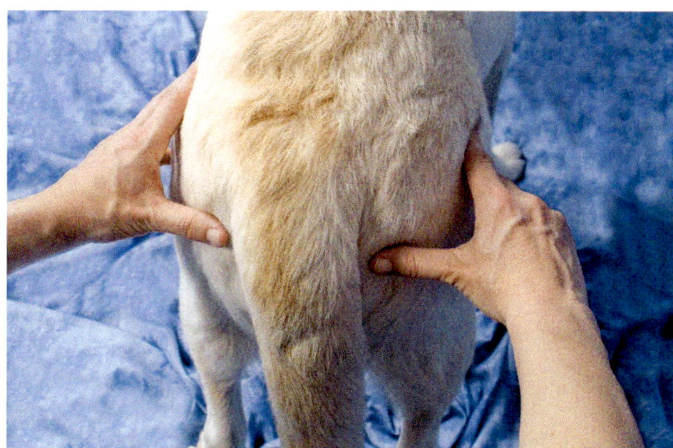
Foto 2: Stellungstest der Tuber ischiadica.

und Pferd – nicht möglich, diese beispielsweise durch Einlagen oder orthopädische Hufeisen zu korrigieren. Die **funktionelle Beinlänge** wird überprüft, indem am stehenden Hund die Höhe des *Malleolus medialis* an beiden Hintergliedmaßen verglichen wird. Das Bein, an dem der *Malleolus* tiefer erscheint, ist das funktionell längere Bein (Foto 3).

Durch eine Dorsalrotation des Beckens erfolgt mechanisch betrachtet ein Absinken des gleichseitigen Hüftgelenks; dadurch erscheint das Bein eigentlich länger. Der Körper reagiert jedoch durch eine Verkleinerung der Winkel an den großen Gelenken (stärkere Beugung), sodass das betroffene Bein letztendlich **funktionell** kürzer erscheint und auch in der Vorführung eingeschränkt sein kann. Während das funktionell kürzere Bein in der Fortbewegung meistens deutlich fester aufgesetzt wird und im Stand häufig die gewichttragende Gliedmaße ist, tritt am funktionell längeren Bein oftmals Zehenschleifen auf und es wird im Stand bisweilen mit nach außen gedrehter Zehe entlastet.

Dynamische Tests des Beckens

Federtest: Der Untersucher befindet sich hinter dem stehenden Hund, der Hund belastet alle vier Gliedmaßen gleichmäßig. Beide Hände nehmen Kontakt zum Becken auf, und zwar in der Form, dass sich jeweils der Daumen auf dem *Tuber sacrale* befindet, während der Zeigefinger vor das *Tuber coxae* greift. Während nun auf einer Seite das Becken fixiert wird, überprüft die Hand auf der anderen Seite die Beweglichkeit des Beckens: durch federnden Druck mit dem Daumen auf das *Tuber sacrale* nach kranioventral wird die Rotationsbewegung in diese Richtung getestet; durch federnden Zug mit dem Zeigefinger am *Tuber sacrale* nach kaudodorsal wird die Rotationsbewegung in die Gegenrichtung untersucht.

***Spine*-Test:** Der Untersucher befindet sich hinter dem stehenden Hund, der Hund belastet zunächst alle vier Gliedmaßen gleichmäßig. Der Daumen einer Hand wird von kaudodorsal an das Tuber ischiadicum gelegt (Foto 4); mit der anderen Hand wird nun das zugehörige Bein im Bereich des Metatarsus umfasst und unter den Körper in eine gebeugte Position gebracht (gleichzeitige Beugung des Hüft-, Knie- und Sprunggelenks; Foto 5). Bewegt sich bei der Flexion der Gliedmaße das *Tuber ischiadicum* mit (Rotation weiter nach kaudodorsal oder seitliches Ausweichen), deutet dies auf eine ipsilaterale Dysfunktion des Sakroiliakalgelenks hin.

Vorlauf-Test: Der Untersucher befindet sich hinter dem stehenden Hund, der Hund belastet alle vier Gliedmaßen gleichmäßig. Beide Daumen des Untersuchers kommen etwas kranial des gleichseitigen *Tuber sacrale* zu

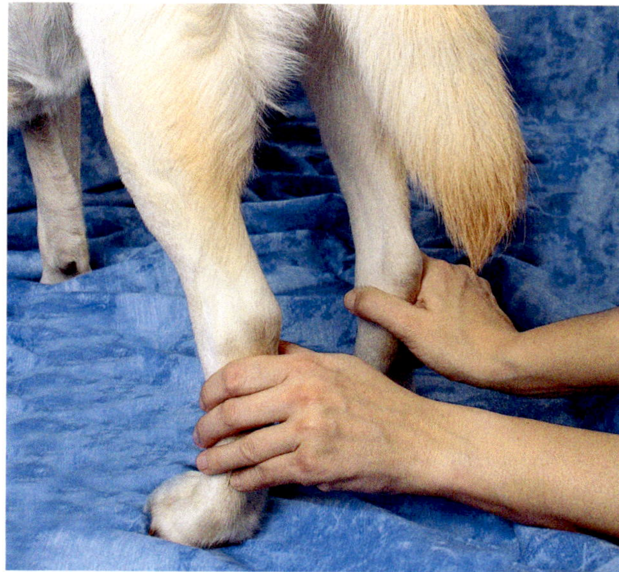
Foto 3: Beinlängentest: Daumenposition auf den Malleolen.

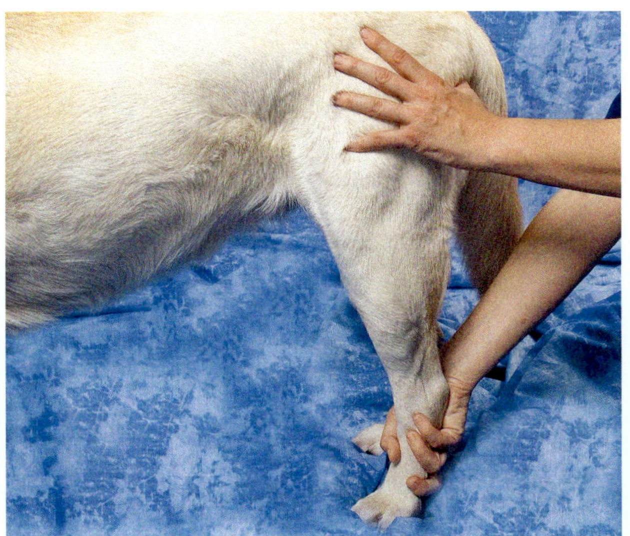

Foto 4: Spine-Test I.

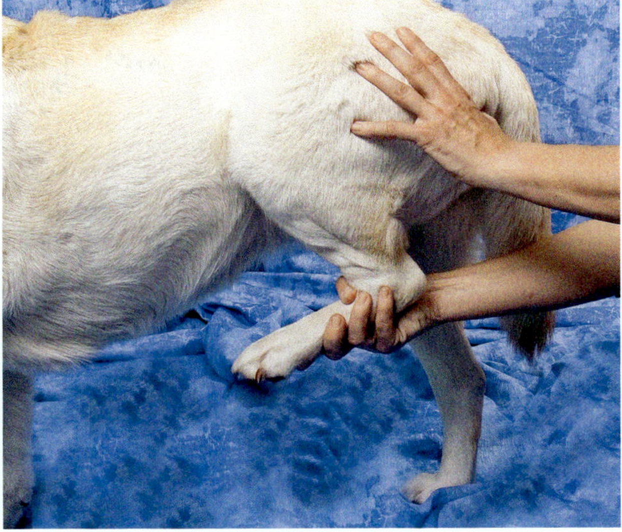

Foto 5: Spine-Test II: angehobenes Bein.

liegen (Foto 6). Eine zweite Person drückt nun den Kopf des Hundes nach unten auf die Brust, sodass die Wirbelsäule in Flexion geht (Foto 7). Bei einer Dysfunktion des Sakroiliakalgelenks wird dadurch das ipsilaterale *Tuber sacrale* mit nach kranial gezogen.

Allgemeiner Stellungs- und Bewegungstest für das Becken

1. Der Therapeut kniet hinter dem Hund und palpiert den Unterrand des *Tuber ischiadicum* auf beiden Seiten und achtet auf Höhendifferenzen.
2. Der Therapeut palpiert den höchsten Punkt der *Spina iliaca dorsalis cranialis* im Seitenvergleich und achtet ebenfalls auf Höhenunterschiede.
3. Der Therapeut palpiert den Unterrand der *Spina iliaca dorsalis cranialis* rechts und links und achtet auf Höhendifferenzen.
4. Der Therapeut bleibt mit seinen Fingern am Unterrand der *Spina iliaca dorsalis cranialis* und führt einen Vorlauftest durch. Der Test ist positiv auf der Seite, auf der sich die *Spina iliaca dorsalis cranialis* weiter nach kranial bewegt.

Statischer Test des Sakrums

Die statische Beurteilung des Sakrums erfolgt über die Palpation der Tiefe des *Sulcus sacralis*. Der Untersucher befindet sich dazu hinter dem stehenden Hund, der Hund belastet alle vier Gliedmaßen gleichmäßig. Die

Tab. 7 Übersicht über Symptome der Beckenfehlstellungen

Kaudodorsalrotation des Beckens	• Gleichseitiges *Tuber sacrale* (*Spina iliaca dorsalis cranialis*) steht weiter kaudal und weiter dorsal • Gleichseitiges *Tuber ischiadicum* steht tiefer • Federtest: Beweglichkeit des *Tuber sacrale* nach ventral auf der betroffenen Seite eingeschränkt • *Spine*- und Vorlauf-Test auf der betroffenen Seite positiv • Gewichtsbelastung der betroffenen Gliedmaße verringert; das Bein wird seitlich herausgestellt
Kranioventralrotation des Beckens	• Gleichseitiges *Tuber sacrale* (*Spina iliaca dorsalis cranialis*) steht weiter kranial und auch weiter ventral • Gleichseitiges *Tuber ischiadicum* steht höher • Federtest: Beweglichkeit des *Tuber coxae* nach dorsal auf der betroffenen Seite eingeschränkt • *Spine*- und Vorlauf-Test auf der betroffenen Seite positiv • Vorführen der betroffenen Gliedmaße eingeschränkt; verkürzte Schrittlänge • Gewichtsbelastung der betroffenen Gliedmaße verringert

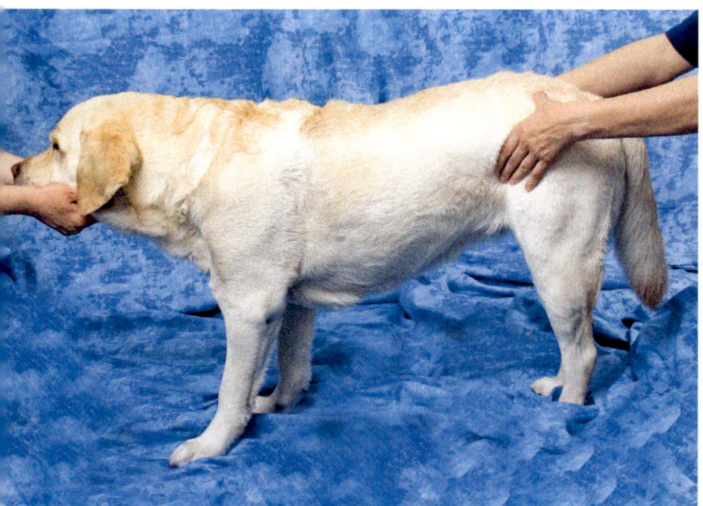

Foto 6: Vorlauf-Test I.

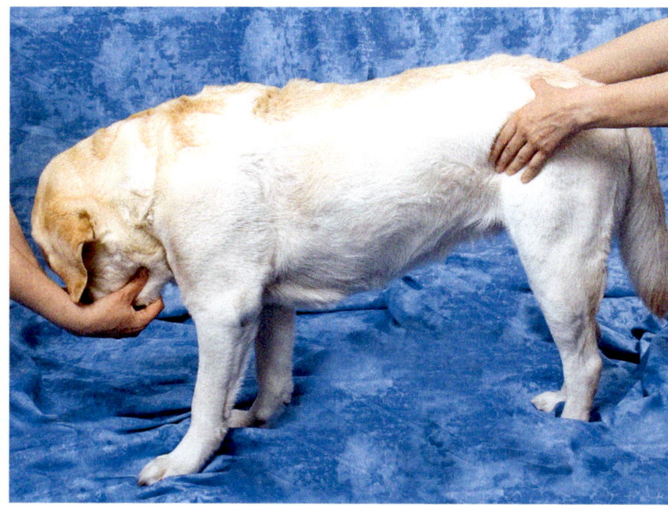

Foto 7: Vorlauf-Test II: Position mit flektierter HWS.

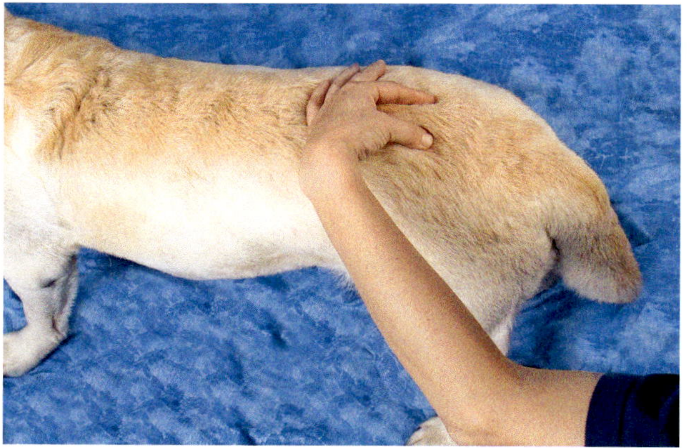

Foto 8: Bewegungstest Sakrum I: Rute hängt.

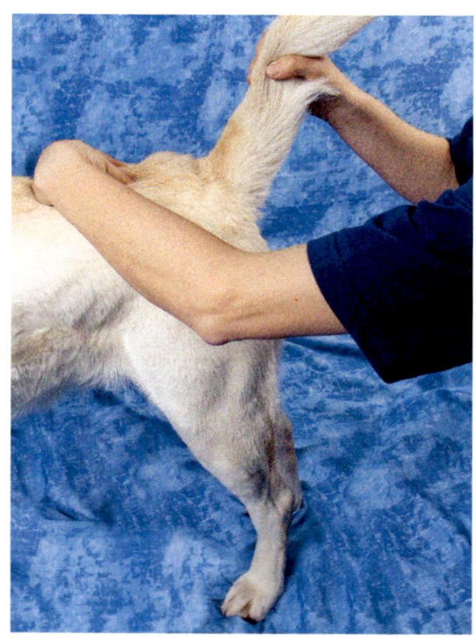

Foto 9: Bewegungstest Sakrum II: Rute in Extension.

Tiefe des *Sulcus sacralis* auf beiden Seiten wird durch vorsichtige Palpation verglichen:

Sulcus sacralis beidseitig abgeflacht → Das Sakrum befindet sich in Kontranutation oder es liegt eine beidseitige Ventralrotation des Beckens vor.

Sulcus sacralis beidseitig tief → Das Sakrum befindet sich in Nutation oder es liegt eine beidseitige Dorsalrotation des Beckens vor.

Sulcus sacralis einseitig tief → Die Basis auf der tieferen Seite ist ventral fixiert oder die Basis auf der flacheren Seite ist dorsal fixiert; alternativ liegt eine Beckenrotation nach dorsal auf der tieferen Seite oder eine Beckenrotation nach ventral auf der flacheren Seite vor.

Allgemeiner Stellungs- und Bewegungstest für das Sakrum

Beim allgemeinen Stellungstest wird die Stellung der Basis des *Os sacrum* beurteilt sowie dessen Bewegungsverhalten bei Extension und Flexion. Der Test wird ausgeführt, indem die kopfnahe Hand des Untersuchers auf der Basis des *Os sacrum* platziert wird (Foto 8) und die kopfferne Hand die Rute etwa 10 cm vom Ansatz entfernt erfasst und sie anhebt (Foto 9) bzw. nach ventral zieht.

Dynamische Tests des Sakrums

Test der Nutation und Kontranutation über die Rute: Wenn die Rute hochgebogen wird, senkt sich die Sakrumsbasis ab, das Sakrum geht in Nutation. Indem die Rute nach ventral gezogen wird, hebt sich die Sakrumsbasis an, das Sakrum geht in Kontranutation.

Senkt sich die Basis beim Hochbiegen der Rute nicht nach ventral, steht das Sakrum in Kontranutation.

Tab. 8 Nomenklatur und Befunde bei Sakrumsfehlstellung um die Transversalachse

Benennung	Befunde
• Sakrumsbasis dorsal • Sakrum in Kontranutation • Flexion des LSÜ	• Beim Anheben der Rute senkt sich die Sakrumsbasis nicht, sondern bleibt dorsal • abfallende Kruppe • *Sulcus sacralis* beidseitig schwach ausgeprägt • Flexionsbewegung bei der kraniosakralen Bewegung deutlich spürbar • 7. Lendenwirbel in kompensatorischer Flexion • Feder-Test der Lendenwirbelsäule → rigide
• Sakrumsbasis ventral • Sakrum in Nutation • Extension des LSÜ	• Beim Bewegen der Rute nach ventral hebt sich die Sakrumsbasis nicht, sondern bleibt ventral • Kruppe wirkt waagerecht • *Sulcus sacralis* beidseitig tief • Extensionsbewegung bei der kraniosakralen Bewegung deutlich spürbar • 7. Lendenwirbel in kompensatorischer Extension • Feder-Test der Lendenwirbelsäule → flexibel

Tab. 9 Nomenklatur und Symptome der Torsionsfehlstellungen des Sakrums

	Betroffene Achse	Fixierung der Basis	Befunde
L/L Sakrum-Torsion	Linke schräge Achse	Rechte Basis ventral fixiert (rechte Basis in *forward torsion*; Kontranutation nach dorsal rechts eingeschränkt)	• Basis steht links dorsal • *Sulcus sacralis* rechts tief • Linke Basis beweglich → Befund verringert sich (Nivellierung) bei Hochbiegen der Rute (Extension), da sich die linke Basis nach ventral senkt • 7. Lendenwirbel in kompensatorischer Rechtsrotation
R/R Sakrum-Torsion	Rechte schräge Achse	Linke Basis ventral fixiert (linke Basis in *forward torsion*; Kontranutation nach dorsal links eingeschränkt)	• Basis steht rechts dorsal • *Sulcus sacralis* links tief • Rechte Basis beweglich → Befund verringert sich (Nivellierung) bei Hochbiegen der Rute (Extension), da sich die rechte Basis nach ventral senkt • 7. Lendenwirbel in kompensatorischer Linksrotation
L/R Sakrum-Torsion (häufigste Läsion)	Rechte schräge Achse	Linke Basis dorsal fixiert (linke Basis in *backward torsion*; Nutation nach ventral links eingeschränkt)	• Basis steht links dorsal • *Sulcus sacralis* rechts tief • Rechte Basis beweglich → Befund verstärkt sich (Akzentuierung) bei Hochbiegen der Rute (Extension), da sich die rechte Basis weiter nach ventral senkt • 7. Lendenwirbel in kompensatorischer Rechtsrotation
R/L Sakrum-Torsion	Linke schräge Achse	Rechte Basis dorsal fixiert (rechte Basis in *backward trosion*; Nutation nach ventral rechts eingeschränkt)	• Basis steht rechts dorsal • *Sulcus sacralis* links tief • Linke Basis beweglich → Befund verstärkt sich (Akzentuierung) bei Hochbiegen der Rute (Extension), da sich die linke Basis weiter nach ventral senkt • 7. Lendenwirbel in kompensatorischer Linksrotation

Hebt sich die Basis bei Zug an der Rute nach ventral nicht an, steht das Sakrum in Nutation (Tab. 8).

Test der Bewegung um die schrägen Torsionsachsen über die Rute: Der Untersucher befindet sich hinter dem stehenden Hund, der Hund belastet alle vier Gliedmaßen gleichmäßig. Zunächst wird über die Beurteilung des *Sulcus sacralis* festgestellt, welche Seite der Kreuzbeinbasis weiter dorsal steht. Während sich nun Daumen und Zeigefinger der kopfnahen Hand auf beiden Seiten der Sakrumsbasis befinden, wird mit der kopffernen Hand die Rute umfasst und nach dorsal hochgebogen. Währenddessen prüft die kopfnahe Hand die Bewegung der Sakrumsbasis:

Bei Heraufbiegen der Rute verringert sich der Befund (Nivellierung in Extension) → Die weiter dorsal stehende Seite der Basis ist beweglich, die kontralaterale Seite ist ventral fixiert (*forward torsion*; L/L bzw. R/R).

Bei Heraufbiegen der Rute verstärkt sich der Befund (Akzentuierung in Extension) → Die weiter dorsal stehende Seite der Basis ist dorsal fixiert (*backward torsion*; L/R bzw. R/L).

Test der seitlichen Beweglichkeit der Apex: Im physiologischen Bewegungszyklus ist die Torsion des Sakrums mit einer Seitneigungsbewegung gekoppelt. Eine Fehlstellung des Sakrums in Rotation um eine seiner schrägen Achsen geht entsprechend auch mit einer von der Mittelstellung abweichenden Position der Kreuzbeinspitze einher.

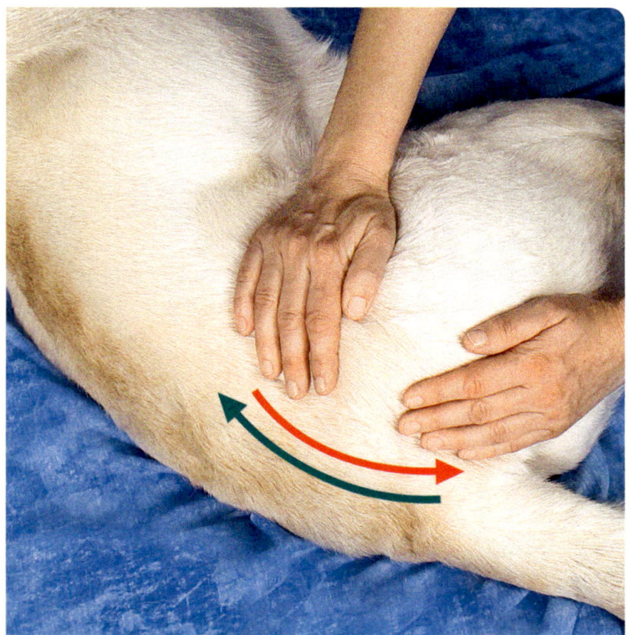

Foto 10: Handhaltung für die Korrektur einer Dorsalrotation rechts (grüner Pfeil) und einer Ventralrotation rechts (roter Pfeil).

Korrekturen von Rotationsfehlstellungen des Beckens

Dorsalrotation rechts (*Downslip* rechts): Die Mobilisation erfolgt mit Hilfe einer **direkten**, so genannten weichen Technik gegen die Bewegungseinschränkung; es werden etwa zwei *Release*-Phänomene abgewartet. Der Patient befindet sich in linker Seitenlage, der Therapeut kniet neben dem Hund. Die kopfferne Hand nimmt Kontakt mit dem linken *Tuber ischiadicum* auf, die kopfnahe Hand umfasst die rechte *Crista iliaca* (Finger am *Tuber sacrale*). Die Mobilisation erfolgt in einem Kreisbogen nach kranial (Foto 10).

Ventralrotation rechts (*Upslip* rechts): Die Mobilisation erfolgt ebenfalls mit Hilfe einer **direkten,** so genannten weichen Technik gegen die Bewegungseinschränkung; es werden etwa zwei Release-Phänomene abgewartet. Der Patient befindet sich in linker Seitenlage, der Therapeut kniet neben dem Hund. Die kopfferne Hand nimmt Kontakt mit dem rechten *Tuber ischiadicum* auf, die kopfnahe Hand umfasst die linke *Crista iliaca* (Handballen am *Tuber coxae*). Die Mobilisation erfolgt in einem Kreisbogen nach kaudal (Foto 10).

Korrekturen von Sakrumsfehlstellungen

Sakrumsfehlstellungen um die Transversalachse

Basis ventral fixiert/Nutation/lumbosakraler Übergang in Extension: Die Mobilisation wird am stehenden Patienten ausgeführt. Der Therapeut kniet neben dem Patienten, die kopfnahe Hand nimmt Kontakt mit der Spitze des Sakrums auf und übt eine sanfte Bewegung nach kaudoventral aus. Die kopfferne Hand fasst die Rute und übt eine Traktion ebenfalls nach kaudoventral aus. Die Mobilisation erfolgt als direkte, so genannte weiche Technik gegen die Bewegungseinschränkung; die korrigierende Position wird so lange gehalten, bis zwei bis drei *Release*-Phänomene spürbar sind.

Basis dorsal fixiert/Kontranutation/lumbosakraler Übergang in Flexion: Die Mobilisation wird am stehenden Patienten ausgeführt. Der Therapeut kniet neben dem Patienten, die kopfnahe Hand nimmt Kontakt mit der Basis des Sakrums auf und übt einen sanften Druck nach ventral aus. Die kopfferne Hand fasst die Rute und biegt diese vorsichtig nach oben. Die Mobilisation erfolgt als direkte, so genannte weiche Technik gegen die Bewegungseinschränkung; es werden etwa zwei *Release*-Phänomene abgewartet.

Sakrumsfehlstellungen um die schrägen Torsionsachsen

Sakrumstorsion L/L (rechte Basis ventral fixiert; Torsion um linke schräge Achse): Die Mobilisation erfolgt am

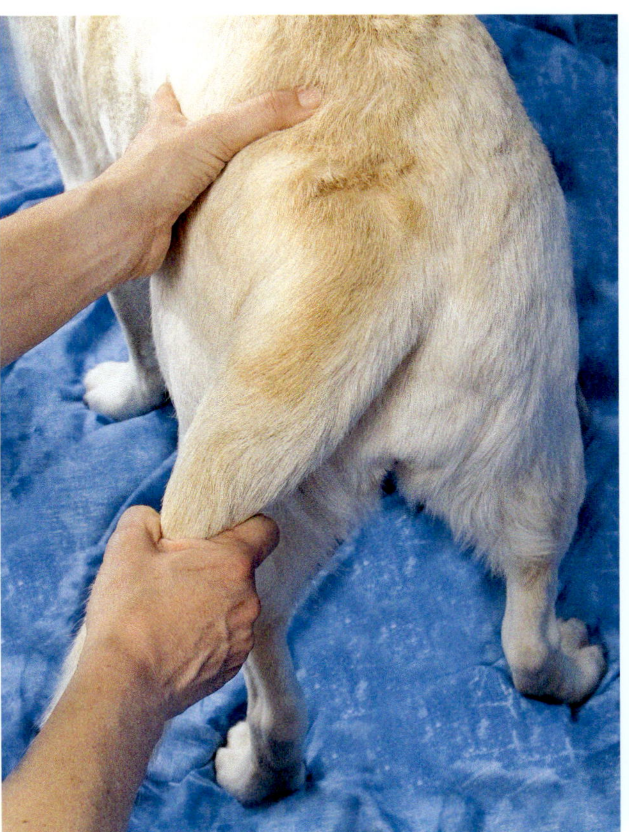

Foto 11: Handhaltung für die Korrektur einer L/L-Torsion.

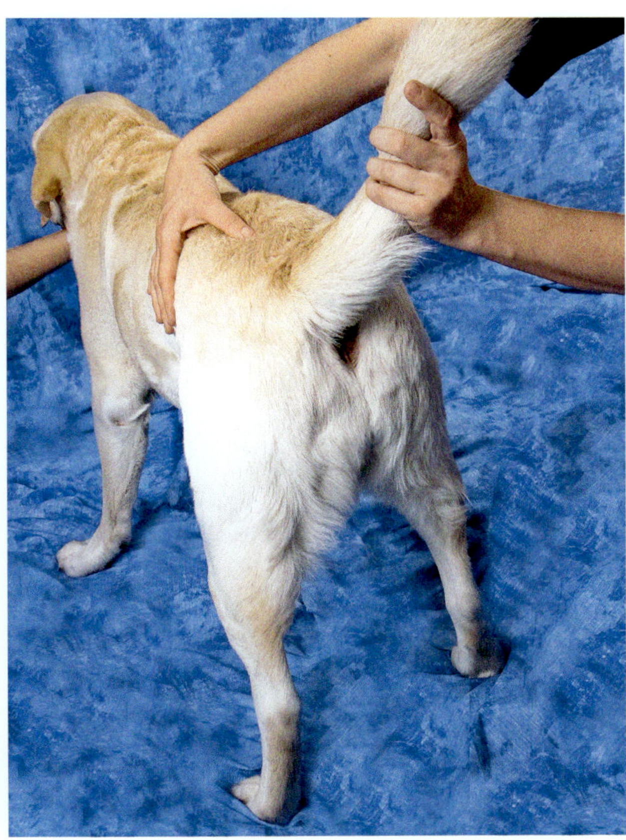

Foto 12: Handhaltung für die Korrektur einer L/R-Torsion.

stehenden Patienten, der Therapeut kniet neben dem Hund. Die kopfnahe Hand nimmt Kontakt zum kaudalen linken Rand der Kreuzbeinspitze auf und übt einen leichten Druck nach kaudal und ventral aus. Die kopfferne Hand fasst die Rute und führt eine Traktion nach ventral, kaudal und nach links aus. Es handelt sich um eine direkte, weiche Mobilisationstechnik gegen die Bewegungseinschränkung; es werden etwa zwei *Release*-Phänomene abgewartet (Foto 11).

Sakrumstorsion R/R (linke Basis ventral fixiert; Torsion um rechte schräge Achse): Die Mobilisation erfolgt am stehenden Patienten, der Therapeut kniet neben dem Hund. Die kopfnahe Hand nimmt Kontakt zum rechten Rand der Kreuzbeinspitze auf und übt einen leichten Druck nach kaudal und ventral aus. Die kopfferne Hand fasst die Rute und führt eine Traktion nach ventral, kaudal und nach rechts aus. Es handelt sich um eine direkte, weiche Mobilisationstechnik gegen die Bewegungseinschränkung; es werden etwa zwei *Release*-Phänomene abgewartet.

Sakrumstorsion L/R (linke Basis dorsal fixiert; Torsion um rechte schräge Achse): Die Mobilisation erfolgt am stehenden Hund, der Therapeut kniet neben dem Patienten. Die kopfnahe Hand nimmt Kontakt zur linken Sakrumsbasis auf und übt einen sanften Druck nach ventral aus. Die kopfferne Hand fasst die Rute und führt diese nach kraniodorsal sowie nach rechts. Es handelt sich um eine direkte, weiche Mobilisationstechnik gegen die Bewegungseinschränkung; es werden etwa zwei *Release*-Phänomene abgewartet (Foto 12).

Sakrumstorsion R/L (rechte Basis dorsal fixiert; Torsion um linke schräge Achse): Die Mobilisation erfolgt am stehenden Hund, der Therapeut kniet neben dem Patienten. Die kopfnahe Hand nimmt Kontakt zur rechten Sakrumsbasis auf und übt einen sanften Druck nach ventral aus. Die kopfferne Hand fasst die Rute und führt diese nach kraniodorsal sowie nach links. Es handelt sich um eine direkte, weiche Mobilisationstechnik gegen die Bewegungseinschränkung; es werden etwa zwei *Release*-Phänomene abgewartet.

Fallbeispiele

Fallbeispiel 1: „James", Entlebucher Sennenhund, 10 Jahre
Aufgrund eines Tumors der Prostata war bei „James" eine Kastration durchgeführt worden. Direkt nach der

Operation zeigte der Hund zeitweise, besonders nach längeren Schlafphasen, eine Harninkontinenz. Weiterhin berichtete der Patientenbesitzer, dass „James" Schwierigkeiten beim Aufstehen aus dem Liegen habe. Bei der Untersuchung fand sich unter anderem eine Sakrumsfehlstellung im Sinne einer L/R-Torsion. Die Fehlstellung des *Os sacrum* wurde mobilisiert und es kamen sowohl Faszien- wie auch kraniosakrale Techniken zur Anwendung. Schon nach der ersten osteopathischen Behandlung war die Inkontinenz behoben, auch das Aufstehen aus dem Liegen war dann für „James" kein Problem mehr.

Fallbeispiel 2: „Janosch", Zwerglanghaardackel, 10 Jahre
„Janosch" zeigte eine plötzlich auftretende Lahmheit der rechten Vordergliedmaße mit Bewegungseinschränkung der Halswirbelsäule. Das Röntgenbild der Halswirbelsäule erbrachte keine besonderen Befunde. Bei der Palpationsbefundung zeigte sich eine R/R-Torsion des Sakrums. Nach der Mobilisation war die Rotationseinschränkung der Halswirbelsäule sofort behoben und die Lahmheit verlor sich innerhalb weniger Tage.

Diese beiden Fallbeispiele zeigen, welche herausragende Bedeutung Fehlstellungen des Sakrums auf den gesamten Organismus haben können.

WIRBELSÄULE

Allgemeine Vorbemerkungen

Die Wirbelsäule ist ein Teil des Skeletts des Stammes, zu dem außerdem auch die Rippen und das Brustbein sowie der Schädel gehören. Rippen, Brustbein und Brustwirbelsäule bilden zusammen den Brustkorb.
Die Wirbelsäule bildet die zugleich stabile und flexible **zentrale Achse** des Hundekörpers (Abb. 12). Neben der Schutzfunktion für das Rückenmark erfüllt sie wichtige Aufgaben bei der Statik und Lokomotion des Tieres; sie bietet unter anderem der Rumpfmuskulatur Ursprung und Ansatz. Die Wirbelsäule untergliedert sich in Hals-, Brust- und Lendenwirbelsäule sowie das Kreuzbein und die Schwanzwirbelsäule (Tab. 10).

Die Wirbelsäule des Hundes weist verschiedene Kurvaturen auf (Abb. 13): Während sie in der Embryonalentwicklung noch vollständig kyphotisch gekrümmt ist, entwickelt sich im postnatalen Leben im Bereich der kaudalen Halswirbelsäule eine lordotische Kurvatur. Die kyphotischen Krümmungen, die im Bereich der kranialen Halswirbelsäule sowie in der Brust- und Lendenwirbelsäule und am Kreuzbein zeitlebens bestehen bleiben, werden auch als **primäre Kurvaturen** bezeichnet; die sich später entwickelnde lordotische Krümmung wird auch **sekundäre Kurvatur** genannt. Überall dort, wo sich die Krümmungsrichtung ändert, ist die Wirbelsäule starken biomechanischen Belastungen ausgesetzt und dadurch anfälliger für Probleme als in anderen Regionen.

Tab. 10 Wirbel des Hundes

	Bezeichnung	Anzahl der Wirbel
Halswirbelsäule (HWS)	Zervikal-	7
Brustwirbelsäule (BWS)	Thorakal-	13
Lendenwirbelsäule (LWS)	Lumbal-	7
Kreuzbein	Sakral-	3
Schwanzwirbelsäule	Kokzygeal-	Etwa 20 (rasseabhängig)

Anatomie eines typischen Wirbels

Der Grundaufbau aller Wirbel ist relativ ähnlich (Abb. 14); allerdings erfahren die Wirbel in den einzelnen Wirbelsäulenabschnitten jeweils für diesen Abschnitt typische Modifikationen.

Der Wirbelkörper ist der am weitesten ventral gelegene Anteil des Wirbels, er bildet den Boden des Wirbelkanals und dient darüber hinaus unter anderem als Ansatzfläche für das *Ligamentum longitudinale dorsale* sowie das *Lig. longitudinale ventrale*. Letzteres hat beim

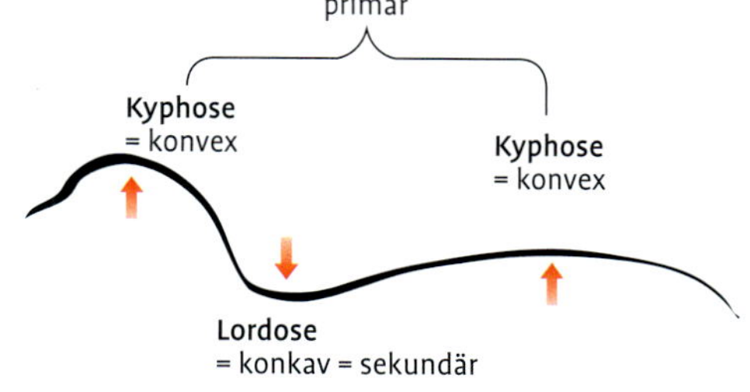

Abb. 13: Kurvaturen der Wirbelsäule.

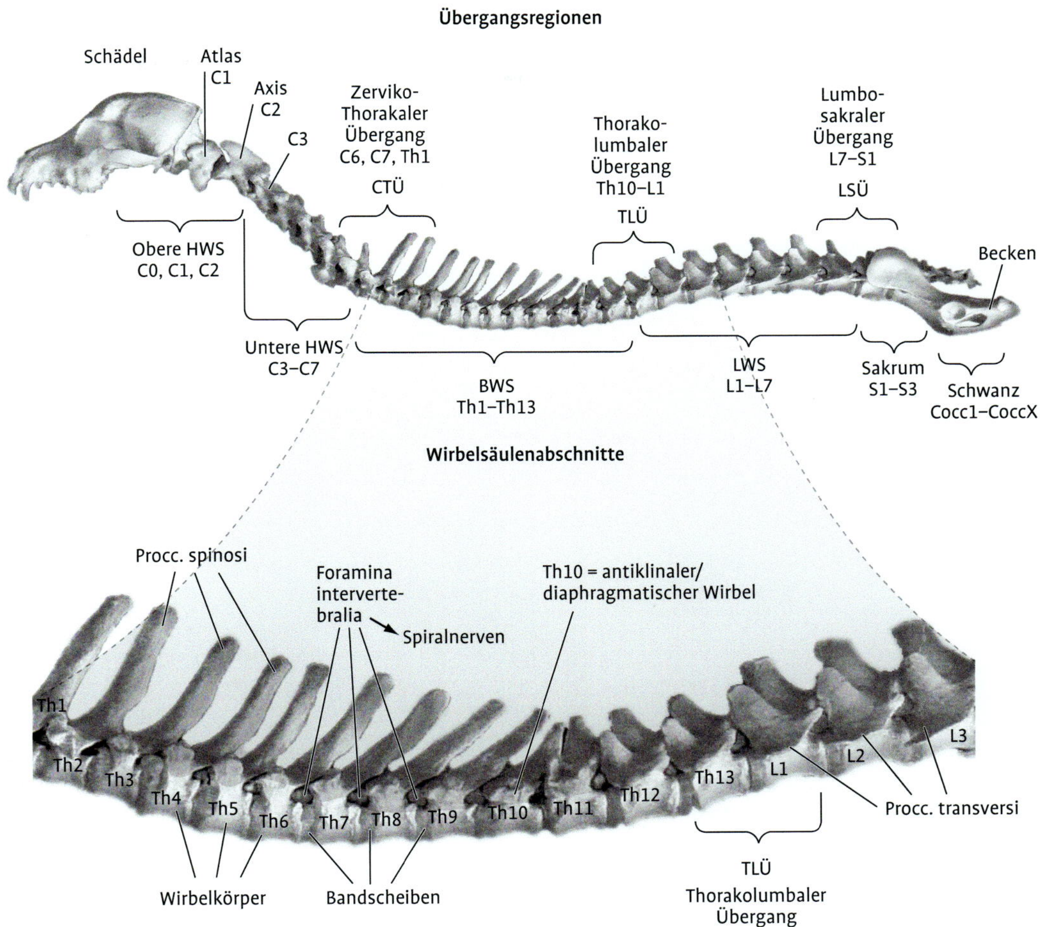

Abb. 12: Die Wirbelsäule.

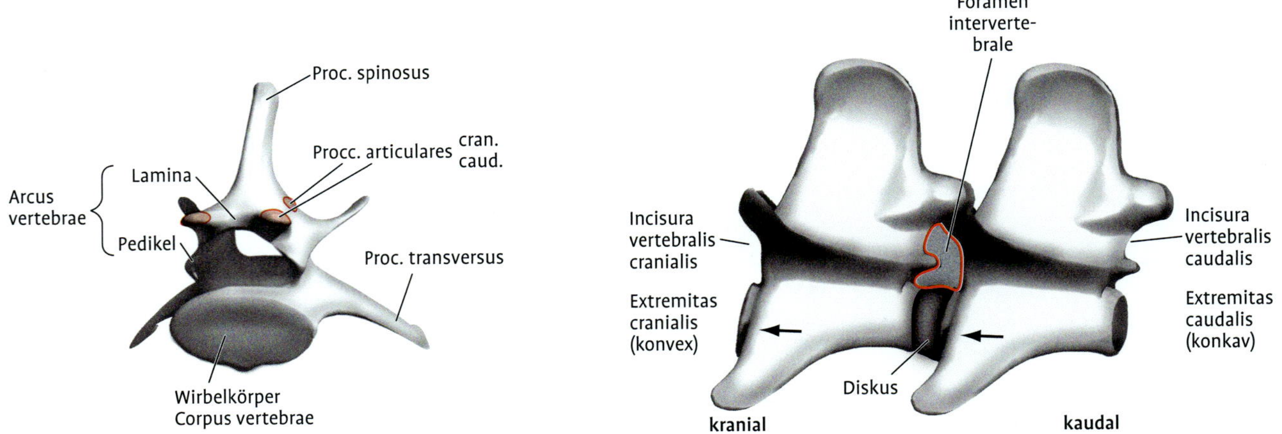

Abb. 14: Grundaufbau eines Wirbels.

Abb. 15: Das Foramen intervertebrale.

Hund klinische Bedeutung, da es in diesem Band zu einer knöchernen Durchbauung kommt, wenn in einem Wirbelsäulensegment eine Hypermobilität vorhanden ist. Diese Durchbauungen sind als Spondylosen röntgenologisch darstellbar. Die Rückfläche eines Wirbelkörpers ist über die Bandscheibe mit der Vorderfläche des nächstfolgenden Wirbelkörpers verbunden; dabei sind die Vorderflächen jeweils konvex, die Rückflächen jeweils konkav geformt. Diese Form verleiht der Wirbelsäule Stabilität gegenüber den beim Vierbeiner senkrecht oder horizontal angreifenden Scherkräften.

Dorsal über den Wirbelkörper erhebt sich der *Arcus vertebrae*, der aus den Wirbelfüßchen (*Pediculi*) und dem Wirbeldach (*Lamina*) besteht. Im Bereich der Füßchen finden sich jeweils vorn und hinten Einziehungen (*Incisura vertebralis cranialis* und *caudalis*); diese formen das Zwischenwirbelloch, *Foramen intervertebrale*, durch welches die Spinalnerven mit ihren zugehörigen Blut- und

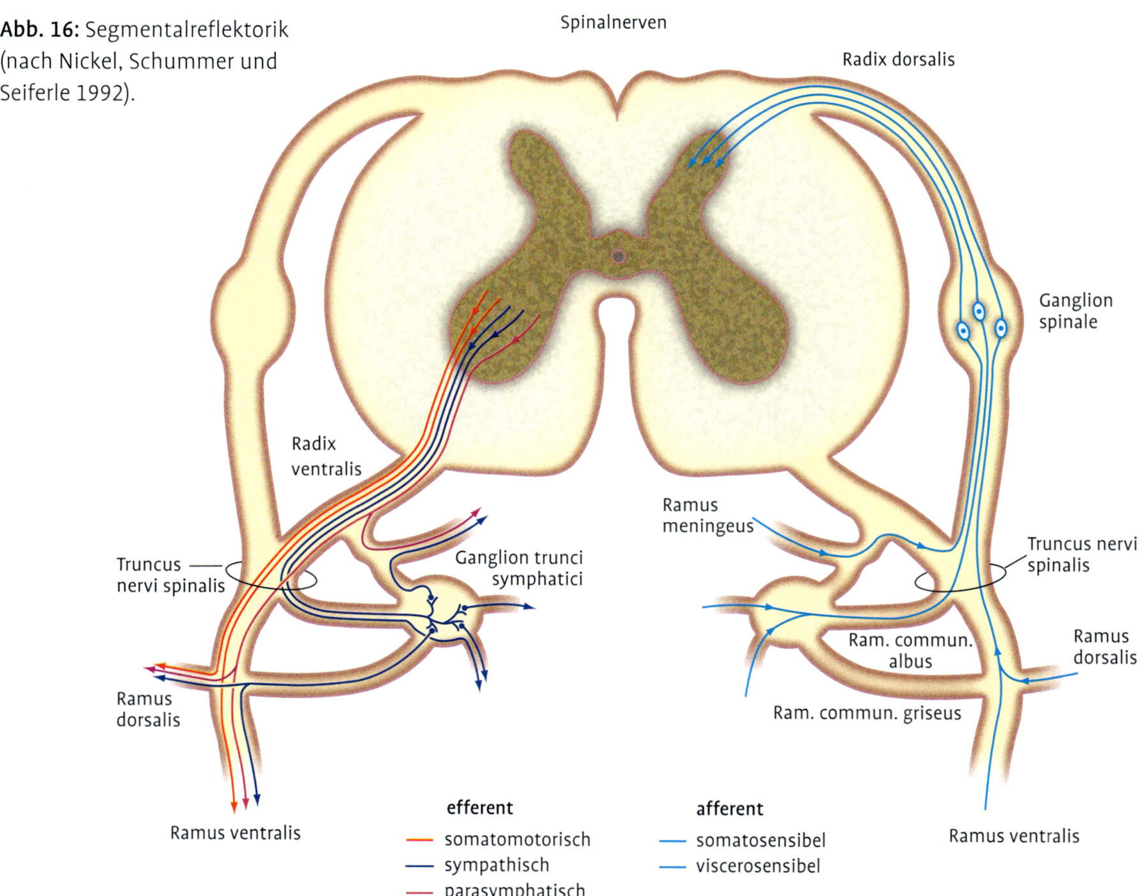

Abb. 16: Segmentalreflektorik (nach Nickel, Schummer und Seiferle 1992).

Tab. 11 Segmentaler Aufbau der Körperwand

Gewebe	Benennung	anatomisch funktionelle Bedeutung
Knochen/ Bewegungsapparat	Sklerotom	Gliederung in einzelne Wirbel; Gelenkschmerzen, Dysfunktionen
Muskel	Myotom	Gliederung in Muskelgruppen der autochtonen Rückenmuskulatur; Neuromuskuläre Läsionsketten
Haut	Dermatom	Reflex-Dermalgie
Innere Organe	Viszerotom	Neurovegetative Dysfunktionen; Mobilitätsstörungen

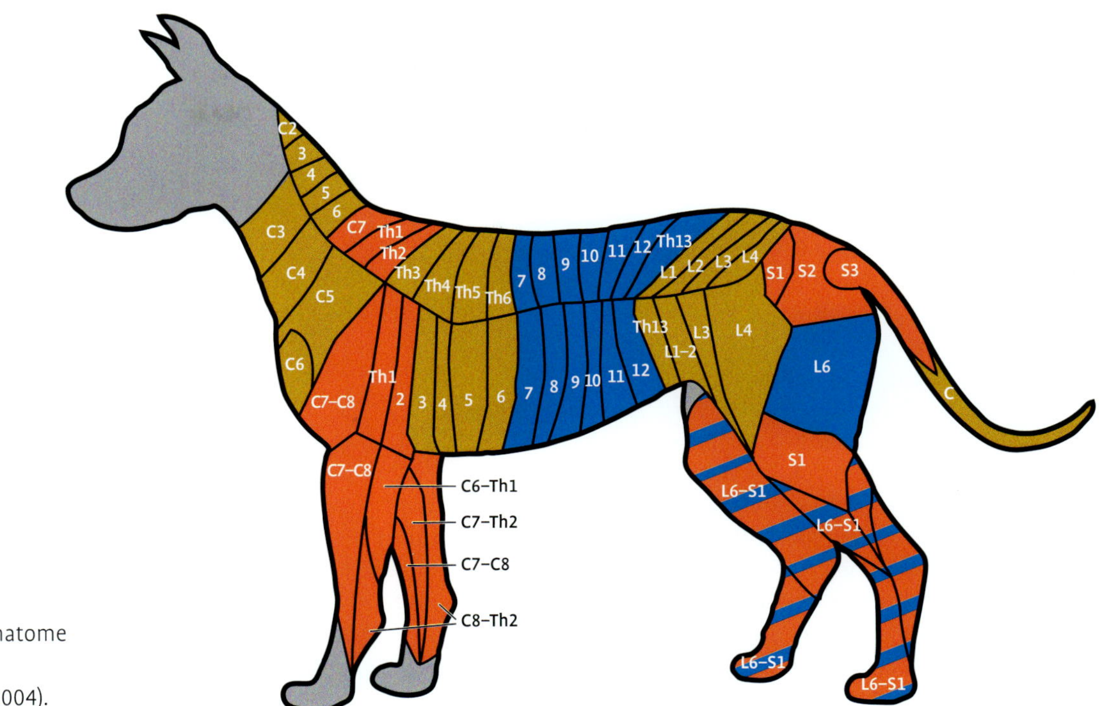

Abb. 17: Die Dermatome (nach Bocksthaler, Levine und Millis 2004).

Lymphgefäßen umgeben von einer Dura-Aussackung heraustreten (Abb. 15). Auch das jeweilige *Ganglion spinale* befindet sich in Höhe des *Foramen intervertebrale*.

Das *Foramen intervertebrale* wird außer durch die *Incisurae vertebrales* nach ventral hin begrenzt durch die Bandscheibe sowie nach dorsomedial durch das *Ligamentum flavum* und die Gelenkkapsel des jeweiligen Facettegelenks. Der Durchmesser des *Foramen intervertebrale* verändert sich bei Bewegungen zweier benachbarter Wirbel zueinander. Liegt in diesem Bereich nun eine Dysfunktion vor, kann es zu einer Verengung des Durchmessers kommen, die wiederum zu einem Druckanstieg auf den Spinalnerven führt, sodass dieser in seiner Funktion beeinträchtigt wird.

Jeder Wirbel besitzt darüber hinaus verschiedene Knochenfortsätze, die der Stammesmuskulatur Ansatz und Ursprung bieten bzw. als Gelenkfortsätze dienen. Die Anzahl und Art der Fortsätze variiert je nach Wirbelsäulenabschnitt: Über den Wirbelbogen erhebt sich nach dorsal der unpaare *Processus spinosus*, Dornfortsatz, seitlich des *Arcus* befinden sich die nach lateral ausgezogenen Querfortsätze, *Processus transversi*.

Zur Artikulation mit den benachbarten Wirbeln dienen die paarigen, jeweils vorn und hinten am Wirbelbogen gelegenen *Processus articulares*; sie sind die knöcherne Basis der **Facettegelenke**, welche eine wichtige Grundlage der Biomechanik der Wirbelsäule darstellen und zudem bei der Entstehung osteopathischer Dysfunktionen eine Rolle spielen. Zusätzlich finden sich an der Brust- und Lendenwirbelsäule die kranial gelegenen *Processus mamillares* sowie die kaudal gelegenen *Processus accessorii*.

Spinalnerven und segmentale Gliederung

Bei den Spinalnerven handelt es sich um paarige, segmental aus dem Rückenmark abzweigende Nerven, über die das Zentralnervensystem mit der Peripherie des Körpers in Verbindung steht. Aus dem Rückenmark entstammen eine dorsale Wurzel, die afferente, sensible Fasern führt, und eine ventrale Wurzel mit efferenten, motorischen Fasern. Beide Wurzeln vereinigen sich zum *Truncus spinalis*; vor der Vereinigungsstelle befindet sich an der dorsalen Wurzel das *Ganglion spinale*. Die Fasern ziehen gemeinsam durch das *Foramen intervertebrale* und spalten sich dann in verschiedene Nervenäste auf: Segmental wird die Haut mit sensiblen Ästen versorgt; die motorische Innervation der autochtonen Rückenmuskulatur geschieht durch die dorsalen Äste, die Ventraläste versorgen die Muskulatur der Bauchwand und bilden im Beckenbereich den *Plexus lumbosacralis* und im Halsbereich den *Plexus brachialis*. Im Bereich dieser Nervengeflechte ist die Gliederung nicht mehr streng segmental, sondern funktionell; so werden jeweils die Strecker und Beuger der Gliedmaßen von verschiedenen Nerven versorgt.

In der Embryonalentwicklung wird bereits die segmentale Gliederung des Körpers in **Metamere** angelegt. Diese ist auch beim erwachsenen Individuum noch in allen Geweben mehr oder weniger deutlich zu erkennen. So zeigt sich die segmentale Gliederung des Stützgewebes in den einzelnen Wirbeln; die segmentale Gliederung der Muskulatur wird besonders im Bereich der autochtonen Rückenmuskulatur deutlich; die einzelnen Muskelzacken werden jeweils segmental durch die motorischen Fasern der Ventraläste der Spinalnerven innerviert. Die Gliederung der Haut in **Dermatome** (Abb. 17) erfolgt durch die sensible Innervation der Spinalnerven. Auch die inneren Organe weisen eine Segmentzugehörigkeit auf, da auch die vegetativen Fasern, im thorakolumbalen Bereich vor allem die sympathischen Anteile, segmental verschaltet sind (Tab. 11).

Über den Austausch von Nervenfasern verschiedener Qualitäten innerhalb eines Segments entstehen Verbindungen zwischen parietalem System (vor allem autochtone Rückenmuskulatur und Gelenke) und Viszeralem System (innere Organe) auf Segmentebene; dieses Phänomen wird auch als **Segmentalreflektorik** bezeichnet (Abb. 16). Die einzelnen Segmente arbeiten in einem gewissen Umfang autonom und können daher auch ohne übergeordnete Steuerung auf äußere Reize reagieren. Kommt es zu einer Störung oder Dysfunktion in einem System, so kann sich dies auch auf ein jeweils anderes System auswirken. Eine Funktionsstörung der Leber kann beispielsweise zu einer Dysfunktion im Bereich der Brustwirbelsäule führen – umgekehrt kann eine traumatisch bedingte funktionelle Fehlstellung im kaudalen Lendenwirbelsäulenbereich zu Problemen im Harn- und Geschlechtsapparat führen. Allerdings sind diese Zusammenhänge nicht nur bei der Ätiologie von Funktionsstörungen von Bedeutung, sondern können auch diagnostisch und therapeutisch genutzt werden (vgl. Headsche Zonen im Humanbereich: Schmerz im linken Schulterbereich bei Herzinfarkt; *Shu*-Punkt-Diagnostik in der Traditionellen Chinesischen Medizin; Quaddelung der Haut in der Neuraltherapie).

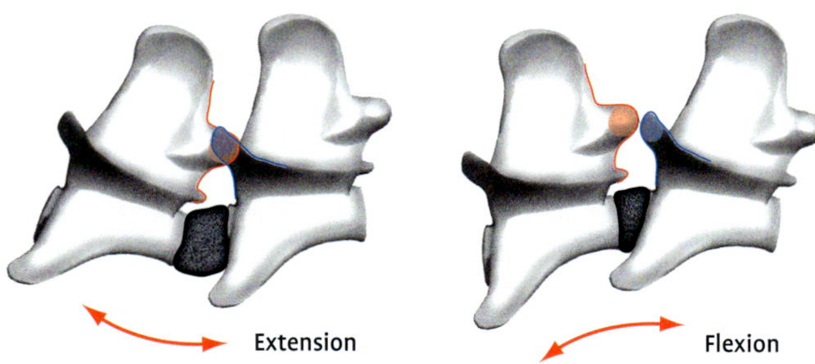

Abb. 18: Schematische Darstellungen von Konvergenz und Divergenz der Facettegelenke bei Extension und Flexion.

Biomechanik einer typischen Bewegungseinheit der Wirbelsäule

Als Bewegungseinheit oder auch **Bewegungssegment** der Wirbelsäule werden zwei aufeinander folgende Wirbel mit all den dazugehörigen, umgebenden Strukturen (Gelenke, Bänder, Muskeln, Gefäße, Nerven etc.) bezeichnet. Dies entspricht dem Vertebrom in der Embryonalentwicklung, dessen Zentrum durch die Abzweigung des Spinalnerven markiert wird.

Die Biomechanik der Bewegungseinheit wird im Wesentlichen durch die Ausformung der Gelenkstrukturen vorgegeben. An der Wirbelsäule sind dies die Verbindungen über die Bandscheiben auf der einen Seite sowie die Verbindungen über die Facettegelenke auf der anderen Seite.

Innerhalb eines Bewegungssegments sind folgende Bewegungsarten möglich:

- Flexion (Beugung nach ventral) und Extension (Streckung nach dorsal) um eine Transversalachse
- Lateralflexion (Seitneigung) jeweils nach rechts und links um eine Vertikalachse
- Rotation jeweils nach rechts und links um eine Longitudinalachse

Betrachtet man das Verhalten der Facettegelenke bei diesen Bewegungsarten, so kommt es bei einer Flexion zu einem Auseinanderweichen der Gelenkflächen (**Divergenz**), die Facettegelenke öffnen sich. Bei einer Extension hingegen nähern sich die Gelenkflächen an (**Konvergenz**), die Facettegelenke schließen sich (Tab. 12 und Abb. 18).

Tab. 12 Konvergenz und Divergenz der Facettegelenke

Flexion	Extension	Lateralflexion	Rotation
Divergenz der Wirbelgelenke	Konvergenz der Wirbelgelenke	• Divergenz auf der seitneigungs-abgewandten Seite • Konvergenz auf der seitneigungs-zugewandten Seite	• Divergenz auf der rotations-abgewandten Seite • Konvergenz auf der Seite der Rotation

Bei der Lateralflexion und bei der Rotation hingegen kommt es auf der einen Seite zu einem Auseinanderweichen der Gelenkflächen, während sich die Flächen auf der anderen Seite annähern:

- Seitneigung nach rechts: Annäherung der Gelenkflächen auf der rechten Seite bei gleichzeitigem Auseinanderweichen auf der linken Seite
- Seitneigung nach links: Annäherung der Gelenkflächen auf der linken Seite bei gleichzeitigem Auseinanderweichen auf der rechten Seite
- Rotation nach rechts (der rechte *Processus transversus* des kaudalen Wirbels rotiert nach dorsal): Annäherung der Gelenkflächen auf der rechten Seite bei Auseinanderweichen auf der linken Seite
- Rotation nach links (der linke *Processus transversus* des kaudalen Wirbels rotiert nach dorsal): Annäherung der Gelenkflächen auf der linken Seite bei Auseinanderweichen auf der rechten Seite

Zusätzlich zu diesen Voraussetzungen treten Rotation und Lateralflexion im gesamten Bereich der Wirbelsäule niemals isoliert, sondern immer nur gekoppelt auf; dies wird durch den Zug der Bänder und das Verhalten der Bandscheiben bei solchen Bewegungen bedingt. Bei einer Lateralflexion erhöht sich der Druck auf die Bandscheibe auf der konkaven Seite; die Bandscheibe weicht diesem Druck zur Gegenseite aus und löst dadurch eine Rotation aus. Gleichzeitig führt die Lateralflexion dazu, dass die Bänder auf der konvexen Seite vermehrt unter Spannung geraten; sie haben die Tendenz, sich zur Medianen zu verschieben, um so den Zug zu verringern. Auch hierdurch wird die Rotation mit bedingt.

In der Neutralstellung, d.h. in der Position, die für den jeweiligen Wirbelsäulenabschnitt physiologisch ist (vgl. Kurvaturen der Wirbelsäule), ist die Kopplung **heteronym,** d.h., die Seitneigung in die eine Richtung ist mit einer Rotation in die andere Richtung gekoppelt. Befindet sich der betroffene Wirbelsäulenabschnitt jedoch nicht in Neutralstellung, so ist die Kopplung **homonym**, d.h., die Seitneigung erfolgt nun in dieselbe Richtung wie die Rotation. Dies ist beispielsweise bei Dysfunktionen, die mit einer Fehlstellung in Extension oder Flexion einhergehen, der Fall.

Veränderungen durch das Vorliegen einer Dysfunktion

Dysfunktionen im Bereich der Wirbelsäule sind relativ häufig anzutreffen. Sie bedingen, dass z.B. aufgrund von bindegewebigen Verwachsungen oder Muskelkontrakturen das Öffnen eines oder mehrerer Facettegelenke nicht möglich ist; man spricht von einer **Divergenz-Störung**. Umgekehrt kann eine Dysfunktion z.B. durch eine Schwellung im Gewebe bedingen, dass das Schließen eines oder mehrerer Facettegelenke verhindert wird; dies nennt man **Konvergenz-Störung**. Solche Störungen können beidseitig vorliegen und dadurch die Extensions- und Flexionsbewegungen einschränken. Bei Vorliegen einer einseitigen Problematik hingegen werden zusätzlich auch die Rotation sowie die Lateralflexion behindert.

Definition

Divergenz-Störung: Öffnung des Facettegelenks ist nicht möglich.
Konvergenz-Störung: Schließen des Facettegelenks ist nicht möglich.

Liegt eine Divergenz-Störung vor und ist das Öffnen der Facettegelenke nicht möglich, so ist die Flexionsbewegung innerhalb des Bewegungssegments behindert. Das Segment ist in Extension fixiert, der kaudale Wirbel „steht in Extension".

Liegt eine Konvergenz-Störung vor und ist dadurch das Schließen der Facettegelenke nicht möglich, so ist die Extensionsbewegung des Bewegungssegments gestört, das Segment ist in Flexion fixiert und der kaudale Wirbel „steht in Flexion".

Liegt nun lediglich eine **einseitige Störung** vor, so sind vier verschiedene Situationen denkbar:

1. Divergenz-Störung rechts: Wenn das Bewegungssegment in Flexion gebracht wird, kann sich das rechte Facettegelenk nicht richtig öffnen, da es in Extension steht. Das Problem wird erst durch die Flexionsbewegung deutlich.

2. Konvergenz-Störung rechts: Wenn das Bewegungssegment in Extension gebracht wird, kann sich das rechte Facettegelenk nicht richtig schließen, da es in Flexion steht. Das Problem wird erst durch die Extensionsbewegung deutlich.

3. Divergenz-Störung links: Wenn das Bewegungssegment in Flexion gebracht wird, kann sich das linke Facettegelenk nicht richtig öffnen, da es in Extension steht. Das Problem wird erst durch die Flexionsbewegung deutlich.

4. Konvergenz-Störung links: Wenn das Bewegungssegment in Extension gebracht wird, kann sich das linke Facettegelenk nicht richtig schließen, da es in Flexion steht. Das Problem wird erst durch die Extensionsbewegung deutlich.

Wenn die Wirbelsäule trotz des Vorliegens einer solchen Störung in Flexion oder Extension gebracht wird, weicht der betroffene Wirbel gewissermaßen über eine Rotationsbewegung aus:

Divergenz-Störung (Öffnung des Facettegelenks bei Flexion behindert; die Flexion verstärkt das Problem, da das Gelenk in Extension steht): Der Wirbelkörper des kaudalen Wirbels nähert sich über eine Rotationsbewegung der betroffenen Seite an, dadurch rotiert der *Processus spinosus* in die entgegen gesetzte Richtung.

- Divergenz-Störung rechts: Der *Processus spinosus* ist nach links rotiert, der rechte *Proc. transversus* steht dorsal (bezogen auf den kaudalen Wirbel; der Wirbel befindet sich in Rechtsrotation).
- Divergenz-Störung links: Der *Processus spinosus* ist nach rechts rotiert, der linke *Proc. transversus* steht dorsal (bezogen auf den kaudalen Wirbel; der Wirbel befindet sich in Linksrotation).

Konvergenz-Störung (Schließen des Facettegelenks bei Extension behindert; die Extension verstärkt das Problem, da das Gelenk in Flexion steht): Der Wirbelkörper des kaudalen Wirbels entfernt sich über eine Rotationsbewegung von der betroffenen Seite, dadurch rotiert der *Processus spinosus* zur betroffenen Seite hin.

- Konvergenz-Störung rechts: Der *Processus spinosus* ist nach rechts rotiert, der linke *Proc. transversus* steht dorsal (bezogen auf den kaudalen Wirbel; der Wirbel befindet sich in Linksrotation).
- Konvergenz-Störung links: Der *Processus spinosus* ist nach links rotiert, der rechte *Proc. transversus* steht dorsal (bezogen auf den kaudalen Wirbel; der Wirbel befindet sich in Rechtsrotation).

Nomenklatur

Um die Art einer Dysfunktion zu benennen, wird jeweils die Position beschrieben, in der das Bewegungssegment fixiert ist bzw. in der der kaudale Wirbel des Segments steht (**Stellungsdiagnostik**). Es wird also zum einen angegeben, ob das betroffene Gelenk in Extension oder Flexion fixiert ist bzw. ob der kaudale Wirbel „in dieser Position steht"; zum anderen wird beschrieben, in welcher Seitneigungs- und Rotationsrichtung das Gelenk fixiert ist bzw. in welcher Seitneigungs- und Rotationsrichtung der kaudale Wirbel „steht". Die Beurteilung der Wirbelstellung erfolgt anhand der Beschreibung der Position des Dornfortsatzes oder der Querfortsätze; das Extensions- und Flexionsverhalten wird in der Dynamik beurteilt. Es muss außerdem berücksichtigt werden, ob Seitneigung und Rotation jeweils homonym oder heteronym gekoppelt sind.

Die Bezeichnung der Fehlstellung erfolgt mit Hilfe von Großbuchstaben; dabei steht „E" für Extension, „F" für Flexion, „S" für Seitneigung und „R" für Rotation.

Bezeichnung von Dysfunktionen:

- Segment in Beugung nach ventral fixiert = Flexion (F)
- Segment in Streckung nach dorsal fixiert = Extension (E)
- Segment in Biegung zur rechten Seite fixiert = Seitneigung nach rechts (S rechts)
- Segment in Biegung zur linken Seite fixiert = Seitneigung nach links (S links)
- Rotation des Wirbelkörpers nach rechts (der rechte *Processus transversus* rotiert nach dorsal, der *Proc. spinosus* rotiert nach links) = Rotation nach rechts (R rechts)
- Rotation des Wirbelkörpers nach links (der linke *Processus transversus* rotiert nach dorsal, der *Proc. spinosus* rotiert nach rechts) = Rotation nach links (R links)

Funktion der Rückenmuskulatur

Die Rückenmuskulatur ist durch ihren metameren bzw. segmentalen Aufbau gekennzeichnet (Abb. 19); ihre Innervation erfolgt durch die jeweiligen *Rami dorsales* der Spinalnerven. Durch den segmentalen Aufbau sind nicht nur koordinierte Bewegungen der gesamten Rückenmuskulatur möglich, sondern der Tonus in jedem Segment kann auch isoliert, jedoch nicht willkürlich

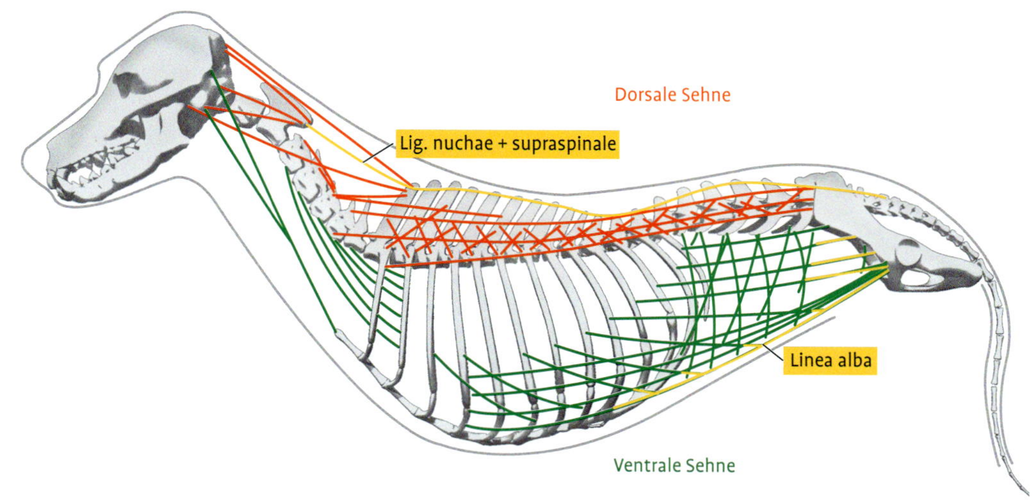

Abb. 19: Die Rückenmuskulatur (verändert nach Nickel, Schummer und Seiferle 2003).

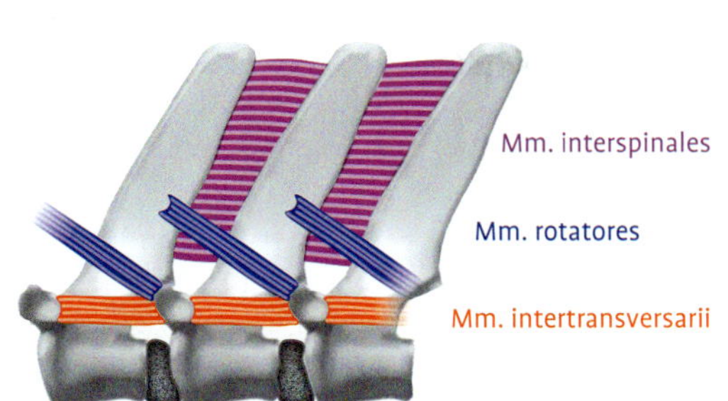

Abb. 20: Kurze Rückenmuskeln.

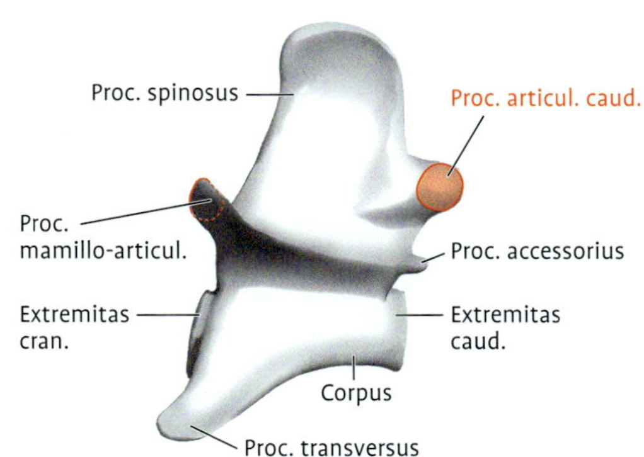

Abb. 21: Lendenwirbel.

gesteuert werden. Man bezeichnet die dorsale Rückenmuskulatur daher auch als **autochtone Muskulatur.** Ein Hypertonus oder eine Kontraktur eines Muskelsegments kann auch durch ein Problem im segmental zugeordneten Organ (Viszerotom) verursacht werden.

Je nach Verlauf der Muskelfasern bewirken die Rückenmuskeln bei beidseitiger Kontraktion eine Streckung der Wirbelsäule (Muskeln, die dorsal der Querfortsatzebene liegen) oder eine Beugung der Wirbelsäule (Muskeln, die ventral der Querfortsatzebene liegen). Kontrahieren mehrere Muskelgruppen, wird die Wirbelsäule dadurch fixiert bzw. in der Bewegung stabilisiert. Bei einseitiger Kontraktion der Rückenmuskeln kommt es zu einer Lateralflexion; diese tritt aufgrund des schrägen Verlaufs der Muskelfasern gekoppelt mit einer Rotationsbewegung auf.

Durch den segmentalen Aufbau sind die einzelnen Muskelfasern sehr kurz, auch wenn der gesamte Muskel weite Regionen der Wirbelsäule umgibt. Hierdurch ist der Muskel in seiner Gesamtheit außerordentlich kräftig. Darüber hinaus besitzen die kurzen Muskelfasern, insbesondere die *Mm. multifidi*, eine Vielzahl von **Mechanorezeptoren** (vor allem Muskelspindelzellen), sodass sie von besonderer Bedeutung für die Propriozeption sowie für die Aufrechterhaltung der Statik und die Koordination der Bewegung sind (Abb. 20).

Lendenwirbelsäule

Funktionelle Anatomie

Die Lendenwirbelsäule des Hundes setzt sich in der Regel aus sieben Lendenwirbeln zusammen. Dabei zeigen der 2. bis 6. Lendenwirbel die für diese Region typischen Charakteristika (Abb. 21), während der 1. Lendenwirbel Übergangsmerkmale der Brustwirbelsäule trägt und der 7. Lendenwirbel an die Verbindung mit dem Kreuzbein angepasst ist. Eine abweichende Anzahl von Lendenwirbeln führt meist zu klinischen Problemen (z.B. lumbosakrales Stenose-Syndrom), da sie mit einer Instabilität innerhalb der Region einhergeht.

Die Wirbelkörper der Lendenwirbel des Hundes sind relativ lang, dies spiegelt sich darin wider, dass die Lendenwirbelsäule mit sieben Wirbeln etwa so lang ist wie die Brustwirbelsäule mit dreizehn Wirbeln. Sowohl Dorn- als auch Querfortsätze der Lendenwirbel sind nach kranial geneigt, wodurch ein größerer Spielraum für Bewegungen in Extension und Flexion entsteht. Die Lendenwirbel bieten mit ihren stark ausgebildeten Fortsätzen vielen Muskelgruppen sowie der *Fascia thoracolumbalis* Ursprung bzw. Ansatz.

Im Wirbelkanal der Lendenwirbelsäule befindet sich beim Hund etwa bis zum 5./6. Segment das Rückenmark; kaudal davon beherbergt der Wirbelkanal dann die sich pferdeschwanzartig aufzweigenden Spinalnerven aus dem Kreuzmark, die hier als *Cauda equina* bezeichnet werden.

Biomechanik

Die Biomechanik in der Lendenwirbelsäule wird zum einen durch die Ausrichtung der Querfortsätze nach kranial bestimmt, zum anderen jedoch wesentlich durch die Ausrichtung der Gelenkflächen der *Processus articulares* vorgegeben. Diese sind in der Lendenwirbelsäule und auch in der kaudalen Brustwirbelsäule (Kaudalseite von Th10; Th11-Th13) senkrecht ausgerichtet, d.h., sie befinden sich in einer Ebene, die nahezu parallel zur Medianen verläuft. Dabei zeigen die kranialen Facetten nach medial und haben eine leicht konkave Fläche, während die kaudalen Facetten nach lateral zeigen und eine leicht konvexe Fläche besitzen. Durch diesen Aufbau ermöglichen nicht nur die Ausrichtung der Dorn- und Querfortsätze in der Lendenwirbelsäule, sondern vor allem auch die Ausbildung der Facettegelenke ein großes Bewegungsausmaß in Richtung Extension bzw. Flexion. Auch ein gewisses Maß an Seitneigungsbewegung ist möglich, während die Rotation durch die **senkrecht** stehenden **Gelenkflächen** deutlich stärker eingeschränkt ist. Insgesamt nimmt die Beweglichkeit der Lendenwirbelsäule von kranial nach kaudal hin ab, was für die Schubübertragung aus der Hinterhand in der Fortbewegung von Bedeutung ist.

Biomechanik und Nomenklatur der Dysfunktion

Dysfunktionen mit Fehlstellung in ESR und FSR: Physiologischerweise liegt im Bereich der Lendenwirbelsäule eine leicht kyphotische Krümmung vor; in dieser Stellung ist die Kopplung von Lateralflexion und Rotation heteronym. Bei den meisten Läsionen verlässt das betroffene Bewegungssegment jedoch diese physiologische Stellung und es kommt zu einer lordotischen Krümmung, Extension oder einer starken, über die physiologische Kyphose hinausgehenden Flexion. Rotations- und Seitneigungsverhalten sind bei Vorliegen einer solchen Dysfunktion **homonym** gekoppelt.

Es kommen sowohl Dysfunktionen vor, bei denen das Bewegungssegment in Extension fixiert ist (ESR), als auch solche, bei denen das Segment in Flexion (FSR) fixiert ist. In den meisten Fällen liegen einseitige Dysfunktionen vor, bei denen sich das Facettegelenk nur auf der einen Körperseite nicht öffnen oder schließen kann.

Bei Vorliegen einer Divergenz-Störung auf der einen Seite ist die Seitneigungsbewegung zur kontralateralen Seite eingeschränkt. Gleichzeitig ist durch das Vorliegen einer Divergenz-Störung insgesamt die Flexionsbewegung eingeschränkt, da sich hierfür die Facettegelenke öffnen müssen; das Bewegungssegment steht in Extension (ESR).

Bei Vorliegen einer Konvergenz-Störung auf der einen Seite ist die Seitneigung zur selben Seite, also ipsilateral, eingeschränkt. Gleichzeitig ist durch das Vorliegen einer Konvergenz-Störung insgesamt die Extensionsbewegung eingeschränkt, da sich dafür die Facettegelenke schließen müssen; das Bewegungssegment steht in Flexion (FSR).

Liegt eine Divergenz-Störung des rechten Facettegelenks vor, so ist zum einen die Flexion und zum anderen die Seitneigung nach links eingeschränkt. Das Bewegungssegment ist in Extension (E) und Seitneigung rechts (S rechts) fixiert. Da durch die von der Neutralposition abweichende Stellung das Rotationsverhalten homonym gekoppelt ist, wird diese Dysfunktion auch als **ESR rechts** bezeichnet.

Liegt eine Divergenz-Störung des linken Facettegelenks vor, so ist ebenfalls die Flexion eingeschränkt, aber in diesem Falle auch die Seitneigung nach rechts. Das Bewegungssegment ist dadurch in Extension (E) und Seitneigung links (S links) fixiert; dies ist mit einer homonymen Rotationsfehlstellung gekoppelt und wird daher auch als **ESR links** bezeichnet.

Bei Vorliegen einer Konvergenz-Störung des rechten Facettegelenks ist zum einen die Extension des Bewegungssegments eingeschränkt, zum anderen aber auch die Seitneigung nach rechts. Das Segment ist also in Flexion (F) und Seitneigung links (S links) fixiert; hiermit ist wiederum ein homonymes Rotationsverhalten gekoppelt und man spricht von einer **FSR links**.

Liegt eine Konvergenz-Störung des linken Facettegelenks vor, ist wiederum die Extension eingeschränkt, nun aber auch die Seitneigung nach links. Das Bewegungssegment ist in Flexion (F) und Seitneigung rechts (S rechts) fixiert; dies geht mit einem homonym gekoppelten Rotationsverhalten einher, sodass man diese Dysfunktion als **FSR rechts** bezeichnet.

Dysfunktionen in Neutralposition: Weitaus seltener als funktionelle Fehlstellungen in Flexion oder Extension sind Dysfunktionen in Neutralposition. Dabei befinden sich die betroffenen Bewegungseinheiten in ihrer **physiologischen Krümmungsposition**, im Falle der Lendenwirbelsäule also in einer leichten Kyphose. Extensions- und Flexionsbewegung sind nicht eingeschränkt. Diese in Bezug auf die Transversalachse physiologische Position hat zur Folge, dass Rotations- und Seitneigungsverhalten **heteronym** gekoppelt sind, d.h., dass an einer Bewegungseinheit die Seitneigung in die eine Richtung, die Rotation jedoch in die andere, kontralaterale Richtung eingeschränkt ist.

Liegt eine solche Dysfunktion in Neutralposition vor, sind immer mindestens drei Segmente betroffen; daher spricht man bei einer Dysfunktion in Neutralposition auch von einer Gruppenläsion. Die Ursache für eine solche Läsion ist in der Regel muskulär bedingt oder auf eine Störung im segmental zugeordneten Organ (viszerales Problem) zurückzuführen.

Um eine Neutral- oder Gruppenläsion zu benennen, wird jeweils die Position angegeben, in der die Bewegungseinheit bzw. der kaudale Wirbel fixiert ist (also **S rechts R links** oder **S links R rechts**).

Ursachen für Fehlstellungen in der Lendenwirbelsäule

Funktionelle Fehlstellungen in der Lendenwirbelsäule können zahlreiche Ursachen haben. So kann ein direktes Trauma oder eine Fehl- oder Überlastung im Bereich eines Bewegungssegments zu einer Dysfunktion führen. Bindegewebige Verwachsungen oder Spasmen der Muskulatur können zu einer Divergenz-Störung führen, bei der das Auseinanderweichen eines Facettegelenks eingeschränkt ist. Raumfordernde Prozesse wie Ödeme oder Gewebsentzündungen können das Schließen eines Facettegelenks erschweren und dadurch eine Konvergenz-Störung herbeiführen.

Zahlreiche Strukturen in der unmittelbaren Umgebung der Facettegelenke sind mit **Schmerzrezeptoren** ausgestattet (*Ligamentum flavum*, Kapsel der Facettegelenke, äußere Lamellen des *Anulus fibrosus* der Bandscheibe); auch ein Schmerzreiz in diesen Strukturen kann bedingen, dass bestimmte Bewegungen vermieden werden.

Dysfunktionen der Lendenwirbelsäule des Hundes können auch primär durch muskuläre Fehlspannungen verursacht werden. Die dorsale Rückenmuskulatur wird segmental durch die *Rami dorsales* der jeweiligen Spinalnerven innerviert (epaxiale Rückenmuskulatur); sie kontrahiert nicht nur bei koordinierten Bewegungen des gesamten Rückens, sondern kann auch auf Segmentebene isoliert, jedoch nicht willkürlich aktiviert werden. Ein Hypertonus oder eine Kontraktur eines einzelnen Muskelsegments kann traumatisch bedingt sein, durch eine Übererregung des Spinalnervs verursacht werden oder durch eine Störung des segmental zugeordneten inneren Organs entstehen.

Der Spinalnerv verlässt den Wirbelkanal durch das *Foramen intervertebrale*; dieses ändert seinen Durchmesser, sobald sich die an seiner Bildung beteiligten Wirbel bewegen. Ein verengter Durchmesser (z.B. bei Fixierung des Bewegungssegments in Lateralflexion) führt zu einem Druckanstieg auf alle Strukturen, die durch das *Foramen intervertebrale* hindurchziehen, so auch auf den Spinalnerv. Es kommt zu einer Übererregung des Nervs, der dadurch vermehrt Impulse an die Muskulatur weiterleitet und so zu einem Hypertonus führt.

Auch Störungen im segmental zugehörigen Organ (Viszerotom) können Dysfunktionen im Bereich der Lendenwirbelsäule nach sich ziehen. Auf Segmentebene bestehen Verbindungen im Nervensystem zwischen **viszerosensiblen Afferenzen** und **somatomotorischen Efferenzen**; auch bestehen Verschaltungen zu **vegetativen** Bahnen. Dadurch kann eine Störung eines inneren Organs zu einer segmentalen Muskelverspannung führen. Man bezeichnet dieses Phänomen als **Segementalreflektorik** (s. S. 53 f.).

Mögliche Ursachen für Dysfunktionen der Lendenwirbelsäule:

- Trauma
- Schmerz
- Fehl- oder Überbelastung, Fehlhaltungen, Schonhaltungen
- Nach Operationen (Narbenzug; lagerungsbedingt)
- Raumfordernde Prozesse (Entzündung, Ödem)

Tab. 13 Segmentaler Bezug der Lendenwirbel

Wirbel in Dysfunktion (kaudaler Partner des betroffenen Segments)	Zusammenhang mit Störungen in anderen Organen / Körperregionen	Bezug in der Traditionellen Chinesischen Medizin
L1	Dickdarmerkrankungen, Obstipation, Diarrhoe	BL21 (zwischen Th13 u. L1) Zustimmungspunkt des Magens (links Magen, rechts Leber)
L2	Bauchkrämpfe, Atembeschwerden	BL22 (zwischen L1 u. L2) Zustimmungspunkt des Dreifachen Erwärmers (Bezug zum Endokrinum)
L3	Blasenerkrankungen, Erkrankungen der Nieren, Erkrankungen der Keimdrüsen, Kniebeschwerden	BL23 (zwischen L2 u. L3) Zustimmungspunkt der Niere (Bezug zu Niere und Keimdrüsen)
L4	Blasenleiden, Erkrankungen der Geschlechtsorgane (Keimdrüsen), Ischiadicus-Probleme	BL24 (zwischen L3 u. L4) Zustimmungspunkt des Meeres des *Qi*
L5	Blasenleiden, Erkrankungen der Geschlechtsorgane, Ischiadicus-Probleme	BL24'
L6	Blasenleiden, Erkrankungen der Geschlechtsorgane, Beschwerden des Darms, Diarrhoe, Obstipation	BL25 (zwischen L5 u. L6) Zustimmungspunkt des Dickdarms
L7	Verdauungsbeschwerden, Diarrhoe, Obstipation; Erkrankungen der Geschlechtsorgane, Dysfunktionen im Kreuzbein-Beckenbereich, kalte Pfoten	BL26 (zwischen L6 u. L7) Zustimmungspunkt des Ursprungs-*Qi*

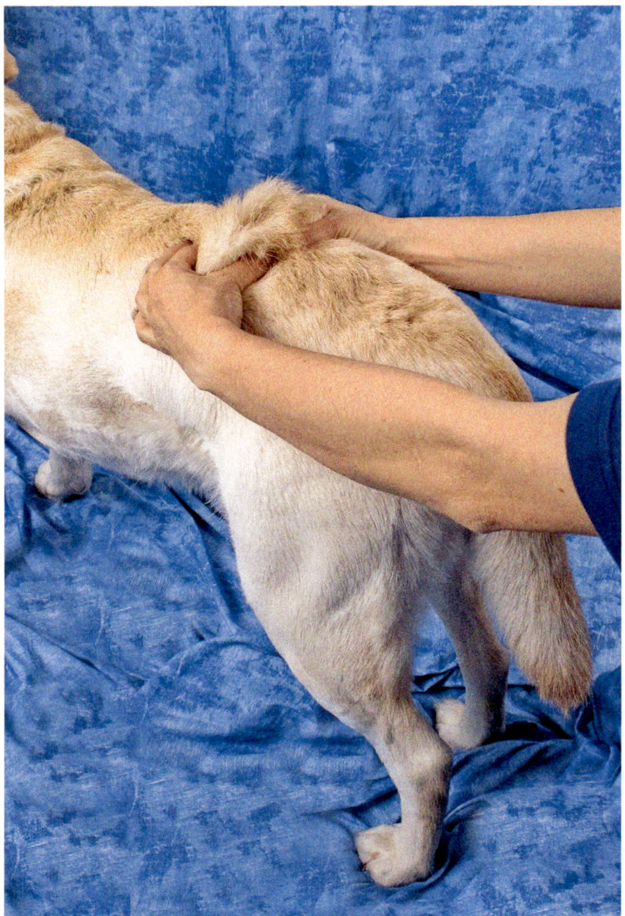

Foto 13: Untersuchung der Kibler'schen Hautfalte.

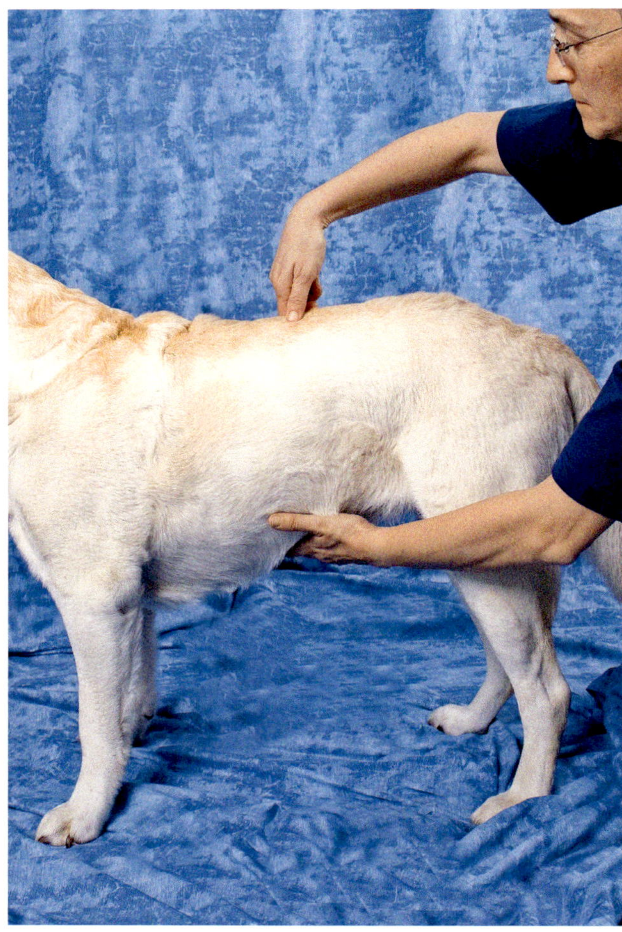

Foto 14: Laminäre Stoßpalpation / Wipptest.

- Bindegewebige Verklebungen und Verwachsungen
- Kontraktur der Rückenmuskulatur; Hypertonus
- Zu langes Liegen auf engem Raum oder in der Kälte
- Ungenügendes Aufwärmen oder Abkühlen bei Sporthunden
- Übermäßiges Training des Slaloms im Agility („Fädel-Technik")
- Nervale Störung
- Störung im zugehörigen Viszerotom (segmentalreflektorisch)
- Dysfunktionen im Kreuz-Beckenbereich

Auch bei Vorliegen von Dysfunktionen im Kreuz-Beckenbereich treten Dysfunktionen im Bereich der Lendenwirbelsäule als häufige Folge auf. Bei Mensch und Pferd führt eine Beckenfehlstellung direkt über eine veränderte Spannung der *Ligamenta iliolumbalia* zu einer Beteiligung der kaudalen Lendenwirbel; ob diese Fasern auch beim Hund existieren, ist bisher nicht untersucht. Ein weiterer Mechanismus, welcher die Zusammenhänge zwischen Fehlstellungen von Becken, Sakrum und Lendenwirbeln erläutert, ist die so genannte axiale Rotation: Kommt es zu Fehlstellungen des Sakrums mit Rotation bzw. Torsion, versucht der Körper diese über eine Gegenrotation in der kaudalen Lendenwirbelsäule zu kompensieren. Ähnliche **Kompensationsmechanismen** können sich nach kranial bis in die kraniale Halswirbelsäule fortsetzen. **Hugh Logan**, ein Chiropraktiker, der Anfang des 20. Jahrhunderts die so genannte *Logan-Basic-Technique* entwickelte, sah daher die Korrektur von Fehlstellungen des Sakrums als Basis für eine erfolgreiche Therapie.

Muster von Dysfunktionen, wie es häufig bei menschlichen Patienten auftritt:

- Dorsalrotation des Beckens auf der rechten Seite
- Fixierung des Sakrums (rechte Basis ventral bzw. linke Basis dorsal)
- Fehlstellung in der kaudalen Lendenwirbelsäule in Rechtsrotation (SR rechts)
- Fehlstellung am Zervikothorakalen Übergang in Linksrotation (SR links)
- Fehlstellung des Atlas in Rechtsrotation

Besondere Belastungsmomente

Beim Hund erfährt die Lendenwirbelsäule vor allem im Galopp sowie bei Sprüngen eine Belastung durch das große Ausmaß an Bewegungen in Extension und Flexion, die hierbei auftreten.

Die Lateralflexion wird insbesondere beim Slalomlauf im Agility forciert; dabei ist die Belastung bei der so genannten **Fädel-Technik** ungleich größer als bei der **Wedel-Technik.** Beim Fädeln befindet sich der Hinterkörper des Hundes noch in einem Slalomtor, während der Vorderkörper schon in das nächste Slalomtor eingefädelt ist; dadurch kommt es zu einer S-förmigen Verbiegung der Wirbelsäule. Dysfunktionen vor allem im vorderen Lendenwirbelsäulenbereich sind häufig bei Hunden zu finden, die im Agility geführt werden.

Ein besonderes Risiko stellen zudem kombinierte Bewegungen dar, bei denen die Wirbelsäule des Hundes gleichzeitig eine Extensions- oder Flexionsbewegung macht und zusätzlich zur Seite gebogen und rotiert wird. Solche kombinierten Bewegungen treten z.B. dann auf, wenn der Hund nach einem Sprung nicht in gerader Laufrichtung landet, sondern gleichzeitig einen Richtungswechsel einleitet und sind im Agility, im Dog-Frisbee und im Schutzhundsport (VPG) häufig anzutreffen.

Symptome der Dysfunktionen

Dysfunktionen im Bereich der Lendenwirbelsäule können sich in zahlreichen verschiedenen Symptomen äußern. Diese entstehen zum Teil direkt durch die Bewegungseinschränkung, zum Teil aber auch indirekt durch eine Beeinträchtigung der segmental zugeordneten Strukturen.

Beispiele für Symptome von Dysfunktionen in der Lendenwirbelsäule:

- Steifheit
- Lahmheiten (Vorder- und Hintergliedmaßen)
- Kalte oder schweißige Pfoten (reflektorisch durch Beeinflussung des Vegetativums und der Vasomotorik)
- Aufgewölbter Rücken (Verspannung des *M. iliocostalis*; reflektorisch oder als Schmerzsymptom)
- Durchhängender Rücken (muskuläre Schwäche bei chronischen Problemen)
- Berührungsempfindlichkeit im Bereich der Rückenmuskulatur
- Passgang
- Probleme bei Gangarten-, Haltungs- und Lagenwechseln
- Bewegungsunlust
- Muskelatrophie
- Vermehrtes oder vermindertes Wälzen oder Strecken (Wälzen und Strecken können aufgrund von Steifheit oder Schmerzen nicht mehr ausgeführt werden oder aber der Hund versucht, sich durch vermehrtes Wälzen und Strecken selbst Linderung zu verschaffen.)

Untersuchungen und Tests

Für die Untersuchung der Lendenwirbelsäule befindet sich der Untersucher hinter dem stehenden Hund. Zunächst wird mit **allgemeinen Untersuchungstechniken** festgestellt, welche Segmente schmerzhaft bzw. druckempfindlich sind oder sich durch bindegewebige Verquellungen oder Verspannungen der Muskulatur anders anfühlen als das umgebende Gewebe. Im Anschluss daran wird die Art der funktionellen Fehlstellung exakt diagnostiziert.

Allgemeine Untersuchungstechniken der Lendenwirbelsäule:

- Kibler'sche Hautfalte (betroffene Bezirke sind ödematös verquollen; Foto 13)
- *Shu*-Punkt-Diagnostik (Palpation der Zustimmungspunkte auf dem Blasenmeridian)
- Schmerzrosette (Test der Empfindlichkeit des *Ligamentum supraspinale*; Foto 15)
- *Tissue-Texture-Abnormality* (Beurteilung des Gewebetonus paravertebral)
- Laminäre Stoßpalpation (Feder- oder Wipptest; Foto 14)

Im Anschluss an die allgemeine Untersuchung der Lendenwirbelsäule wird mit Hilfe von **speziellen Untersuchungstechniken** die Stellung der *Processus spinosi* sowie der *Processus transversi* palpiert und beurteilt (Tab. 14). Dabei befindet sich der Untersucher wiederum hinter dem stehenden Hund und legt nun seine beiden Daumen jeweils links und rechts auf die Querfortsätze der Lendenwirbel und überprüft diese auf Höhen- bzw. Stellungsdifferenzen.

Läsionen in ESR oder FSR: Ist der *Processus spinosus* zu einer Seite geneigt, führt dies gleichzeitig dazu, dass der kontralaterale *Processus transversus* weiter dorsal erscheint.

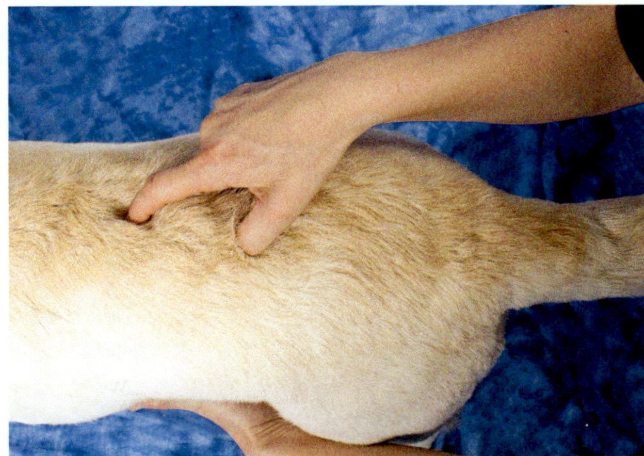

Foto 15: Schmerz-Rosette.

Tab. 14 Stellungsdifferenz anhand des Processus spinosus

Processus spinosus steht nach links	Processus spinosus steht nach rechts
Processus transversus erscheint rechts weiter dorsal	*Processus transversus* erscheint links weiter dorsal
Wirbel steht in Rotation rechts (**R rechts**)	Wirbel steht in Rotation links (**R links**)
Eingeschränkte Seitneigung nach links	Eingeschränkte Seitneigung nach rechts
Wirbel steht in Seitneigung rechts (**S rechts**)	Wirbel steht in Seitneigung links (**S links**)

Die Benennung der Richtung der Rotationsfehlstellung entspricht der Seite des weiter dorsal stehenden *Processus transversus*. Die Seitneigung hingegen ist in die Gegenrichtung eingeschränkt.

Nachdem die Stellungsdifferenz als statischer Befund erhoben wurde, wird als nächstes differenziert, ob diese funktionelle Fehlstellung durch eine Konvergenz-Störung auf der einen oder eine Divergenz-Störung auf der anderen Seite hervorgerufen wird. Für jeden in der Stellungsdiagnostik erhobenen Befund gibt es entsprechend zwei mögliche Ursachen: In Bezug auf den weiter dorsal stehenden *Processus transversus* kann sich das gleichseitige Facettegelenk nicht öffnen (Divergenz-Störung) oder das gegenüberliegende Facettegelenk nicht schließen (Konvergenz-Störung).

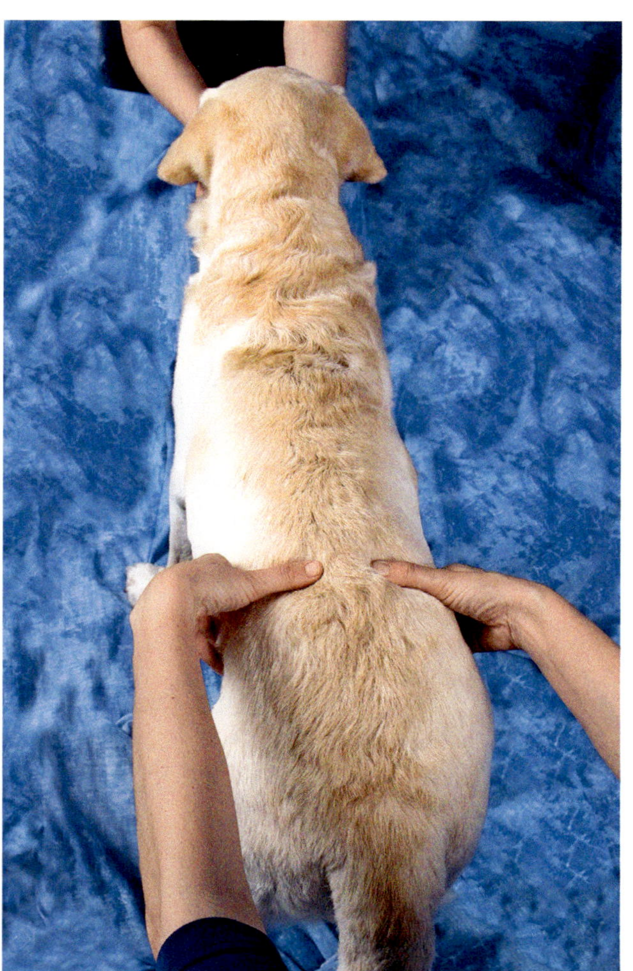

Foto 16: Stellungsdifferenz I: Kopf in Neutralposition.

Welche dieser beiden Situationen Ursache der Fehlstellung ist, wird überprüft, indem die Wirbelsäule und damit auch das betroffene Bewegungssegment nacheinander in Flexion und Extension gebracht werden (Fotos 16 + 17). Dazu befindet sich der Untersucher wiederum hinter dem stehenden Hund und hält die Daumen auf die Querfortsätze des betroffenen Lendenwirbels. Nun bringt der Besitzer, der sich am Kopf des Hundes befindet, dessen Wirbelsäule zunächst in Flexion, indem er den Hundekopf vorsichtig zu dessen Brust herunterbeugt. Anschließend bringt er die Wirbelsäule in Extension, indem er den Kopf des Hundes anhebt.

Liegt an einem Bewegungssegment eine einseitige Divergenz-Störung vor, so verstärken sich alle Befunde, wenn man versucht, eine Flexionsbewegung durchzuführen, da das betroffene Bewegungssegment in Extension fixiert ist. Umgekehrt verstärken sich die Befunde bei einer einseitigen Konvergenz-Störung, wenn man versucht, eine Extensionsbewegung durchzuführen, da das Segment in Flexion fixiert ist.

Spezielle Untersuchungstechniken der Lendenwirbelsäule:

- Statisch: Stellungsdiagnostik in Bezug auf *Processus transversi* und *Processus spinosus* → Bestimmung der Seitneigungs- und Rotationsrichtung (Stellungsdifferenz)
- Dynamisch: Überprüfung der Veränderung bei Flexion und Extension des Bewegungssegments (welche Bewegung akzentuiert oder nivelliert die Stellungsdifferenz?) → Bestimmung der Fixierung in Extension oder Flexion

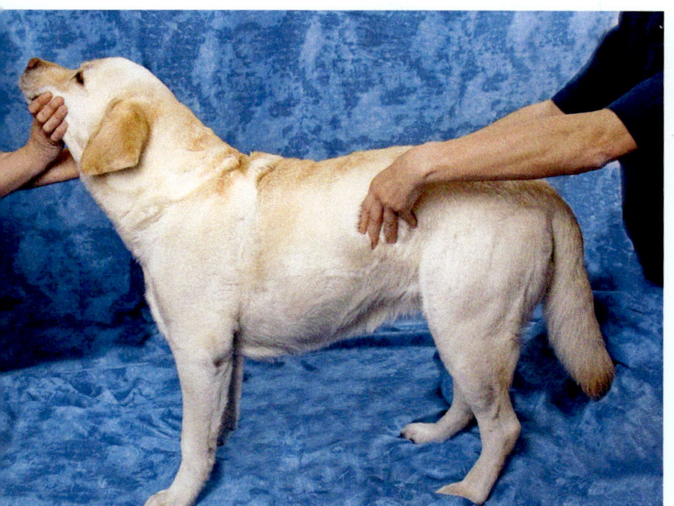

Foto 17 a: Stellungsdifferenz II: das Anheben des Kopfes bewirkt eine Extension der Wirbelsäule

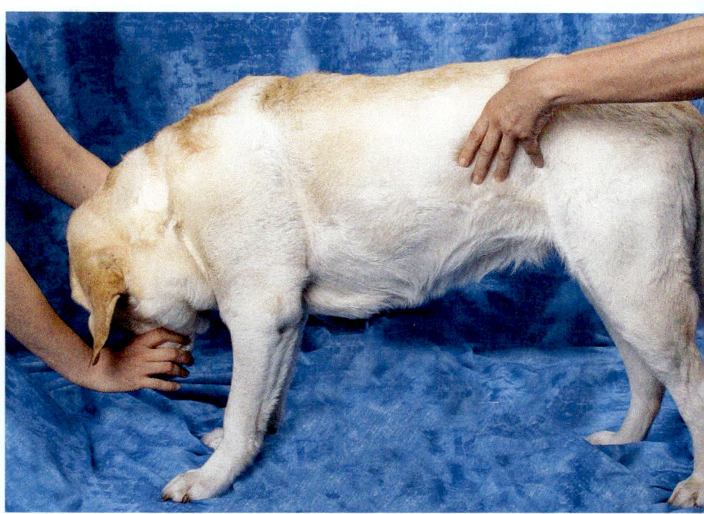

Foto 17 b: Stellungsdifferenz II: das Herunternehmen des Kopfes bewirkt eine Flexion der Wirbelsäule

Tab. 15 Befunde und Funktionsstörungen bei Läsion in ESR oder FSR

Stellungsdifferenz der Querfortsätze	Eingeschränkte Seitneigung	Befund bei Flexion/ Extension	Grund	Wirbel-stellung	Beschreibung der Funktionsstörung
Links dorsal	Nach rechts	Flexion verringert, Extension verstärkt	Wirbel in Flexion	**FSR li.**	Konvergenz-Störung rechts; kann re. in Ext. nicht schließen
Links dorsal	Nach rechts	Flexion verstärkt, Extension verringert	Wirbel in Extension	**ESR li.**	Divergenz-Störung links; kann li. in Flex. nicht öffnen
Rechts dorsal	Nach links	Flexion verringert, Extension verstärkt	Wirbel in Flexion	**FSR re.**	Konvergenz-Störung links; kann li. in Ext. nicht schließen
Rechts dorsal	Nach links	Flexion verstärkt, Extension verringert	Wirbel in Extension	**ESR re.**	Divergenz-Störung rechts; kann re. in Flex. nicht öffnen

Läsionen in Neutralposition: Liegt eine Neutral- oder Gruppenläsion vor, so ist an mindestens drei hintereinander liegenden Wirbeln eine Höhendifferenz der *Processus transversi* in dieselbe Rotationsrichtung festzustellen. Diese Differenz bleibt bestehen, unabhängig davon, ob der betroffene Wirbelsäulenabschnitt in Extension oder Flexion gebracht wird.

Nicht alle Bewegungseinschränkungen gehen zwangsläufig auch mit einer statisch nachweisbaren Wirbelfehlstellung einher; ein Segment kann in seiner Beweglichkeit eingeschränkt sein, ohne dass dabei in Ruhe eine Fehlstellung in Rotation bzw. Seitneigung vorliegt. Um solche Dysfunktionen aufzufinden, muss die Beweglichkeit der einzelnen Segmente beurteilt werden. Dies erfordert eine alternative Untersuchungstechnik: **die dynamische Beurteilung der Seitneigung.** Der Untersucher befindet sich hinter dem stehenden Hund und greift mit einem Arm unter dessen Bauch durch und legt die Hand breitflächig auf der Oberschenkelmuskulatur auf. Nun bringt er die Wirbelsäule des Hundes in eine seitliche Schwingungsbewegung, indem er das Becken des Hundes leicht hin und her bewegt (vgl. *Hula-Hoop*-Bewegung). Mit der anderen Hand wird nun das Bewegungsausmaß an den einzelnen Dornfortsätzen aller Segmente nacheinander beurteilt. An jedem Segment wird nun überprüft, ob die Seitneigungsbewegung in die eine oder die andere Richtung eingeschränkt ist.

Wird diese Untersuchungstechnik häufiger durchgeführt, so handelt es sich dabei bereits um eine Mobilisation des untersuchten Wirbelsäulenabschnittes!

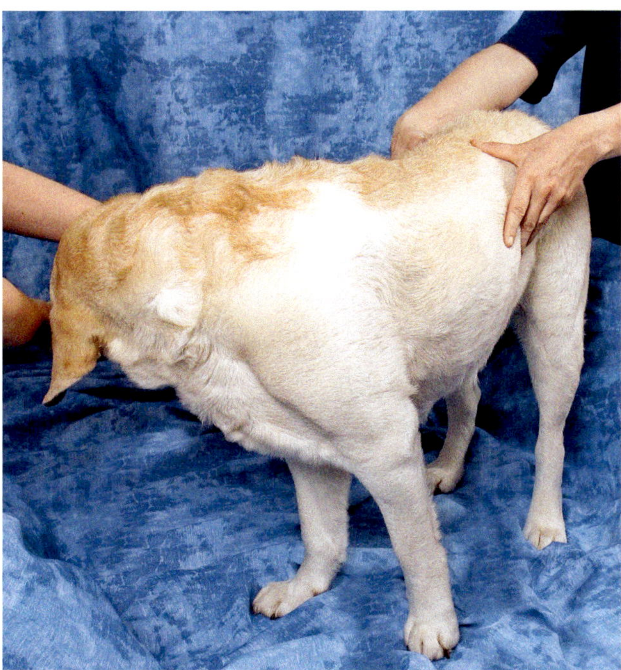

Foto 18: L2 FSR rechts I: indirekte Technik.

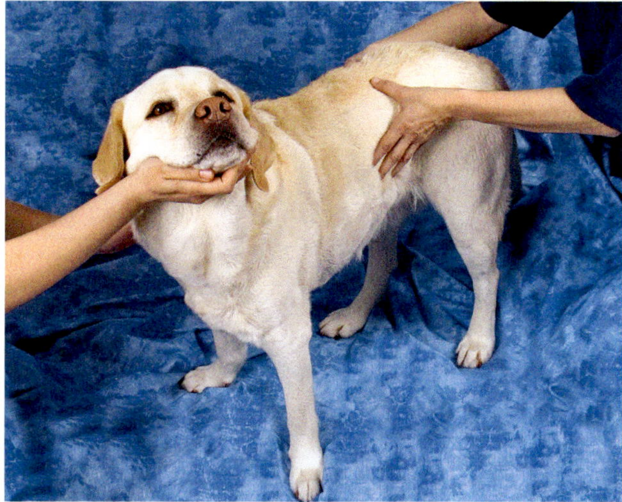

Foto 19: L2 FSR rechts II: direkte Technik.

Korrekturen von Fehlstellungen in ESR oder FSR

Für alle Korrekturtechniken befindet sich der Therapeut hinter dem stehenden Hund. Die Korrektur der Dysfunktionen erfolgt mit Hilfe von weichen, **indirekt-direkten Techniken**. Dies bedeutet, dass zunächst indirekt, also in die Richtung der Dysfunktion gearbeitet wird, die Fehlstellung wird also zuerst gewissermaßen verstärkt. Dadurch nähern sich die Bindegewebsfasern und die Fasern der paravertebralen Muskulatur zunächst einander an und es kommt so zu einer Entspannung dieser Strukturen. Erst in einem zweiten Schritt wird direkt, also entgegen der Fehlstellung gearbeitet.

Beispiel 1: L2 FSR rechts (der rechte Querfortsatz erscheint weiter dorsal, der Befund verstärkt sich, wenn das Bewegungssegment in Extension gebracht wird)

Indirekt: Die Rechtsrotation wird verstärkt, indem der Therapeut mit dem rechten Daumen den Dornfortsatz noch weiter nach links drückt; gleichzeitig verstärkt er mit der linken Hand die Seitneigung nach rechts, indem er die Kruppe des Hundes leicht nach rechts schiebt. Der Besitzer hält den Kopf des Hundes nach unten und ebenfalls nach rechts geneigt (Flexion und Seitneigung rechts). Es werden ein bis zwei *Release*-Phänomene abgewartet (Foto 18).

Direkt: Der Therapeut bringt den betroffenen Wirbel nun in Linksrotation, indem er mit dem linken Daumen den Dornfortsatz nach rechts gegen den Widerstand drückt; gleichzeitig verstärkt er mit der rechten Hand die Seitneigung nach links, indem er die Kruppe des Hundes nach links schiebt. Der Besitzer hält nun den Kopf des Hundes angehoben in Extension und zusätzlich leicht nach links geneigt. Es werden ebenfalls einige *Release*-Phänomene abgewartet (Foto 19). Alternativ kann der Therapeut die direkte Technik reflektorisch verstärken, indem er mit dem Zeigefinger der rechten Hand mehrmals von kranial nach kaudal rechtsseitig über die paravertebrale Muskulatur des betroffenen Segments streicht.

Beispiel 2: L2 ESR rechts (der rechte Querfortsatz erscheint weiter dorsal, der Befund verstärkt sich, wenn das Bewegungssegment in Flexion gebracht wird)

Indirekt: Die Rechtsrotation wird verstärkt, indem der Therapeut mit dem rechten Daumen den Dornfortsatz des betroffenen Wirbels noch weiter nach links drückt und die Seitneigung nach rechts verstärkt, indem er die Kruppe des Hundes nach rechts schiebt. Der Besitzer hält nun den Kopf des Hundes nach dorsal angehoben (Extension) und leicht nach rechts geneigt. Es werden ein bis zwei *Release*-Phänomene abgewartet (Foto 20).

Direkt: Der Therapeut bringt den betroffenen Wirbel nun in Linksrotation, indem er mit dem linken Daumen den Dornfortsatz nach rechts gegen den Widerstand drückt; gleichzeitig verstärkt er mit der rechten Hand die Seitneigung nach links, indem er die Kruppe des Hundes nach links schiebt. Der Besitzer hält den Kopf des Hundes nach unten (Flexion) und leicht nach links geneigt. Es werden ebenfalls einige *Release*-Phänomene abgewartet (Foto 21). Alternativ kann der Therapeut die direkte Technik reflektorisch verstärken, indem er mit dem Zeigefinger der rechten Hand mehrmals von kranial nach kaudal rechtsseitig über die paravertebrale Muskulatur des betroffenen Segments streicht.

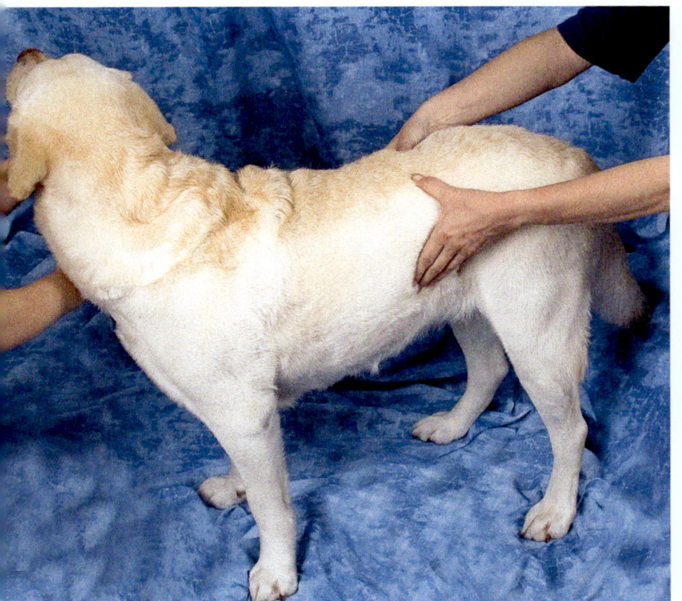

Foto 20: L2 ESR rechts I: indirekte Technik.

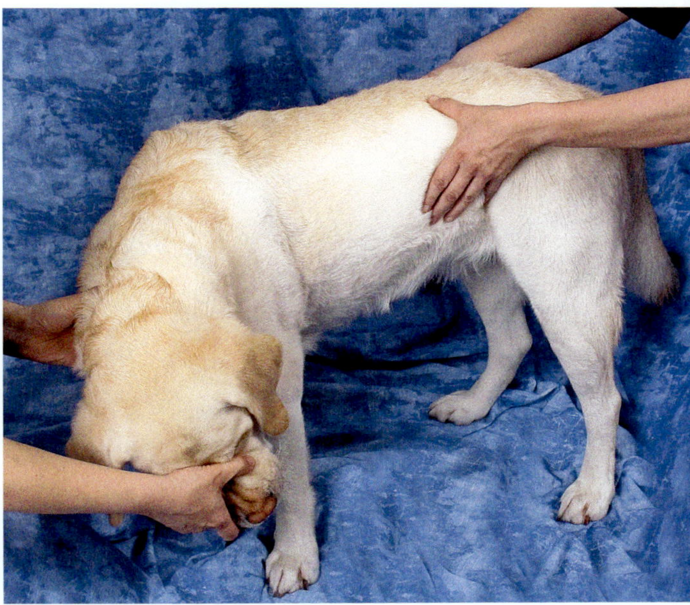

Foto 21: L2 ESR rechts II: direkte Technik.

Tab. 16 Übersicht über die Korrekturen in der Lendenwirbelsäule

Wirbelstellung	Befund bei Flexion/ Extension	1. Indirekt: Verstärkung der Wirbelfehlstellung	2. Direkt: Korrektur der Wirbelfehlstellung
FSR li.	Extension verstärkt	WS in Flexion und Rotation links = FSR li.; *Proc. spinosus* nach rechts drücken	WS in Extension und Rotation rechts; *Proc. spinosus* nach links drücken
ESR li.	Flexion verstärkt	WS in Extension und Rotation links = ESR li.; *Proc. spinosus* nach rechts drücken	WS in Flexion und Rotation rechts; *Proc. spinosus* nach links drücken
FSR re.	Extension verstärkt	WS in Flexion und Rotation rechts = FSR re.; *Proc. spinosus* nach links drücken	WS in Extension und Rotation links; *Proc. spinosus* nach rechts drücken
ESR re.	Flexion verstärkt	WS in Extension und Rotation rechts = ESR re.; *Proc. spinosus* nach links drücken	WS in Flexion und Rotation links; *Proc. spinosus* nach rechts drücken

Korrekturen von Neutral- bzw. Gruppenläsionen

Auch für diese Korrektur befindet sich der Therapeut hinter dem stehenden Hund. Die Mobilisation der Läsion erfolgt über den Wirbel am **Scheitelpunkt**, d.h. in der Regel über den mittleren der betroffenen Wirbel. Auch diese Korrektur erfolgt mit Hilfe einer weichen, **indirekt-direkten Technik**. Dabei ist zu berücksichtigen, dass der betroffene Wirbelsäulenabschnitt nun in Seitneigung in die eine Richtung eingestellt werden muss bei gleichzeitiger Rotationseinstellung in die andere Richtung.

Beispiel: L2/L3/L4 S links / R rechts (der rechte *Processus transversus* der betroffenen Wirbel steht weiter dorsal als der linke; gleichzeitig ist der Wirbelsäulenabschnitt in Seitneigung links fixiert; Extension und Flexion verändern diese Befunde nicht)

Indirekt: Die Rechtsrotation wird verstärkt, indem der Therapeut den *Processus spinosus* mit seinem rechten Daumen noch weiter nach links drückt; mit der linken Hand wird die Lendenwirbelsäule durch seitlichen Druck in Lateralflexion links eingestellt. Es werden ein bis zwei *Release*-Phänomene abgewartet (Foto 22).

Direkt: Nun wird gegen den Widerstand eine Linksrotation eingestellt, indem der Therapeut den *Processus spinosus* mit seinem linken Daumen nach rechts drückt; mit der rechten Hand stellt er die Lendenwirbelsäule in Lateralflexion rechts ein. Auch hier werden ein bis zwei *Release*-Phänomene abgewartet (Foto 23). Alternativ kann der Therapeut die direkte Technik reflektorisch verstärken, indem er mit dem Zeigefinger der rechten Hand mehrmals von kranial nach kaudal rechtsseitig

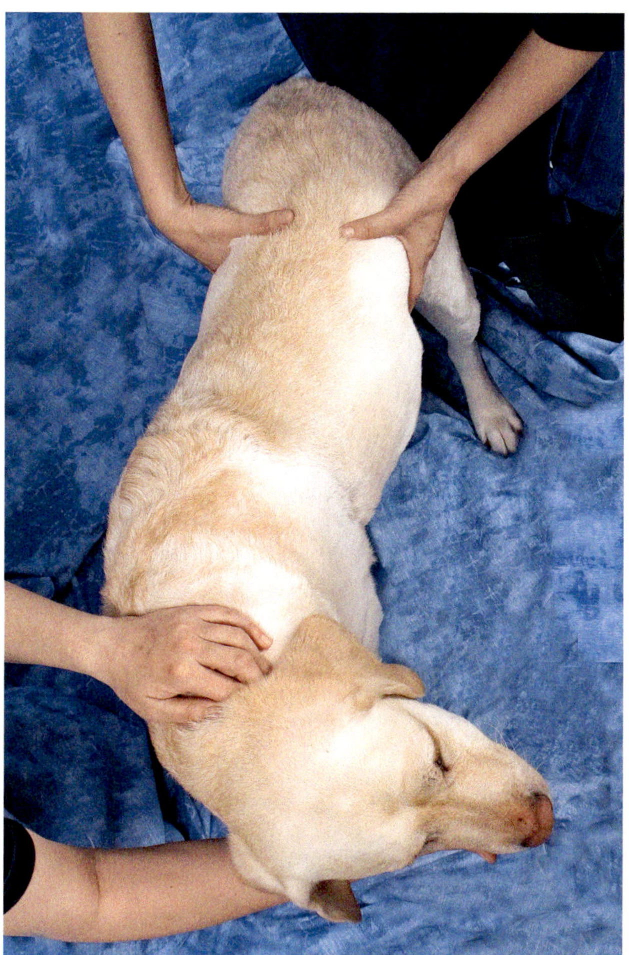

Foto 22: Gruppenläsion S links R rechts (L2, L3, L4) II: direkte Technik.

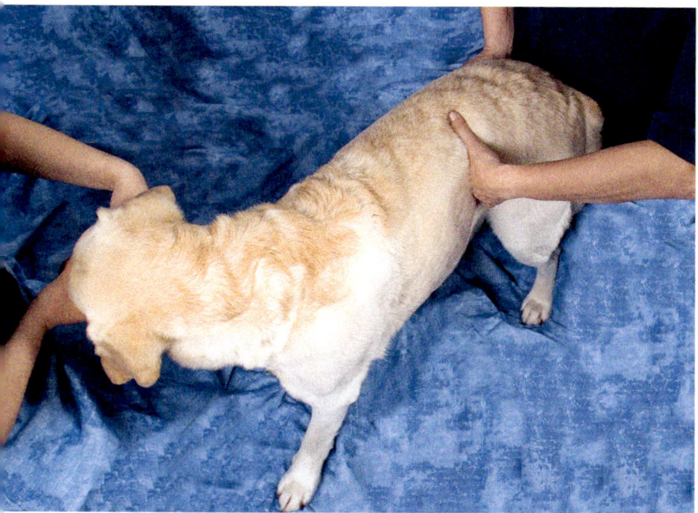

Foto 23: Gruppenläsion S links R rechts (L2, L3, L4) I: **indirekte Technik.**

über die paravertebrale Muskulatur (*M. longissimus lumborum* und *M. iliocostalis lumborum*) der betroffenen Segmente streicht.

Fallbeispiele

Fallbeispiel 1: „Geronimo", Golden-Retriever, 5 Jahre
Bei „Geronimo" liegt eine mittelgradige, beidseitige Hüftgelenksdysplasie vor, aufgrund derer bei ihm eine Golddrahtimplantation durchgeführt worden war. Einige Monate später wurde er vorgestellt, weil er plötzlich nur noch schwer aus dem Liegen aufstehen konnte, nicht mehr ins Auto springen wollte und auch nur noch mit Widerwillen zum Traben zu bewegen war.

Bei der osteopathischen Untersuchung zeigten sich Dysfunktionen im Bereich der kaudalen Lendenwirbelsäule; weiterhin fiel eine insgesamt schlechte Bemuskelung des Hundes auf. Unmittelbar nach der Behandlung war das Gangbild im Trab deutlich verbessert; auch das Aufstehen aus dem Liegen war wieder problemlos möglich. Zusätzlich wurde der Besitzerin eine Einstieghilfe für das Auto empfohlen und es wurde ein Trainingsprogramm zur Verbesserung von Koordination, Kraft und Ausdauer – unter Berücksichtigung der Grunderkrankung – erstellt.

Fallbeispiel 2: „Rambo", Entlebucher Sennenhund, 8 Jahre
„Rambo" befand sich zum Zeitpunkt der Vorstellung in regelmäßiger physiotherapeutischer Behandlung mit Unterwasserlaufbandtherapie, da bei ihm eine beidseitige Ruptur des kranialen Kreuzbandes festgestellt und operativ versorgt worden war. Nachdem er auf glattem Untergrund ausgerutscht war, verweigerte er plötzlich das Treppenlaufen völlig und wollte sich auch sonst nur widerwillig bewegen. Es wurde der Verdacht eines Bandscheibenprolaps im Bereich Th11/Th12 geäußert.

Bei der osteopathischen Befundung zeigte sich außer einer Sakrumsdysfunktion noch eine Läsion im Bereich L6/L7 und L7/S1. Einige Tage nach der Behandlung waren die akuten Beschwerden abgeklungen und das Treppenlaufen kein Problem mehr. Da „Rambo" etwas übergewichtig war, wurde der Patientenbesitzerin empfohlen, mit ihrem Haustierarzt Rücksprache hinsichtlich einer Ernährungsoptimierung zu halten.

Brustwirbelsäule und Rippen

Funktionelle Anatomie

Brustwirbelsäule: Die Brustwirbelsäule des Hundes besteht aus dreizehn Wirbeln. Brustwirbel (Abb. 22), Rippen und Sternum bilden zusammen den Thorax. Der Thorax umschließt das *Cavum thoracis* mit der kranialen *Aper-*

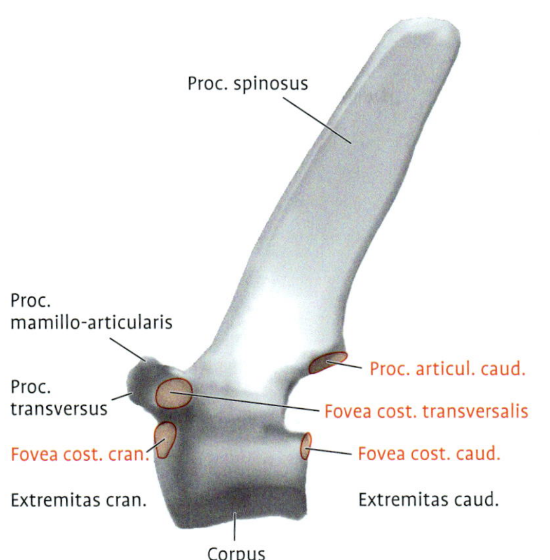

Abb. 22: Brustwirbel und Brustwirbelsäule.

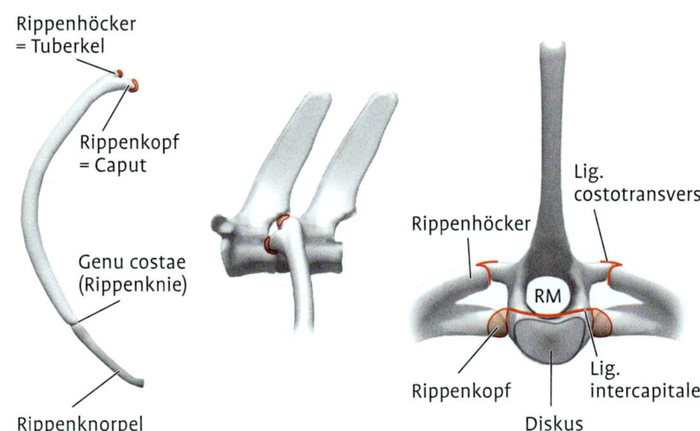

Abb. 24: Rippenverbindungen.

Die kaudale Brustwirbelsäule ist eine Übergangsregion, in der verglichen mit der vorderen Brustwirbelsäule oder der Lendenwirbelsäule ein hohes Maß an Bewegungen möglich und die dadurch besonders anfällig für biomechanische Belastungen ist. Diskopathien treten beim Hund am häufigsten in dieser Region (Th10-L1) auf und auch Spondylosen finden sich häufig in diesem Wirbelsäulenabschnitt.

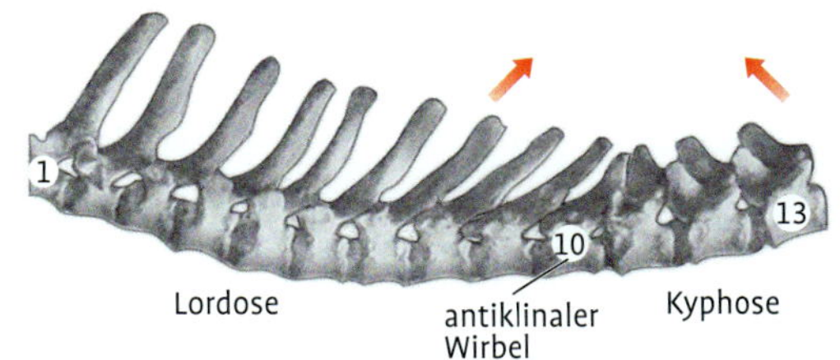

Abb. 23: Antiklinaler Wirbel.

tura thoracis cranialis und der kaudalen *Apertura thoracis caudalis*. Die Außenfläche des Thorax bietet eine breite und leicht konvexe Auflage für das Schulterblatt.

Der erste Brustwirbel zeigt Übergangsmerkmale zur Halswirbelsäule, während der zweite bis neunte Brustwirbel in ihrem Aufbau typische Brustwirbel mit kaudal geneigtem Dornfortsatz und dem *Arcus* anliegenden Gelenkfacetten sind. Der zehnte Brustwirbel wird auch als **antiklinaler** oder **diaphragmatischer** Wirbel bezeichnet und markiert den funktionellen Übergang von der Brustwirbelsäule zur kaudal gelegenen Brust- und Lendenwirbelsäule (Abb. 23). Der Dornfortsatz des antiklinalen Wirbels steht senkrecht, seine kranialen Gelenkfacetten zeigen eine dem *Arcus* anliegende, seine kaudalen Facetten eine senkrechte Ausrichtung. Die drei letzten Brustwirbel zeigen deutliche Merkmale der Lendenwirbelsäule, ihre Dornfortsätze sind nach kranial gerichtet und ihre Gelenkfacetten stehen ebenfalls senkrecht.

Dorn- und Querfortsätze der Brustwirbel sind kleiner als die der Lendenwirbel; auch sie bieten jedoch zahlreichen Muskeln Ursprung und Ansatz. Zusätzlich tragen die Querfortsätze Gelenkflächen zur Artikulation mit den Rippenhöckern. Die Rippenköpfe artikulieren mit Gelenkflächen kranial und kaudal an den Wirbelkörpern.

Rippen und Rippenverbindungen: Die Anzahl der Rippen entspricht mit dreizehn der Anzahl der Brustwirbel. Der proximale Anteil der Rippen ist knöchern und geht in den distalen, knorpeligen Teil über. Beim Hund unterscheidet man neun echte Rippenpaare oder **Tragrippen**, die direkt mit dem Sternum artikulieren, von vier kaudal gelegenen Rippenpaaren, die nur über den Rippenbogen Anschluss an das Sternum finden und auch als **Atmungsrippen** bezeichnet werden, da hier Atembewegungen in größerem Umfang möglich sind.

Die Rippen sind jeweils über zwei Gelenke mit den Brustwirbeln verbunden (Abb. 24). Die Rippenhöckergelenke verbinden die Rippenhöcker mit den jeweils gleichzähligen Querfortsätzen der Brustwirbel. An den Rippenkopfgelenken artikuliert der Rippenkopf mit den Wirbelkörpern der jeweils davor und dahinter liegenden Wirbel. Von klinischer Bedeutung sind hier die *Ligamenta intercapitalia*, die die Rippenköpfe beider Seiten miteinander verbinden und dadurch ein Vorfallen der Bandscheibe erschweren. Eine Bewegung der Rippen geht immer mit einer gleichzeitigen Bewegung in beiden Gelenken einher, sie fungieren als Wechselgelenke bei der Ein- und Ausatmung bzw. bei der Ausdeh-

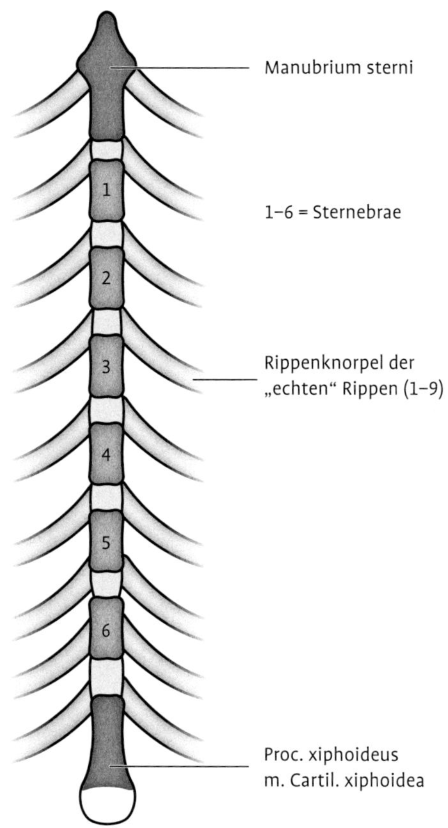

Abb. 25: Das Sternum.

nung und dem Zusammenziehen des Thorax. Der Spielraum ist bei den Atmungsrippen größer als bei den Tragrippen, da hier die beiden Gelenkanteile dichter beisammen liegen.

Sternum: Auch das Sternum ist Teil des Thorax und verbindet die Rippen beider Körperseiten auf der Ventralseite. Die sternokostalen Verbindungen fungieren ebenfalls als Wechselgelenke bei der Ein- und Ausatmung. Das Brustbein lässt sich in das kranial gelegene *Manubrium sterni*, das kaudal befindliche *Xiphoid* und das dazwischen liegende *Corpus* unterteilen. Das Corpus setzt sich beim Hund aus sechs einzelnen *Sternebrae* zusammen, die zunächst bindegewebig verbunden sind und später verknöchern (Abb. 25).

Muskeln des Thorax: Auch im Bereich der Brustwirbelsäule spielt die autochtone Rückenmuskulatur eine besondere Rolle (s. Kap. Lendenwirbelsäule S. 52). Die knöchernen Anteile des Brustkorbes werden darüber hinaus auch durch die Atemmuskeln miteinander verbunden. Eine besondere Rolle spielt hierbei das Zwerchfell: Es spannt sich wie ein Schirm zwischen Bauch- und Brusthöhle aus und ist dabei an Rippen, Wirbelsäule und Sternum aufgehängt. Im **Zwerchfell** finden sich Durchtrittsöffnungen für Speiseröhre, Aorta, *Vena cava* und die Stämme des *N. vagus*. Bei einer Kontraktion flacht sich seine Wölbung ab, sodass sich die Brusthöhle erweitert und dadurch die Einatmung unterstützt wird. Eine Entspannung des Zwerchfells führt zu einer stärkeren Aufwölbung, die Bauchorgane drängen in Richtung Brusthöhle und die Ausatmung wird unterstützt. Anders als die übrigen Atemmuskeln wird das Zwerchfell nicht segmental durch die Spinalnervenäste, sondern durch den aus dem Halsmark kommenden *N. phrenicus* innerviert.

Biomechanik

Die Biomechanik in der Brustwirbelsäule wird wesentlich durch die Ausformung der kleinen Facettegelenke vorgegeben und zusätzlich durch die Rippen begrenzt. Während die Gelenkfacetten im hinteren Teil der Brustwirbelsäule (Kaudalseite von Th10 sowie Th11-Th13) in ihrer Ausrichtung den senkrecht gestellten Facetten der Lendenwirbelsäule entsprechen, folgen sie in der kranialen Brustwirbelsäule (Th1-Th9 sowie Kranialseite von Th10) der Ausrichtung des Wirbelbogens (koronare Ausrichtung). Der zehnte Brustwirbel, der auch als diaphragmatischer oder antiklinaler Wirbel bezeichnet wird, nimmt eine Sonderstellung ein, da er kranial die Merkmale der vorderen Brustwirbelsäule trägt, kaudal in seinem Bau jedoch den Lendenwirbeln ähnelt. Die Bewegungssegmente zwischen Th9/Th10/Th11 sind dadurch einer besonders starken biomechanischen Belastung ausgesetzt.

Während durch die dem Wirbelbogen anliegenden Gelenkfacetten in der kranialen Brustwirbelsäule hauptsächlich Rotationsbewegungen – jeweils gekoppelt mit Seitneigungsbewegungen in einem deutlich geringeren Umfang – möglich sind, lässt die senkrechte Ausrichtung der Gelenkflächen in der kaudalen Brustwirbelsäule wie in der Lendenwirbelsäule ein hohes Ausmaß an Extension und Flexion zu. Die Beweglichkeit in der kranialen Wirbelsäule wird dabei zusätzlich wesentlich durch die sternalen Rippen eingeschränkt. Während Rippen und Sternum so die Brustwirbelsäule nach kranial stabilisieren, ist besonders die Region kaudal des antiklinalen Wirbels gefährdet im Hinblick auf Hypermobilitäten, Überlastungen, Dysfunktionen und nicht zuletzt auch Bandscheibenerkrankungen.

Die Atembewegungen des Hundes gehen mit einer Erweiterung des Thorax bei der Inspiration und einem Zusammenziehen bei der Exspiration einher. Bei der Einatmung werden die Rippen durch die Inspiratoren nach kraniodorsal angehoben, bei der Ausatmung hingegen werden sie durch die Exspiratoren nach kaudoventral gezogen.

Biomechanik und Nomenklatur der Dysfunktion

Dysfunktionen mit Fehlstellung in ESR und FSR: Die Biomechanik und Nomenklatur der Dysfunktionen der Brustwirbelsäule entsprechen weitgehend denen der Lendenwirbelsäule. Nur im Bereich des zervikothorakalen Übergangs liegt physiologischerweise eine lordotische Kurvatur vor; der überwiegende Anteil der Brustwirbelsäule befindet sich in einer leichten physiologischen Kyphose. In dieser Position sind Lateralflexion und Rotation heteronym gekoppelt. Bei den meisten Läsionen der Brustwirbelsäule befindet sich das betroffene Bewegungssegment jedoch nicht in physiologischer Stellung, sondern in einer lordotischen Krümmung oder in einer über die physiologische Kyphose hinausgehenden Flexion. Bei Vorliegen solcher Dysfunktionen sind Rotations- und Seitneigungsverhalten **homonym** gekoppelt.

Es kommen wiederum sowohl Dysfunktionen vor, in denen das Bewegungssegment in Extension fixiert ist (ESR), sowie Dysfunktionen, bei denen das Segment in Flexion fixiert ist (FSR). Diese Dysfunktionen sind wiederum meist einseitig und werden durch Divergenz- bzw. Konvergenz-Störungen der Facettegelenke verursacht (Tab. 17).

Bei Vorliegen einer Divergenz-Störung auf der einen Seite ist die Seitneigungsbewegung zur kontralateralen Seite eingeschränkt. Gleichzeitig ist insgesamt auch die Flexionsbewegung eingeschränkt, da das Bewegungssegment in Extension steht (ESR). Bei Vorliegen einer Konvergenz-Störung hingegen ist die Seitneigung zur ipsilateralen Seite eingeschränkt. Gleichzeitig ist nun die Extensionsbewegung eingeschränkt, da das Bewegungssegment in Flexion steht (FSR).
Die Benennung der Dysfunktion erfolgt nach der Position, in der das Bewegungssegment fixiert ist bzw. in der der jeweils kaudale Wirbel steht. Die Position wird mit Großbuchstaben (E= Extension, F= Flexion, S= Seitneigung, R= Rotation) bezeichnet und durch die Seitenangabe (rechts bzw. links) vervollständigt.

Dysfunktionen in Neutralposition: Auch in der Brustwirbelsäule sind funktionelle Fehlstellungen in Neutralposition deutlich seltener als Dysfunktionen in ESR oder FSR. Dabei befinden sich die betroffenen Bewegungssegmente in ihrer physiologischen Krümmungsposition; für den überwiegenden Teil der Brustwirbelsäule ist dies eine leichte Kyphose. Bei Vorliegen einer Dysfunktion in Neutralposition sind Extensions- und Flexionsbewegungen nicht eingeschränkt, sodass Rotations- und Seitneigungsverhalten **heteronym** gekoppelt sind. Dysfunktionen in Neutralposition werden auch in der Brustwirbelsäule als Gruppenläsionen bezeichnet, da immer mindestens drei aufeinander folgende Segmente betroffen sind. Ursachen solcher Läsionen sind Fehlspannungen der autochtonen Rückenmuskulatur oder segmentalreflektorische bzw. viszerale Probleme.

Um eine Neutral- oder Gruppenläsion zu benennen, wird jeweils die Position angegeben, in der das Bewegungssegment bzw. der kaudale Wirbel fixiert ist (also S rechts R links oder S links R rechts).

Dysfunktionen der ersten Rippe: Dysfunktionen im Bereich der ersten Rippe stehen mit der Atembewegung in Zusammenhang. Dabei sind einseitige Fehlfunktionen

Tab. 17 Befunde und Bezeichnungen bei Dysfunktionen in ESR und FSR

Ursache der Dysfunktion	Eingeschränkte Bewegungen	Fixierung des Bewegungssegmentes (Benennung)
Divergenzstörung rechts	• Flexion eingeschränkt • Seitneigung nach links eingeschränkt • Rotation nach links eingeschränkt	Segment in Extension und Seitneigung/ Rotation rechts fixiert (**ESR rechts**)
Divergenzstörung links	• Flexion eingeschränkt • Seitneigung nach rechts eingeschränkt • Rotation nach rechts eingeschränkt	Segment in Extension und Seitneigung/ Rotation links fixiert (**ESR links**)
Konvergenzstörung rechts	• Extension eingeschränkt • Seitneigung nach rechts eingeschränkt • Rotation nach rechts eingeschränkt	Segment in Flexion und Seitneigung/ Rotation links fixiert (**FSR links**)
Konvergenzstörung links	• Extension eingeschränkt • Seitneigung nach links eingeschränkt • Rotation nach links eingeschränkt	Segment in Flexion und Seitneigung/ Rotation rechts fixiert (**FSR rechts**)

Tab. 18 Segmentaler Bezug in der Brustwirbelsäule

Wirbel in Dysfunktion (kaudaler Partner des betroffenen Segments)	Zusammenhang mit Störungen in anderen Organen / Körperregionen	Bezug in der Traditionellen Chinesischen Medizin
Th1	Husten, Asthma, Kurzatmigkeit, Schmerzen in der Vordergliedmaße	
Th2	Husten, Herzprobleme, Herzrhythmusstörungen, Ängste, Beschwerden in der Vordergliedmaße	BL11 (zwischen Th1 u. Th2) Meisterpunkt der Knochen
Th3	Husten, Atemprobleme, asthmatische Beschwerden	
Th4	Pneumonie, Bronchitis, Asthma, Gallenleiden	BL13 (zwischen Th3 u. Th4) Zustimmungspunkt der Lunge
Th5	Herzerkrankungen, Husten, Leberstörungen, Blutarmut, Müdigkeit, Kreislaufschwäche, Arthritis	BL14 (zwischen Th4 u. Th5) Zustimmungspunkt des Perikards
Th6	Herzerkrankungen, Epilepsie, Magenbeschwerden, Verdauungsbeschwerden	BL15 (zwischen Th5 u. Th6) Zustimmungspunkt des Herzens
Th7	Herzbeschwerden, Magen- und Verdauungsbeschwerden, Schluckauf (Zwerchfell)	BL16 (zwischen Th6 u. Th7) Zustimmungspunkt des Lenkergefäßes
Th8	Milzerkrankungen, Abwehrschwäche, Vitalitätsmangel	BL17 (zwischen Th7 u. Th8) Bezug zu Zwerchfell / Atmung
Th9	Hauterkrankungen, Allergien	BL17' (zwischen Th8 u. Th9) Bezug zu Zwerchfell / Atmung
Th10	Nierenleiden, chronische Müdigkeit	BL17'' (zwischen Th9 u. Th10) Bezug zu Zwerchfell / Atmung
Th11	Erkrankungen von Leber und Gallenblase, Hauterkrankungen, Allergien	BL18 (zwischen Th10 u. Th11) Zustimmungspunkt der Leber
Th12	Erkrankungen von Leber und Gallenblase, Verdauungsstörungen	BL19 (zwischen Th11 u. Th12) Zustimmungspunkt der Gallenblase (links Magen, rechts Leber)
Th13	Verdauungsbeschwerden, Pankreaserkrankungen, Wachstumsstörungen,	BL20 (zwischen Th12 u. Th13) Zustimmungspunkt von Milz/Pankreas (links Magen, rechts Leber)

häufiger anzutreffen als bilateral symmetrische Funktionsstörungen. Die erste Rippe einer Körperseite kann in ihrer Inspirations-Bewegung nach kraniodorsal eingeschränkt sein, man spricht dann von einer Fehlstellung in **Exspiration**. Umgekehrt kann die erste Rippe auch eine Einschränkung der Exspirations-Bewegung nach kaudoventral aufweisen, sie ist dann in **Inspiration** fixiert. Dysfunktionen der ersten Rippe treten oft im Zusammenhang mit Problemen der Halswirbelsäule bzw. der Vordergliedmaßen auf.

Im Gegensatz zum Pferd, wo Dysfunktionen der weiter kaudal gelegenen Rippen häufiger zu finden sind und dort meist durch Sattel- oder Reiterprobleme verursacht werden, kommen diese beim Hund seltener vor. Bei Vorliegen einer Dysfunktion in der Brustwirbelsäule kann sekundär auch die Rippenbewegung mit eingeschränkt sein; diese Einschränkung verschwindet jedoch in der Regel, wenn das Grundproblem, also die Dysfunktion des Wirbelsäulensegments, behandelt wird.

Ursachen für Fehlstellungen in der Brustwirbelsäule

Auch Fehlstellungen der Brustwirbelsäule können zahlreiche verschiedene Ursachen zugrunde liegen. Lahmheiten, Traumata sowie Überbelastungen und Fehl-

und Schonhaltungen können zu einer Dysfunktion führen. Auch kann ein Schmerzreiz über Aktivierung der neuronalen Aktivität zu einem Hypertonus der Rückenmuskulatur führen, sodass Bewegungseinschränkungen die Folge sind. Zahlreiche Strukturen in der Brustwirbelsäule sind reich an Schmerzfasern (*Ligamentum intercapitale*, *Ligamentum flavum*, Facettegelenkkapseln, äußere Lamellen des *Anulus fibrosus* der Bandscheiben). Ein muskulärer Hypertonus der autochtonen Rückenmuskulatur kann darüber hinaus auch durch eine Störung des segmental zugeordneten Organs (vor allem Herz, Lunge) entstehen.

Liegt an einem Segment eine Bewegungseinschränkung vor, so kann dies zu einem teufelskreisähnlichen Geschehen führen: Durch die Einschränkung wird der Durchmesser des *Foramen intervertebrale* verändert, durch welches der Spinalnerv den Wirbelkanal verlässt. Ein verengter Durchmesser führt zu einem erhöhten Druck auf den Spinalnerv, der gereizt wird und vermehrt Impulse an die Muskulatur weitergibt, wodurch wiederum ein erhöhter Muskeltonus verursacht bzw. verstärkt wird.

Mögliche Ursachen für Dysfunktionen der Brustwirbelsäule:

- Trauma
- Schmerz
- Fehl- oder Überbelastung, Fehlhaltungen, Schonhaltungen
- Nach Operationen (Narbenzug; lagerungsbedingt)
- Raumfordernde Prozesse (Entzündung, Ödem)
- Bindegewebige Verklebungen und Verwachsungen
- Kontraktur der Rückenmuskulatur; Hypertonus
- Zu langes Liegen auf engem Raum oder in der Kälte
- Ungenügendes Aufwärmen oder Abkühlen bei Sporthunden
- Nervale Störung
- Störung im zugehörigen Viszerotom (segmentalreflektorisch)

Besondere Belastungsmomente

Beim Hund ist besonders der kaudale Anteil der Brustwirbelsäule am Übergang zur Lendenwirbelsäule anfällig für Dysfunktionen und Überlastungserscheinungen. Dies spielt vor allem dann eine Rolle, wenn weitere Faktoren hinzukommen: Bei Hunden mit im Verhältnis zur Gliedmaßenlänge sehr langem Rücken (Dackel, Bassett etc.) wirken sich die **Scherkräfte** an der Wirbelsäule ungünstiger aus als bei Hunden mit vergleichsweise kurzem Rücken. Hinzu kommt bei vielen dieser Hunderassen, dass die Kurzbeinigkeit genetisch bedingt ist und gleichzeitig Veränderungen in der Zusammensetzung der Knorpelsubstanz bedingt (chondrodysplastische Hunderassen). Dadurch kommt es zu einer vorzeitigen **Degeneration** der Zwischenwirbelscheiben, wodurch Protrusionen bzw. Herniationen hier deutlich häufiger auftreten.

Darüber hinaus sind vor allem solche Hunde gefährdet, bei denen am thorakolumbalen Übergang ein hohes Ausmaß an Bewegungen stattfindet. Dies sind zum einen Hunde, die übermäßig im Sport geführt werden, zum anderen Tiere, bei denen z.B. aufgrund einer Hüftproblematik am thorakolumbalen Übergang in der normalen Fortbewegung Ausgleichsbewegungen stattfinden.

Symptome der Dysfunktionen

Dysfunktionen der Brustwirbelsäule können sich wiederum in zahlreichen verschiedenen Symptomen bemerkbar machen. Auch hier sind die Symptome zum Teil direkte Folge der Bewegungseinschränkung, zum Teil werden sie jedoch auch indirekt durch eine Beeinträchtigung der segmental zugeordneten Strukturen hervorgerufen.

Beispiele für Symptome von Dysfunktionen in der Brustwirbelsäule:

- Steifheit
- Lahmheiten (Vorder- und Hintergliedmaßen)
- Aufgewölbter Rücken (Verspannung der Rückenmuskulatur)
- Durchhängender Rücken (muskuläre Schwäche bei chronischen Problemen)
- Berührungsempfindlichkeit im Bereich der Rückenmuskulatur
- Passgang
- Probleme bei Gangarten-, Haltungs- und Lagenwechseln
- Bewegungsunlust
- Muskelatrophie
- Vermehrtes oder vermindertes Wälzen oder Strecken (Wälzen und Strecken können aufgrund von Steifheit oder Schmerzen nicht mehr ausgeführt werden oder aber der Hund versucht, sich durch vermehrtes Wälzen und Strecken selbst Linderung zu verschaffen.)
- Heiserkeit (Der *N. laryngeus recurrens* ist Anteil des *N. vagus* und zieht vom Kopf zunächst nach kaudal bis in den Thorakalbereich; hier schlägt er wieder nach kranial um und innerviert die Muskulatur des Kehlkopfes; Dysfunktionen im Bereich des 1. bis 5. Thorakalsegments können über eine Beeinträchtigung des *N. laryngeus recurrens* Heiserkeit verursachen.)

Untersuchungen und Tests

Für die Untersuchung der Brustwirbelsäule befindet sich der Untersucher hinter dem Hund; der Hund steht oder sitzt. Zunächst wird wiederum mit **allgemeinen Untersuchungstechniken** festgestellt, welche Segmente schmerzhaft bzw. druckempfindlich sind oder sich durch bindegewebige Verquellungen oder Verspannungen der Muskulatur anders anfühlen als das umgebende Gewebe. Im Anschluss daran wird die Art der funktionellen Fehlstellung exakt diagnostiziert.

Allgemeine Untersuchungstechniken der Brustwirbelsäule:

- Kiblersche Hautfalte (betroffene Bezirke sind ödematös verquollen)
- *Shu*-Punkt-Diagnostik (Palpation der Zustimmungspunkte auf dem Blasenmeridian)
- Schmerzrosette (Test der Empfindlichkeit des *Ligamentum supraspinale*)
- *Tissue-Texture-Abnormality* (Beurteilung des Gewebetonus paravertebral)
- Laminäre Stoßpalpation (Feder- oder Wipptest)

Im Anschluss an die allgemeine Untersuchung der Brustwirbelsäule wird mit Hilfe **spezieller Untersuchungstechniken** die Stellung der *Processus spinosi* palpiert und beurteilt. Anders als in der Lendenwirbelsäule sind die Querfortsätze in der Brustwirbelsäule der Palpation nur schwer zugänglich; in der Schulterblattregion befinden sich auch die Dornfortsätze zum Teil so tief im Gewebe, dass eine Palpation nur dann möglich ist, wenn der Besitzer den Brustkorb des Hundes leicht anhebt, sodass die Vorderbeine etwas herunterhängen und dadurch die Schulterblätter weiter nach ventral gleiten.

Der Untersucher befindet sich wiederum hinter dem stehenden oder sitzenden Hund und beurteilt nun mit beiden Daumen die Dornfortsätze auf **Stellungsdifferenzen**. Bei der Untersuchung der kranialen Brustwirbelsäule muss der Besitzer eventuell den Brustkorb des Hundes leicht anheben, damit die Dornfortsätze für die Palpation zugänglich werden.

Läsionen in ESR oder FSR: Ist der *Processus spinosus* zu einer Seite hin geneigt, so wird dies durch eine Rotation des Wirbelkörpers verursacht. Die Seitwärtsbiegung ist

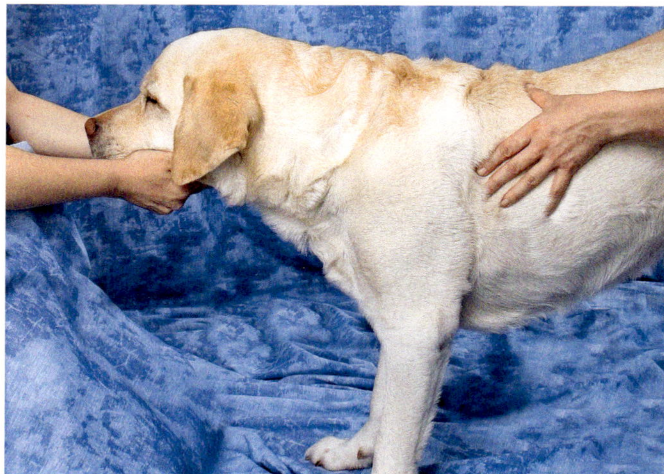

Foto 24: Stellungsdifferenz I: Kopf in Neutralposition.

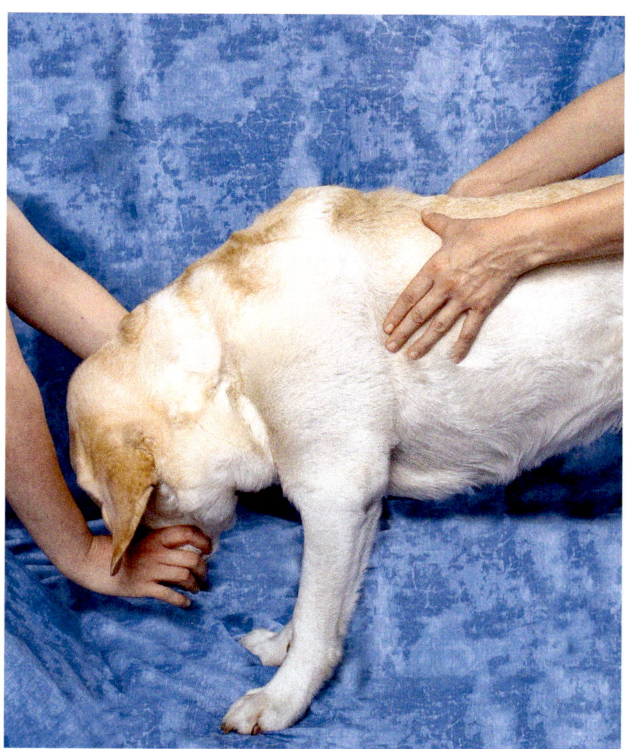

Foto 25 a: Stellungsdifferenz II: das Herunternehmen des Kopfes bewirkt eine Flexion der Wirbelsäule.

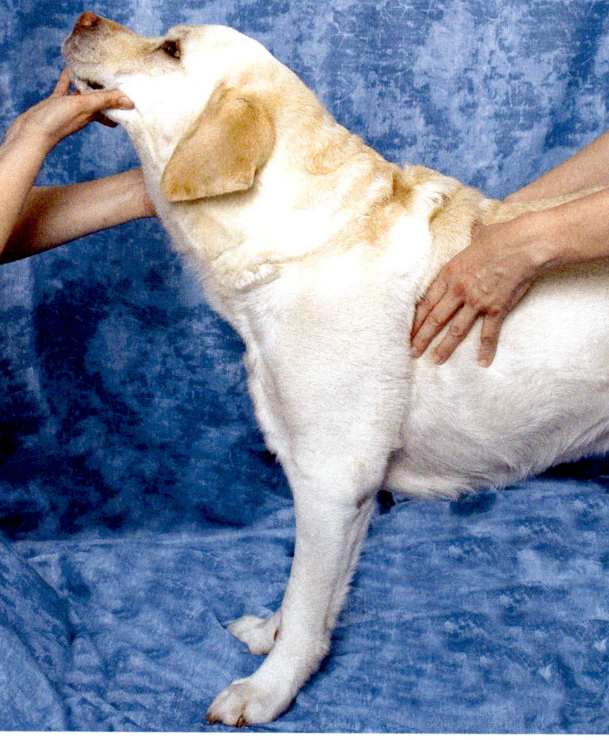

Foto 25 b: Stellungsdifferenz II: das Anheben des Kopfes bewirkt eine Extension der Wirbelsäule.

dabei in der Richtung eingeschränkt, in die der *Processus spinosus* steht (Tab. 19).

Ist eine Stellungsdifferenz vorhanden (Foto 24), muss differenziert werden, ob eine Konvergenz-Störung auf der einen Seite oder eine Divergenz-Störung auf der anderen Seite zugrunde liegt. Die Stellungsdifferenz kann jeweils zwei Ursachen haben: Bezogen auf die Neigung des *Processus spinosus* kann sich das kontralaterale Facettegelenk nicht öffnen (Divergenz-Störung) oder das ipsilaterale Facettegelenk nicht schließen (Konvergenz-Störung). Die Differenzierung erfolgt, indem die Wirbelsäule und dadurch auch das betroffene Bewegungssegment in Flexion und anschließend in Extension gebracht werden. Dazu bringt der vor dem Tier stehende Besitzer zuerst den Kopf des Hundes in eine auf die Brust gebeugte Position (Flexion) und hebt anschließend den Kopf des Hundes vorsichtig an (Extension), während der Untersucher sich hinter dem stehenden Hund befindet und die Position des *Processus spinosus* beurteilt.

Liegt an einem Bewegungssegment eine einseitige **Divergenz-Störung** vor, verstärken sich alle Befunde, wenn eine Flexionsbewegung durchgeführt wird, da das Segment in Extension fixiert ist (Foto 25 a). Liegt eine einseitige **Konvergenz-Störung** vor, verstärken sich die Befunde bei einer Extensionsbewegung, da das Segment in Flexion fixiert ist (Foto 25 b).

Spezielle Untersuchungstechniken der Brustwirbelsäule:

- Statisch: Stellungsdiagnostik in Bezug auf den *Processus spinosus* → Bestimmung der Seitneigungs- und Rotationsrichtung (Stellungsdifferenz)
- Dynamisch: Überprüfung der Veränderung bei Flexion und Extension des Bewegungssegments (welche Bewegung akzentuiert oder nivelliert die Stellungsdifferenz?) → Bestimmung der Fixierung in Extension oder Flexion

Tab. 19 Stellungsdiagnostik in der Brustwirbelsäule über den Processus spinosus

Processus spinosus steht nach links	Processus spinosus steht nach rechts
Wirbel steht in Rotation rechts (**R rechts**)	Wirbel steht in Rotation links (**R links**)
Eingeschränkte Seitneigung nach links	Eingeschränkte Seitneigung nach rechts
Wirbel steht in Seitneigung rechts (**S rechts**)	Wirbel steht in Seitneigung links (**S links**)

Läsionen in Neutralposition: Liegt eine Gruppen- oder Neutralläsion vor, so ist an mindestens drei hintereinander liegenden Wirbeln eine Neigung der *Processus spinosi* in dieselbe Richtung festzustellen. Diese Neigung bleibt bestehen, auch wenn der betroffene Wirbelsäulenabschnitt in Extension oder Flexion gebracht wird.

Auch in der Brustwirbelsäule können Bewegungseinschränkungen vorliegen, die nicht zwangsläufig auch mit einer statischen Veränderung der Neigung der Dornfortsätze einhergehen. Ein solches Segment kann in seiner Beweglichkeit eingeschränkt sein, ohne dass in der Ruhestellung eine Fehlstellung in Rotation bzw. in Seitneigung feststellbar ist. Um eine solche Dysfunktion aufzufinden, muss wiederum die Beweglichkeit der einzelnen Segmente untersucht werden, wozu eine **dynamische Untersuchung** nötig ist.

Der Untersucher nimmt hierfür dieselbe Position ein wie für die Untersuchung der Brustwirbelsäule auf Stellungsdifferenzen, er hockt oder kniet hinter dem sitzenden oder stehenden Hund. Anstatt aber lediglich die Position der Dornfortsätze mit Hilfe beider Daumen

Tab. 20 Befunde und Bezeichnungen bei Dysfunktionen in ESR und FSR

Neigung des Dornfortsatzes	Eingeschränkte Seitneigung	Befund bei Flexion/ Extension	Grund	Wirbelstellung	Beschreibung der Funktionsstörung
Nach rechts	Nach rechts	Flexion verringert, Extension verstärkt	Wirbel in Flexion	**FSR li.**	Konvergenz-Störung rechts; kann re. in Extension nicht schließen
Nach rechts	Nach rechts	Flexion verstärkt, Extension verringert	Wirbel in Extension	**ESR li.**	Divergenz-Störung links; kann li. in Flexion nicht öffnen
Nach links	Nach links	Flexion verringert, Extension verstärkt	Wirbel in Flexion	**FSR re.**	Konvergenz-Störung links; kann li. in Extension nicht schließen
Nach links	Nach links	Flexion verstärkt, Extension verringert	Wirbel in Extension	**ESR re.**	Divergenz-Störung rechts; kann re. in Flexion nicht öffnen

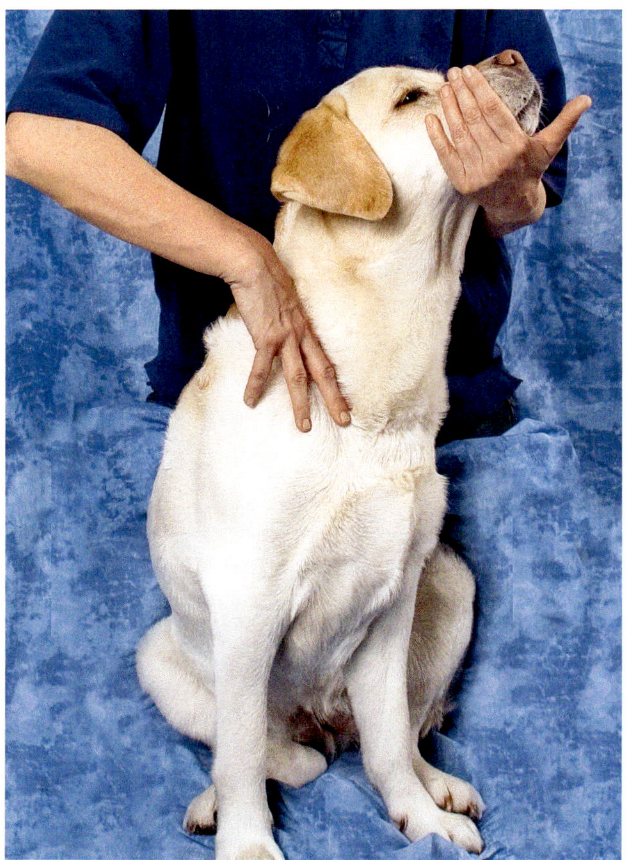

Foto 26: Erste Rippe in Exspiration (Test + Behandlung).

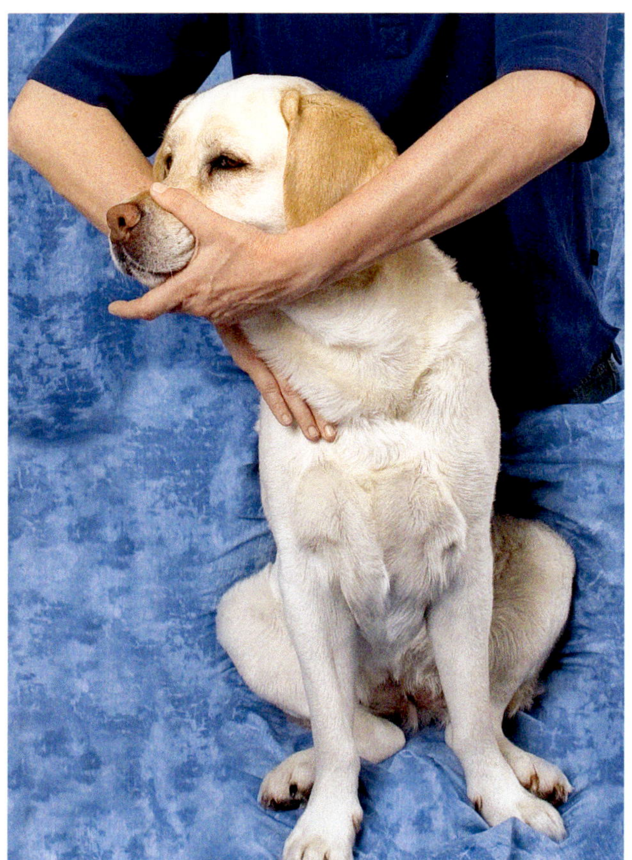

Foto 27: Erste Rippe in Inspiration (Test + Behandlung).

zu beurteilen, testet er nun aktiv die Beweglichkeit, indem er den Dornfortsatz zunächst rhythmisch leicht mit seinem linken Daumen nach rechts und anschließend mit seinem rechten Daumen nach links drückt. In physiologischem Zustand ist das Bewegungsausmaß in beide Richtungen symmetrisch. Liegt jedoch eine Dysfunktion vor, so ist diese forcierte Rotation des Wirbels in eine Richtung eingeschränkt.

Tab. 21 Läsionen der ersten Rippe

1. Rippe in Inspirationsstellung blockiert	1. Rippe in Exspirationsstellung blockiert
Bei der Ausatmung weicht die Rippe nicht nach kaudoventral	Bei der Einatmung bewegt sich die Rippe nicht nach kraniodorsal
Bei Neigung des Kopfes zur selben Seite weicht die Rippe nicht nach kaudoventral zurück	Bei Neigung des Kopfes zur Gegenseite kommt die Rippe nicht mit nach kraniodorsal

Um die **Beweglichkeit der ersten Rippe** zu untersuchen, befindet sich der Therapeut hinter dem sitzenden Hund. Nun legt er eine Hand mit der Zeigefingerkante auf die erste Rippe der gleichen Körperseite des Hundes. Normalerweise ist nun bei der Einatmung ein leichtes Entgegenkommen der Rippe zu spüren, bei der Ausatmung weicht sie dagegen leicht unter der Hand zurück.

Die Überprüfung kann auch während einer Bewegung der Kopf-Hals-Region durchgeführt werden. Der Untersucher legt wiederum eine Hand mit der Zeigefingerkante auf die erste Rippe, bewegt nun aber mit der anderen Hand den Kopf des Hundes: Zunächst wird der Kopf des Hundes zur gleichen Seite der untersuchten Rippe hin gedreht. Dabei weicht die erste Rippe normalerweise wie bei der Ausatmung zurück. Geschieht dies nicht, so ist sie in **Inspirationsstellung** blockiert (Foto 27). Im zweiten Schritt wird der Kopf des Hundes zur Gegenseite gedreht, wobei sich die erste Rippe normalerweise mit nach kraniodorsal verschiebt, was wiederum der Bewegung bei der Einatmung gleicht. Bewegt sich die Rippe nicht mit nach vorne, so ist sie in **Exspirationsstellung** (Foto 26) blockiert.

Die Rippen

Anatomie der Rippen

Die Anzahl der Rippen entspricht der Anzahl der Brustwirbel, somit gibt es 13 Rippenpaare. Es werden 9 sternale (echte) Rippenpaare von 4 asternalen (unechte) Rippenpaaren unterschieden. Die sternalen Rippenpaare 1 – 9, Costae sternales, artikulieren direkt mit dem Sternum, während die asternalen Rippenpaare 10 – 13, Costae asternales, lediglich indirekt über den Rippenbogen, dem Arcus costalis, mit dem Sternum verbunden sind. Nach ihrer Funktion werden die Costae sternales auch als Tragerippen und die Costae asternales als Atmungsrippen bezeichnet.

Folgende Anteile können an den Rippen unterschieden werden:

- Rippenköpfchen – Caput costae
- Gelenkfläche – Facies articularis tuberculi costae
- Rippenhals – Collum costae
- Rippenhöcker zur Verbindung mit den Brustwirbelquerfortsätzen – Tuberculum costae
- Rippenwinkel – Angulus costae; Tuberositas m. longissimi und Tuberositas m. iliocostalis; Übergang zwischen knöchernem und knorpeligem Anteil der Rippe
- Rippenfuge – Verbindung zwischen knöchernem und knorpeligem Anteil der Rippe
- Rippenkörper – Corpus costae
- Rippenknorpel – Cartialgo costalis
- Rippenknie – Genue costae = Richtungsänderung des Knorpels, wenn er auf das Sternum zuläuft

In der Brustwirbelsäule sind nicht nur die einzelnen Wirbel miteinander verbunden – jeweils zwischen zwei Wirbeln befindet sich außerdem die Verbindung zu den Rippen der beiden Körperseiten.

Costovertebral = Rippenkopfgelenk (Articulatio capitis costae)

Der Rippenkopf (Caput costae) artikuliert mit seiner Facies articularis capitis costae cranialis mit der Fovea costalis caudalis des vorzähligen Brustwirbels und mit seiner Facies articularis capitis costae caudalis mit der Fovea costalis cranialis des gleichzähligen Brustwirbels. Es handelt sich dabei um ein Kugelgelenk. Ein Lig. capitis costae intraarticulare trennt die Gelenkhöhle in zwei Kammern, so entstehen eine kraniale und kaudale Gelenkfläche. Dieses Band verläuft zwischen Crista capitis costae und Dorsalseite der Wirbelkörper bzw. Bandscheibe. Ein Teil dieses Bandes verbindet auch die beiden Rippenköpfchen eines Rippenpaares als Lig. intercapitale miteinander. Ventral verbindet das Lig. capitis costae radiatum den Rippenkopf mit den jeweiligen aufeinanderfolgenden Brustwirbelkörpern.

Costotransversal = Rippenhöckergelenk (Articulatio costotransversaria)

Das Tuberculum der Rippe artikuliert mit dem gleichzähligen Processus transversus des Brustwirbels. Es handelt sich dabei um ein straffes Gleitgelenk. Zusätzlich zur Gelenkkapsel wird die Articulatio costotransversaria durch das Lig. costotransversarium stabilisiert. Es spannt sich zwischen Rippenhals und Querfortsatz aus.

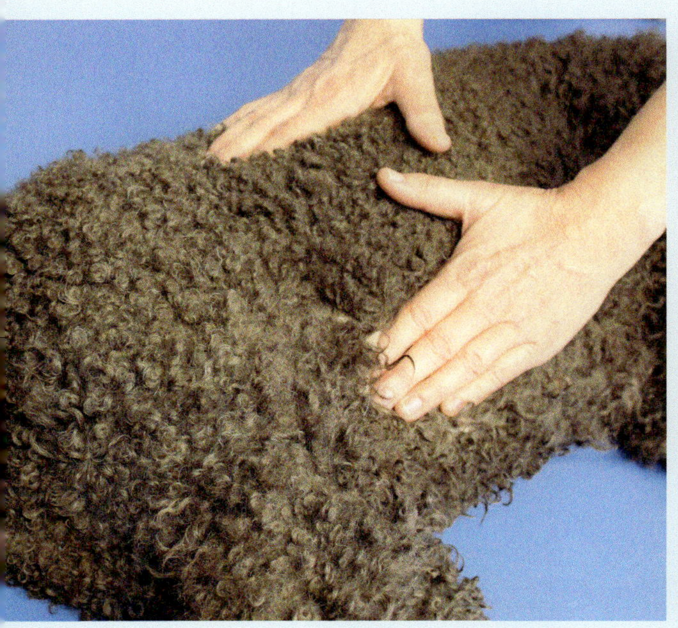

Foto 28: Untersuchung der Rippen dorsoventral

Foto 29: Untersuchung der Rippen lateral

Untersuchungstechniken der Rippen

Die Rippendysfunktionen können in funktionelle und strukturelle Dysfunktionen unterschieden werden. Die funktionellen Dysfunktionen gehen meist mit einer Dysfunktion des Wirbelbogengelenkes des entsprechenden Segmentes einher und werden über die Mobilisation des Wirbelbogengelenkes gelöst. Bei den strukturellen Dysfunktionen werden sogenannte Subluxationsläsionen von Kompressionsläsionen unterschieden. Im Rahmen der Untersuchung der Rippen werden folgende anatomischen Punkte beurteilt:

- dorsal die Stellung der Tuberculi costae
- ventral die Stellung der Rippen i.B. des Knochen-Knorpel-Überganges
- lateral die Stellung der Rippen im Seitenvergleich

Bei einer ventralen Subluxation ist die Rippe nach ventral verschoben und kann nicht nach dorsal gleiten. Dabei werden folgende Palpationsbefunde erhoben:

- an der dorsalen Rippenkontur ist das Tuberculum costae weniger prominent
- Die Rippe ist ventral prominent
- evtl. Druckschmerz M. iliocostalis (Ansatz an der Tuberositas musculi iliocostalis)

Bei einer dorsalen Subluxation ist die Rippe nach dorsal verschoben und kann nicht nach ventral gleiten. Dabei werden folgende Palpationsbefunde erhoben:

- an der dorsalen Rippenkontur ist das Tuberculum costae prominent
- Das ventrale Ende der Rippe ist weniger prominent
- evtl. Druckschmerz M. iliocostalis (Ansatz an der Tuberositas m. iliocostalis)

Bei einer dorsoventralen Kompression ist die Rippe nach lateral verschoben, es werden folgende Palpationsbefunde erhoben:

- Tuberculum costae und ventrales Ende der Rippe sind weniger prominent
- Der Rippenkörper ist in der Axillarlinie prominent
- evtl. Druckschmerz im Intercostalraum kranial und kaudal der betroffenen Rippe (Foto 28)

Bei einer lateralen Kompression ist die Rippe nach medial verschoben, es werden folgende Palpationsbefunde erhoben:

- Tuberculum costae und ventrales Ende der Rippe sind prominent
- Der Rippenkörper ist in der Axillarlinie weniger prominent
- evtl. Druckschmerz im Intercostalraum kranial und kaudal der betroffenen Rippe (Foto 29)

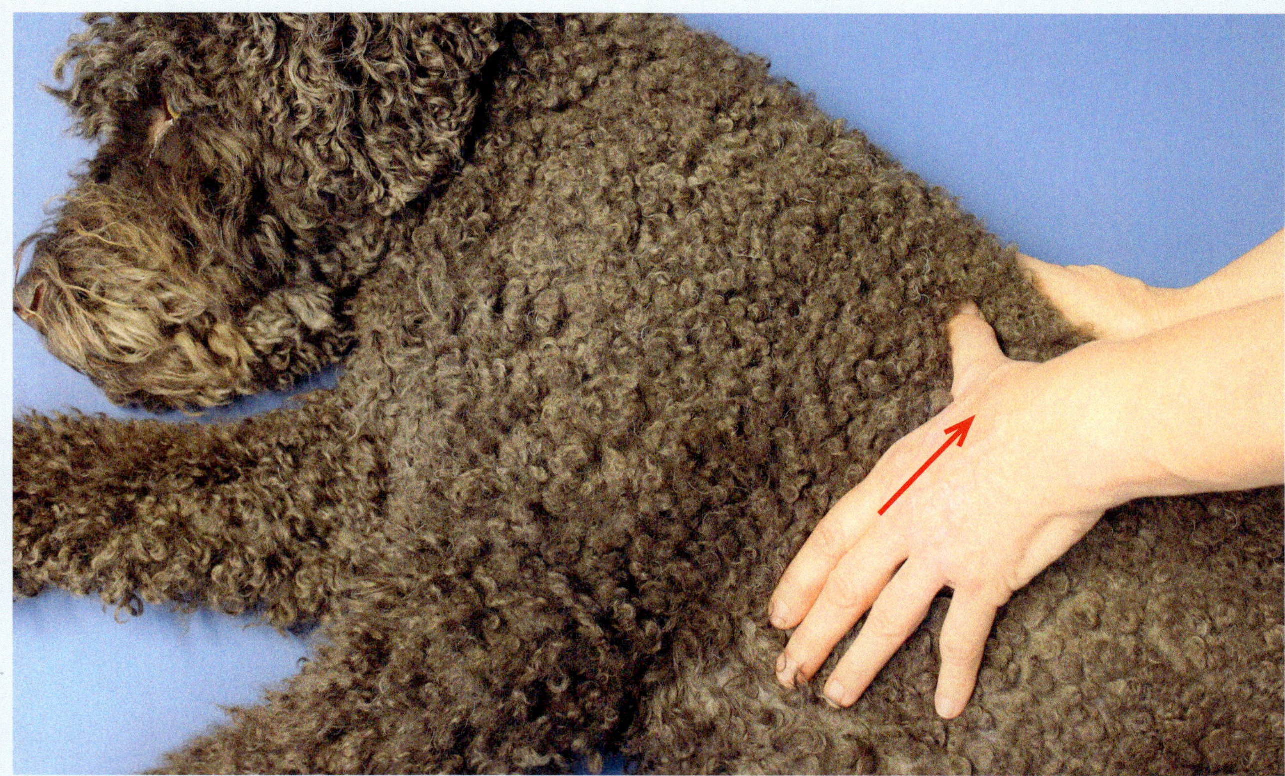

Foto 30: Mobilisation einer ventralen Subluxation

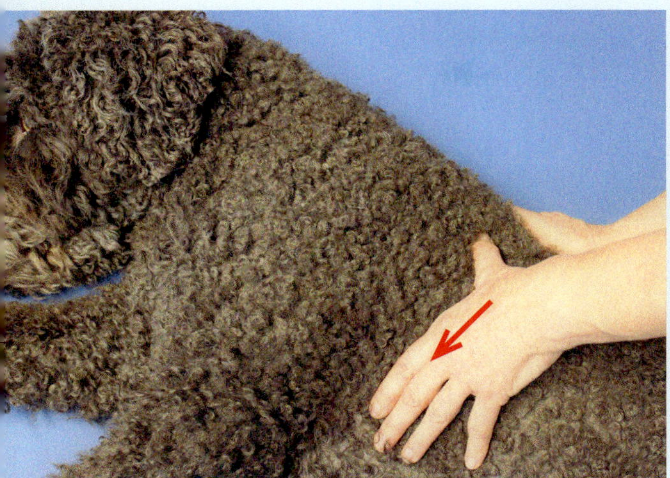

Foto 31: Mobilisation einer dosalen Subluxation

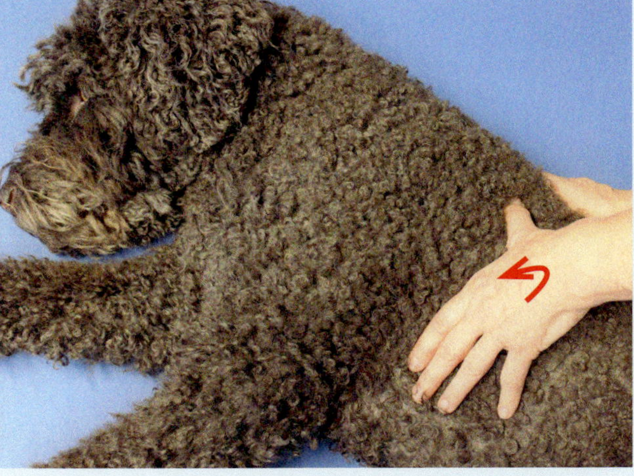

Foto 32: Mobilisation einer dorsoventralen Kompression

Mobilisation einer ventralen Subluxation

Der Patient befindet sich in Seitenlage, die zu behandelnde Seite befinden sich oben. Der Therapeut modelliert Zeigefinger und Daumen an die zu behandelnde Rippe an und mobilisiert die Rippe ca. 15x oszillierend nach dorsal. (Foto 30)

Mobilisation einer dorsalen Subluxation

Der Patient befindet sich in Seitenlage, die zu behandelnde Seite befinden sich oben. Der Therapeut modelliert Zeigefinger und Daumen an die zu behandelnde Rippe an und mobilisiert die Rippe ca. 15x oszillierend nach ventral. (Foto 31)

Mobilisation einer dorsoventralen Kompression

Der Patient befindet sich in Seitenlage, die zu behandelnde Seite befinden sich oben. Der Therapeut modelliert Zeigefinger und Daumen an die zu behandelnde Rippe an und mobilisiert die Rippe ca. 15x oszillierend nach medial. (Foto 32)

Mobilisation einer lateralen Kompression

Der Patient befindet sich in Seitenlage, die zu behandelnde Seite befinden sich oben. Der Therapeut nimmt mit den Fingern der einen Hand Kontakt zum ventralen Ende der Rippe auf, die andere Hand nimmt Kontakt zum Tuberculum costae auf. Dann werden beide Hände aufeinander zugeführt und eine Biegespannung aufgebaut, diese wird bis zum Release gehalten. (Foto 33)

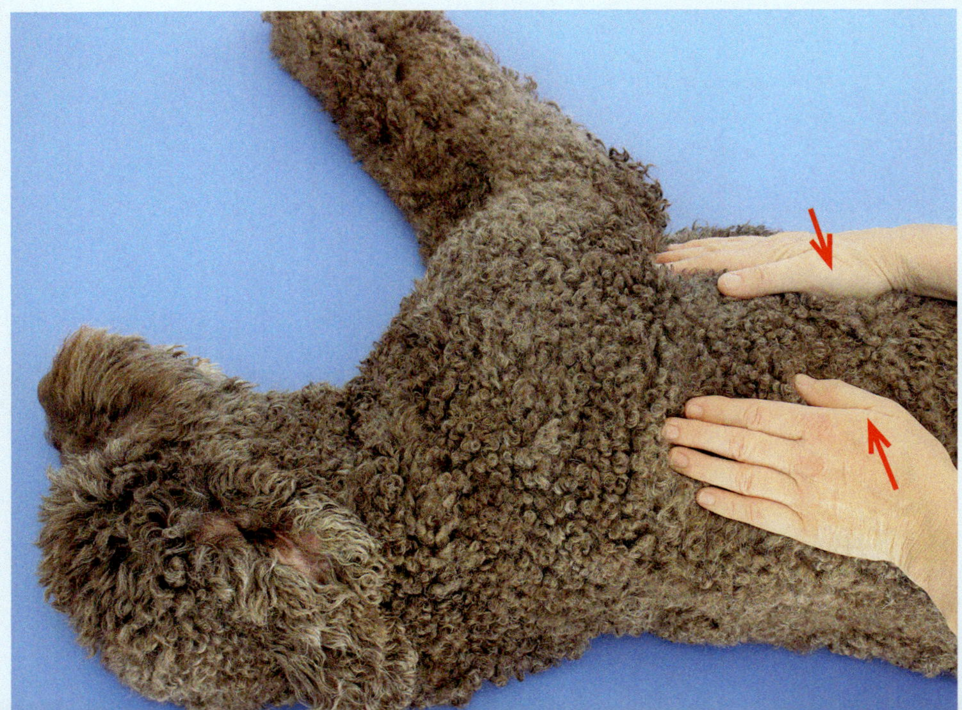

Foto 33: Mobilisation einer lateralen Kompression

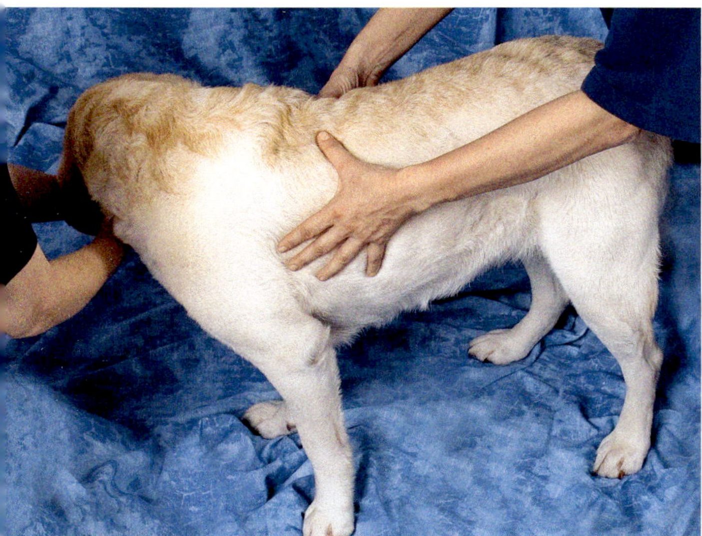

Foto 34: Th8 FSR rechts I: indirekte Technik.

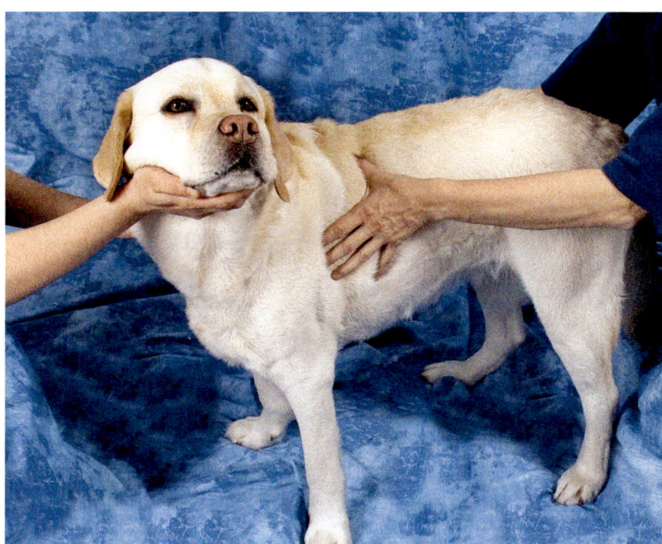

Foto 35: Th8 FSR rechts II: direkte Technik.

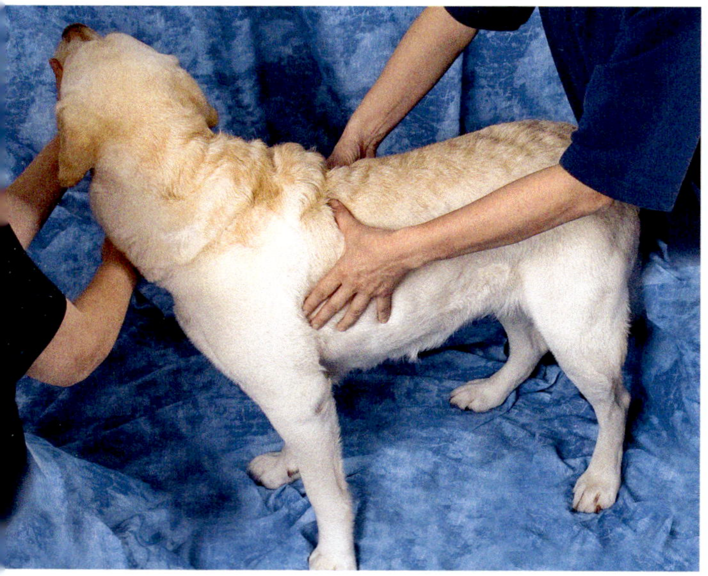

Foto 36: Th8 ESR rechts I: indirekte Technik.

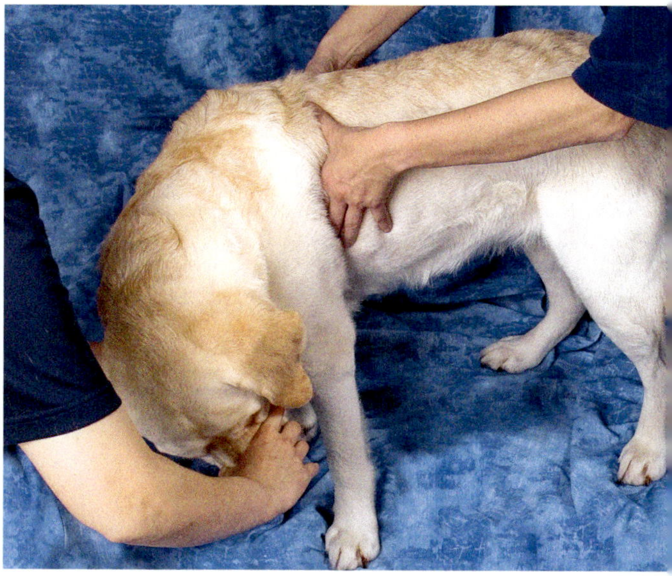

Foto 37: Th8 ESR rechts II: direkte Technik.

Korrekturen von Fehlstellungen in ESR oder FSR

Für alle Korrekturtechniken befindet sich der Therapeut hinter dem stehenden Hund; alternativ kann der Hund auch sitzen oder liegen. Die Korrektur der Dysfunktionen erfolgt mit Hilfe von weichen, **indirekt-direkten Techniken**. Zunächst wird indirekt in die Richtung der Dysfunktion gearbeitet, die Fehlstellung wird gewissermaßen verstärkt. Dadurch nähern sich Bindegewebs- und Muskelfasern einander an und es kommt zu einer Entspannung dieser Strukturen. Im zweiten Schritt wird dann direkt gegen die Richtung der Fehlstellung gearbeitet.

Beispiel 1: Th8 FSR rechts (der *Processus spinosus* erscheint nach links geneigt und der Befund verstärkt sich, wenn das Bewegungssegment in Extension gebracht wird)

Indirekt: Die Rechtsrotation wird verstärkt, indem der Therapeut mit dem rechten Daumen den Dornfortsatz noch weiter nach links drückt; gleichzeitig verstärkt er mit der linken Hand die Seitneigung nach rechts, indem er die Kruppe des Hundes leicht nach rechts schiebt. Der Besitzer hält den Kopf des Hundes nach unten und ebenfalls nach rechts geneigt (Flexion und Seitneigung rechts). Es werden ein bis zwei *Release*-Phänomene abgewartet (Foto 34).

Direkt: Der Therapeut bringt den betroffenen Wirbel nun in Linksrotation, indem er mit dem linken Daumen den Dornfortsatz nach rechts gegen den Widerstand drückt; gleichzeitig verstärkt er mit der rechten Hand die Seitneigung nach links, indem er die Kruppe des Hundes nach links schiebt. Der Besitzer hält nun den Kopf des Hundes angehoben in Extension und zusätzlich leicht nach links geneigt. Es werden ebenfalls einige *Release*-Phänomene abgewartet (Foto 35). Alternativ kann der Therapeut die direkte Technik reflektorisch verstärken, indem er mit dem Zeigefinger der rechten Hand mehrmals von kranial nach kaudal rechtsseitig über die paravertebrale Muskulatur des betroffenen Segments streicht.

Beispiel 2: Th8 ESR rechts (der *Processus spinosus* erscheint nach links geneigt und der Befund verstärkt sich, wenn das Bewegungssegment in Flexion gebracht wird)

Indirekt: Die Rechtsrotation wird verstärkt, indem der Therapeut mit dem rechten Daumen den Dornfortsatz des betroffenen Wirbels noch weiter nach links drückt und die Seitneigung nach rechts verstärkt, indem er die Kruppe des Hundes nach rechts schiebt. Der Besitzer hält nun den Kopf des Hundes nach dorsal angehoben (Extension) und leicht nach rechts geneigt. Es werden ein bis zwei *Release*-Phänomene abgewartet (Foto 36).

Direkt: Der Therapeut bringt den betroffenen Wirbel nun in Linksrotation, indem er mit dem linken Daumen den Dornfortsatz nach rechts gegen den Widerstand drückt; gleichzeitig verstärkt er mit der rechten Hand die Seitneigung nach links, indem er die Kruppe des Hundes nach links schiebt. Der Besitzer hält den Kopf des Hundes nach unten (Flexion) und leicht nach links geneigt. Es werden ebenfalls einige *Release*-Phänomene abgewartet (Foto 37). Alternativ kann der Therapeut die direkte Technik reflektorisch verstärken, indem er mit dem Zeigefinger der rechten Hand mehrmals von kranial nach kaudal rechtsseitig über die paravertebrale Muskulatur des betroffenen Segments streicht.

Korrekturen von Neutral- bzw. Gruppenläsionen

Auch für diese Korrektur befindet sich der Therapeut hinter dem stehenden, sitzenden oder liegenden Hund. Die Mobilisation der Läsion erfolgt über den Wirbel am **Scheitelpunkt**, d.h. in der Regel über den mittleren der betroffenen Wirbel. Auch diese Korrektur erfolgt mit Hilfe einer weichen, **indirekt-direkten Technik**. Dabei ist zu berücksichtigen, dass der betroffene Wirbelsäulenabschnitt nun in Seitneigung in die eine Richtung eingestellt werden muss bei gleichzeitiger Rotationseinstellung in die andere Richtung.

Beispiel: Th6/Th7/Th8 S links / R rechts (der *Processus spinosus* der betroffenen Wirbel erscheint nach links geneigt; gleichzeitig ist der Wirbelsäulenabschnitt in Seitneigung links fixiert; Extension und Flexion verändern diese Befunde nicht)

Indirekt: Die Rechtsrotation wird verstärkt, indem der Therapeut den *Processus spinosus* mit seinem rechten Daumen noch weiter nach links drückt; mit der linken Hand wird die Wirbelsäule durch seitlichen Druck in Lateralflexion links eingestellt. Es werden ein bis zwei *Release*-Phänomene abgewartet.

Direkt: Nun wird gegen den Widerstand eine Linksrotation eingestellt, indem der Therapeut den *Processus spinosus* mit seinem linken Daumen nach rechts drückt; mit der rechten Hand stellt er die Wirbelsäule in Lateralflexion rechts ein. Auch hier werden ein bis zwei *Release*-Phänomene abgewartet. Alternativ kann der Therapeut

Tab. 22 Übersicht über die Korrekturmöglichkeiten der Brustwirbelsäule

Wirbelstellung	Befund bei Flexion/ Extension	1. Indirekt: Verstärkung der Wirbelfehlstellung	2. Direkt: Korrektur der Wirbelfehlstellung
FSR li.	Extension verstärkt	WS in Flexion und Rotation links = FSR li.; *Proc. spinosus* nach rechts drücken	WS in Extension und Rotation rechts; *Proc. spinosus* nach links drücken
ESR li.	Flexion verstärkt	WS in Extension und Rotation links = ESR li.; *Proc. spinosus* nach rechts drücken	WS in Flexion und Rotation rechts; *Proc. spinosus* nach links drücken
FSR re.	Extension verstärkt	WS in Flexion und Rotation rechts = FSR re.; *Proc. spinosus* nach links drücken	WS in Extension und Rotation links; *Proc. spinosus* nach rechts drücken
ESR re.	Flexion verstärkt	WS in Extension und Rotation rechts = ESR re.; *Proc. spinosus* nach links drücken	WS in Flexion und Rotation links; *Proc. spinosus* nach rechts drücken

die direkte Technik reflektorisch verstärken, indem er mit dem Zeigefinger der rechten Hand mehrmals von kranial nach kaudal rechtsseitig über die paravertebrale Muskulatur der betroffenen Segmente streicht.

Fallbeispiele

Fallbeispiel 1: „Carlos", Hovawart, 5 Jahre

„Carlos" wurde vorgestellt, während er von seiner Besitzerin auf ein *Obedience*-Turnier vorbereitet wurde. In den letzten Vorbereitungswochen wurde der Schwerpunkt des Trainings vermehrt auf die Fußarbeit gelegt. Plötzlich fielen der Besitzerin bei „Carlos" ein unrundes Gangbild und ein vermehrtes Passgehen auf. Bei der osteopathischen Befundung zeigten sich im Bereich von Th10/Th11 sowie Th12/Th13 jeweils Dysfunktionen in ESR rechts. Nach der Behandlung wurde der Besitzerin empfohlen, die Fußarbeit etwas zu reduzieren und entsprechende Ausgleichsübungen durchzuführen. Es wurde ein Trabtraining in hoher und mittlerer Geschwindigkeit in das Trainingsprogramm mit aufgenommen.

Fallbeispiel 2: „Xena", Labrador-Retriever, 7 Jahre

„Xena" ist eine unkastrierte Hündin vom bindegewebsschwachen Typ. Bei ihr wurde als junger Hund an beiden Ellbogengelenken ein fragmentierter *Processus coronoideus* diagnostiziert und operativ versorgt; an beiden Gelenken entwickelten sich dennoch hochgradige Arthrosen. Bei „Xena" liegt außerdem eine Leberschwäche vor, die sich in erhöhten Enzymwerten im Blutbild zeigt. Während jeder Läufigkeit zeigt die Hündin eine hochgradige Lahmheit der linken Vordergliedmaße und ein vermehrtes Wälzen während Spaziergängen. Zum Teil wurde ein spontanes Verschwinden der Lahmheit nach dem Wälzen beobachtet. Bei der osteopathischen Untersuchung fielen eine Dysfunktion im Bereich Th5 und eine Mobilisationsstörung der Leber auf. Nach der Behandlung war die Hündin unmittelbar lahmheitsfrei. Bei „Xena" wird nun – im Rahmen der Möglichkeiten – ein Trainingsprogramm zur Verbesserung der Muskulatur durchgeführt; aufgrund der Leberfunktionsstörung und der Bindegewebsschwäche wird die Hündin zusätzlich mit weiteren integrativmedizinischen Therapieformen behandelt.

Kaudale Halswirbelsäule

Die Halswirbelsäule des Hundes setzt sich ähnlich wie die fast aller anderen Säugetiere aus sieben Halswirbeln zusammen (Abb. 26). Die ersten beiden Halswirbel unterscheiden sich nicht nur in ihrer Gestalt deutlich von den übrigen Hals-, Brust- und Lendenwirbeln des Hundes, sondern erfüllen auch funktionell andere Aufgaben, da sie im Wesentlichen für die Bewegungen

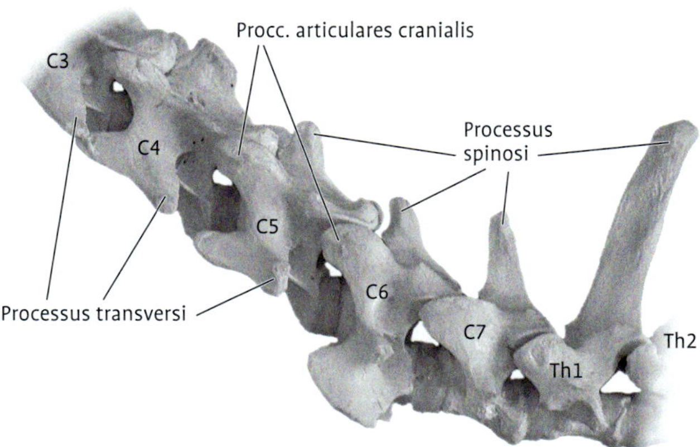

Abb. 26: Die kaudale Halswirbelsäule.

des Kopfes verantwortlich sind.
Die Gelenke zwischen Okziput und Atlas (C0/C1) und zwischen Atlas und Axis (C1/C2) werden auch als **Kopfgelenke** bezeichnet, die beteiligten Strukturen werden im Kapitel der kraniale Halswirbelsäule (s.S. 82) besprochen.

Funktionelle Anatomie

Die Halswirbelsäule des Hundes setzt sich aus sieben Halswirbeln zusammen. Während die ersten beiden Halswirbel eine besondere funktionelle Bedeutung für die Kopfbewegungen besitzen, weisen der 3., 4. und 5. Halswirbel einen relativ einheitlichen Bau auf, am 6. und 7. Halswirbel sind jedoch bereits Merkmale der Brustwirbelsäule zu erkennen. Als untere Halswirbelsäule werden entsprechend der 3. bis 7. Halswirbel bezeichnet.

Die Dornfortsätze sind in der Halswirbelsäule lediglich als schmaler und flacher Grat ausgebildet, sie sind durch die Halsmuskulatur hindurch nicht fühlbar. Dagegen sind die Querfortsätze flach und lang und erstrecken sich in diagonaler Verlaufsrichtung von kraniodorsal nach kaudoventral, wobei der kaudale Anteil deutlich nach lateral vorspringt und auch ventrolateral durch die Halsmuskulatur palpiert werden kann.

Im Bereich der Halswirbelsäule zeigen die kranialen Gelenkfortsätze jeweils in einem **Winkel von zirka 45°** nach medial, kranial und dorsal. Dadurch passen sie exakt unter die kaudalen Gelenkfortsätze des jeweils vorzähligen Wirbels, welche ebenfalls in einem Winkel von je 45° nach ventral, kaudal und lateral ausgerichtet sind. Durch diese Anordnung erlauben die Facettegelenke der Halswirbelsäule ein großes Ausmaß an Bewegungen in alle drei Raumrichtungen. Um der Halswirbelsäule dennoch eine gewisse Stabilität zu verleihen, sind die Vorderseiten der Wirbelkörper deutlich konvex ausgebildet und artikulieren über die relativ di-

cken Bandscheiben mit der deutlich konkaven Rückseite des jeweils vorzähligen Wirbels. Die an der Halswirbelsäule des Vierbeiners angreifenden Scherkräfte werden so teilweise durch die knöchernen und gelenkigen Strukturen begrenzt und müssen nicht allein durch Muskelkraft aufgefangen werden.
Auch im Bereich der Halswirbelsäule verlassen die Spinalnerven über die Nervenwurzeln das Rückenmark; allerdings weicht in der Halswirbelsäule die Anzahl der Spinalnerven von der Anzahl der Wirbel ab, da der erste Nerv bereits zwischen Okziput und Atlas – also vor dem 1. Halswirbel – das Rückenmark verlässt, sodass der Nerv, der kaudal des 7. Halswirbels abzweigt, als 8. Halsnerv bezeichnet wird. Aus osteopathischer Sicht besitzt der *N. phrenicus* eine besondere Bedeutung: Er wird von den Ventralästen des 5., 6. und 7. Halsnerven gebildet, die jeweils zwischen C4/C5, C5/C6 und C6/C7 entspringen, und innerviert das Zwerchfell motorisch sowie die Leber sensibel. Über den Verlauf des *N. phrenicus* sind Zusammenhänge zwischen Dysfunktionen der kaudalen Halswirbelsäule und Motilitätsstörungen der Leber erklärbar. Da Läsionen in diesem Halswirbelsäulenbereich in vielen Fällen auch in Kombination mit Problemen der Vordergliedmaßen auftreten, ist auch ein Zusammenhang zwischen **Vorderhandlahmheiten** und Problemen im Bereich des **Zwerchfells** beziehungsweise der **Leber** möglich.

Von Bedeutung sind außerdem Zusammenhänge zwischen Dysfunktionen im Bereich der Halswirbelsäule und **Heiserkeit bzw. Kehlkopfproblemen**. Die Kehlkopfmuskulatur wird durch den *N. laryngeus recurrens* innerviert, der dem *N. vagus* entstammt und zunächst bis nach kaudal in den Bereich der Brustwirbelsäule zieht, wo er umschlägt und wieder nach kranial abbiegt. Dysfunktionen im Bereich der Halswirbelsäule sowie der kranialen Brustwirbelsäule können den *N. laryngeus recurrens* reizen und dadurch Heiserkeit hervorrufen.

Biomechanik

Die Bewegungsmöglichkeiten der Segmente der kaudalen Halswirbelsäule werden durch die Ausrichtung der Facettegelenke bestimmt; diese erlauben aufgrund ihrer Winkelung nicht nur einen insgesamt sehr **großen Bewegungsspielraum**, sondern auch ein nahezu gleiches Ausmaß der Bewegungen in alle drei Raumrichtungen.

Die Mobilität der kaudalen Halswirbelsäule ist außerdem dadurch besonders groß, dass das *Ligamentum supraspinale* im Bereich der Halswirbelsäule durch das *Lig. nuchae* ersetzt wird, welches eine wesentlich größere Flexionsbewegung gestattet. Zudem begrenzt statt des *Lig. longitudinale ventrale* der *M. longus colli* die Extensionsbewegung der Halswirbelsäule nur muskulär.

Während die kraniale Halswirbelsäule **kyphotisch gekrümmt** ist, weist die kaudale Halswirbelsäule physiologischerweise eine **lordotische Krümmung** auf; der Umschlagspunkt befindet sich zwischen C3 und C4, wodurch dieser Bereich besonders beansprucht wird.

Biomechanik und Nomenklatur der Dysfunktion

Dysfunktionen mit Fehlstellung in ESR und FSR: Die Biomechanik und Nomenklatur der Dysfunktionen im Bereich der kaudalen Halswirbelsäule entsprechen weitgehend denen der Brust- und Lendenwirbelsäule. Im Bereich der kranialen Halswirbelsäule bis zum 3. Halswirbel liegt physiologischerweise eine kyphotische Krümmung vor, während die kaudale Halswirbelsäule und der zervikothorakale Übergang lordotisch gekrümmt sind; Lateralflexion und Rotation sind in physiologischer Stellung (Lordose bzw. leichte Extension)

Tab. 23 Dysfunktionen in der kaudalen Halswirbelsäule

Ursache der Dysfunktion	Eingeschränkte Bewegungen	Fixierung des Bewegungssegmentes (Benennung)
Divergenz-Störung rechts	Flexion eingeschränkt Seitneigung nach links eingeschränkt	Segment in Extension und Seitneigung rechts fixiert (**ES rechts**)
Divergenz-Störung links	Flexion eingeschränkt Seitneigung nach rechts eingeschränkt	Segment in Extension und Seitneigung links fixiert (**ES links**)
Konvergenz-Störung rechts	Extension eingeschränkt Seitneigung nach rechts eingeschränkt	Segment in Flexion und Seitneigung links fixiert (**FS links**)
Konvergenz-Störung links	Extension eingeschränkt Seitneigung nach links eingeschränkt	Segment in Flexion und Seitneigung rechts fixiert (**FS rechts**)

Tab. 24 Alternative Nomenklatur der Dysfunktionen in der Halswirbelsäule

Eingeschränkte Seitneigung	Befund bei Flexion/ Extension	Grund	Wirbel-stellung	Beschreibung der Funktionsstörung
Nach rechts; Widerstand rechts (BR)	Flexion verringert, Extension verstärkt	Wirbel in Flexion	FS links	Konvergenz-Störung rechts
Nach rechts; Widerstand rechts (BR)	Flexion verstärkt, Extension verringert	Wirbel in Extension	ES links	Divergenz-Störung links
Nach links; Widerstand links (BL)	Flexion verringert, Extension verstärkt	Wirbel in Flexion	FS rechts	Konvergenz-Störung links
Nach links; Widerstand links (BL)	Flexion verstärkt, Extension verringert	Wirbel in Extension	ES rechts	Divergenz-Störung rechts

heteronym gekoppelt. In der Extension (kyphotische Krümmung) ist die Kopplung hier jetzt ebenfalls heteronym, in starker Flexion jedoch homonym. In der flektierten Halswirbelsäule führt die Divergenz der Facettegelenke dazu, dass bei einer Lateralflexion eine homonyme Rotation ausgelöst wird, wodurch sich das Bewegungsausmaß für die Lateralflexion vergrößert. Bei Vorliegen einer Läsion in der kaudalen Halswirbelsäule befindet sich das betroffene Segment in der Regel nicht in physiologischer Stellung, sondern ist in Extension oder Flexion fixiert. Da bei der Untersuchung und Behandlung jedoch hauptsächlich mit der Seitneigungskomponente der gekoppelten Bewegung gearbeitet wird, kann die Rotationskomponente vernachlässigt werden (genau genommen erfolgt die Benennung bei einer Dysfunktion in Flexion als FSR rechts bzw. FSR links; die Benennung bei einer Dysfunktion in Extension müsste jedoch als ES rechts R links bzw. ES links R rechts erfolgen).

Die Benennung der Dysfunktion erfolgt wieder nach der Position, in der das Bewegungssegment fixiert ist bzw. in der der jeweils kaudale Wirbel steht. Die Position wird mit Großbuchstaben (E= Extension, F= Flexion, S= Seitneigung) bezeichnet und durch die Seitenangabe (rechts bzw. links) vervollständigt.

Die Dysfunktionen in Flexion bzw. Extension werden auch in der Halswirbelsäule meist wieder durch einseitige Divergenz- bzw. Konvergenz-Störungen der Facettegelenke verursacht.

Bei Vorliegen einer Divergenz-Störung auf der einen Seite ist die Seitneigungsbewegung zur kontralateralen Seite eingeschränkt, gleichzeitig ist insgesamt auch die Flexion eingeschränkt, da das Segment in Extension steht (ES).

Bei Vorliegen einer Konvergenz-Störung hingegen ist die Seitneigung zur gleichen Seite eingeschränkt, gleichzeitig ist insgesamt auch die Extension eingeschränkt, da das Segment in Flexion steht (FS).
Bei einer Divergenz der Gelenkfacetten nimmt der Durchmesser des gleichseitigen *Foramen intervertebrale* zu; bei einer Konvergenz der Gelenkfacetten verringert sich der Durchmesser des gleichseitigen *Foramen intervertebrale*.
Alternative Nomenklatur: Die Benennung der Dysfunktion kann alternativ erfolgen, indem die Position des Wirbelkörpers (Körper = *body*) angegeben wird: Bei einer Einschränkung der Seitneigung nach rechts erscheint der kaudale Wirbelkörper des betroffenen Segments als weiter rechtsseitig (Wirbelkörper = *body*; rechts = BR); das Segment ist in Lateralflexion links fixiert. Erscheint der Wirbelkörper weiter linksseitig, so ist auch die Seitneigung nach links eingeschränkt (BL); das Segment ist in Lateralflexion rechts fixiert. Auch hier muss in einem zweiten Schritt zwischen Vorliegen einer Divergenz- oder Konvergenz-Störung als Ursache differenziert werden.

Ursachen für Fehlstellungen in der Halswirbelsäule

Auch in der kaudalen Halswirbelsäule können die Ursachen für Dysfunktionen sehr vielfältig sein. So können Lahmheiten der Vordergliedmaße Muskelverspannungen nach sich ziehen, selbst aber auch Symptom einer Läsion der kaudalen Halswirbelsäule sein.

Häufig finden sich Dysfunktionen im Halsbereich bei Hunden, die stark an der Leine ziehen oder bei denen mit Leinenruck gearbeitet wird. Während durch den Leinenruck vor allem auch akute Verletzungen entstehen können, führt lang andauerndes Zerren an der Leine eher zu einem Hypertonus oder sogar zu einer Hypertrophie der Halsmuskulatur. Allerdings kann auch das Training der „Fußposition“, bei der der Hund

Tab. 25 Segmentaler Bezug in der Halswirbelsäule

Wirbel in Dysfunktion (kaudaler Partner des betroffenen Segments)	Zusammenhang mit Störungen in anderen Organen/Körperregionen	Bezug in der Traditionellen Chinesischen Medizin
C1	Kopfschmerzen, Nervosität, chronische Müdigkeit, Schwindel, Gedächtnisschwäche	BL10 (Atlasflügel) mit BL60 Öffner des Blasenmeridians (= paravertebrale Muskulatur)
C2	Nebenhöhlenbeschwerden, Allergien, Augenprobleme, Ohrenprobleme	
C3	Neuralgien, Ekzeme	
C4	Schnupfen, Blutdruckprobleme, Ohrprobleme, Gehörprobleme	
C5	Kehlkopfentzündungen, Heiserkeit, Halsschmerzen, chronische Erkältungen	
C6	Husten, steifer Nacken, Probleme mit der vorderen Extremität	
C7	Schilddrüsenerkrankungen, Depressionen, Ängste, Schulterschmerzen	

möglichst dauerhaft Blickkontakt zum Besitzer halten soll, zu Problemen in der kaudalen Halswirbelsäule führen, da diese hierbei ständig einseitig belastet wird.

Mögliche Ursachen für Dysfunktionen der Halswirbelsäule:

- Probleme der Vorderhand
- Ungeeignetes Halsband
- Arbeit mit Leinenruck
- Lang andauerndes Zerren an der Leine
- Lang andauerndes / einseitiges Training der Fußarbeit mit Blickkontakt
- Zerrspiele
- Besondere Belastungen im Schutzdienst / VPG
- Viszerale Probleme (Schilddrüse, Tonsillen, Zwerchfell, Leber)

Besondere Belastungsmomente

Die Belastungen, die die kaudale Halswirbelsäule erfährt, sind häufig sehr unterschiedlich, je nach Verwendungszweck des Hundes bzw. je nach angewandter Erziehungs- oder Trainingsmethode.

Generell ist die kaudale Halswirbelsäule vor allem durch die Einwirkung des **Halsbandes** einer besonderen Belastung ausgesetzt. Art und Stärke der Belastung sind dabei zum einen von der Lage, aber auch von der Art des Halsbandes abhängig. Das normal verschnallte Halsband liegt meist im Bereich des 3. und 4. Halswirbels, sodass Dysfunktionen in dieser Region häufig zu finden sind. Dabei verteilt sich der Druck bei einem breiten Halsband auf eine größere Region, während er bei schmalen Halsbändern eher punktuell einwirkt.

Auch das Training der in vielen Sportarten geforderten **„Fußposition“**, bei der der Hund auf der linken Seite des Besitzers läuft und dabei Blickkontakt hält, ist häufig Ursache von Dysfunktionen der kaudalen Halswirbelsäule. Dabei muss der Hund über zum Teil beträchtliche Strecken und Zeiträume in einer Haltung laufen, bei der sich die Halswirbelsäule in Extension und gleichzeitig in Rotation nach rechts und Lateralflexion zur rechten Seite befindet. Dysfunktionen im Segment C3/C4 mit Fixierung in Lateralflexion rechts sind beim Hund häufig zu finden.

Besondere Belastungsmomente an der kaudalen Halswirbelsäule entstehen auch im Schutzdienst bei der Arbeit am Ärmel sowie beim Dog-Frisbee: In beiden Fällen kommt es zu plötzlichen, kombinierten Bewegungen in der Halswirbelsäule, bei denen zusätzlich meist starke **Beschleunigungs- und Fliehkräfte** angreifen. Hier ist eine optimale Vorbereitung der Hunde durch geeigneten Trainingsaufbau essentiell, um Schäden an der Halswirbelsäule vorzubeugen.

Belastungen der Halswirbelsäule entstehen darüber hinaus auch beim Apport (Tragen schwerer Gegenstände im Fang) und bei der Hütearbeit (Arbeiten in geduckter Haltung mit gesenktem Kopf), wobei die Belastungen hier eher muskulärer Art sind.

Exkurs Fußarbeit – Dysfunktionen im Bereich der Hals- und Lendenwirbelsäule

Wird der Hund ausschließlich auf der linken Seite des Besitzers geführt, wie dies bei der Fußarbeit gefordert ist, entsteht ausgehend von der Halswirbelsäule und der rechten Schulter-Nackenmuskulatur ein **Fehlspannungsmuster**, welches sich diagonal über die Rückenmuskulatur bis zur linken Hintergliedmaße fortsetzt (Foto 38). Das linke Hinterbein entwickelt mehr Schubkraft als das rechte; eine bei Sporthunden häufig zu beobachtende Muskeldifferenz zwischen der linken und rechten Hinterbackenmuskulatur, eine vermehrte Gewichtsverlagerung nach kranial und eine seitendifferente Beweglichkeit des Rumpfes bei Seitneigung sind die Folge. Dieses Fehlspannungsmuster und die damit verbundenen Muskeldefizite und Muskelspannungsveränderungen führen zu rezidivierenden Dysfunktionen besonders im Bereich der Sakroiliakalgelenke, des thorakolumbalen Übergangs und natürlich auch der Halswirbelsäule.
Ein weiteres Problem im Hinblick auf die Fußarbeit stellt die Auslösung eines **Stellreflexes** dar: Vor allem Hundeführer, die bei ihrem Tier eine extreme Extension der Halswirbelsäule mit Rotation nach rechts bevorzugen, lösen unbewusst die **tonische Nackenreaktion** aus. Dies bedeutet, dass die Hyperextension des Kopfes eine Streckung der Vordergliedmaßen sowie eine Hyperflexion der Lendenwirbelsäule und der Hintergliedmaßen bedingt. Sowohl die Hyperextension der Halswirbelsäule als auch die Hyperflexion der Lendenwirbelsäule begünstigen das Entstehen von Dysfunktionen in diesen Wirbelsäulenabschnitten.

Foto 38: Hund bei der Fußarbeit.

Symptome der Dysfunktionen

Auch in der Halswirbelsäule können Dysfunktionen zahlreiche verschiedene Symptome nach sich ziehen. Diese werden meist direkt durch die Bewegungseinschränkung hervorgerufen.

Beispiele für Symptome von Dysfunktionen in der Halswirbelsäule:

- Lahmheiten der Vordergliedmaßen
- Schonhaltungen (tief getragener Kopf etc.)
- Schiefhaltung des Kopfes
- Probleme bei bestimmten Bewegungen (z.B. beim Fressen aus dem Napf)
- Husten
- Kehlkopfprobleme

Untersuchungen und Tests

Für die Untersuchung befindet sich der Untersucher hinter dem Hund. Zunächst wird mit **allgemeinen Untersuchungstechniken** festgestellt, welche Segmente schmerzhaft bzw. druckempfindlich sind oder sich durch bindegewebige Verquellungen oder Verspannungen der Muskulatur anders anfühlen als das umgebende Gewebe. Im Anschluss daran wird die Art der funktionellen Fehlstellung exakt diagnostiziert.

Allgemeine Untersuchungstechniken der Halswirbelsäule:

- Kibler'sche Hautfalte (betroffene Bezirke sind ödematös verquollen)
- *Tissue-Texture-Abnormality* (Beurteilung des Gewebetonus paravertebral)

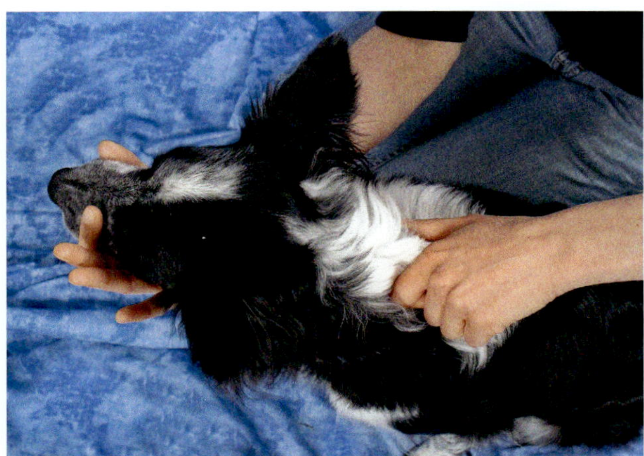

Foto 39: Laminäre Stoßpalpation.

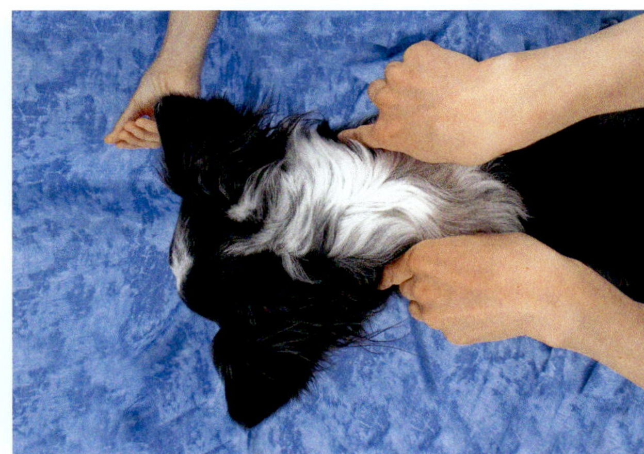

Foto 40: Seitlicher Translationstest.

Tab. 26 Beurteilung des Seitneigungsverhaltens

Widerstand des Wirbelkörpers links (BL)	Widerstand des Wirbelkörpers rechts (BR)
Seitneigung nach links eingeschränkt	Seitneigung nach rechts eingeschränkt
Wirbel steht in Seitneigung rechts (**S rechts**)	Wirbel steht in Seitneigung links (**S links**)

- Laminäre Stoßpalpation (Feder- oder Wipptest; Foto 39)

Im Anschluss an die allgemeine Untersuchung wird mit Hilfe **spezieller Untersuchungstechniken** die Stellung bzw. das Seitneigungsverhalten der Halswirbel beurteilt. Der Untersucher befindet sich dabei hinter dem sitzenden Hund, während der Besitzer den Kopf des Hundes nach vorne leicht fixiert. Anders als in der Lenden- und Brustwirbelsäule ist eine Palpation der Höhendifferenz der Querfortsätze bzw. der Neigung der Dornfortsätze aufgrund der umgebenden Muskulatur nicht möglich. Dadurch ergeben sich zwei Möglichkeiten der Untersuchung auf eine Fehlstellung:

Beurteilung des Seitneigungsverhaltens mit Hilfe der Translation nach Mitchell: Der Besitzer befindet sich am Kopf des Hundes und hält diesen in Mittelstellung, der Untersucher nimmt mit den Innenseiten seiner Zeigefinger Kontakt zum kranialen Ende der Querfortsätze auf und führt nun eine Schiebebewegung des Wirbels von der einen zur anderen Seite aus (Foto 40). Wird der Wirbel mit dem rechten Zeigefinger nach links geschoben, so leitet dies eine Seitneigung des entsprechenden Segments nach rechts ein. Wird der Wirbel dann mit dem linken Zeigefinger nach rechts geschoben, leitet dies eine Seitneigung des Segments nach links ein. Beurteilt wird der Widerstand, den der Wirbelkörper darstellt (BR bzw. BL) bzw. die Einschränkung der Seitneigung. Ist der Widerstand links größer (BL), so ist dadurch auch die Seitneigung nach links eingeschränkt, da das Segment in Seitneigung rechts fixiert ist (S rechts). Ist der Widerstand rechts stärker (BR), so ist die Seitneigung nach rechts eingeschränkt, da das Segment in Seitneigung links fixiert ist (S links).

Direkte Beurteilung des Seitneigungsverhaltens: Während der Untersucher mit der einen Hand den Kopf des Hundes langsam in Seitneigung bringt, beurteilt er mit der Zeigefingerseite der anderen Hand das Ausweichen der Wirbelkörper zur seitneigungsabgewandten Seite. Ist in Bezug auf das Seitneigungsverhalten eine Dysfunktion vorhanden, muss im nächsten Schritt wiederum differenziert werden, ob es sich hierbei um eine Konvergenz-Störung auf der einen Seite oder um eine Divergenz-Störung auf der anderen Seite handelt. Die Dysfunktion kann jeweils zwei mögliche Ursachen haben: Bezogen auf die Position des Wirbelkörpers kann eine Konvergenz-Störung des gleichseitigen Facettegelenks oder eine Divergenz-Störung des kontralateralen Facettegelenks vorliegen. Die Differenzierung erfolgt, indem die Wirbelsäule und dadurch auch das betroffene Segment zunächst in Flexion und anschließend in Extension gebracht werden. Dazu bringt der Besitzer den Kopf des Hundes zunächst in Flexion nach unten und anschließend in Extension nach oben, während der Untersucher in jeweils beiden Positionen erneut das Translations- bzw. Seitneigungsverhalten des betroffenen Segments beurteilt. Liegt an einem Bewegungssegment eine einseitige Divergenz-Störung vor, so verstärken sich alle Befunde, wenn eine Flexionsbewegung durchgeführt wird, da das Segment in Extension fixiert ist. Liegt eine einseitige Konvergenz-Störung vor, verstärken sich die Befunde, wenn eine Extensionsbewegung vorgenommen wird, da das Segment in Flexion fixiert ist.

Spezielle Untersuchungstechniken der Halswirbelsäule:

- Direkte Überprüfung des Seitneigungsverhaltens
- Indirekte Beurteilung des Seitneigungsverhaltens über die Translation → Bestimmung der Seitneigungsrichtung
- Dynamisch: Überprüfung der Veränderung bei Flexion und Extension des Bewegungssegments (welche Bewegung akzentuiert oder nivelliert die Dysfunktion?) → Bestimmung der Fixierung in Extension oder Flexion

Korrekturen von Fehlstellungen in ESR oder FSR

Für die Korrekturtechniken befindet sich der Therapeut hinter dem sitzenden Hund. Die Korrektur der Dysfunktionen erfolgt mit Hilfe von weichen, **indirekt-direkten Techniken**. Zunächst wird indirekt in die Richtung der Dysfunktion gearbeitet, die Fehlstellung wird gewissermaßen verstärkt. Dadurch nähern sich Bindegewebs- und Muskelfasern einander an und es kommt zu einer Entspannung dieser Strukturen. Im zweiten Schritt wird dann direkt gegen die Richtung der Fehlstellung gearbeitet.

Beim Menschen wurde für Manipulations- bzw. Impulstechniken ein erhöhtes Schlaganfallrisiko nach der Behandlung der Halswirbelsäule nachgewiesen, welches auf eine Schädigung der *Arteria vertebralis* mit anschließender Abschwemmung eines Thrombus zurückzuführen ist. Bisher gibt es keine Untersuchungen, ob dies ebenso für den Hund zutrifft. Das Schlaganfallrisiko beim Hund ist generell sehr viel geringer als beim Menschen. Es besteht jedoch ohnehin nicht, wenn man mit so genannten langsamen oder weichen Techniken arbeitet, die im Folgenden beschrieben werden.

Beispiel 1: C4 FS rechts (= FSR rechts; bei der Translation ist auf der linken Seite ein Widerstand spürbar, = BL, die Seitneigung nach links ist eingeschränkt, der Befund verstärkt sich, wenn das Bewegungssegment in Extension gebracht wird)

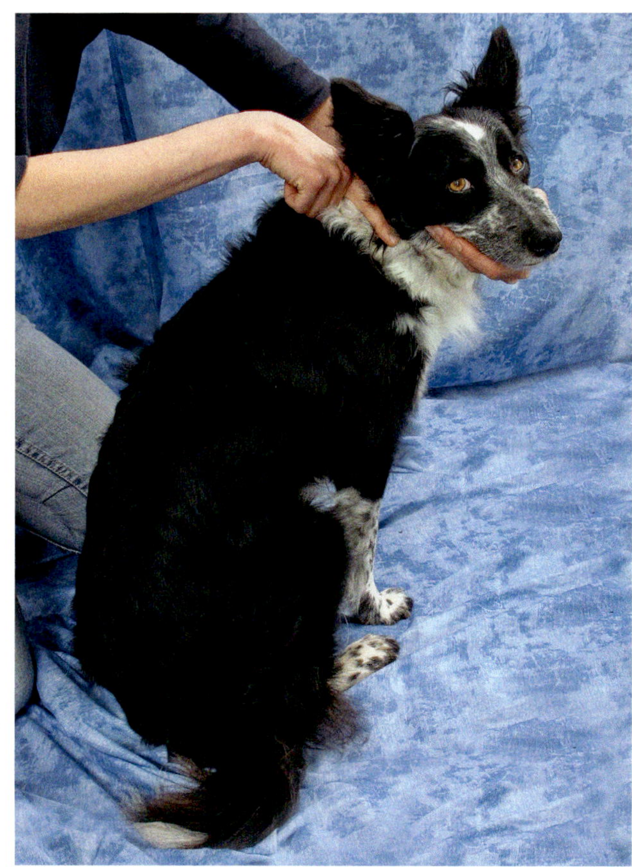

Foto 41: Direkter Test der Seitneigung (passiv).

Tab. 27 Fehlstellung, Ursache und Benennung

Position des Wirbelkörpers	Eingeschränkte Seitneigung	Befund bei Flexion/ Extension	Grund	Wirbel-stellung	Beschreibung der Funktionsstörung
Rechts = BR	Nach rechts	Flexion verringert, Extension verstärkt	Wirbel in Flexion	**FS links**	Konvergenz-Störung rechts; kann re. in Extension nicht schließen
Rechts = BR	Nach rechts	Flexion verstärkt, Extension verringert	Wirbel in Extension	**ES links**	Divergenz-Störung links; kann li. in Flexion nicht öffnen
Links = BL	Nach links	Flexion verringert, Extension verstärkt	Wirbel in Flexion	**FS rechts**	Konvergenz-Störung links; kann li. in Extension nicht schließen
Links = BL	Nach links	Flexion verstärkt, Extension verringert	Wirbel in Extension	**ES rechts**	Divergenz-Störung rechts; kann re. in Flexion nicht öffnen

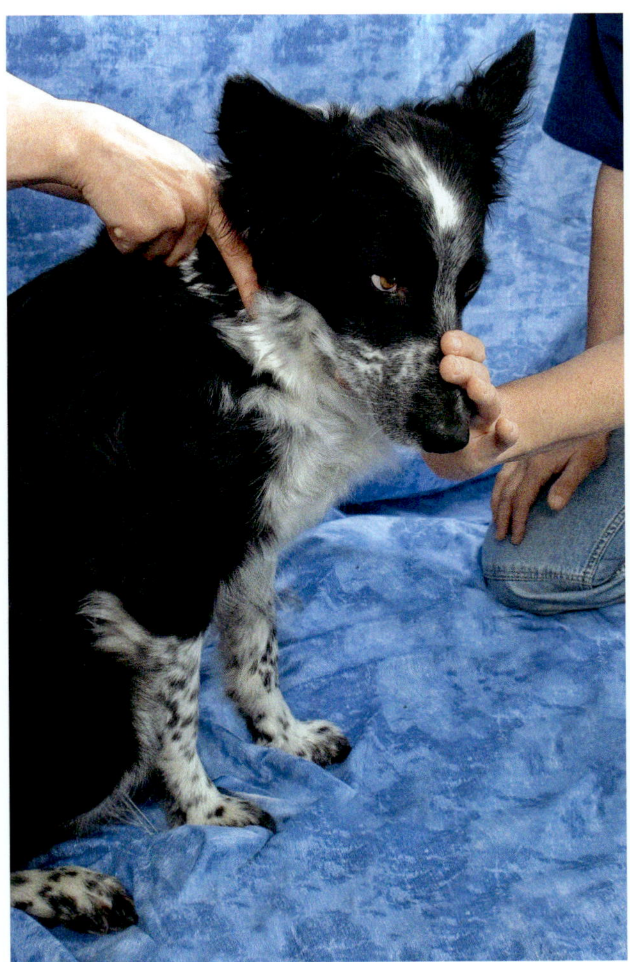

Foto 42: C4 FS rechts I: indirekte Technik.

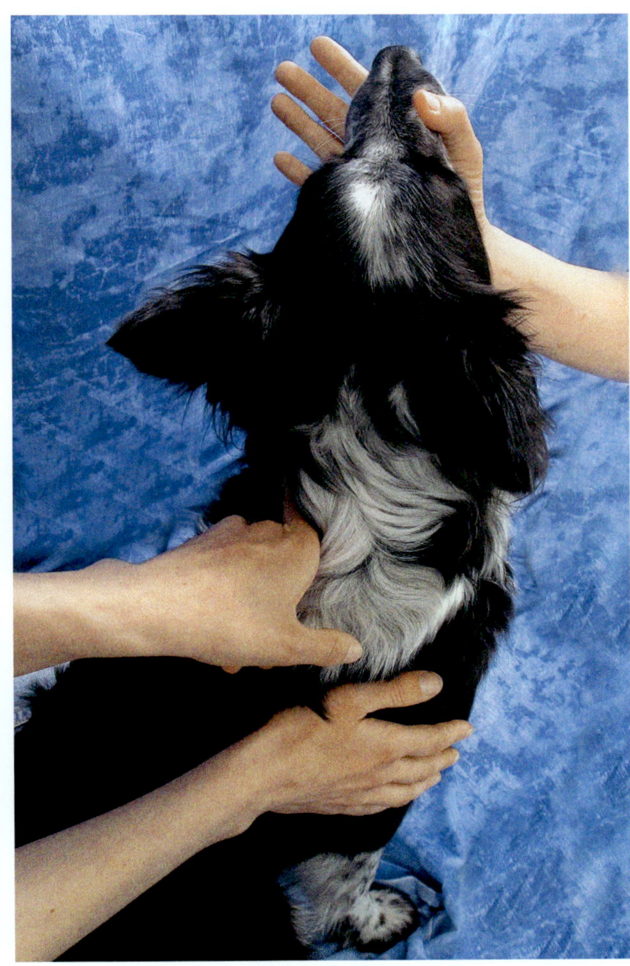

Foto 43: C4 FS rechts II: direkte Technik.

Indirekt: Die Seitneigung nach rechts wird verstärkt, indem der Therapeut bzw. der Besitzer den Kopf des Hundes nach rechts neigt; gleichzeitig legt der Therapeut die Radialkante seines Zeigefingers auf den Querfortsatz des Wirbels und forciert die Seitneigung nach rechts. Zusätzlich wird der Kopf des Hundes in Flexion nach unten gebeugt. Es werden ein bis zwei *Release*-Phänomene abgewartet (Foto 42).

Direkt: Nun wird eine Seitneigung nach links eingestellt, indem der Kopf des Hundes nach links geneigt wird; gleichzeitig legt der Therapeut die Radialkante seines Zeigefingers auf den Querfortsatz des Wirbels und forciert die Seitneigung nach links. Zusätzlich wird der Kopf des Hundes leicht angehoben und auf diese Weise in Extension gebracht. Es werden ein bis zwei *Release*-Phänomene abgewartet (Foto 43).

Beispiel 2: C4 ES rechts (= ES rechts R links; bei der Translation ist auf der linken Seite ein Widerstand spürbar, = BL; die Seitneigung nach links ist eingeschränkt, der Befund verstärkt sich, wenn das Bewegungssegment in Flexion gebracht wird)

Indirekt: Die Seitneigung der Halswirbelsäule nach rechts wird verstärkt, indem der Therapeut bzw. der Besitzer den Kopf des Hundes nach rechts neigt; gleichzeitig legt der Therapeut die Radialkante seines Zeigefingers auf den Querfortsatz des Wirbels und forciert die Seitneigung nach rechts. Zusätzlich wird der Kopf des Hundes leicht angehoben und so in Extension gebracht. Es werden ein bis zwei *Release*-Phänomene abgewartet (Foto 44).

Direkt: Nun wird eine Seitneigung nach links eingestellt, indem der Kopf des Hundes nach links geneigt wird; gleichzeitig legt der Therapeut die Radialkante seines Zeigefingers auf den Querfortsatz des Wirbels und forciert die Seitneigung nach links. Zusätzlich wird der Kopf des Hundes nach unten in Flexion gebracht. Es werden ein bis zwei *Release*-Phänomene abgewartet (Foto 45).

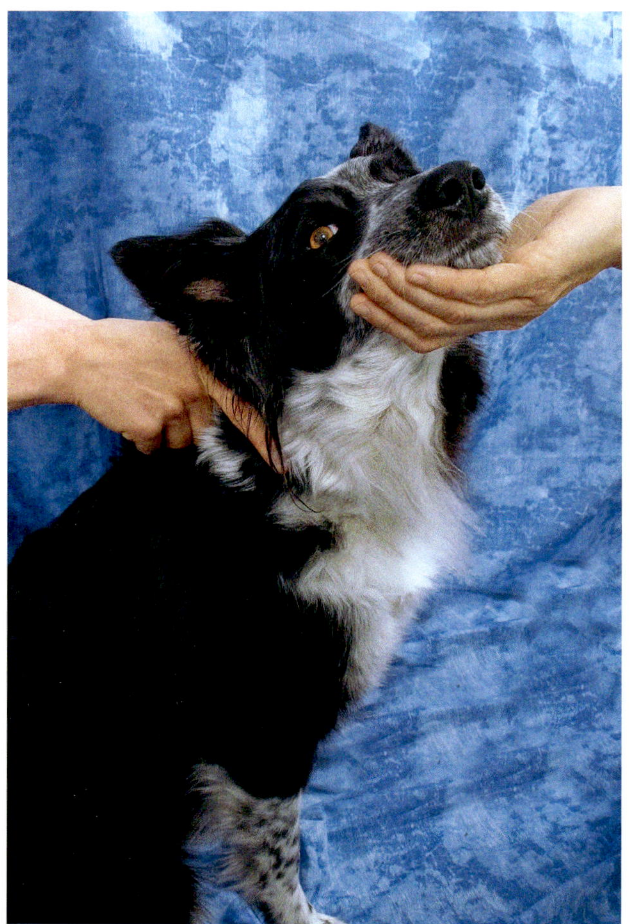

Foto 44: C4 ES rechts I: indirekte Technik.

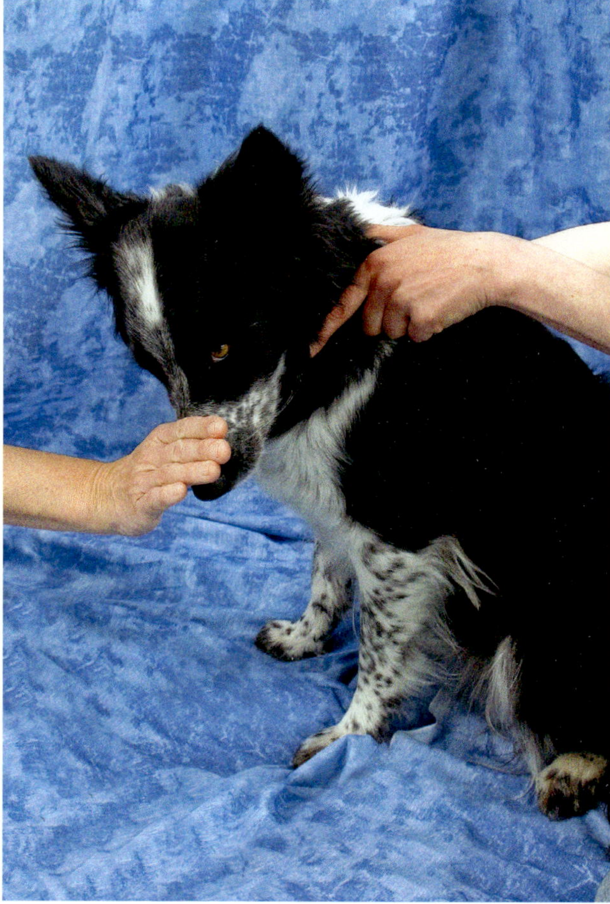

Foto 45: C4 ES rechts II: direkte Technik.

Tab. 28 Fehlstellungen und Befunde in der kaudaleren Halswirbelsäule

Wirbelstellung	Befund bei Flexion/ Extension	1. Indirekt: Verstärkung der Wirbelfehlstellung	2. Direkt: Korrektur der Wirbelfehlstellung
FS links (BR; FSR links)	Extension verstärkt	WS in Flexion und Lat-Flex. links = FS li.; Translation von links nach rechts	WS in Extension und Lat-Flex. rechts; Translation von rechts nach links
ES links (BR; ES links R rechts)	Flexion verstärkt	WS in Extension und Lat-Flex. links = ES li.; Translation von links nach rechts	WS in Flexion und Lat-Flex. rechts; Translation von rechts nach links
FS rechts (BL; FSR rechts)	Extension verstärkt	WS in Flexion und Lat-Flex. rechts = FS re.; Translation von rechts nach links	WS in Extension und Lat-Flex. links; Translation von links nach rechts
ES rechts (BL; ES rechts R links)	Flexion verstärkt	WS in Extension und Lat-Flex. rechts = ES re.; Translation von rechts nach links	WS in Flexion und Lat-Flex. links; Translation von links nach rechts

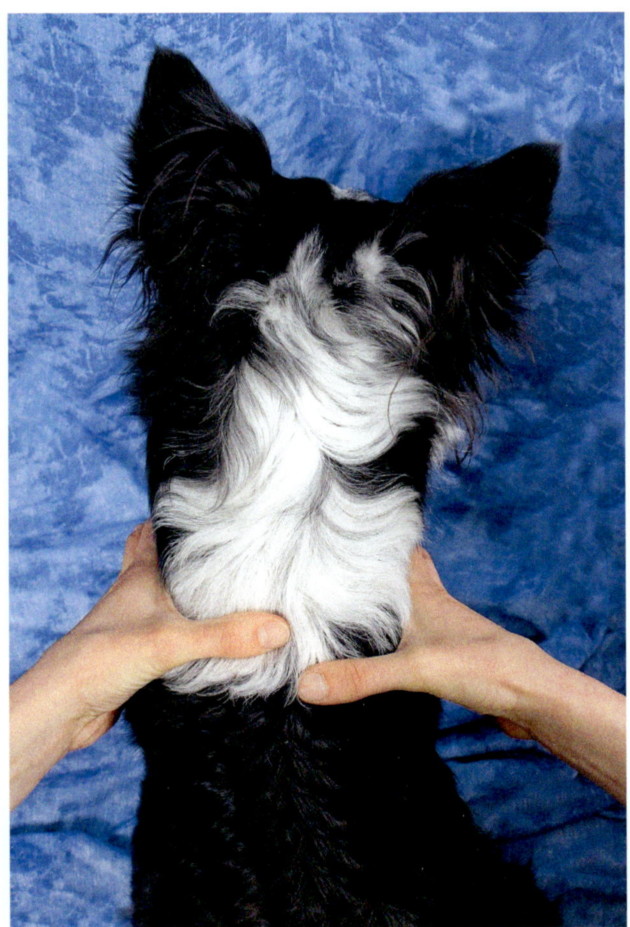

Foto 46: Thoracic Twist.

Sondertechnik zervikothorakaler Übergang: *Thoracic Twist*

Liegen Dysfunktionen am zervikothorakalen Übergang vor, wird eine besondere Technik angewandt, die als *Thoracic Twist* bezeichnet wird (Foto 46). In dieser Region kommen häufig Läsionen vor, bei denen das Segment C7/Th1 in einer Rotationsfehlstellung fixiert ist (die anderen Bewegungskomponenten können in dieser Region nur schlecht untersucht und behandelt werden, da Schulterblätter und Muskulatur den Zugang zu Dorn- und Querfortsätzen erschweren – sie werden daher bei dieser Technik nicht berücksichtigt).

Der Therapeut befindet sich hinter dem sitzenden Hund, er legt einen Daumen von der Seite am Dornfortsatz des letzten Halswirbels an, der andere Daumen wird von der anderen Seite am Dornfortsatz des ersten Brustwirbels angelegt. Nun werden mit beiden Daumen die Dornfortsätze jeweils in die gegenüberliegende Richtung gedrückt; dabei wird zuerst in die Richtung gearbeitet, die die Rotationsfehlstellung verstärkt (indirekte Technik); es wird ein Nachlassen der Gewebespannung abgewartet. Anschließend wechseln die Daumen die Positionen und üben nun wiederum Druck in die gegenüberliegende Richtung aus; dabei wird nun gegen die Fehlstellung gearbeitet (direkte Technik). Auch hier werden ein bis zwei *Release*-Phänomene abgewartet.

Fallbeispiel

„Duffy", Dalmatinerhündin, 7 Jahre

„Duffy" wurde ein Jahr zuvor an zwei Bandscheibenvorfällen der Halswirbelsäule (C4/C5; C5/C6) operiert. Im Anschluss an die Operation und nach physiotherapeutischer Behandlung hatte „Duffy" nur noch leichte Probleme im Bereich der rechten Vordergliedmaße, die sie jedoch nicht weiter beeinträchtigten. Nun zeigten sich jedoch akute Probleme, nachdem die Hündin frontal mit dem Kopf gegen eine geschlossene Tür gelaufen war. Sie zeigte akute Schmerzen mit Druckempfindlichkeit in der Nackenmuskulatur und die Beweglichkeit der Halswirbelsäule war in alle Richtungen eingeschränkt. Auch waren deutliche Verhaltensänderungen zu erkennen, die sonst fröhliche Hündin zeigte sich nun fast lethargisch. Die neurologische Untersuchung in der Klinik, in der die Operation durchgeführt worden war, ergab keine besonderen Befunde, sodass „Duffy" zur osteopathischen Weiterbehandlung überwiesen wurde.

Bei der Befundung zeigten sich Dysfunktionen im Bereich von C6, Th3 und Th4 sowie eine sakrale Dysfunktion. Die Nackenmuskulatur war linksseitig hyperton und sehr druckempfindlich. Die Therapie wurde mit Faszien- und Weichteiltechniken begonnen, anschließend wurden die Dysfunktionen behandelt. Schon während der Behandlung ließ die Spannung der Nackenmuskulatur deutlich nach, die Halswirbelsäule war nun endgradig frei beweglich und auch das Verhalten der Hündin normalisierte sich unmittelbar nach der Behandlung.

Kraniale Halswirbelsäule

Die Halswirbelsäule des Hundes setzt sich ähnlich wie die der meisten anderen Säugetiere aus sieben Halswirbeln zusammen. Die ersten beiden Halswirbel unterscheiden sich nicht nur in ihrer Gestalt deutlich von den übrigen Hals-, Brust- und Lendenwirbeln des Hundes, sondern erfüllen auch funktionell andere Aufgaben, da sie im Wesentlichen für die Bewegungen des Kopfes verantwortlich sind (Abb. 27). Die Gelenke zwischen Okziput und Atlas (C0/C1) und zwischen Atlas und Axis (C1/C2) werden auch als Kopfgelenke bezeichnet.

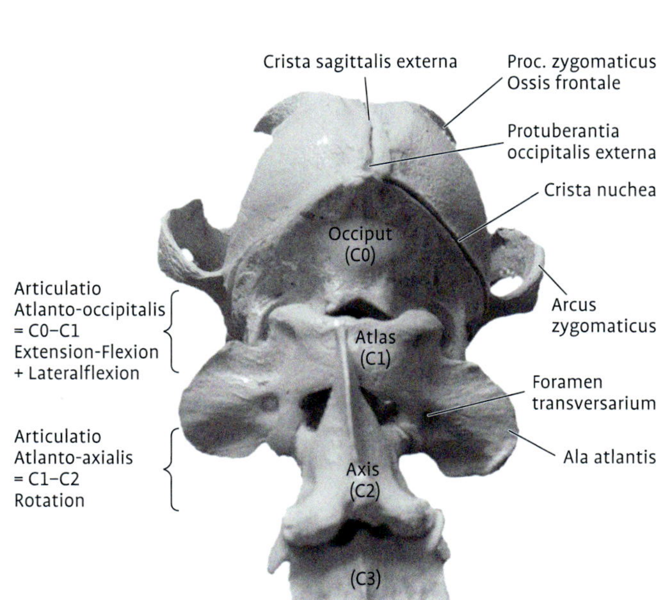

Abb. 27: Die kraniale Halswirbelsäule.

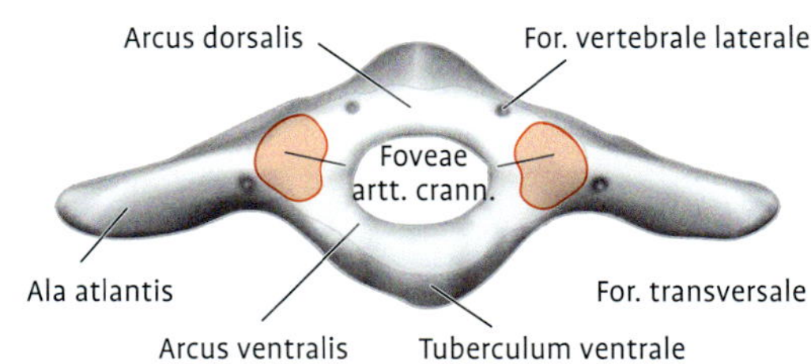

Abb. 28: Atlas.

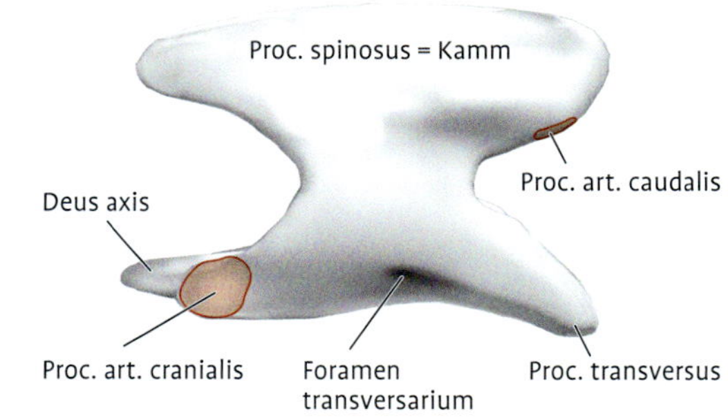

Abb. 29: Axis.

Funktionelle Anatomie

Okziput: Die Kondylen des *Os occipitale* umgeben das *Foramen magnum*; der Mittelpunkt zwischen beiden Kondylen liegt in der Mitte des *Foramen magnum*. Aufgrund der räumlichen Anordnung ist die *Medulla oblongata* so vor Verletzungen durch heftige Kopfwendungen geschützt. Die Kondylen sind bananenförmig ausgebildet, seitlich von ihnen befinden sich die *Processus paracondylares*, die als Muskelansatzstellen dienen und die seitlichen Gelenkbewegungen begrenzen.

Atlas: Der erste Halswirbel wird auch als Atlas oder „Kopfträger“ bezeichnet. Er unterscheidet sich in seinem Aufbau deutlich von allen übrigen Wirbeln, da er aufgrund seiner speziellen Funktion starke Modifikationen aufweist. Der Atlas besteht aus einem Knochenring, welcher die *Medulla oblongata* bzw. das Rückenmark umgibt. Der dorsale Anteil wird als *Arcus dorsalis* bezeichnet und weist anstatt eines Dornfortsatzes lediglich das *Tuberculum dorsale* auf. Der *Arcus ventralis* bildet den Boden des Rings und trägt kaudal die Gelenkfläche zur Artikulation mit dem *Dens axis* des Zweiten Halswirbels. Der Atlas besitzt keinen Wirbelkörper. Die Querfortsätze sind groß und flügelförmig ausgeformt und werden als *Alae atlantes* bezeichnet. Sie bieten zahlreichen Muskeln Ursprung und Ansatz und sind beim Hund leicht zu palpieren und daher als **knöcherne Referenzpunkte** in der Untersuchung und Behandlung von Bedeutung. Sie tragen außerdem die Gelenkflächen für die Artikulation mit dem Schädel einerseits und die Verbindung zum Axis andererseits. Die kranialen Gelenkflächen sind konkav, um so die bananenförmigen Kondylen des Okziputs aufnehmen zu können; die kaudalen Gelenkflächen zur Artikulation mit dem Axis hingegen sind leicht konvex (Abb. 28).

Axis: Auch der Axis oder Epistropheus ist ein stark modifizierter Wirbel und wird seiner Funktion nach als „Kopfdreher“ bezeichnet. Er besitzt einen sehr langen Wirbelkörper und eine deutlich ausgebildete *Crista ventralis*. Auch sein *Processus spinosus* ist sehr ausgeprägt und schiebt sich als hoher Kamm nach vorne weit über den *Arcus dorsalis* des Atlas. Die Querfortsätze des Axis hingegen sind klein. Auch der Axis besitzt verschiedene Fortsätze zur Artikulation mit dem Atlas einerseits und dem 3. Halswirbel andererseits. Kranial sind die paarigen Gelenkfacetten nach lateral und dorsal ausgerichtet; die Verbindung zum Atlas geschieht außerdem über den *Dens axis*, der sich ventral als zylindrischer Fortsatz in den *Arcus ventralis* des Atlas schiebt. Kaudal besitzen die paarigen Gelenkfacetten eine Ausrichtung nach lateral und ventral; sie befinden sich direkt unterhalb des Dornfortsatzes (Abb. 29).

Der *Dens axis* spielt aus klinischer Sicht eine besondere Rolle, da er phylogenetisch dem Wirbelkörper des Atlas entspricht. Er löst sich in der Embryonalentwicklung von diesem ab und verknöchert dann mit dem Axis. Vor allem bei Kleinhunderassen können bei der Ossifikation Störungen auftreten, die sich in Form einer **atlanto-axialen Subluxation** äußern.

Besondere Beweger des Kopfes: Die Muskeln, die für die fein abgestimmten Bewegungen der Kopfgelenke zuständig sind, werden auch als kurze dorsale Kopfmuskeln bezeichnet (Abb. 30). Vor allem den Muskeln auf der Dorsalseite kommt bei Dysfunktionen der kranialen Halswirbelsäule eine besondere Bedeutung zu (vgl. *Release*-Techniken: *Cranial Base Release*, s. S. 148); sie enthalten eine hohe Dichte an **Mechanorezeptoren** und sind daher besonders wichtig für die Propriozeption.

Auf der Dorsalseite überspannt der *M. rectus capitis dorsalis major* mit einem oberflächlichen und einem tiefen Anteil das Atlantookzipital- und das Atlantoaxialgelenk, indem er am Axiskamm entspringt und am Okziput ansetzt. Er ist dadurch Strecker beider Gelenke und gleichzeitig Heber des Kopfes. In der Tiefe befindet sich der *M. rectus capitis dorsalis minor*, welcher am *Arcus dorsalis* des Atlas entspringt und ebenfalls zum Okziput zieht; er streckt dadurch nur das Atlantookzipitalgelenk und unterstützt das Anheben des Kopfes.

Die Rotations- und Seitneigungsbewegungen in der kranialen Halswirbelsäule werden durch die schrägen Kopfmuskeln ermöglicht: Der *M. obliquus capitis cranialis* besitzt einen schrägen Faserverlauf von kaudolateral nach kraniomedial und verbindet Atlasflügel und Okziput miteinander. Er ist dadurch bei beidseitiger Aktion ebenfalls ein Strecker des Atlantookzipitalgelenks; bei einseitiger Wirkung führt er jedoch eine Lateralflexion herbei. Der *M. obliquus capitis caudalis* hat einen Faserverlauf schräg von kaudomedial nach kraniolateral und verbindet Axiskamm und Atlasflügel miteinander. Dadurch wirkt er als Strecker des Atlantoaxialgelenks bei beidseitiger Aktion; bei einseitiger Wirkung dreht er hingegen den Atlas um den *Dens axis*.

Auch der *M. rectus capitis lateralis* und der *M. rectus capitis ventralis* bewirken bei einseitiger Aktion eine Seitneigung im Atlantookzipitalgelenk; durch ihren Verlauf seitlich bzw. unterhalb des Gelenks führt eine beidseitige Kontraktion dieser Muskeln jedoch zu einem Herunterbeugen des Kopfes. Eine ähnliche Wirkung kommt auch dem *M. longus capitis* zu, der eine funktionelle Einheit mit dem *M. longus colli* bildet.

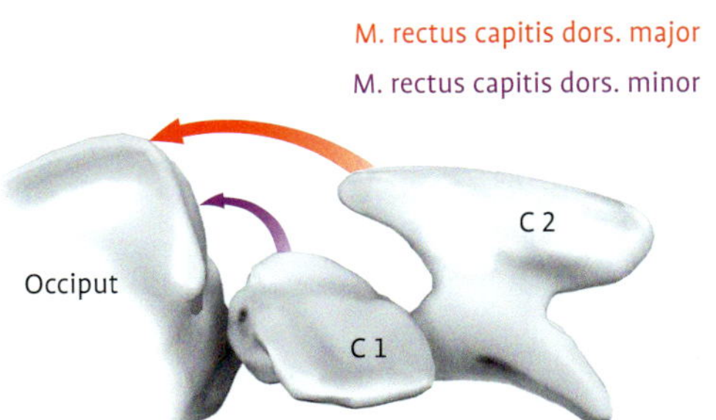

Abb. 30: Kurze dorsale Kopfmuskeln.

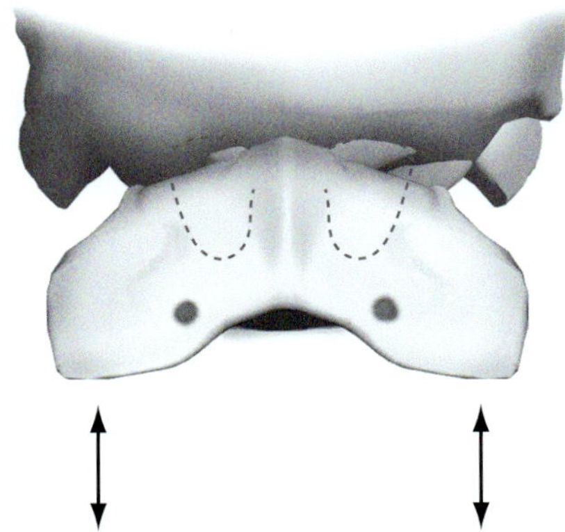

Abb. 31: Das Atlantookzipitalgelenk.

> Die Kapsel des Atlantookzipitalgelenks grenzt direkt an das *Foramen jugulare*. Durch das *Foramen jugulare* verlassen die *V. jugularis*, der *N. accessorius*, der *N. glossopharyngeus* und der *N. vagus* den Schädel. Dysfunktionen des Gelenks können dadurch einen chronischen Hypertonus des *M. sternocleidomastoideus* und des *M. trapezius* hervorrufen, aber auch zu intrakraniellen venösen Stasen, vegetativen Symptomen und Störungen im Tonus der Schlundmuskulatur führen.

Biomechanik

Die kraniale Halswirbelsäule umfasst mit dem Atlantookzipital- (C0/C1) und dem Atlantoaxialgelenk (C1/C2) zwei Gelenke mit sehr **unterschiedlicher Funktion**, die erst im Zusammenspiel die zahlreichen unterschiedlichen Bewegungen des Kopfes ermöglichen.

Atlantookzipitalgelenk (C0/C1): Das Atlantookzipitalgelenk stellt die Verbindung zwischen dem Hinterhauptsbein, *Os occipitale*, als Teil des Schädels auf der einen Seite, und dem Atlas als Teil der Wirbelsäule auf der anderen Seite her (Abb. 31). Die bananenförmigen Kondylen des Okziputs artikulieren mit den *Foveae articulares craniales* des Atlas. Beim Atlantookzipitalgelenk handelt es sich daher funktionell um ein **einfaches Gelenk**, da es nur zwei Knochen miteinander verbindet. Das Gelenk besteht jedoch aus zwei elipsoiden Anteilen (je ein *Condylus occipitalis* und eine *Fovea articularis*), deren Gelenkkapseln dorsal getrennt, ventral jedoch verbunden und jeweils durch eine *Membrana atlantooccipitalis* verstärkt sind. Die Kapsel ist sehr großlumig, sodass Bewegungen in einem großen Umfang möglich sind; die Beweglichkeit des Gelenks wird jedoch durch die in die Kapsel eingelagerten Membranen sowie durch verschiedene Bänder begrenzt.

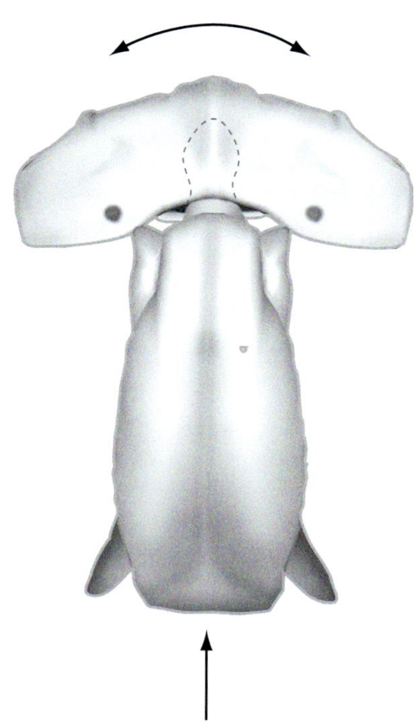

Abb. 32: Das Atlantoaxialgelenk.

Im Atlantoaxialgelenk sind aufgrund der Zapfenform des Dens quasi ausschließlich Bewegungen in Rotation möglich. Der Atlas dreht sich wie eine Flügelmutter um den Zahn des Axis.

Im Atlantookzipitalgelenk sind aufgrund der elipsoiden Form Bewegungen in Extension und Flexion (Nickbewegungen) sowie in Lateralflexion möglich. Eine Rotationsbewegung hingegen ist mehr oder weniger unmöglich.

Atlantoaxialgelenk (C1/C2): Das Atlantoaxialgelenk bildet die Verbindung zwischen erstem und zweitem Halswirbel (Abb. 32). Die Artikulation erfolgt über die Facettegelenke einerseits und über die Artikulation des *Dens axis* mit der *Fovea dentis* des Atlas andererseits. Dadurch handelt es sich funktionell ebenfalls um ein einfaches Gelenk, welches als **Zapfengelenk** fungiert. Auch das Atlantoaxialgelenk besitzt eine sehr geräumige Gelenkkapsel, die wiederum durch die *Membrana atlantoaxialis dorsalis* sowie durch verschiedene kurze Bänder stabilisiert wird. Auch der Dens wird in seiner Position auf dem *Arcus ventralis* des Atlas durch verschiedene Bänder fixiert (*ligg. alaria*, *Lig. transversum*, *Lig. longitudinale dentis*).

Bei einer Luxation im Atlantoaxialgelenk (Genickbruch, Erhängen) kommt es zu einem Zerreißen dieser Bänder, sodass der Dens nach dorsal in das Rückenmark bzw. die *Medulla oblongata* drückt und dadurch lebenswichtige Zentren zerstört.

Physiologischerweise sind die Bewegungen der Gelenke der kranialen Halswirbelsäule über die *Ligamenta alaria* miteinander gekoppelt; diese spielen eine wichtige Rolle bei der **Dynamisierung und Stabilisierung** der kranialen Halswirbelsäule. Eine Lateralflexion im Atlantookzipitalgelenk induziert eine homonyme Rotation im Atlantoaxialgelenk. Dadurch können Dysfunktionen der kranialen Halswirbelsäule in Kombination auftreten.

Kombinationen von Dysfunktionen

C0/C1: S links → C1/C2: R links
C0/C1: S rechts → C1/C2: R rechts

Biomechanik und Nomenklatur der Dysfunktion

Dysfunktionen des Atlantookzipitalgelenks: Die Biomechanik und Nomenklatur der Dysfunktionen am ersten Kopfgelenk ähneln denen der kaudalen Halswirbelsäule. Das Gelenk ermöglicht Bewegungen in Extension und Flexion sowie in Lateralflexion. Läsionen, bei denen das Gelenk bilateral symmetrisch in Extension oder Flexion fixiert ist, sind selten; häufiger sind einseitige Läsionen, bei denen das Seitneigungs- bzw. das Translationsverhalten des Gelenks eingeschränkt ist. Wird der Kopf zur rechten Seite genommen, führt der Atlas eine relative Verschiebe-Bewegung zur linken Seite aus. Umgekehrt verhält es sich bei einer Bewegung des Kopfes zur linken Seite: Nun weicht der Atlas translatorisch nach rechts aus. Ist also das erste Kopfgelenk in Seitneigung rechts fixiert (S rechts), befindet sich der Atlas weiter links. Ist das Gelenk in Seitneigung links fixiert (S links), befindet sich der Atlas weiter rechts.

Ähnlich wie an den übrigen Wirbelsäulenabschnitten können auch am Atlantookzipitalgelenk Divergenz-Störungen (Verklebungen, Muskelspasmen) oder Konvergenz-Störungen (raumfordernde Prozesse) solche Dysfunktionen hervorrufen. Aufgrund des besonderen Aufbaus des Gelenks sind diese jedoch nicht eindeutig einer Dysfunktion mit Fixierung in Extension oder Flexion zuzuordnen: Geht das Gelenk in Flexion, so divergieren die dorsalen Anteile, während die ventralen Anteile konvergieren. Umgekehrt verhält es sich, wenn das Gelenk in Extension geht; dann divergieren die ventralen Anteile und die dorsalen konvergieren. Die Benennung erfolgt daher nach der palpatorisch zu beurteilenden Fixierung in Flexion bzw. Extension.

Tab. 29 Seitneigung im Atlantookzipitalgelenk

S links	S rechts
Atlas steht mehr rechts	Atlas steht mehr links
Seitneigung nach rechts ist eingeschränkt	Seitneigung nach links ist eingeschränkt
Konvergenz-Störung rechts oder Divergenz-Störung links	Konvergenz-Störung links oder Divergenz-Störung rechts

Eine einseitige Konvergenz- oder Divergenz-Störung kann im Gegensatz dazu gut in einen eindeutigen Zusammenhang mit einer Fixierung in Seitneigung bzw. mit einer Einschränkung der Translation gebracht werden. Liegt eine einseitige Divergenz-Störung vor, kann das Segment keine Seitneigungsbewegung in die Gegenrichtung ausführen und der Atlas steht weiter auf der Seite der Störung. Liegt hingegen eine einseitige Konvergenz-Störung vor, so kann das Segment keine Seitneigungsbewegung in die gleichseitige Richtung ausführen und der Atlas steht weiter auf der Gegenseite. Die Divergenz im Atlantookzipitalgelenk lässt sich direkt mit Hilfe eines dynamischen Tests überprüfen (s.S. 86).

Die Benennung der Dysfunktion erfolgt wieder nach der Position, in der das Bewegungssegment fixiert ist bzw. in der der jeweils kaudale Wirbel steht. Die Position wird mit Großbuchstaben (E= Extension, F= Flexion, S= Seitneigung) bezeichnet und durch die Seitenangabe (rechts bzw. links) vervollständigt. Da am Atlantookzipitalgelenk fast keine Rotationsmöglichkeit gegeben ist, wird diese bei der Benennung sowie bei der Untersuchung und Korrektur entsprechend auch nicht berücksichtigt.

Dysfunktionen des Atlantoaxialgelenks: Die Hauptbewegung im Atlantoaxialgelenk (C1/C2) ist die Rotation; entsprechend treten Dysfunktionen in dieser Bewegungsrichtung auf, sodass das Gelenk in Rechts- oder Linksrotation fixiert ist. Bei Vorliegen einer Fixierung des Gelenks in Rechtsrotation (R rechts) ist die Linksrotation eingeschränkt und der rechte Atlasflügel erscheint weiter dorsal als der linke. Bei Vorliegen einer Fixierung des Gelenks in Linksrotation (R links) hingegen ist die Rechtsrotation eingeschränkt und der linke Atlasflügel steht weiter dorsal.

Tab. 30 Rotation im Atlantoaxialgelenk

Fixierung in Linksrotation	Fixierung in Rechtsrotation
R links	R rechts
Rechtsrotation eingeschränkt	Linksrotation eingeschränkt
Linker Atlasflügel höher	Rechter Atlasflügel höher

Ursachen für Fehlstellungen in der kranialen Halswirbelsäule

Dysfunktionen der kranialen Halswirbelsäule können durch direkte Traumata (tierschutzwidrig verschnalltes Halsband; Trauma bei der Arbeit am Ärmel im Schutzdienst) oder Überlastungen hervorgerufen werden, aber auch mit Dysfunktionen der Kreuz-Beckenregion im Zusammenhang stehen. Diese sind auf zweierlei Weise zu erklären: Zum einen ist der **Duraschlauch** im Bereich der Wirbelsäule ausschließlich an der kranialen Halswirbelsäule und im Bereich des Sakrums angeheftet, wodurch ein enger funktioneller Zusammenhang entsteht. Zum anderen versucht der Körper häufig, Schiefstellungen im Becken durch eine Skoliose der Wirbelsäule auszugleichen; damit sich die Horizontlinie bzw. die **Augenachse** nicht verschiebt, müssen nun die Kopfgelenke die seitliche Verkrümmung der Wirbelsäule ausgleichen. Dieser Ausgleich geschieht im Wesentlichen durch Tonusveränderungen des *M. longissimus*, der sich in seiner Gesamtheit vom Becken bis zum Atlas erstreckt.

Mögliche Ursachen für Dysfunktionen der kranialen Halswirbelsäule:

- Tierschutzwidrig verschnalltes Halsband (Lage zwischen Okziput und Atlas)
- Trauma bei der Arbeit im Schutzdienst
- Dysfunktionen der Kreuz-Beckenregion
- Kiefergelenksprobleme
- Viszerale Probleme (Tonsillen)

Besondere Belastungsmomente

Die Belastungen, die die kranialen Halswirbelsäule erfährt, sind häufig sehr unterschiedlich, auch die Kopfgelenke werden z.B. durch eine lang andauernde, einseitige Kopfhaltung wie beispielsweise bei der Fußarbeit besonders belastet (s. Kap. Untere Halswirbelsäule S. 77). Im Schutzdienst bzw. bei den Vielseitigkeitsprüfungen für Gebrauchshunde (VPG) können durch falsches Verhalten der Helfer bzw. Figuranten bei der Arbeit am Ärmel Dysfunktionen in der oberen Halswirbelsäule und im Kieferbereich begünstigt werden.

Symptome der Dysfunktionen

Auch in der kranialen Halswirbelsäule können Dysfunktionen zahlreiche verschiedene Symptome nach sich ziehen. Diese kommen vor allem durch die topographische Nähe zwischen dem Atlantokzipitalgelenk und dem *N. vagus*, dem *N. glossopharyngeus* und der *V. jugularis* zustande.

Beispiele für Symptome von Dysfunktionen in der kranialen Halswirbelsäule:

- Probleme des Allgemeinbefindens (Konzentrations- und Wahrnehmungsstörungen, Benommenheit)
- Nervosität
- Müdigkeit
- Verhaltensauffälligkeiten
- Augenprobleme (Konjunktivitis etc.)
- Ohrprobleme (Ohrentzündungen etc.)
- Kieferprobleme
- Zahnprobleme
- Kopfschmerz
- Schonhaltungen (tief getragener Kopf etc.)
- Schiefhaltung des Kopfes

Darüber hinaus können Dysfunktionen der kranialen Halswirbelsäule auch mit Problemen in anderen Körperregionen zusammenhängen. Gehen Dysfunktionen mit Verspannungen der kurzen dorsalen Kopfmuskeln einher, sind nicht nur diese selbst anfälliger für Verletzungen, sondern bewirken oft auch eine Zunahme der Gesamtspannung im Körper.

Untersuchungen und Tests

Zur **Beurteilung der Druckempfindlichkeit der Muskulatur** wird diese dorsal auf dem Atlasflügel palpiert (Akupunkturpunkt Bl 10). Dysfunktionen der kranialen Halswirbelsäule gehen häufig mit Tonusveränderungen oder Berührungsempfindlichkeiten der geraden und schiefen kurzen dorsalen Kopfmuskeln bzw. der Atlasportion des *M. longissimus* einher.

Um das **Atlantookzipitalgelenk** zu untersuchen, stehen verschiedene Tests zur Verfügung:
Statische Untersuchung: Der Untersucher beurteilt im Seitenvergleich die Breite des Abstandes sowie die Tiefe der Furche zwischen den Mandibeln und den Atlasflügeln. Eine Asymmetrie deutet auf eine Dysfunktion des 1. Kopfgelenks hin, kann aber auch im Zusammenhang mit einer Läsion des zweiten Kopfgelenks entstehen.
Dynamische Beurteilung mit Hilfe der Translation: Der Besitzer befindet sich am Kopf des Hundes und hält diesen in Mittelstellung; der Untersucher nimmt nun mit den Innenseiten der Zeigefinger Kontakt mit den Seiten des Atlasflügels auf und führt nun eine Schiebebewegung des Atlas von der einen zur anderen Seite aus. Wird der Wirbel mit dem rechten Zeigefinger nach links geschoben, so leitet dies entsprechend eine Seitneigung nach rechts ein (Foto 47). Wird der Wirbel dann mit dem linken Zeigefinger nach rechts geschoben, so wird eine Seitneigungsbewegung nach links eingeleitet (Foto 48). Beurteilt wird der Widerstand, den der Atlas bewirkt bzw. die Einschränkung der Seitneigungsbewegung. Ist der Widerstand links größer (Atlas steht weiter links), so ist auch die Seitneigung nach links eingeschränkt, da das Segment in Seitneigung rechts fixiert ist (S rechts). Ist der Widerstand rechts größer (Atlas steht weiter rechts), so ist die Seitneigung nach rechts eingeschränkt, da das Segment in Seitneigung links fixiert ist (S links).

Ist eine Dysfunktion in Bezug auf das Seitneigungsverhalten vorhanden, muss in einem nächsten Schritt beurteilt werden, ob es sich hierbei um eine Konvergenz-Störung auf der einen oder um eine Divergenz-Störung auf der anderen Seite handelt. Die Differenzierung erfolgt, indem das betroffene Segment zunächst in Flexion und anschließend in Extension gebracht wird. Dazu beugt der Besitzer den Kopf des Hundes zunächst herab und hebt ihn anschließend vorsichtig an, während der Untersucher in jeweils beiden Positionen beurteilt, ob sich das Translations- bzw. Seitneigungsverhalten verändert. Ähnlich wie in den übrigen Wirbelsäulenabschnitten kann das Segment in Extension oder in Flexion fixiert sein, wodurch sich die Befunde verstärken bzw. aufheben:

- Segment in Extension fixiert
  → Flexion verstärkt die Befunde
- Segment in Flexion fixiert
  → Extension verstärkt die Befunde

Es sind entsprechend vier verschiedene Dysfunktionen denkbar (Tab. 32).

Zur **dynamischen Untersuchung des Divergenz- und Konvergenzverhaltens** im Seitenvergleich kann außerdem die relative Beweglichkeit des Atlas im Verhältnis zum Okziput getestet werden:
Divergenz: Der Untersucher befindet sich hinter dem sitzenden Hund und fixiert dessen Kopf mit der einen Hand von unten, während er den Zeigefinger der anderen Hand hinter den Atlasflügel einhakt und dessen Beweglichkeit nach kaudal überprüft. Anschließend wird die Gegenseite beurteilt. Über diese Untersuchung wird das Divergenzverhalten des Atlantookzipitalgelenks getestet.

Tab. 31 Befunde am Atlantookzipitalgelenk

Atlas steht weiter links	Atlas steht weiter rechts
Seitneigung nach links eingeschränkt	Seitneigung nach rechts eingeschränkt
Wirbel steht in Seitneigung rechts (**S rechts**)	Wirbel steht in Seitneigung links (**S links**)
Konvergenz-Störung links oder Divergenz-Störung rechts	Konvergenz-Störung rechts oder Divergenz-Störung links

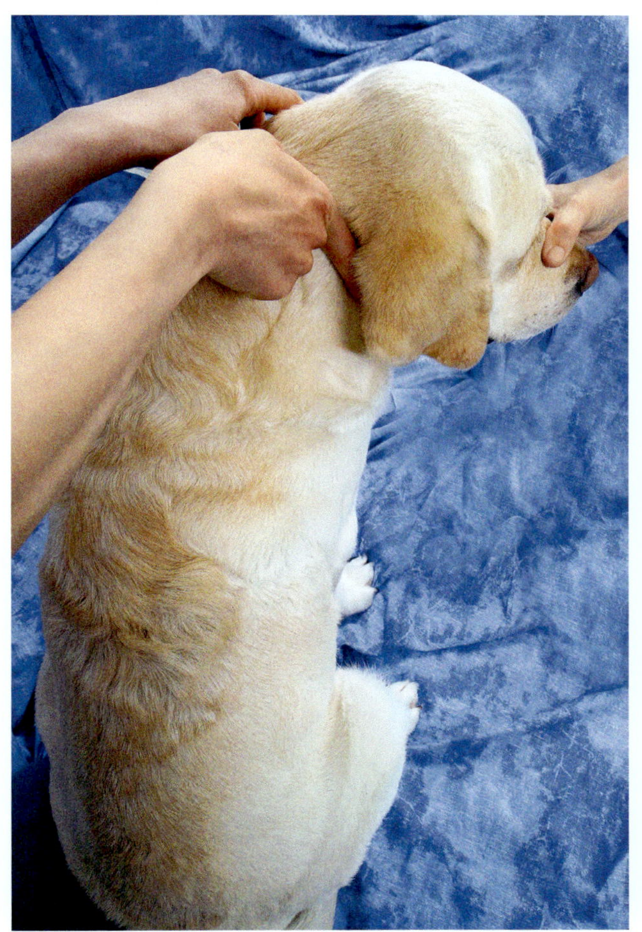

Foto 47: C0/C1: Zeigefinger zwischen Atlas und Mandibel I: **Seitneigung rechts.**

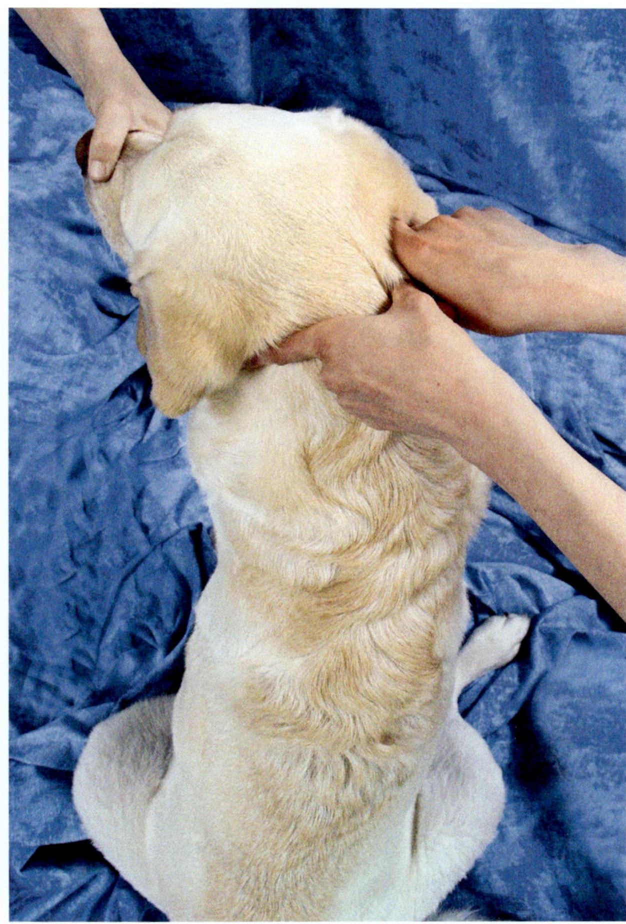

Foto 48: C0/C1: Zeigefinger zwischen Atlas und Mandibel II: **Seitneigung links.**

Tab. 32 Dysfunktionen des Atlantookzipitalgelenks

Fixierung des Segments	Eingeschränkte Seitneigung	Verhalten bei Extension/Flexion
E S links: Fixierung in Extension und Seitneigung links	Seitneigung rechts eingeschränkt; Atlas steht rechts	Flexion verstärkt die Befunde
F S links: Fixierung in Flexion und Seitneigung links	Seitneigung rechts eingeschränkt; Atlas steht rechts	Extension verstärkt die Befunde
E S rechts: Fixierung in Extension und Seitneigung rechts	Seitneigung links eingeschränkt; Atlas steht links	Flexion verstärkt die Befunde
F S rechts: Fixierung in Flexion und Seitneigung rechts	Seitneigung links eingeschränkt; Atlas steht links	Extension verstärkt die Befunde

Konvergenz: Der Besitzer befindet sich hinter dem Hund und fixiert mit beiden Händen den Atlas des Hundes, wobei er den Hals ventral freilässt, um Atmung und Schluckbewegungen nicht zu behindern. Der Untersucher befindet sich vor dem Hund und umfasst dessen Schädel und testet nun die Beweglichkeit des Schädels in den Atlas hinein. Auf diese Weise wird das Konvergenzverhalten des Atlantookzipitalgelenks getestet. Ist die Konvergenz auf der linken Seite oder die Divergenz auf der rechten Seite gestört, so ist das Segment in Seitneigung rechts (S rechts) fixiert. Ist die Konvergenz hingegen auf der rechten Seite oder die Divergenz auf der linken Seite gestört, so ist das Segment in Seitneigung links (S links) fixiert.

Spezielle Überprüfung des Atlantookzipitalgelenks:

- Dynamisch: Beurteilung des Seitneigungs- und Translationsverhaltens → Bestimmung der Fixierung in Seitneigung
- Dynamisch: Überprüfung der Veränderung bei Flexion und Extension des Bewegungssegments (welche Bewegung akzentuiert oder nivelliert die Dysfunktion?) → Bestimmung der Fixierung in Extension oder Flexion

Das **Atlantoaxialgelenk** kann mit Hilfe verschiedener Tests auf Rotationsdysfunktionen untersucht werden; dabei befindet sich der Besitzer am Kopf des Hundes und fixiert diesen leicht, der Untersucher befindet sich hinter dem sitzenden, stehenden oder liegenden Hund.

Statische Untersuchung: Der Untersucher legt seine beiden Daumen auf die Atlasflügel des Hundes auf und beurteilt diese auf Höhenunterschiede (Foto 49). Erscheint der Atlasflügel auf der rechten Seite weiter dorsal, so ist der Atlas in Rechtsrotation fixiert (R rechts), die Linksrotation ist eingeschränkt. Umgekehrt befindet sich der Atlas in Linksrotation (R links), wenn der linke Flügel weiter dorsal erscheint; in diesem Fall ist die Rechtsrotation eingeschränkt.

Dynamische Untersuchung – Federtest: Der Untersucher befindet sich hinter dem Hund, mit der einen Hand unterstützt er dessen Kopf von ventral, mit dem Daumen der anderen Hand überprüft er das Rotationsverhalten des Atlas, indem er einen leichten, federnden Druck nach ventral ausübt. Lässt sich der Atlasflügel auf der einen Seite nicht nach ventral bewegen, so ist der Atlas in dieser Rotationsposition fixiert. Bewegt sich der rechte Atlasflügel nicht nach ventral, so ist der Atlas in Rechtsrotation fixiert (R rechts), die Linksrotation ist eingeschränkt. Umgekehrt ist bei einer eingeschränkten Bewegung nach ventral auf der linken Seite der Atlas in Linksrotation (R links) fixiert und die Rechtsrotation ist eingeschränkt.

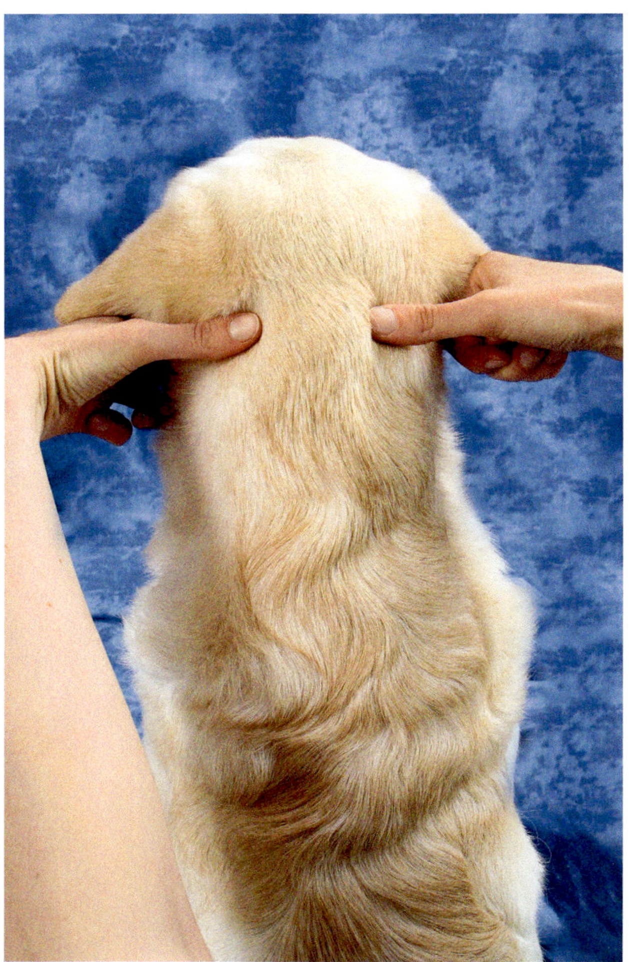

Foto 49: C1/C2: statischer Stellungstest.

Dynamische Untersuchung der Kopfrotation: Das Rotationsverhalten des Atlantoaxialgelenks kann auch indirekt über die Untersuchung der Kopfrotation beurteilt werden (Foto 50). Dazu wird der Besitzer gebeten, den Kopf des Hundes vorsichtig nacheinander zunächst in die eine, dann in die andere Richtung zu drehen, während der Untersucher die Bewegung des Atlas mit den aufgelegten Daumen beurteilt und vergleicht, ob die Rotation in eine Richtung eingeschränkt ist. Dreht sich der Kopf schlechter nach links, so ist die Linksrotation eingeschränkt, weil der Atlas in Rechtsrotation fixiert ist (R rechts). Umgekehrt ist die Rechtsrotation eingeschränkt, wenn sich der Kopf schlechter nach rechts drehen lässt, da der Atlas in Linksrotation (R links) fixiert ist.

Spezielle Überprüfung des Atlantoaxialgelenks:

- Beurteilung des Rotationsverhaltens → Bestimmung der Fixierung in der Rotation

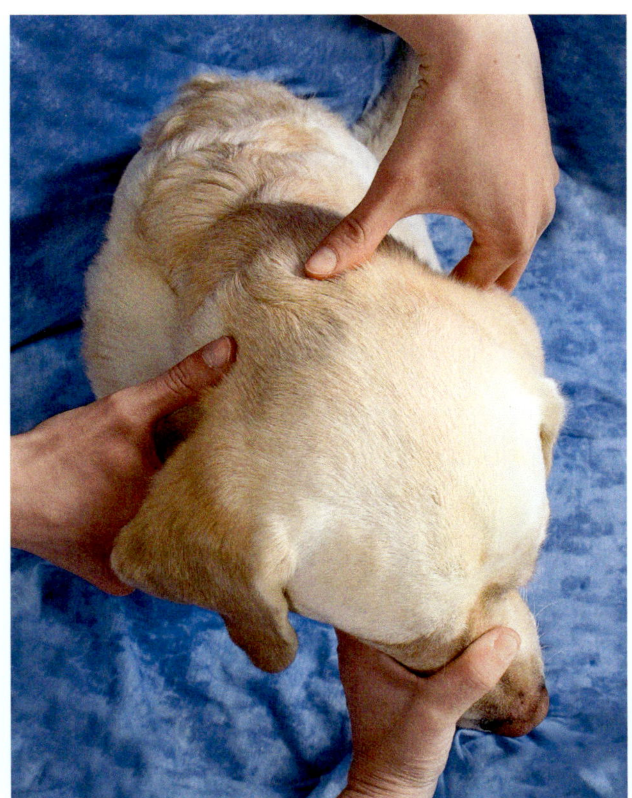

Foto 50: C1/C2: aktiver Test der Kopfrotation.

Korrekturen des Atlantookzipitalgelenks

Für die Korrekturtechniken befindet sich der Therapeut hinter dem sitzenden Hund. Die Korrektur der Dysfunktionen erfolgt mit Hilfe von weichen, **indirekt-direkten Techniken**. Zunächst wird indirekt in die Richtung der Dysfunktion gearbeitet, die Fehlstellung wird gewissermaßen verstärkt. Dadurch nähern sich Bindegewebs- und Muskelfasern einander an und es kommt zu einer Entspannung dieser Strukturen. Im zweiten Schritt wird dann direkt gegen die Richtung der Fehlstellung gearbeitet.

Beispiel 1: Atlas F S rechts (bei der Translation ist auf der linken Seite ein Widerstand spürbar, die Seitneigung nach links ist eingeschränkt, der Befund verstärkt sich, wenn das Bewegungssegment in Extension gebracht wird)

Indirekt: Die Seitneigung nach rechts wird verstärkt, indem der Therapeut bzw. der Besitzer den Kopf des Hundes nach rechts neigt; gleichzeitig legt der Therapeut die Radialkante seines Zeigefingers an den Atlas und forciert die Seitneigung nach rechts bzw. die Translation nach links. Zusätzlich wird der Kopf des Hundes in Flexion nach unten gebeugt. Es werden ein bis zwei *Release*-Phänomene abgewartet (Foto 51).

Beim Menschen wurde für Manipulations- bzw. Impulstechniken an der Halswirbelsäule ein erhöhtes Schlaganfallrisiko nach der Behandlung nachgewiesen, welches auf eine Schädigung der ***Arteria vertebralis*** mit anschließender Abschwemmung eines Thrombus zurückzuführen ist. Bisher gibt es keine Untersuchungen, ob dies ebenso für den Hund zutrifft. Das Schlaganfallrisiko beim Hund ist jedoch sehr viel geringer als das des Menschen. Das Risiko für ein solches Geschehen besteht jedoch ohnehin nicht, wenn man mit langsamen bzw. weichen Techniken arbeitet, die im Folgenden beschrieben werden.

Direkt: Nun wird eine Seitneigung nach links eingestellt, indem der Kopf des Hundes nach links geneigt wird; gleichzeitig legt der Therapeut die Radialkante seines Zeigefingers an den Atlas und forciert nun die Seitneigung nach links bzw. die Translation nach rechts. Zusätzlich wird der Kopf des Hundes leicht angehoben und so in Extension gebracht. Es werden ein bis zwei *Release*-Phänomene abgewartet (Foto 52).

Beispiel 2: Atlas E S rechts (bei der Translation ist auf der linken Seite ein Widerstand spürbar; die Seitneigung nach links ist eingeschränkt, der Befund verstärkt sich, wenn das Bewegungssegment in Flexion gebracht wird).

Indirekt: Die Seitneigung nach rechts wird verstärkt, indem der Therapeut bzw. der Besitzer den Kopf des Hundes nach rechts neigt; gleichzeitig legt der Therapeut die Radialkante seines Zeigefingers an den Atlas und forciert die Seitneigung nach rechts bzw. die Translation nach links. Zusätzlich wird der Kopf des Hundes leicht angehoben und so in Extension gebracht. Es werden ein bis zwei *Release*-Phänomene abgewartet (Foto 53).

Direkt: Nun wird eine Seitneigung nach links eingestellt, indem der Kopf des Hundes nach links geneigt wird; gleichzeitig legt der Therapeut die Radialkante seines Zeigefingers an den Atlas und forciert die Seitneigung nach links bzw. die Translation nach rechts. Zusätzlich wird der Kopf des Hundes nach unten in lexion gebracht. Es werden ein bis zwei *Release*-Phänomene abgewartet (Foto 54).

Korrekturen des Atlantoaxialgelenks

Die Mobilisation einer Rotationsfehlstellung im Atlantoaxialgelenk erfolgt wiederum mit Hilfe einer indirekt-direkten, weichen Technik. Der Patient sitzt oder steht, der Besitzer befindet sich am Kopf des Hundes und bringt diesen in eine leichte Flexion, wodurch das Atlantookzipitalgelenk (C0/C1) **verriegelt** wird.

Foto 51 (links):
C0/C1:
Atlas FS rechts I:
indirekte Technik.

Foto 52 (rechts):
C0/C1:
Atlas FS rechts II:
direkte Technik.

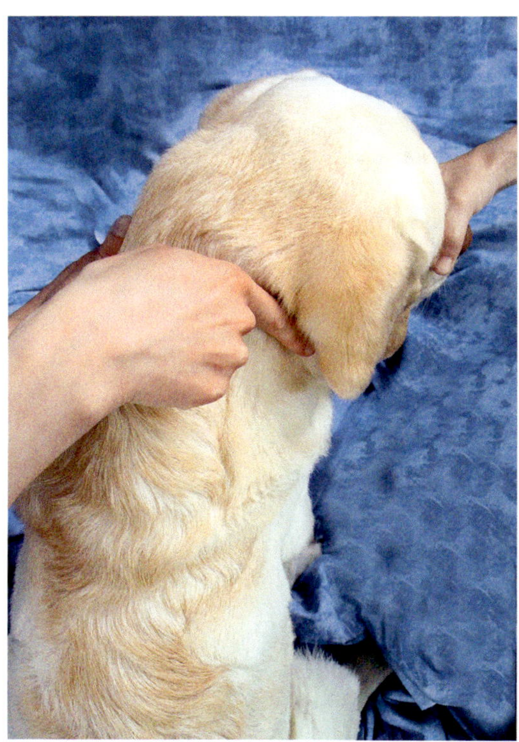

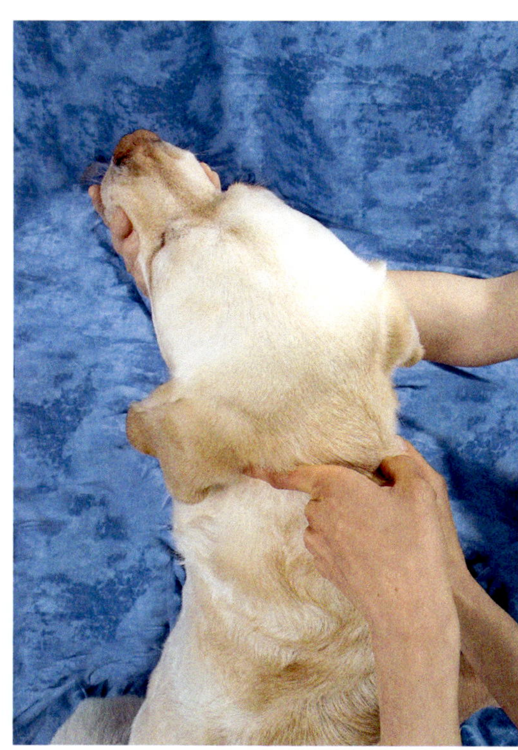

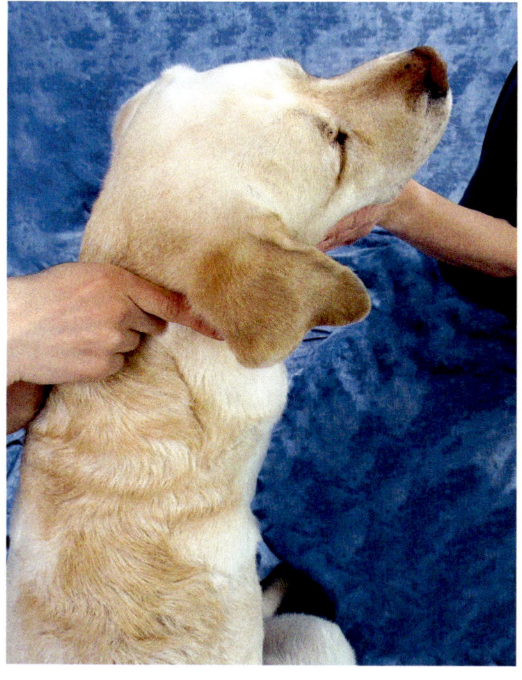

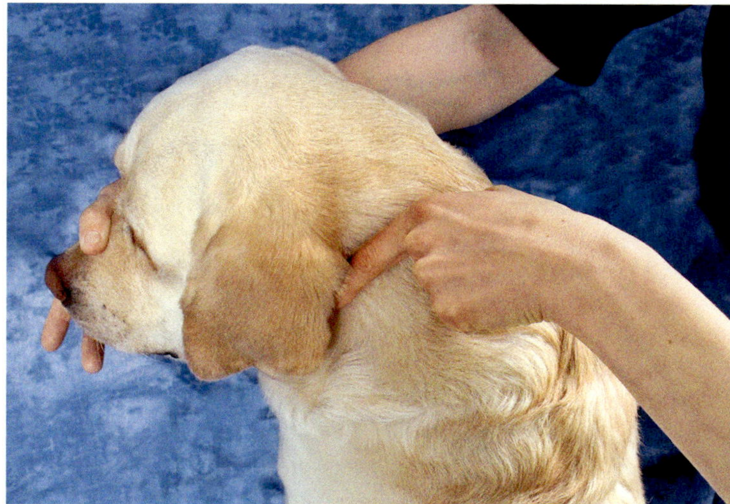

Foto 53 (links): C0/C1: Atlas ES rechts I: indirekte Technik.

Foto 54 (oben): C0/C1: Atlas ES rechts II: direkte Technik.

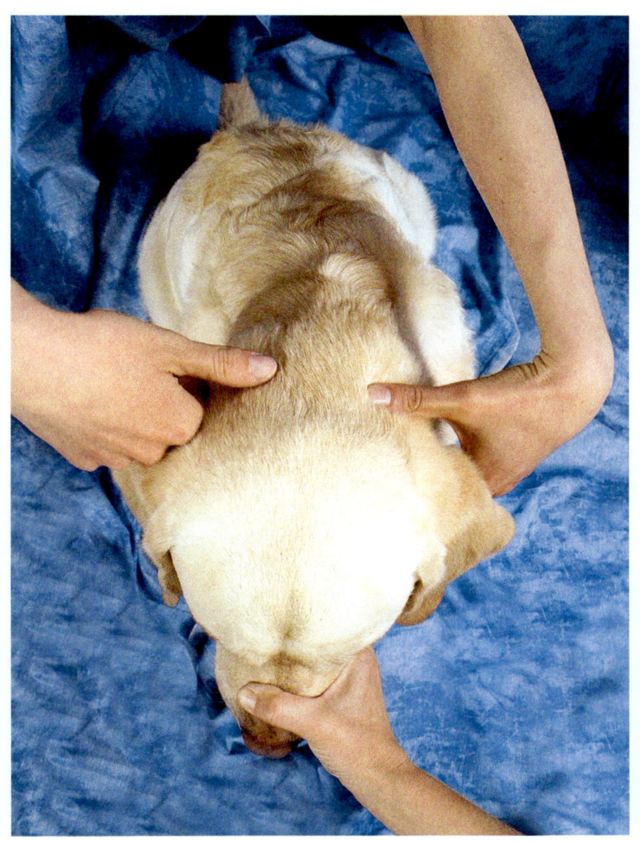

Foto 55: C1/C2: Atlas in Rotation rechts I: indirekte Technik.

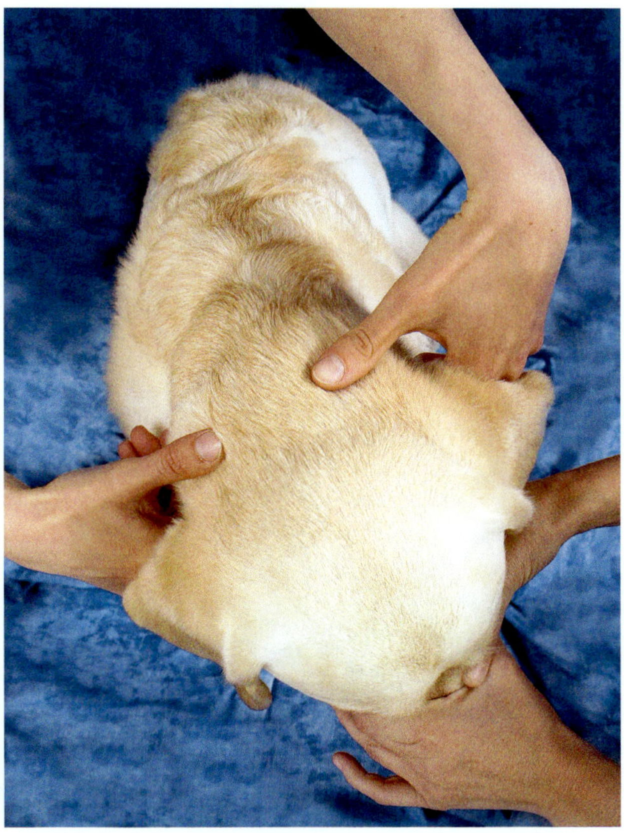

Foto 56: C1/C2: Atlas in Rotation rechts II: direkte Technik.

Tab. 33 Korrekturen des Atlantookzipitalgelenks

Wirbel-stellung	Befund bei Flexion/Extension	1. Indirekt: Verstärkung der Wirbelfehlstellung	2. Direkt: Korrektur der Wirbelfehlstellung
F S links	Extension verstärkt	Kopf in Flexion, Lat-Flex. links; Atlas nach rechts drücken	Kopf in Extension, Lat-Flex. rechts; Atlas nach links drücken
E S links	Flexion verstärkt	Kopf in Extension, Lat-Flex. links; Atlas nach rechts drücken	Kopf in Flexion, Lat-Flex. rechts; Atlas nach links drücken
F S rechts	Extension verstärkt	Kopf in Flexion, Lat-Flex. rechts; Atlas nach links drücken	Kopf in Extension, Lat-Flex. links; Atlas nach rechts drücken
E S rechts	Flexion verstärkt	Kopf in Extension, Lat-Flex. rechts; Atlas nach links drücken	Kopf in Flexion, Lat-Flex. links; Atlas nach rechts drücken

Beispiel: Atlas in Rechtsrotation fixiert (= R rechts; der rechte Atlasflügel steht dorsal und lässt sich nicht nach ventral bewegen; die Linksrotation ist eingeschränkt)

Indirekt: Die Rechtsrotation wird verstärkt, indem der Therapeut den linken Atlasflügel vorsichtig nach ventral drückt. Diese Position wird gehalten, bis die Gewebespannung nachlässt (Foto 55).

Direkt: Anschließend wird der Kopf des Patienten in Linksrotation gebracht; die Rotation wird forciert, indem der Therapeut nun den rechten Atlasflügel nach ventral drückt. Diese Position wird wiederum gehalten, bis ein bis zwei *Release*-Phänomene eintreten (Foto 56).

Regionale Unterschiede bei Dysfunktionen der Wirbelsäule

Die Bewegungsmöglichkeiten in den verschiedenen Wirbelsäulenabschnitten werden unter anderem durch die Ausrichtung der Gelenkfacetten bestimmt.

Die Gelenkfacetten in der Halswirbelsäule weisen eine Neigung von zirka 45° in alle drei Raumrichtungen auf; dies erklärt im Zusammenspiel mit der Geräumigkeit der Gelenkkapseln den großen Bewegungsumfang in der Halswirbelsäule.

In der kranialen Brustwirbelsäule sind die Gelenkflächen dem Wirbelbogen tangential angelagert; dies erlaubt Rotationsbewegungen, sowie in gewissem Umfang auch Extension-Flexion und Lateralflexion.

In der kaudalen Brustwirbelsäule sowie in der Lendenwirbelsäule stehen die Gelenkfacetten nahezu senkrecht und erlauben so vorwiegend Bewegungen in Extension und Flexion.

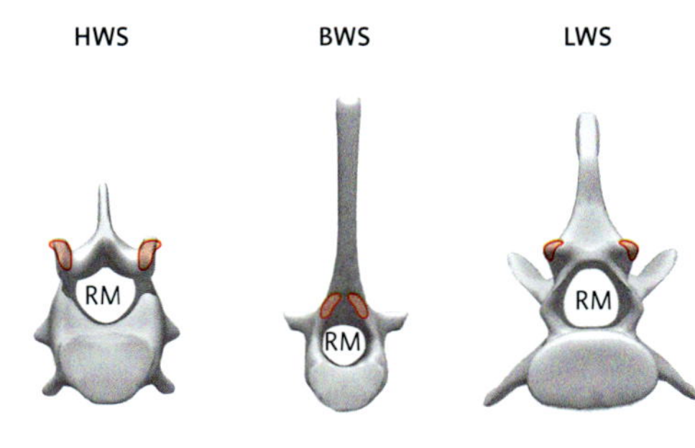

Abb. 33: Facetten der Wirbel der verschiedenen Regionen.

Tab. 34 Befunde bei Wirbelsäule in Rotation

	LWS/BWS	Kaudale HWS in Extension	Kaudale HWS in Flexion	C0/C1 und C1/C2
Dysfunktion in Linksrotation				
Gekoppelte Seitneigung	**Homonym**	**Heteronym**	**Homonym**	**Homonym zwischen den Segmenten**
Befund bei Palpation	*Proc. transversus* links höher; *Proc. spinosus* zur rechten Seite	Widerstand links	Widerstand rechts	C1/C2: Atlasflügel links höher C0/C1: Widerstand rechts
Bezeichnung	**SR links**	**E S rechts R links**	**F SR links**	**C1/C2: R links** C0/C1: S links
Seitneigung	Seitneigung nach rechts eingeschränkt	Seitneigung nach links eingeschränkt	Seitneigung nach rechts eingeschränkt	Seitneigung nach rechts eingeschränkt
Dysfunktion in Rechtsrotation				
Gekoppelte Seitneigung	**Homonym**	**Heteronym**	**Homonym**	**Homonym zwischen den Segmenten**
Befund bei Palpation	*Proc. transversus* rechts höher; *Proc. spinosus* zur linken Seite	Widerstand rechts	Widerstand links	C1/C2: Atlasflügel rechts höher C0/C1: Widerstand links
Bezeichnung	**SR rechts**	**E S links R rechts**	**F SR rechts**	**C1/C2: R rechts** C0/C1: S rechts
Seitneigung	Seitneigung nach links eingeschränkt	Seitneigung nach rechts eingeschränkt	Seitneigung nach links eingeschränkt	Seitneigung nach links eingeschränkt

Tab. 35 Befunde bei aktiver Überprüfung der Seitneigung

	LWS/BWS	Kaudale HWS in Extension	Kaudale HWS in Flexion	C0/C1
Rechte Seitneigung eingeschränkt / Segment in Seitneigung links				
Rotationsverhalten in Läsion	Homonym	Heteronym	Homonym	Homonym in C1/C2
Benennung	**SR links**	**E S links R rechts**	**FSR links**	**S links** C1/C2: R links
Statischer Befund	Linker *Proc. transversus* höher	Widerstand rechts	Widerstand rechts	Widerstand rechts
Linke Seitneigung eingeschränkt / Segment in Seitneigung rechts				
Rotationsverhalten in Läsion	Homonym	Heteronym	Homonym	Heteronym
Benennung	**SR rechts**	**E S rechts R links**	**FSR rechts**	**S rechts** C1/C2: R rechts
Statischer Befund	Linker *Proc. transversus* höher	Widerstand rechts	Widerstand rechts	Widerstand rechts

Tab. 36 Untersuchungsmöglichkeiten zur Diagnose von einseitigen Dysfunktionen

	LWS/BWS	Kaudale HWS	C1/C2	C0/C1
Statisch	Welcher *Proc. transversus* steht weiter dorsal? Zu welcher Seite steht der *Proc. spinosus?*	Wo ist bei der Translation Widerstand spürbar?	Welcher Atlas-Flügel steht dorsal?	Wo ist bei der Translation Widerstand spürbar?
→ anschließende dynamische Überprüfung	Anschließend dynamische Überprüfung des Verhaltens in Extension-Flexion	Anschließend dynamische Überprüfung des Verhaltens in Extension-Flexion		Anschließend dynamische Überprüfung des Verhaltens in Extension-Flexion
Dynamisch	In welche Richtung ist die Seitneigung eingeschränkt? (*Hula-Hoop*-Test“)	In welche Richtung ist die Seitneigung eingeschränkt?	In welche Richtung ist die Kopfrotation eingeschränkt?	In welche Richtung ist die Seitneigung eingeschränkt?

Tab. 37 Kopplung von Rotations- und Seitneigungsverhalten

LWS/BWS	**Läsion**	• Rotation in Neutralstellung heteronym • Rotation und Lateralflexion bei Vorliegen einer Dysfunktion in Extension oder Flexion homonym
	Test	Statisch: Welcher *Proc. transversus* steht weiter dorsal? Zu welcher Seite ist der *Proc. spinosus* geneigt? (Benennung von SR = Seite, wo *Proc. transversus* dorsal steht; Gegenseite der Neigung des *Proc. spinosus*) Dynamisch: In welche Richtung ist die Seitneigung eingeschränkt?
Kaudale HWS	**Läsion**	• Rotation und Lateralflexion in Neutralstellung sowie in Extension heteronym • Rotation und Lateralflexion in Flexion homonym
	Test	Translation: Welche Seitneigung ist eingeschränkt bzw. wo ist Widerstand spürbar? (Benennung von S = Seite, in die die Seitneigung gut möglich ist; Benennung von R bei Läsion in Flexion homonym, bei Läsion in Extension heteronym) Seitneigung: In welche Richtung ist die Seitneigung eingeschränkt?
C1/C2	**Läsion**	• ausschließlich Rotation bzw. Läsionen in Rotation möglich
	Test	Rotation: Welcher Atlasflügel steht weiter dorsal? (Benennung von R = Seite, wo Atlasflügel dorsal steht) **Kopplung mit C0/C1:** Die Seitneigung an C0/C1 kann (über die *Ligamenta alaria*) in die gleiche Richtung eingeschränkt sein wie die Rotation an C1/C2 (im Segment selbst ist keine Seitneigung möglich)
C0/C1	**Läsion**	• Fixierung in Seitneigung und Extension oder Flexion
	Test	Translation: Welche Seitneigung ist eingeschränkt bzw. wo ist Widerstand spürbar? (Benennung von S = Seite, in die die Seitneigung gut möglich ist) Seitneigung: In welche Richtung ist die Seitneigung eingeschränkt? **Kopplung mit C1/C2**: Die Rotation an C1/C2 kann (über die *Ligamenta alaria*) in die gleiche Richtung eingeschränkt sein wie die Seitneigung an C0/C1 (im Segment selbst ist quasi keine Rotation möglich)

GLIEDMASSEN

Allgemeine Vorbemerkungen

Sowohl in der Osteopathie als auch in der Chiropraktik wurden ursprünglich ausschließlich die Gelenke der Wirbelsäule behandelt, da diesen aufgrund der topographischen Nähe zu den Wurzeln der Spinalnerven eine besondere Bedeutung im segmentalen Zusammenhang zukommt. Dadurch besitzt die Osteopathie keine eigenen Techniken für die Behandlung der peripheren Gliedmaßengelenke, sondern bedient sich der Techniken der **Manuellen Therapie**. Dabei werden die einzelnen Gelenke zunächst auf das Vorliegen von Bewegungseinschränkungen hin untersucht und anschließend behandelt. Die Behandlung entspricht dabei häufig einer wiederholt ausgeführten Untersuchungstechnik.

Untersuchung der peripheren Gelenke

Eine allgemeine Gelenkuntersuchung erfolgt immer nach dem gleichen Schema:

1. Test der aktiven Beweglichkeit
2. Test der passiven Beweglichkeit (Endgefühl)
3. Translatorische Gelenktests = Beurteilung des Gelenkspiels, *Joint play*
4. Spezielle Gelenkpalpation

Bei der Überprüfung der aktiven Beweglichkeit werden alle anatomischen Strukturen inklusive der Muskulatur mitgetestet und beurteilt. Der Untersucher achtet dabei auf das Bewegungsausmaß, die Bewegungsausführung, auf Krepitationen und Schmerzen. Eine gezielte, aktive

Tab. 38 Endgefühl bei der passiven Bewegungsprüfung

Weich-elastischer Stopp	Weichteilstopp	Beugung des Ellbogengelenks
Fest-elastischer Stopp	Kapsuloligamentärer Stopp	Streckung und Beugung des Karpalgelenks; Kniestreckung
Hart-elastischer Stopp	Knöcherner Stopp	Streckung des Ellbogengelenks

Bewegung eines einzelnen Gelenks beim Hund hervorzurufen, ist quasi nicht möglich, sodass die aktive Überprüfung der Gelenkbewegung hier nicht durchführbar ist.

Bei der passiven Bewegungsprüfung muss unbedingt darauf geachtet werden, dass nur das betreffende zu testende Gelenk bewegt wird. Mit dieser Untersuchung werden vor allem die nicht kontraktilen Strukturen überprüft. Entscheidend sind das Bewegungsausmaß, die Qualität der Bewegung, das Vorliegen von Schmerzen und vor allem das Endgefühl. Das **physiologische Endgefühl** ist von Gelenk zu Gelenk unterschiedlich, je nachdem, ob ein Weichteilstopp, ein kapsuloligamentärer Stopp oder ein knöcherner Stopp z.B. durch Kompression der Gelenkflächen vorliegt (Tab. 38).

Bei Gelenkerkrankungen kann das Endgefühl verändert sein, es wird dann als pathologisches Endgefühl bezeichnet. Das Endgefühl kann an einer anderen Stelle des Bewegungsablaufs auftreten (später bei Instabilität oder früher bei einer Bewegungseinschränkung); es kann eine andere Qualität aufweisen, als für das betroffene Gelenk zu erwarten wäre (z.B. weicher oder fester) und es kann durch Schmerzen entstehen, die die Beurteilung des physiologischen Endgefühls verhindern.

Sind aktive und passive Bewegungen in die gleiche Richtung eingeschränkt, weist dies auf ein Problem im Bereich der nicht kontraktilen Strukturen hin (z.B. Kapsel-Band-Apparat). Sind aktive und passive Bewegungen hingegen in entgegengesetzter Richtung eingeschränkt, deutet dies auf eine Läsion der kontraktilen Strukturen hin.

Alle Untersuchungen und Beurteilungen müssen immer im Seitenvergleich erfolgen.

Bei den **translatorischen Gelenktests** wird das Gelenkspiel oder *Joint-Play* beurteilt. Dies erfolgt mit Hilfe einer Traktion und Kompression rechtwinklig zur Behandlungsebene (s.S. 105) und durch translatorisches Gleiten parallel zur Behandlungsebene. Dabei ist zu beachten, dass ein Gleiten nur in Verbindung mit einer **Traktion** durchzuführen ist. Mit den translatorischen Gelenktests werden ausschließlich die nicht-kontraktilen Strukturen hinsichtlich Schmerz und Beweglichkeit getestet. Das *Joint-Play*, bestehend aus Traktion, Kompression und translatorischem Gleiten kann jedoch nicht nur zur Untersuchung, sondern vielmehr auch als therapeutische Technik eingesetzt werden (s. S. 104).

Knöcherne, ligamentäre und muskuläre Strukturen werden im Anschluss mit Hilfe einer Tast- bzw. Druckpalpation untersucht.

Manuelle Therapie

Um die **Prinzipien der Manuellen Therapie** an den einzelnen peripheren Gelenken nachvollziehen und anwenden zu können, ist es zuvor notwendig, die folgenden Begriffe zu erläutern:

Nullstellung: Die Nullstellung ist eine willkürlich definierte Stellung, von der aus der Bewegungsumfang eines Gelenks gemessen wird. Da die Nullstellung ursprünglich nur für den Menschen festgelegt wurde, verzichten einige Autoren auf die Definition der Nullstellung beim Hund; andere Autoren übernehmen die Nullstellung analog der beim Menschen definierten Gelenkstellung.

(Physiologische) Ruhestellung (= *loose packed* position): Als Ruhestellung bezeichnet man die Gelenkstellung, in der die Gelenkkapsel maximal entspannt ist und dadurch das größte Volumen umfasst. In dieser Stellung haben die Gelenkpartner den geringsten Kontakt zueinander und das Gelenkspiel ist hier am größten. Die Ruhestellung ist die Position, von der aus das Gelenk untersucht und behandelt wird.

Aktuelle (pathologische) Ruhestellung: Die aktuelle Ruhestellung bezeichnet die Stellung, in der ein durch intra- oder extraartikuläre Prozesse pathologisch verändertes Gelenk das größte Gelenkspiel aufweist und der Kapsel-Band-Apparat maximal entspannt ist. Meist ist dies auch die Stellung, in der das Gelenk die geringsten Beschwerden verursacht, und die daher freiwillig eingenommen wird. Liegt eine Gelenkerkrankung vor, so ist die aktuelle Ruhestellung die Position, von der aus behandelt wird.

Verriegelte Stellung (= *close packed position*): In der verriegelten Stellung haben die Gelenkflächen den größtmöglichen Kontakt, Kapsel und Bänder sind ebenfalls maximal gestrafft. Dadurch ist hier zwangsläufig nur wenig oder gar kein Gelenkspiel möglich, entsprechend können auch eine Traktion bzw. Separation sowie eine

Tab. 39 Konvex-Konkav-Regel Teil I

Proximaler Partner (fix): konvex Distaler Partner (mobil): konkav	Proximaler Partner (fix): konkav Distaler Partner (mobil): konvex
→ konvexer Partner fix	→ konvexer Partner flexibel
→ Drehpunkt im proximalen Partner	→ Drehpunkt im distalen Partner
z.B. Kniegelenk (Femurkondylen konvex, Tibiaplateau konkav)	z.B. Hüftgelenk (Hüftgelenkspfanne konkav, Femurkopf konvex)

Translation nur in geringem Umfang ausgeführt werden. In dieser Stellung wird daher nicht behandelt bzw. diese Position wird genutzt, um ein Gelenk in eine stabile Position zu bringen, und so ein Mitbewegen zu verhindern. Bei der Behandlung eines Gelenks müssen die benachbarten Gelenke verriegelt werden, damit sich diese nicht mitbewegen.

Kapselmuster / Kapsuläre Zeichen (nach Cyriax): Als Kapselmuster versteht man eine durch kapsuläre Veränderungen pathologisch eingeschränkte Gelenkbeweglichkeit. Die Gelenkkapsel ist geschrumpft, der volle Bewegungsumfang ist nicht mehr möglich. Es kann eine vollständige Schrumpfung vorliegen, die die Bewegungen in alle Richtungen einschränkt. Meist liegt jedoch eine partielle Schrumpfung vor, die bestimmte Bewegungen stärker einschränkt als andere. Dabei finden sich häufig dieselben Muster wieder.

Die **physiologischen Bewegungen in einem Gelenk** setzen sich aus einer translatorischen, gleitenden Komponente und einer rollenden Komponente zusammen und werden als **Rollgleitbewegungen** bezeichnet.

Rollen: Es kommen immer andere Punkte der rollenden Fläche mit jeweils anderen Punkten der gegenüberliegenden Fläche in Kontakt; hierbei ist die Abnutzung durch Haftreibung sehr gering, es werden allerdings große Gelenkflächen benötigt, da die Umdrehungsachse mitwandern muss.

Gleiten: Es kommt ein und derselbe Punkt der gleitenden Fläche mit immer neuen Punkten der gegenüberliegenden Fläche in Kontakt; hierbei ist die Abnutzung durch Haftreibung relativ groß, anders als bei der Rollbewegung treten jedoch keine Hebelkräfte auf; die Gleitbewegung kommt therapeutisch als translatorisches Gleiten zum Einsatz.

Rollgleiten: Die physiologische Bewegung in einem Gelenk ist immer eine kombinierte Bewegung aus beiden Anteilen in unterschiedlichen Verhältnissen. Das Rollgleiten sorgt dafür, dass die Drehachse, um die die Bewegung in einem Gelenk stattfindet, konstant mittelständig bleibt. Somit verhindert das Rollgleiten sowohl die Distraktion als auch eine traumatisierende Kompression der Gelenkflächen. Betrachtet man die Komponenten im Einzelnen, so bewirkt das Rollen den Weggewinn, während das Gleiten verhindert, dass der Gelenkkopf aus der Pfanne springt (distaler Partner konvex) oder den Weggewinn verstärkt (distaler Partner konkav). Die anteilsmäßige Verteilung von Rollen und Gleiten in einem Gelenk hängt von der Kongruenz bzw. Inkongruenz seiner Gelenkflächen ab: In weniger kongruenten Gelenken (z.B. Kniegelenk) überwiegt das Rollen, während in kongruenten Gelenken (z.B. Hüftgelenk) das Gleiten überwiegt. Da es im Organismus jedoch weder vollständig kongruent gekrümmte oder parallele, flache Gelenkflächen gibt, findet Gleiten und Rollen hier immer nur kombiniert statt.

Die Richtung des Gleitens in einem Gelenk wird durch die Bewegung des konkaven bzw. des konvexen Gelenkpartners bestimmt. Dieses wichtige mechanische Grundprinzip wird durch die **Konvex-Konkav-Regel nach Kaltenborn** erläutert:

Bei der Betrachtung eines Gliedmaßengelenks wird der proximale Partner als fix, der distale als flexibel oder mobil bezeichnet (Tab. 39). In jedem Gelenk kann darüber hinaus ein konvexer und ein konkaver Gelenkpartner identifiziert werden. Dabei können sowohl der

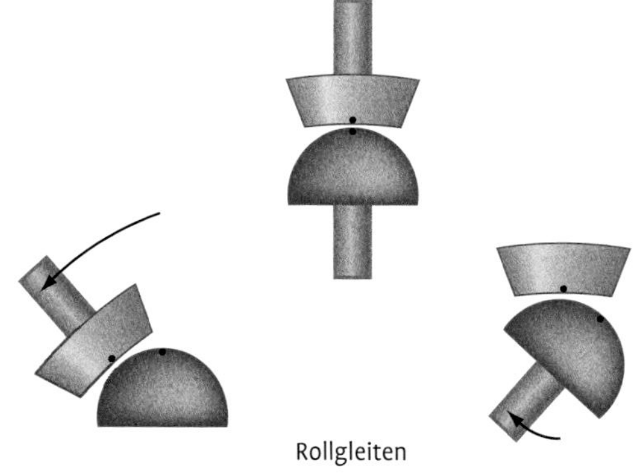

Abb. 34: Konvex-Konkav-Regel nach Kaltenborn 1982.

Tab. 40 Konvex-Konkav-Regel Teil II

Proximaler Partner (fix) konvex (z. B. Kniegelenk)	Proximaler Partner (fix) konkav (z. B. Hüftgelenk)
→ **konkaver Partner flexibel**	→ **konvexer Partner flexibel**
→ wird der konkave Partner bewegt (Knochenbewegungsrichtung = Rollrichtung), so findet das Gleiten im Gelenk in dieselbe Bewegungsrichtung statt	→ wird der konvexe Partner bewegt (Knochenbewegungsrichtung = Rollrichtung), so findet das Gleiten im Gelenk in die entgegengesetzte Richtung statt
Anwendung der **Konkavregel**	Anwendung der **Konvexregel**

distale als auch der proximale Gelenkpartner konkav oder konvex sein. Der Drehpunkt des Gelenks liegt dabei immer im konvexen Gelenkpartner.

Ist bei einem Gelenk der distale, mobile Partner konkav, so findet die Gleitbewegung des distalen Gelenkanteils in dieselbe Richtung statt wie die Knochenbewegung (= Konkav-Regel). Ist der distale, mobile Partner hingegen konvex, findet das Gleiten des distalen Gelenkanteils in die entgegengesetzte Richtung zur Knochenbewegung statt (= Konvex-Regel; Abb. 34).

Die Knochenbewegungsrichtung entspricht immer der Rollrichtung; bei einem konkaven flexiblen Partner finden also Rollen und Gleiten in dieselbe Richtung statt; bei einem konvexen flexiblen Partner laufen Rollen und Gleiten in entgegengesetzte Richtungen ab (Tab. 40).

In einem nächsten Schritt werden die **Behandlungsebenen** des Gelenks festgelegt. Die erste Behandlungsebene ergibt sich durch eine gedachte Linie durch die kleinen Berührungsflächen des konkaven Partners; die erste Behandlungsebene liegt dadurch immer auf dem konkaven Gelenkpartner und wird auch als Gelenkebene bezeichnet. Die zweite Behandlungsebene liegt senkrecht zu der ersten Ebene, sie verbindet den Drehpunkt des Gelenks im konvexen Partner mit der ersten Behandlungsebene (Tab. 41).

Erste Behandlungsebene / Gelenkebene:

- flexibel, wenn distaler Partner konkav
- fix, wenn distaler Partner konvex

Zweite Behandlungsebene:

- flexibel, wenn distaler Partner konkav
- fix, wenn distaler Partner konvex

Eine **Translation** ist als passive Knochenbewegung definiert, bei der eine geradlinige Bewegung parallel zu einer Achse oder senkrecht zu einer definierten Ebene durchgeführt wird. Die Knochenanteile bewegen sich in gleicher Richtung und in einem gleichbleibenden Winkel zueinander. Die in der Therapie eingesetzten Techniken versuchen alle, die translatorischen Bewegungen des physiologischen Gelenkspiels nachzuahmen. Dabei hat eine Translation in unterschiedliche Richtungen auch unterschiedliche Effekte in Bezug auf die Relation der Gelenkflächen zueinander zur Folge:

Translation in Längsrichtung weg von der ersten Behandlungsebene / Gelenkebene bzw. Zug in Richtung der zweiten Behandlungsebene: **Traktion** mit Separation der Gelenkflächen; dies wird in der Therapie als Traktion bzw. Traktionsbehandlung bezeichnet.

Translation in Längsrichtung hin zur ersten Behandlungsebene / Gelenkebene bzw. in Richtung der zweiten Behandlungsebene: **Kompression** der Gelenkflächen; dies wird in der Therapie als Kompression bezeichnet.

Translation parallel zur ersten Behandlungsebene / Gelenkebene bzw. senkrecht zur zweiten Behandlungsebene: Gleiten der Gelenkflächen zueinander; dies wird in der Therapie als **translatorisches Gleiten** bezeichnet.

Tab. 41 Konvex-Konkav-Regel Teil III

Proximaler Partner (fix): konvex (z. B. Kniegelenk)	Proximaler Partner (fix): (z. B. Hüftgelenk)
→ **konkaver Partner flexibel**	→ **konvexer Partner flexibel**
→ 1. Behandlungsebene flexibel	→ 1. Behandlungsebene fix
→ Drehpunkt im proximalen Partner	Drehpunkt im distalen Partner
z.B. Kniegelenk (Femurkondylen konvex)	z.B. Hüftgelenk (Hüftpfanne konkav)

Die eingesetzten **Mobilisationstechniken** sind Traktion, Kompression und Translatorisches Gleiten.

Traktion: Bei der Traktion (Translation in Längsrichtung senkrecht weg von der ersten Behandlungsebene) kommt es zu einer Separation und dadurch zu einer Druckentlastung der Gelenkflächen. Die Kohäsionskräfte im Gelenk sowie die muskulären Kompressionskräfte, die von außen auf das Gelenk wirken, werden überwunden. Bei einer Verspannung der periartikulären Muskulatur kommt es außerdem zu einer Reizung der Golgi-Sehnen-Organe, durch die wiederum der Muskeltonus gesenkt wird. Die Aktivierung der Propriozeptoren hemmt ihrerseits die Schmerzwahrnehmung (vgl. *Gate-Control-Theory*). Auch bei der Traktionsbehandlung kommt es wie bei der Behandlung unter Kompression zu einer Anregung des Synovialflusses.

Bei der Gelenktraktion werden drei Stufen unterschieden (Stärke des Traktionszuges nach **Kaltenborn**):

I. Stufe. Lösen: Bei dieser Stufe werden die Gelenkflächen nicht merkbar voneinander separiert, sondern es werden lediglich die Adhäsionskräfte des Gelenks aufgehoben; die Bewegung ist kaum wahrnehmbar und soll eine Schmerzlinderung durch Druckentlastung des Gelenks bewirken; diese geringgradige Traktion wird auch als **Piccolo-Traktion** bezeichnet.

II. Stufe. Straffen: In dieser Stufe werden die periartikulären Weichteile, also der Kapsel-Band-Apparat gestrafft und gedehnt, sodass der *Slack* aus dem Gewebe genommen wird; das Straffen dient ebenfalls der Schmerzlinderung sowie der Mobilisation verspannter Muskeln (fühlbar als erster Stopp).

III Stufe. Dehnen: In der dritten Stufe findet die eigentliche mobilisierende, also dehnende Traktion zur Verlängerung des Kapsel-Band-Apparates statt; die Weichteile werden noch weiter gedehnt; das Dehnen dient der Mobilisation verkürzter Bindegewebsstrukturen (fühlbar als zweiter Stopp), es wird jedoch nur in sehr geringem Umfang über den *Slack* hinaus gedehnt; am Ende dieser Stufe ist ein Endgefühl beurteilbar.

Die Traktion kann in allen Stufen, vor allem in Stufe III als haltende oder oszillierende bzw. vibrierende Technik ausgeübt werden. Je länger die Traktion gehalten wird, umso größer ist der **dehnende Effekt**. Die dritte Stufe sollte nur angewandt werden, wenn Verkürzungen des Bindegewebes vorliegen; zur Schmerzlinderung sowie zum Erhalt der physiologischen Gelenkbeweglichkeit wird nur mit den ersten beiden Stufen gearbeitet.

> In Bezug auf den Effekt der Behandlung bewirkt eine geringere Dosierung der Traktionsstärke oft mehr!

Die Traktion wird ausgehend von der Ruhestellung bzw. aktuellen Ruhestellung des Gelenks ausgeführt; diese muss individuell für jedes Gelenk aufgesucht werden. Je nach Gelenk ist zu beachten, dass die Einstellung in ein, zwei oder drei Ebenen erfolgen muss:

Konkaver Partner flexibel: Die Behandlungsebene bewegt sich mit dem distalen Partner mit, die Gelenkeinstellung kann angepasst werden.

Konvexer Partner flexibel: Die Behandlungsebene ist durch den fixen, proximalen Partner vorgegeben und bewegt sich nicht, daher muss hier die genaue Gelenkeinstellung beachtet werden.

Kompression: Bei der Kompression senkrecht zur ersten Behandlungsebene werden die Gelenkflächen aufeinander zu bewegt und der Gelenkspalt verkleinert. Dies entspricht den Vorgängen bei einer Muskelkontraktion um das Gelenk.

Bei der Arbeit unter Kompression steht vor allem die Entspannung der Kapselanteile im Vordergrund. Zudem wird durch die rhythmische Kompression und Entlastung wie durch eine Pumpe der Synovialfluss angeregt und die Viskosität der Synovia verringert. Gleichzeitig werden auch osmotische Vorgänge und die Diffusion im Gelenk gefördert, sodass der Knorpel besser mit Nährstoffen versorgt werden kann. Eine zu starke Kompression hingegen kann zu Zerstörungen am Knorpel durch Überbelastung führen.

Bei der Behandlung unter Kompression wird das zu behandelnde Gelenk in der Regel zunächst in Flexion gebracht, anschließend wird der Kompressionsdruck aufgebaut und das Gelenk unter Druck in Extension bewegt.

Die Behandlung unter Kompression wird als Test des Gelenks eingesetzt, aber auch zur Verbesserung der Knorpelernährung und zur Steigerung der Belastbarkeit des Gelenks; sie kann auch bei Tieren mit weichem Bindegewebe und Neigung zu Hypermobilität eingesetzt werden.

> Von verschiedenen Patienten werden Traktion und Kompression oft als unterschiedlich angenehm oder auch schmerzhaft empfunden. Es sollte immer die Technik zur Mobilisation gewählt werden, die der Patient am besten annimmt.

Translatorisches Gleiten: Bei der Translations- oder Gleitbehandlung findet die Behandlung parallel zur ersten Bewegungsebene statt. Das Gleiten kann immer erst nach einer leichten Traktion bzw. Separation der Gelenkflächen durchgeführt werden. Auch die Translation wird von der Ruhestellung bzw. der **aktuellen Ruhestellung** her ausgeführt. Alternativ kann die eingeschränkte Position des Gelenks aufgesucht werden, von hier aus wird das Gelenk wieder um etwa 15° zurückbewegt und dann behandelt.

Distaler Partner konkav: Die Translationsebene wird durch den flexiblen Partner vorgegeben; für den distalen Partner sind Knochenbewegungsrichtung und Gleitrichtung gleichgerichtet.

Distaler Partner konvex: Die Translationsebene wird durch den proximalen, feststehenden Partner vorgegeben; für den distalen Partner sind Knochenbewegungsrichtung und Gleitrichtung einander entgegengesetzt. Für die meisten Gelenke kann häufig eine eingeschränkte Hauptbewegungsrichtung (Extension oder Flexion) festgestellt werden. Beide Bewegungseinschränkungen werden zwar in derselben Ebene, aber in entgegengesetzter Richtung behandelt:

Distaler Partner konkav (z.B. Ellbogengelenk):

- Eingeschränkte Extension: translatorische Bewegung des Knochens zur Streckseite hin
- Eingeschränkte Flexion: translatorische Bewegung des Knochens zur Beugeseite hin

Distaler Partner konvex (z.B. Schultergelenk):

- Eingeschränkte Extension: translatorische Bewegung des Knochens zur Beugeseite hin (Gelenk dabei fast gestreckt)
- Eingeschränkte Flexion: translatorische Bewegung des Knochens zur Streckseite hin (Gelenk dabei leicht angebeugt)

Tab. 42 Gelenke des Körpers Teil I

Gelenk	Art des Gelenks	Distale Gelenkfläche	Knochenbewegung und Gelenkgleiten	Maximaler Bewegungsumfang
Schulterblatt	„Weichgelenk“			
Schultergelenk	Kugelgelenk	Konvex	Gegensinnig	Ex-Flex: 120° Ab-Add.: 60° Rotation: 80°
Ellbogengelenk	Scharniergelenk	Ulna und Radius konkav	Gleichsinnig	Ex-Flex: 140° (Pronation-Supination 70°)
Karpalgelenk (*Art. Antebrachio-carpea*)	Ellipsoidgelenk	*Os carpi radiale*: konvex *Os carpi ulnare*: konkav	Gegensinnig Gleichsinnig	Ex-Flex: 195° Ab-Add: 30°
Zehengrundgelenke	Walzengelenke	Konkav	Gleichsinnig	Ex-Flex: 150°
Zehengelenke	Sattelgelenke	Konkav	Gleichsinnig	Ex-Flex: 150°
Hüftgelenk	Kugelgelenk	Konvex	Gegensinnig	Ex-Flex: 130° Ab-Add: 60° Rotation: 100°
Kniegelenk (*Art. Femoro-tibialis*)	Spiralgelenk	Konkav	Gleichsinnig	Ex-Flex: 130° Ab-Add: 20° Rotation: 80°
Kniegelenk (*Art. Femoro-patellaris*)	Schlittengelenk	Konvex	Gegensinnig	
Tarsalgelenk (*Art. tarso-cruralis*)	Schraubengelenk	Konvex	Gegensinnig	Ex-Flex: 140° Rotation: 60°
Zehengrundgelenke	Walzengelenke	Konkav	Gleichsinnig	Ex-Flex: 150°
Zehengelenke	Sattelgelenke	Konkav	Gleichsinnig	Ex-Flex: 150°

Während bei der Behandlung unter Kompression auch gelenkfern gegriffen werden kann, sollte bei der Traktion und auch beim translatorischen Gleiten immer möglichst gelenknah gegriffen werden, um unbeabsichtigte Hebel-, Scher- und Kompressionskräfte zu minimieren. Die Stärke des Gleitschubes kann analog der Stärke der Traktionsstufen eingeteilt werden, wobei während des Gleitens immer eine leichte Traktion der I. Stufe (Lösen) beibehalten wird.

Vor jeder Behandlung muss das betreffende Gelenk untersucht werden. Dazu werden zunächst alle Bewegungsrichtungen passiv getestet. Anschließend kann das Gelenk in verschiedenen Stellungen jeweils unter Kompression und mit Hilfe einer Traktion überprüft werden. Dabei ist auf eventuelle Schmerzhaftigkeiten sowie auf Zeitpunkt und Qualität des Endgefühls zu achten.

Da es beim Hund keine definierte Nullstellung gibt, finden sich in der Literatur zum Teil abweichende Grad-Angaben für die physiologische Ruhestellung sowie für die maximal möglichen Bewegungsumfänge. Zudem variiert die Winkelung der Gliedmaßen teilweise deutlich in Abhängigkeit von der Hunderasse bzw. dem Nutzungstyp, sodass hier auf die Angabe von Gradzahlen verzichtet wird. In der Praxis sollten immer der Seitenvergleich sowie die Veränderung des Bewegungsausmaßes im Therapieverlauf ausschlaggebend sein!

Tab. 43 Gelenke des Körpers Teil II

Gelenk	Kapsuläres Zeichen	Phys. Endgefühl	Ruhestellung
Schulterblatt		Für alle Bewegungsrichtungen weich-elastisch	
Schultergelenk	Extension > Abduktion	Für alle Bewegungsrichtungen fest-elastisch	Mittelstellung zwischen maximaler Extension und Flexion
Ellbogengelenk	Flexion > Extension	In Extension hart-elastisch (Stopp durch Olekranon); in Flexion weich-elastisch (Stopp durch Muskelmasse)	Humeroulnar: leichte Flexion Humeroradial: maximale Extension
Karpalgelenk (*Art. Antebrachiocarpea*)	Gleichmäßige Einschränkung in alle Richtungen	Für alle Bewegungsrichtungen Fest-elastisch	Leichte Flexion
Zehengrundgelenke	Flexion	Für alle Bewegungsrichtungen fest-elastisch	Leichte Flexion
Zehengelenke	Flexion	Fest-elastisch	Leichte Flexion
Hüftgelenk	Innenrotation > Extension > Abduktion > Außenrotation	Extension: fest-elastisch Flexion: weich-elastisch	Leichte Flexion, Abduktion und Außenrotation
Kniegelenk (*Art. Femoro-tibialis*)	Flexion > Extension	Extension: fest-elastisch Flexion: weich-elastisch	Leichte Flexion
Kniegelenk (*Art. Femoro-patellaris*)	Flexion	Fest- bis weich-elastisch	Maximale Extension
Tarsalgelenk (*Art. Tarso-cruralis*)	Flexion > Extension	Fest-elastisch	Leichte Flexion
Zehengrundgelenke	Flexion	Für alle Bewegungsrichtungen fest-elastisch	Leichte Flexion
Zehengelenke	Flexion	Fest-elastisch	Leichte Flexion

Mobilisierende Gelenkbehandlungen sollten immer nur mit Vorsicht angewandt werden, vor allem dann, wenn eine Bindegewebsschwäche bzw. eine generelle Hypermobilität vorliegt. Auch bei Knochenerkrankungen, unvollständig ausgeheilten Frakturen und Verletzungen ist unbedingt Vorsicht geboten. Gelenkergüsse und Entzündungen oder Infektionen am Gelenk stellen ebenfalls eine Kontraindikation dar.

Allgemeine Kontraindikationen der Manuellen Therapie:

- Frische Frakturen
- Akutes Trauma
- Entzündungen
- Infektionen
- Tumore
- Hypermobilität des zu behandelnden Gelenks
- Hartes, unelastisches Endgefühl bei Hypomobilität

Je nach der **Zielsetzung der Behandlung** können die Techniken der Manuellen Therapie in unterschiedlichen Kombinationen angewandt werden.

Behandlung einer kapsuloligamentären Bewegungseinschränkung: Bei Behandlung einer kapsuloligamentären Bewegungseinschränkung wechseln sich Traktionen der Stufe III mit translatorischem Gleiten der Stufe III in Kombination mit einer Traktion der Stufe I ab:

1. Traktion Stufe III
2. Gleiten Stufe III in Kombination mit Traktion Stufe I

Schmerzbehandlung: Vor dem Hintergrund einer Schmerzbehandlung wechseln sich Traktionen der Stufe I und II und intermittierende Traktionen ab:

1. Traktion Stufe I und Stufe II
2. Intermittierende Traktion

Behandlung einer Degeneration oder Schädigung des Gelenkknorpels: Bei einer solchen Behandlung wechseln sich intermittierende Kompressionen mit Gleitbewegungen mit und ohne Kompression und mit passiven angulären Bewegungen mit und ohne Kompression ab:

1. intermittierende Kompressionen
2. Gleitbewegungen mit und ohne Kompression
3. Passive anguläre Bewegungen mit und ohne Kompression

Vordergliedmaßen

Anders als beim Menschen ist beim Hund in Anpassung an die vierbeinige Fortbewegung das Schultergürtelskelett reduziert und die Verbindung der Skapula mit dem Rumpf erfolgt rein muskulär bzw. bindegewebig. Die Schulter stellt somit einen Teil des Stoßdämpfersystems dar, welches in der Fortbewegung und vor allem nach dem Sprung die beschleunigte Last der Körpermasse auffängt. Darüber hinaus kann der Hund – anders als beispielsweise Huftiere – seine Vordergliedmaßen auch in gewissem Umfang als „Werkzeuge" einsetzen, so beispielsweise beim Graben, aber auch beim Festhalten von Knochen oder Stöckchen, die dann mit dem Fang bearbeitet werden. Bei diesen Bewegungen spielen Pronation und Supination im Bereich der Radioulnargelenke eine Rolle.

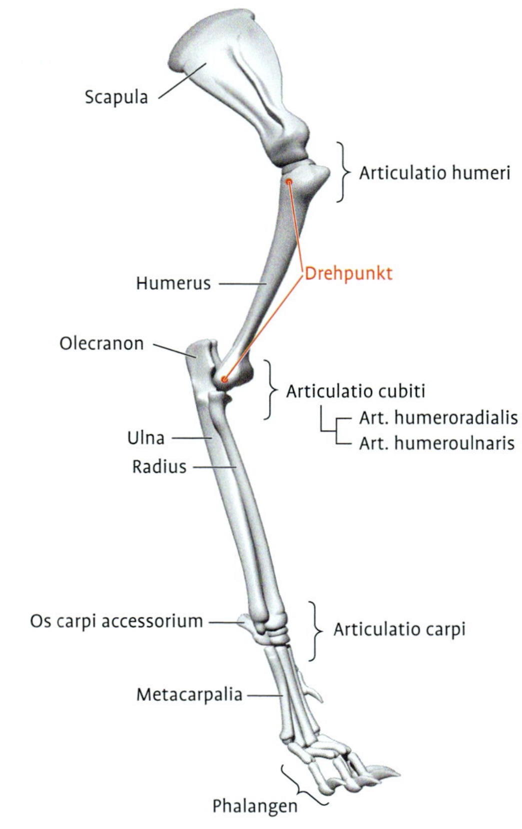

Abb. 35: Skelett der Vordergliedmaße.

Im Bereich von Metakarpus und Pfote tragen der dritte und vierte Strahl die Hauptlast der Körpermasse und sind daher für Pathologien generell anfälliger; der erste Strahl ist in diesem Bereich deutlich zurückgebildet (Abb. 35).

Schulterblatt, Schultergelenk und Oberarm

Schulterblatt: Das Schulterblatt (*Scapula*) ist ein flacher, dreieckiger Knochen, der in seiner Form dem Brustkorb angepasst ist. Er besitzt dadurch eine *Facies medialis* und eine *Facies lateralis* sowie einen *Margo dorsalis*, der mit einem Knorpelsaum überzogen ist, einen *Margo cranialis* und einen *Margo caudalis*. Die Außenfläche wird durch einen hohen Knochenkamm, die *Spina scapulae*, in zwei Muskelgruben unterteilt, welche dem *M. supraspinatus* und dem *M. infraspinatus* Ursprung bieten. Distal am Übergang zum Buggelenk findet sich eine Einziehung, die als *Collum scapulae* bezeichnet wird und in die Pfanne des Schultergelenks, *Cavitas glenoidalis*, übergeht. An ihrer Vorderseite bietet das *Tuberculum supraglenoidale* der Bizepssehne Ursprung.

Die Lage des Schulterblattes ist rassespezifisch unterschiedlich, auch ergibt sich dadurch eine unterschiedliche Winkelung im Schultergelenk selbst (Galopper-Typ: eher steil stehendes Schulterblatt und wenig Winkelung; Traber-Typ: eher flacher liegendes Schulterblatt und starke Winkelung).

Oberarm: Der Oberarmknochen (*Humerus*) ist je nach Größe des Hundes unterschiedlich lang; bei chondrodystrophischen Rassen (Dackel, niederläufige Terrier, Bassett-Formen) besitzt er außerdem eine starke Achsenverdrehung.

Proximal befindet sich das *Caput humeri*, der Gelenkkopf des Schultergelenks zur Verbindung mit der *Cavitas glenoidalis* der Skapula. Dieser sitzt auf einem nur kaudal deutlich ausgebildeten Hals, *Collum humeri*, an welchem ebenfalls kaudal ein Teil des Trizeps seinen Ursprung nimmt (vgl. sog. Trizepsnase als Insertionstendopathie an dieser Stelle). Kraniolateral befindet sich das *Tuberculum majus*, welches beim Hund zweigeteilt ist; es wird durch den *Sulcus intertubercularis* vom *Tuberculum minus* getrennt. Im *Sulcus intertubercularis* verläuft die Ursprungssehne des Bizeps; sie wird hier von einem quer gespannten Band gehalten.

Am Humerusschaft, *Corpus humeri*, befinden sich mehrere Muskelrinnen und -Flächen: Die *Tuberositas deltoidea* stellt die Ansatzfläche des gleichnamigen Muskels dar, während von der *Linea musculi tricipitis* ein Teil des Trizeps entspringt. Um den Humerusschaft verläuft zudem der schräg gewundene *Sulcus musculi brachialis*.

Schultergelenk: Das Schulter- oder Buggelenk (*Articulatio humeri*) ist funktionell ein **Kugelgelenk**, in welchem die *Cavitas glenoidalis* der Skapula mit dem *Caput humeri* des Oberarms artikulieren. Dabei ist der Oberarmkopf, der den distalen Gelenkpartner repräsentiert, konvex und deutlich größer als die Schulterpfanne (Abb. 36). Im Schultergelenk sind Bewegungen in allen drei Raumrichtungen möglich und werden entsprechend bei der passiven Bewegungsprüfung getestet.

Passive Bewegungsprüfung des Schultergelenks:

- Beugung-Streckung (Umfang etwa 120°)
- Abduktion-Adduktion (Umfang etwa 60°)
- Außen- und Innenrotation (Umfang je 45° bzw. 35°; entspricht insgesamt etwa 80°)

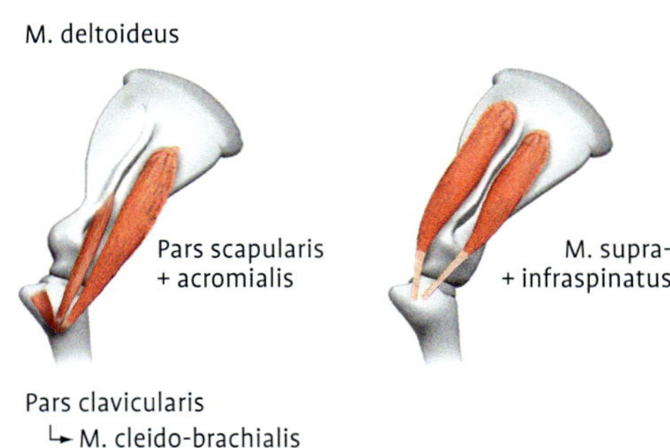

Abb. 36: Die Schulter.

Das physiologische Endgefühl ist für alle Bewegungsrichtungen **fest-elastisch**; die physiologische Ruhestellung befindet sich in Mittelstellung zwischen maximaler Extension und maximaler Flexion. Am Schultergelenk lassen sich keine einzelnen Bänder isolieren, allerdings befinden sich an mehreren Stellen Kapselverstärkungen. Als kapsuläres Zeichen ist in der Mehrzahl der Fälle zuerst die Extension betroffen, dann die Abduktion. Die Gelenkkapsel wird außerdem durch die Bizepssehne eingestülpt; diese befindet sich in einer eigenen Sehnenscheide. Bei einem Bizepssehnenabriss rutscht die Sehne über das *Tuberculum minus* zur Medialseite des Humerus.

Schultergürtelmuskulatur: Die Schultergürtelmuskulatur des Hundes übernimmt außer der primär bewegenden Funktion auch die Verbindung zwischen Rumpf und Schultergliedmaße (Synsarkose) bzw. die Aufhängung des Rumpfes zwischen den beiden Vordergliedmaßen. Zu ihr gehören eine oberflächliche und eine tiefe Schicht. Die oberflächliche Schicht umfasst den *M. trapezius*, den *M. sternocleidomastoideus*, den *M. omotransversarius*, den *M. latissimus dorsi* und die *Mm. pectorales superficiales*. Die tiefe Schicht setzt sich zusammen aus dem *M. pectoralis profundus*, dem *M. rhomboideus* und dem *M. serratus ventralis*. Die Schultergürtelmuskeln sind nahezu radiär um das Drehfeld des Schulterblattes herum angeordnet.

Muskeln des Schultergelenks: Die Muskeln des Schultergelenks lassen sich in eine lateral und eine medial gelegene Muskelgruppe unterteilen. Lateral kommen der *M. supraspinatus* und der *M. infraspinatus* von der Außenseite der Skapula und ziehen zum *Tuberculum majus* des Humerus; sie werden durch den *N. suprascapularis* innerviert. Der *M. deltoideus* befindet sich ebenfalls auf der Lateralseite, er zieht von der *Spina scapulae* zur *Tuberositas deltoidea*. Der *M. teres minor* liegt als kleiner Muskel ebenfalls lateral unter dem *M. deltoideus* und dem *M. infraspinatus*. Auf der Medialseite bildet der *M. subscapu-*

laris funktionell das mediale Seitenband der Schulter. *M. teres major* und *M. coracobrachialis* unterstützen auf der Medialseite die Beugung des Schultergelenks.

Besondere Belastungen und Ursachen für Dysfunktionen
Zu den häufigsten Affektionen im Bereich der Schultergelenke gehören Arthrosen, die auf ein Trauma oder häufiger auf eine Überbelastung zurückzuführen sind. Vor allem bei Patienten mit Beschwerden der Hintergliedmaßen kommt es zu einer Verlagerung des Körperschwerpunktes nach vorne, welche eine vermehrte Belastung der **periartikulären Strukturen** des Schultergelenks nach sich zieht. Als weitere Problemursachen sind Tendopathien (Bizepsursprungssehne; Trizepssehne) und Bursitiden (Bizepssehne) zu nennen.

Untersuchung und Behandlung
Schulterblatt: Bei der Untersuchung der Schulter sollte immer zunächst die Beweglichkeit der Skapula getestet werden, da eine muskuläre Einschränkung in diesem Bereich oftmals auch zu einer Einschränkung der Beweglichkeit im Schultergelenk führt.

Folgende Bewegungen werden an der Skapula passiv getestet (Foto 57):

- Bewegung des Schulterblattes nach kranial und kaudal (Parallelverschiebung)
- Bewegung des Schulterblattes nach dorsal und ventral (Parallelverschiebung)
- Rotation des Schulterblattes um den Drehpunkt (etwa in halber Höhe der *Spina scapulae*) nach kranial und kaudal

Das physiologische Endgefühl ist rein muskulär und sollte daher in allen Richtungen weich-elastisch sein. Häufig ist die Rotation der Skapula durch eine Verspannung des *M. trapezius* und bzw. oder des *M. rhomboideus* eingeschränkt, wodurch das Vorführen der gesamten Gliedmaße behindert wird. Die Behandlung erfolgt mit Hilfe funktioneller Weichteiltechniken an der entsprechenden Muskulatur; dabei wird unter Einbeziehung der Funktionen des Muskels über eine anguläre Bewegung Druck oder Zug ausgeübt. Ziele sind die Detonisierung der Muskulatur, die Förderung der Durchblutung und eine Schmerzlinderung.

Ablauf der Behandlung der Schultergürtelmuskulatur: Behandlung des zervikalen Teils des *M. trapezius*: Etwa 90 Sekunden lang wird rhythmisch die Muskulatur gedehnt, indem beide Hände mit den Handballen voneinander weg arbeiten; eine Hand schiebt die Skapula von kranial nach kaudal, die andere Hand übt einen Schub auf dem Muskel nach kranial aus, wodurch dieser gedehnt wird (Foto 58 a).

Behandlung des thorakalen Teils des *M. trapezius*: Etwa 90 Sekunden lang wird rhythmisch gedehnt; eine Hand schiebt die Skapula von kaudal nach kranial, während die andere Hand einen Schub auf dem Muskel nach kaudal ausübt, wodurch dieser gedehnt wird (Foto 58 b).

Dehnung der dorsalen Aufhängung (*M. rhomboideus*): Etwa 90 Sekunden lang; eine Hand umfasst den Dorsalrand der Skapula, die andere Hand wird von medial her an das Buggelenk gelegt; es werden rotierende Bewegungen ausgeführt, bei denen sich die dorsale

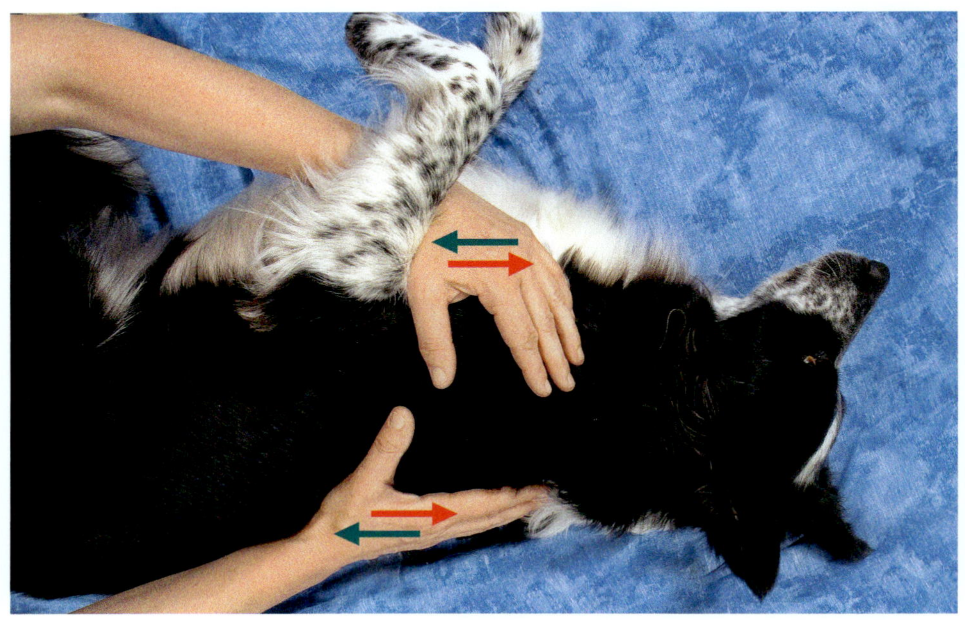

Foto 57: Parallelverschiebung der Skapula kopfwärts (rote Pfeile) und rutenwärts (grüne Pfeile).

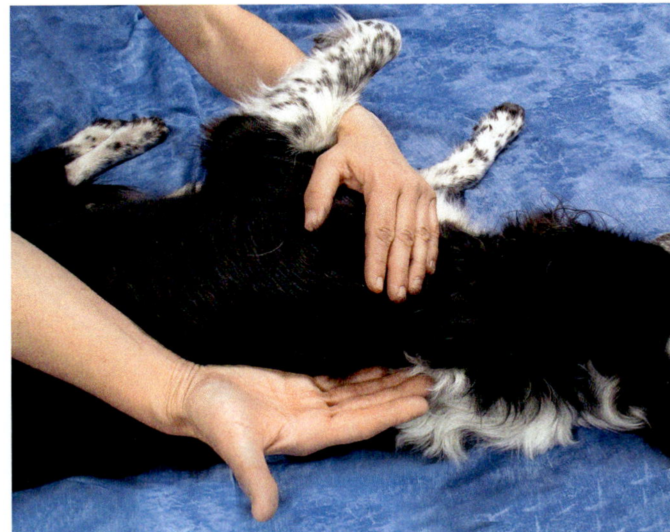

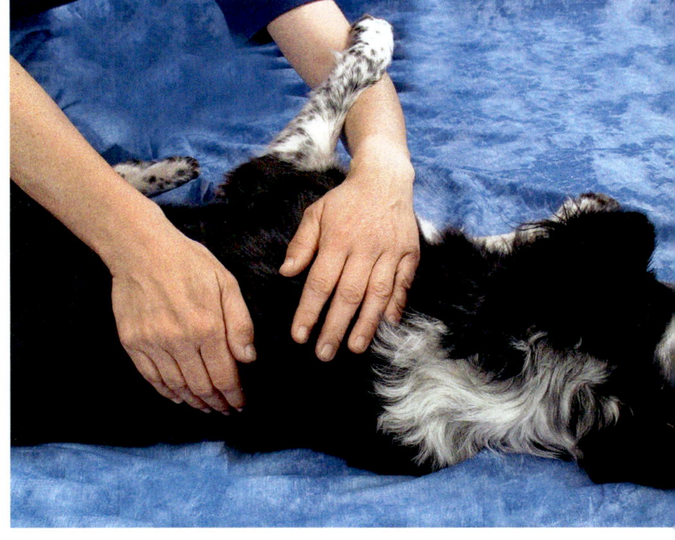

Foto 58 a (oben links): Funktionelle Weichteiltechnik am M. trapezius, zervikaler Anteil.

Foto 58 b (oben rechts): Funktionelle Weichteiltechnik am M. trapezius + M. serratus dorsalis, dorsaler Anteil.

Foto 58 c (rechts): Funktionelle Weichteiltechnik am M. trapezius + M. latissimus dorsi, thorakaler Anteil.

Hand mit sägenden Bewegungen immer tiefer in die Muskulatur vorarbeitet (Foto 58 c).

Schultergelenk: Die *Cavitas glenoidalis* der Skapula stellt den fixen, konkaven, der Humeruskopf den flexiblen, konvexen Gelenkpartner dar. Die Gelenk- oder erste Behandlungsebene ist daher fix und verändert sich auch bei Winkeländerungen im Schultergelenk nicht. Sie bildet in etwa eine Senkrechte zur *Spina scapulae*. Da der proximale, fixe Partner konkav ist, erfolgen Gelenkgleiten und Knochenbewegung gegensinnig.

Die Grifftechnik für die manuelle Behandlung ist identisch mit der Handhaltung bei der Gelenkuntersuchung.

Die **Mobilisation** erfolgt entsprechend der in der Untersuchung festgestellten Einschränkungen:

- **Traktion:** Der Therapeut fixiert mit der kopfnahen Hand die Skapula, indem er – je nach Ernährungs- und Bemuskelungszustand des Hundes – beispielsweise die *Spina scapulae* oder das Akromion festhält. Mit der kopffernen Hand umgreift er den Humerus möglichst weit proximal. Nun erfolgt die Traktion des distalen, konvexen Gelenkpartners rechtwinklig von der Gelenkebene der ersten Behandlungsebene weg, d.h. in etwa in Verlängerung der *Spina scapulae*. Das physiologische Endgefühl ist fest-elastisch (Foto 59 a).
- **Kompression:** Der Therapeut fixiert mit der kopfnahen Hand die Skapula, mit der kopffernen Hand umgreift er das Ellbogengelenk und übt über die Längsachse des Humerus Druck nach proximal aus. Die Kompression erfolgt, indem die Gelenkflächen einander rechtwinklig zur Gelenkebene der *Cavitas glenoidalis* (erste Behandlungsebene) angenähert

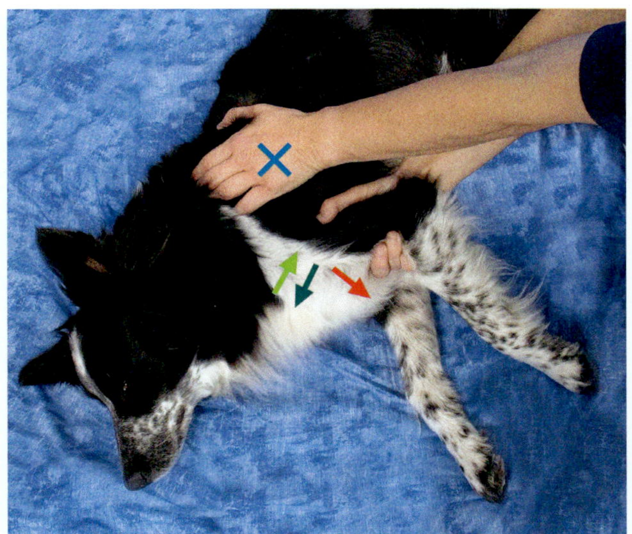

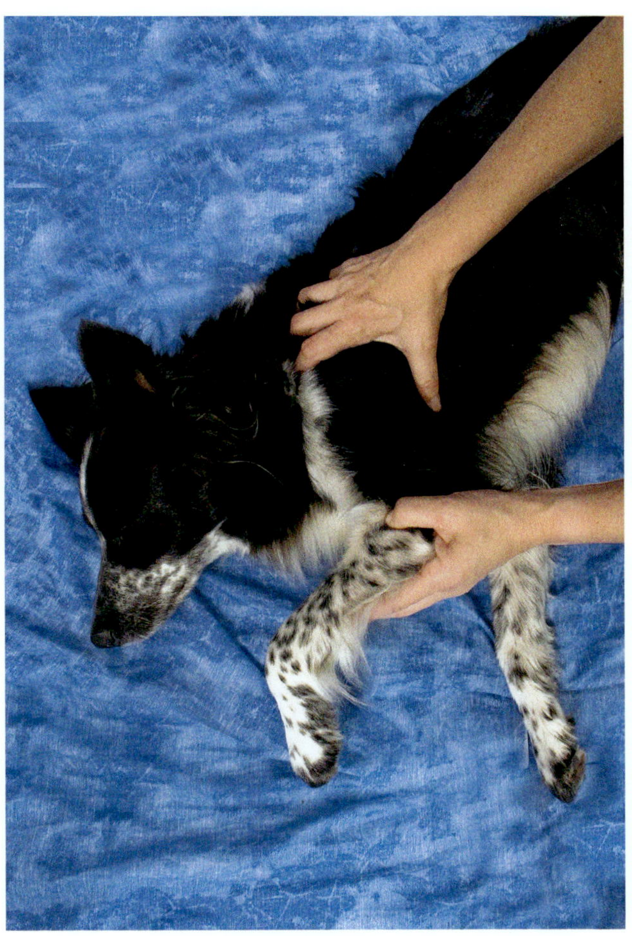

Foto 59 a: Schultergelenk: Fixation (blaues Kreuz), Traktion (roter Pfeil)
und Gleiten (grüne Pfeile).

Foto 59 b: Schultergelenk: Kompression.

werden. Auch hier kann die *Spina scapulae* als Orientierungshilfe dienen. Die Kompression kann vor allem bei Gelenkergüssen und Bursitiden schmerzhaft sein. Das physiologische Endgefühl ist hart. Die Behandlung unter Kompression kann um zwei Bewegungsachsen durchgeführt werden; dabei wird das Gelenk in die Ausgangsstellung gebracht, dann wird Druck aufgebaut und das Gelenk in die Zielstellung geführt, wo der Druck nachlässt und von wo aus das Gelenk wieder in die Ausgangsstellung gebracht wird. Pro Bewegungsachse wird dies in drei Serien acht- bis zehnmal durchgeführt (Foto 59 b).

- » Abduktion → Druck → Adduktion → Entspannung
- » Flexion → Druck → Extension → Entspannung

- **Translatorisches Gleiten:** Beim translatorischen Gleiten wird in erster Linie das Kranial- und Kaudalgleiten getestet. Nach einer leichten Traktion senkrecht von der Gelenk- oder ersten Behandlungsebene weg erfolgt das translatorische Gleiten parallel zu dieser Ebene, also in etwa senkrecht zur *Spina scapulae*. Entsprechend ist bei einer Störung des Kranialgleitens die Flexion eingeschränkt (kraniodorsale Kapselanteile verkürzt), bei einer Störung des Kaudalgleitens die Extension (kaudoventrale Kapselanteile verkürzt). Das translatorische Gleiten in der Behandlung erfolgt bei eingeschränkter Flexion entsprechend durch eine Verschiebung nach kraniodorsal (bei gleichzeitiger Forcierung der Flexion); bei eingeschränkter Extension erfolgt die Behandlung dann durch eine Verschiebung nach kaudoventral (bei gleichzeitiger Forcierung der Extension; Foto 59 a).

Ellbogengelenk und Unterarm

Oberarm: Distal am Humerus bieten der *Epicondylus lateralis* und der *Epicondylus medialis* den Streckern und Beugern des Unterarms Ursprung; dabei entspringen lateral die Strecker (Streckknorren) und medial die Beuger (Beugeknorren). Der *Condylus humeri* bildet die eigentliche proximale Gelenkfläche des Ellbogengelenks; er ist beim Hund zweigeteilt und besteht aus dem lateral gelegenen *Capitulum humeri*, welches mit der *Fovea capitis radii* artikuliert, und der medial gelegenen *Trochlea humeri*, welche als Widerlager für die *Incisura trochlearis ulnae* dient.

Unterarm: Der Unterarm des Hundes wird von den zwei vollständig getrennt ausgebildeten Knochen Elle (*Ulna*) und Speiche (*Radius*) gebildet. Dadurch sind in einem gewissen Umfang Pronation und Supination gegeneinander möglich. Der kranial gelegene Radius ist dabei der deutlich kräftigere Knochen. Zwischen Elle und Speiche befindet sich das *Spatium interosseum antebrachii*, welches durch die *Membrana interossea antebrachii* überbrückt wird.

Längenwachstum und Fugenschluss

Vor allem im Bereich des Unterarms entstehen durch unterschiedliches Längenwachstum häufiger Probleme. Am Radius kommt es beim Hund vor Abschluss des ersten Lebensjahres zum Schluss sowohl der proximalen als auch der distalen Epiphysenfuge. An der Ulna trägt allein die distale Epiphysenfuge so viel zum Längenwachstum bei, wie beide Radiusepiphysenfugen zusammen. Kommt es hier zu Abweichungen, ist eine Stufenbildung im Ellbogengelenk die Folge (vgl. ***Short-Ulna***- und ***Short-Radius***-Syndrom als Ursache für Ellbogengelenksdysplasie; persistierender Knorpelzapfen etc.). Auch die Ulnaepiphyse verknöchert vor Abschluss des ersten Lebensjahres. Proximal an der Ulna besitzen der ***Processus anconaeus*** sowie das Olekranon einen eigenen Ossifikationskern; die Fuge des ***Proc. anconaeus*** schließt sich normalerweise im Alter von drei bis fünf Monaten, die des Olekranons mit sechs bis neun Monaten. Im Zusammenhang mit dem ***Short-Ulna***-Syndrom kann es auch zu einem fehlenden Schluss der Fuge zum ***Proc. anconaeus*** kommen (s. IPA S. 113).

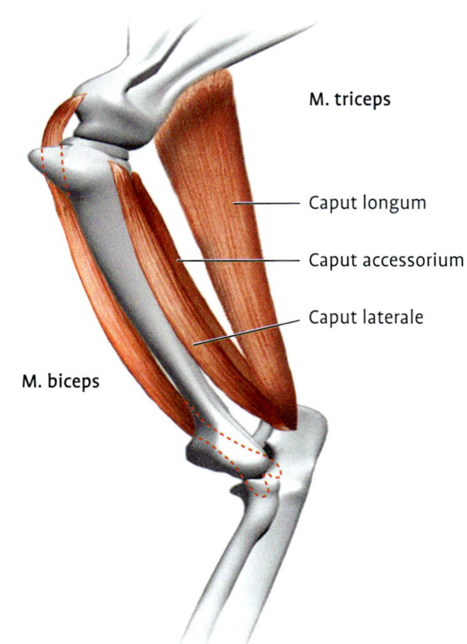

Abb. 37: Schulter- und Ellbogengelenk.

Proximal am Radius bildet das *Caput radii* mit seiner *Fovea capitis* die Gelenkfläche zur Artikulatioin mit dem *Capitulum humeri*. Kaudal befindet sich die *Circumferentia articularis radii* zur Artikulation mit der *Incisura radialis ulnae* (proximales Radioulnargelenk). Der Radiusschaft, *Corpus radii*, ist queroval geformt und geht distal in die *Trochlea radii* über, die ist ein Teil des Karpalgelenks. Auf der medialen Seite bildet der *Processus styloideus radii* den medialen Bandhöcker des Karpalgelenks. Lateral befindet sich die *Incisura ulnaris radii* zur Artikulation mit der *Circumferentia articularis ulnae* (distales Radioulnargelenk).

Die Ulna befindet sich hinter dem Radius, dabei liegt sie proximal weiter medial und distal weiter lateral. Kaudoproximal befindet sich das Olekranon mit dem *Tuber olecrani* als massivem Knochenvorsprung, der dem Trizeps Ansatz bietet. Kranial an der Basis des Olekranons befindet sich die *Incisura trochlearis* zur Artikulation mit der *Trochlea humeri*.

Die *Incisura trochlearis* wird nach proximal vom *Processus anconaeus* begrenzt, dieser greift wie ein Haken von hinten zwischen die Epikondylen des Humerus und spielt somit eine wichtige Rolle für die Stabilität des Ellbogengelenks. Beim Hund besitzt er zudem einen eigenen Ossifikationskern, wodurch er anfällig für Wachstumserkrankungen wird (IPA, isolierter *Processus anconaeus*). Die Kronfortsätze begrenzen die *Incisura trochlearis* nach distal; dabei ist der *Proc. coronoideus lateralis* schwächer ausgebildet als der *Proc. coronoideus medialis*, welcher dadurch einer stärkeren Gewichtsbelastung ausgesetzt ist und so ebenfalls anfälliger für Pathologien im Wachstum wird (FPC, fragmentierter *Processus coronoideus*). Zwischen den *Processus coronoidei* befindet sich die *Incisura radialis ulnae* zur Artikulation mit der *Circumferentia articularis radii* (proximales Radioulnargelenk).

Der Schaft der Elle wird als *Corpus ulnae* bezeichnet. Distal bildet der *Processus styloideus ulnae* den lateralen Bandhöcker und trägt die Gelenkfläche zur Artikulation mit dem *Os carpi ulnare* und dem *Os carpi accessorium*. Medial stellt die *Circumferentia articularis ulnae* die Gelenkfläche zur Artikulation mit der *Incisura ulnaris radii* dar (distales Radioulnargelenk).

Ellbogengelenk: Das Ellbogengelenk (*Articulatio cubiti*) ist ein zusammengesetztes Gelenk mit der Funktion eines **Wechselgelenks** (Beugung-Streckung). Aufgrund der straffen Führung wird es auch als Scharniergelenk bezeichnet (Abb. 37). Es artikulieren der Humerus mit *Trochlea* und *Capitulum* als fixer, konvexer Partner einerseits mit der *Incisura trochlearis ulnae* und der *Fovea capitis radii* als konkave, flexible Partner andererseits. Dadurch entstehen eine *Articulatio humeroulnaris* und eine *Articulatio humeroradialis*. Da die distalen, flexiblen Gelenkpartner konkav sind, ist auch die Behandlungsebene flexibel und die Rollgleitbewegung im Gelenk findet in die gleiche Richtung statt wie die Knochenbewegung.

Das Ellbogengelenk besitzt die jeweils zweischenkligen Kollateralbänder sowie ringförmig angeordnete Haltebänder. Durch die straffe knöcherne Führung und die Anordnung des Bandapparates sind im Ellbogengelenk fast ausschließlich Beugung und Streckung möglich (Umfang zwischen 100 und 140°); diese beiden Bewegungen werden passiv getestet, das physiologische Endgefühl ist dabei in Extension hart- und in Flexion weich-elastisch. Als kapsuläre Zeichen treten häufig relativ hochgradige Einschränkungen in Flexion auf; zum Teil ist auch die Extension zeitlich schon etwas früher, allerdings nicht in so großem Ausmaß eingeschränkt. Die physiologische Ruhestellung ist isoliert für das Humeroulnargelenk in leichter Flexion (etwa 70°) und für das Humeroradialgelenk isoliert in maximaler Extension gegeben; beide Gelenkanteile bewegen sich jedoch gleichzeitig mit einer Winkelveränderung in entsprechend derselben Gradzahl, sodass die Behandlungen ausgehend von der jeweiligen Ruhestellung nur nacheinander geschehen können.

Muskeln des Ellbogengelenks: Der *M. brachialis* und der *M. biceps brachii* stellen die wichtigsten Beuger des Ellbogengelenks dar, sie werden beide durch den *N. musculocutaneus* innerviert. Während der *M. brachialis* ein eingelenkiger Muskel ist und hauptsächlich für den Weggewinn der Bewegung verantwortlich ist, ist der *M. biceps brachii* ein zweigelenkiger Muskel, der eine höhere Kraftentwicklung hat. Er fungiert als Beuger des Ellbogen- und gleichzeitig als Strecker des Schultergelenks. Ihm kommt eine besondere klinische Bedeutung zu, da es relativ häufig zu Pathologien in seinem Ursprungsbereich am *Tuberculum supraglenoidale* sowie bei seinem Verlauf durch den *Sulcus intertubercularis* kommt (Tendovaginitis, Riss / Anriss der Ursprungssehne). Auch durch seinen Ansatz am *Processus coronoideus medialis ulnae* kann er eine Rolle bei der Entstehung einer Ellbogengelenksdysplasie im Sinne eines Fragmentierten Processus Coronoideus (FPC) spielen.

Der *M. triceps brachii* ist der wichtigste Ellbogengelenksstrecker. Er ist beim Hund vierköpfig und entspringt mit seinem zweigelenkigen Anteil (*Caput longum*) am Hinterrand der Skapula; die übrigen Anteile überspannen jeweils nur das Ellbogengelenk. Alle Anteile setzen gemeinsam am Olekranon an. Im *M. triceps brachii* finden sich relativ häufig schmerzhafte Triggerpunkte; eine Überbelastung kann sich auch in Form einer Tendinopathie am Kaudalrand des *Collum humeri* äußern. Der *M. triceps brachii* wird in seiner Wirkung durch den *M. anconaeus* und den *M. tensor fasciae antebrachii* unterstützt; alle drei werden durch den *N. radialis* innerviert (klinische Bedeutung bei der Radialis-Lähmung).

Radioulnargelenke: Die proximalen und distalen Radioulnargelenke ermöglichen die Pronations- und Supinationsbewegung der Unterarmknochen zueinander. Es handelt sich dabei jeweils um **Zapfengelenke**.

Proximal artikuliert die *Circumferentia articularis radii* mit der *Incisura radialis ulnae*. Der Radius bildet so den konvexen, die Ulna den konkaven Gelenkpartner; als flexibler Partner wird der Radius angesehen. Hieraus folgt, dass die Gleitbewegung des Radius entgegen der Knochenbewegungsrichtung geht. Hier steht die Gelenkkapsel mit dem Ellbogengelenk in Verbindung. Distal verbindet sich die *Circumferentia articularis ulnae* mit der *Incisura ulnaris radii*; hier ist der Radius der konkave Partner, während die Ulna das konvexe Gegenstück bildet.

Ulna und Radius sind außerdem über die *Membrana interossea antebrachii* miteinander verbunden. Die Bewegung beider Gelenke kann nur in funktionellem Gleichklang ablaufen, daher sollten bei Einschränkungen in Pronation-Supination immer beide Gelenke proximal und distal behandelt werden. Bewegungseinschränkungen an diesen Gelenken sind beim Hund jedoch aufgrund der geringgradigen Bewegungen in Pro- und Supination auch von untergeordneter Bedeutung. Normalerweise befindet sich der Unterarm in Pronationsstellung, diese kann um 20° nach innen verstärkt werden; die Supination beträgt von der Nullstellung aus gesehen maximal 50° und findet beim Hund hauptsächlich passiv statt.

Muskeln der Radioulnargelenke: Die Muskeln der Radioulnargelenke sind für die Pronations- und Supinationsbewegungen der Unterarmknochen zueinander verantwortlich und spielen beim Hund hauptsächlich eine Rolle in der Feinabstimmung der Bewegung bzw. kommen dann zum Einsatz, wenn z.B. Futterteile mit den Pfoten gehalten werden. Der M. *brachioradialis* und der *M. supinator* bewirken eine Auswärtsdrehung des Unterarms (= Supination), die Einwärtsdrehung (= Pronation) wird durch den *M. pronator teres* und den *M. pronator quadratus* herbeigeführt.

Besondere Belastungen und Ursachen für Dysfunktionen

Die häufigsten Affektionen im Ellbogengelenk sind Arthrosen besonders im Zusammenhang mit Ellbogengelenkdysplasien und *Osteochondrosis dissecans*. Bei Tendopathien ist hier ebenfalls hauptsächlich der *M. biceps brachii* betroffen (Ansatz am *Processus coronoideus medialis ulnae*), weiterhin treten Insertionstendopathien im Bereich des *Epicondylus medialis* und *lateralis humeri* sowie aktivierte Triggerpoints im *M. triceps brachii* auf.

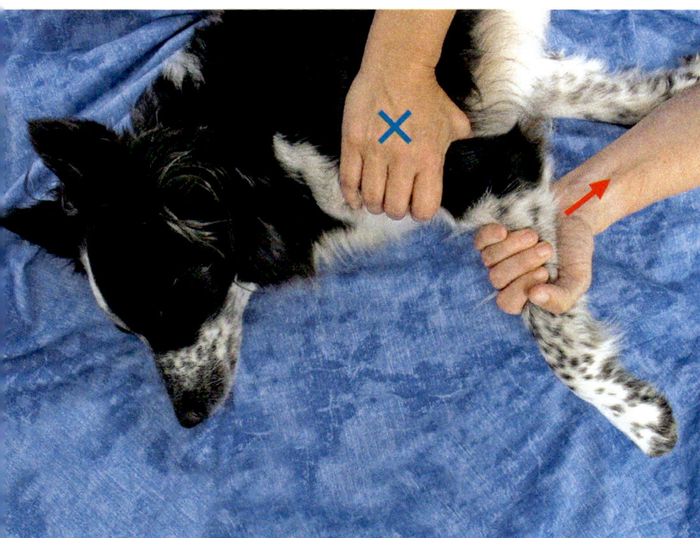

Foto 60 a: Ellbogen, humero-ulnar: Fixation (blaues Kreuz) und Traktion (roter Pfeil).

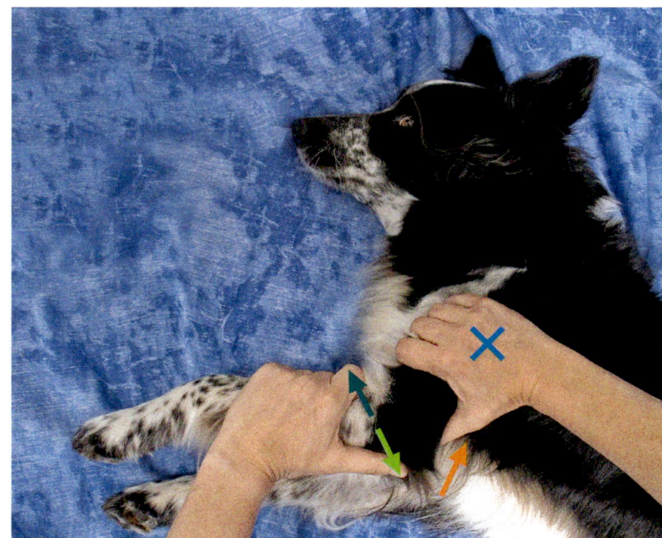

Foto 60 b: Ellbogen, humero-ulnar: Fixation (blaues Kreuz) und Kompression (oranger Pfeil). Bewegungsrichtung beim Gleiten (grüne Pfeile).

Durch die Behandlung unter **Kompression** werden am Ellbogengelenk alle Gelenkanteile behandelt. Dabei wird das Gelenk zunächst in die Ausgangsstellung (etwa 90°-Flexion) gebracht und anschließend unter Druck gestreckt. In Extension lässt der Druck wieder nach und das Gelenk wird zurück in die Ausgangsstellung gebracht. Dieser Zyklus wird in drei Serien acht- bis zehnmal durchgeführt.

90°-Flexion → Druck → Extension → Entspannung

Untersuchung und Behandlung

Während der Humerus den fixen, konvexen Partner darstellt, bilden die konkaven Knochen des Unterarms das flexible Gegenstück. Dadurch bewegen sich bei einer Knochenbewegung mit Winkelveränderung im Ellbogengelenk die Behandlungsebenen ebenfalls und die Rollgleitbewegung findet in die gleiche Richtung statt wie die Knochenbewegung.

Die Grifftechniken für die manuelle Behandlung der einzelnen Gelenkanteile sind identisch mit der Handhaltung bei der Untersuchung. Die Mobilisation erfolgt entsprechend der in der Untersuchung festgestellten Einschränkungen.

Humeroulnargelenk: Die translatorische Bewegungsuntersuchung und die Behandlung erfolgen mit Hilfe von Traktion, Kompression und translatorischem Gleiten:

- **Traktion:** Das Gelenk befindet sich in leichter Flexion. Eine Hand des Therapeuten umfasst und fixiert den Humerus, die andere Hand greift um die proximale Ulna und zieht diese rechtwinklig von der Behandlungsebene weg. Da die *Incisura trochlearis ulnae* den Humerus quasi von kaudal umgreift, erfolgt auch der Zug nach kaudal, senkrecht zur ersten Behandlungsebene und mehr oder weniger senkrecht zur Längsachse des Ulnaschaftes. Das physiologisiche Endgefühl bei der Traktion ist fest-elastisch (Foto 60 a).
- **Kompression:** Die Fixierung des Humerus geschieht wie bei der Traktion beschrieben, die Ulna wird in ihrem proximalen Bereich von kaudal umfasst und nun gewissermaßen rechtwinklig zur ersten Behandlungsebene nach kranial gegen den Humerus gedrückt. Das physiologische Endgefühl ist hart (Foto 60 b).
- **Translatorisches Gleiten:** Beim translatorischen Gleiten wird die Bewegung nach kranial und kaudal, also parallel zur ersten Behandlungsebene getestet; dies entspricht einer Bewegung ungefähr parallel zur Achse durch den Ulnaschaft. Das zu erwartende Endgefühl ist fest-elastisch. Das translatorische Gleiten erfolgt im Anschluss an eine leichte Traktion nach kranial und kaudal und wird in der Therapie jeweils bei Einschränkungen in Flexion und Extension durchgeführt, wobei die Knochenbewegung und das Rollgleiten hier gleichsinnig sind. Das bedeutet, dass bei einer eingeschränkten Flexion die kaudodorsalen Kapselanteile zu kurz sind und die Therapie unter leichter Traktion in Flexion stattfindet, während bei eingeschränkter Extension die kranialen Kapselanteile verkürzt sind und die Behandlung unter leichter Traktion in Extension durchgeführt wird (Foto 60 b).

Humeroradialgelenk: Untersuchung und Behandlung erfolgen am Humeroradialgelenk ebenfalls mit Hilfe von Traktion und Kompression:

- **Traktion:** Der Therapeut fixiert bei leicht gebeugtem Ellbogengelenk mit der kopfnahen Hand den Humerus und umfasst mit der distalen Hand den Unterarm im Bereich des Radiusschaftes. Die Traktion erfolgt rechtwinklig zur ersten Behandlungsebene, also in Richtung der Knochenachse des Radiusschaftes (Foto 61). Das physiologische Endgefühl ist dabei **fest-elastisch** (das Humeroradialgelenk befindet sich bei maximaler Extension in seiner physiologischen Ruhestellung; dennoch erfolgt die Traktion bei leicht gebeugtem Gelenk, weil bei maximaler Extension der Humerus unter dem Zug in Längsrichtung nicht ausreichend fixiert werden kann).

Radioulnargelenke: Die Behandlung des proximalen Radioulnargelenks erfolgt in Form eines translatorischen Gleitens. Bei Pro- und Supination bewegt sich die Ulna gewissermaßen auf der Rückseite um den Radius herum.

Bei eingeschränkter Pronation können sich die proximalen Anteile des Radius relativ zur Ulna nicht nach lateral bewegen; die Mobilisation des Radius erfolgt nach lateral bei gleichzeitiger Verstärkung der Pronation nach medial (die Behandlungsrichtung ist die Knochenbewegungsrichtung). Bei eingeschränkter Supination können sich umgekehrt die proximalen Anteile des Radius relativ zur Ulna nicht nach medial bewegen; die Mobilisation des Radius erfolgt entsprechend nach medial bei gleichzeitiger Verstärkung der Supination nach lateral (die Behandlungsrichtung ist wieder entgegengesetzt zur Knochenbewegungsrichtung).

Die Mobilisation des distalen Radioulnargelenks erfolgt durch eine Scherbewegung der distal nebeneinander liegenden Unterarmknochen (*per definitionem* gilt die Ulna als fixer, der Radius als flexibler Partner).

Karpalgelenk und Pfote

Karpus und Metakarpus: Der Karpus besteht beim Hund aus sieben *Ossa carpi*, die in zwei Reihen angeordnet sind. Die proximale Reihe umfasst das *Os carpi intermedioradiale*, welches medial gelegen ist und aus drei einzelnen Ossifikationskernen entsteht, sowie das lateral gelegene *Os carpi ulnare* und das plantare *Os carpi accessorium*. Die distale Reihe setzt sich von medial nach lateral aus dem *Os carpale primum*, dem *Os carpale secundum*, dem *Os carpale tertium* und dem *Os carpale quartum* zusammen.

Der Metakarpus besteht aus fünf relativ kurzen Röhrenknochen, die im Halbkreis nebeneinander liegen (*Os metacarpale primum*; medial bis *Os metacarpale quintum*; lateral). Die Metakarpalia des dritten und vierten Strahls sind dabei am längsten und kräftigsten ausgebildet und tragen die Hauptgewichtsbelastung. Alle Metakarpalia bestehen aus einer proximal gelegenen Basis, einem Schaft und einem distal befindlichen walzenförmigen *Caput*. Seitlich befinden sich Bandhöcker und Bandgruben. Auf der palmaren Seite liegen distal je zwei Sesambeine.

Zehenknochen: Die erste Zehe besitzt nur zwei Glieder und hat normalerweise keinen Bodenkontakt. Die übrigen Zehen bestehen aus je drei Zehengliedern, die als *Phalanx proximalis*, *Phalanx media* und *Phalanx distalis*

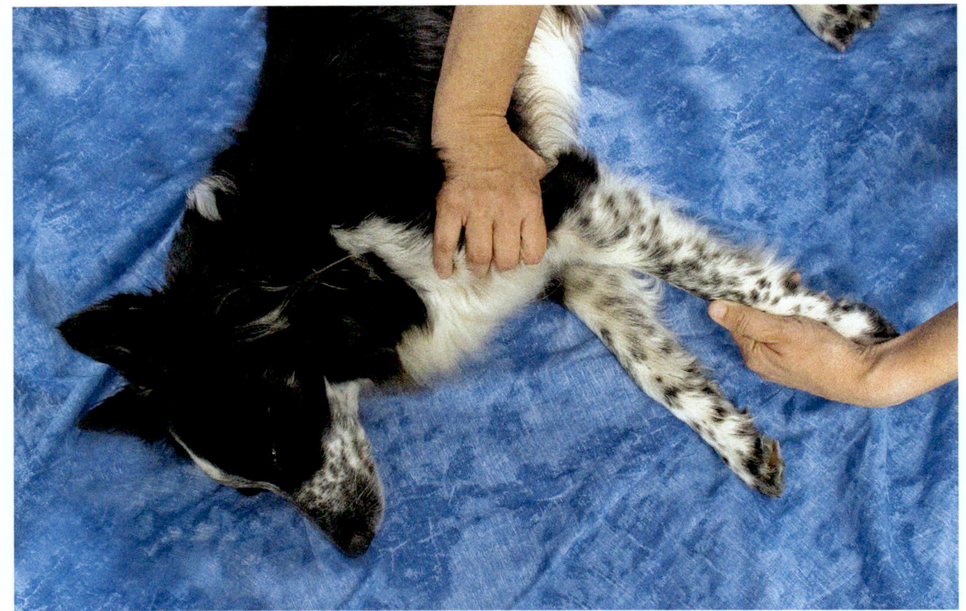

Foto 61 : Ellbogen, humeroradial: Traktion.

bezeichnet werden. Die dritte und vierte Zehe sind länger als die übrigen; sie tragen die Hauptlast des Körpergewichtes. Die *Phalanges proximales* besitzen proximal eine Basis mit konkaver *Fovea articularis*, ein kurzes *Corpus* sowie distal das *Caput* in Form einer Gelenkwalze mit Sagittalrinne. Seitlich befinden sich Bandhöcker und Bandgruben. Die *Phalanges mediae* besitzen ebenfalls proximal eine Basis, die dorsal als *Processus extensorius* ausgezogen ist. Sie haben ein kurzes *Corpus* und distal ein sattelförmiges *Caput* und seitlich befinden sich Bandhöcker und Bandgruben. Die *Phalanges distales* sind beim Hund als Krallenbeine (*Ossa unguicularia*) ausgebildet. Der *Processus unguicularis* reicht in den Krallenschuh hinein, dieser wird von der *Crista unguicularis* gehalten. Palmar befindet sich das *Tuberculum flexorium*, proximal die *Facies articularis*.

Karpalgelenk: Das Karpalgelenk (*Articulatio carpi*) ist ein **komplexes, zusammengesetztes Gelenk**, welches aus drei Gelenketagen besteht. Proximal befindet sich die *Articulatio antebrachiocarpea*, darauf folgt die *Articulatio mediocarpea* und distal liegt schließlich die *Articulatio carpometacarpea*. Die Gelenke zwischen den einzelnen Karaplknöchelchen werden als *Articulationes intercarpeae* bezeichnet; das *Os carpi accessorium* steht mit den anderen Knochen über die *Articulatio ossis carpi accessorii* in Verbindung.

Das funktionell wichtigste Gelenk des Karpus ist die *Articulatio antebrachiocarpea* bzw. das Radiokarpalgelenk, bei dem es sich um ein **Ellipsoidgelenk** handelt. Hier stoßen die distalen Flächen von Ulna und Radius mit dem *Os carpi intermedioradiale* und dem *Os carpi ulnare* zusammen. Am Gelenk zwischen Radius (proximal) und *Os carpi intermedioradiale* (distal) ist die distale Gelenkfläche konvex; am Gelenk zwischen Ulna (proximal) und *Os carpi ulnare* (distal) ist die distale Gelenkfläche konkav.

Das Karpalgelenk besitzt Faszienverstärkungen auf der Dorsal- (*Retinaculum extensorium*) und Plantarseite (*Retinaculum flexorum*; Karpaltunnel) und wird darüber hinaus seitlich durch Kollateralbänder stabilisiert. Zahlreiche kleine Bänder verbinden zusätzlich die einzelnen Knochen miteinander.

Im Stand befindet sich das Karpalgelenk in leichter Hyperextension. Insgesamt sind Beugung und Streckung in einem Umfang von 150 bis 195° möglich, Adduktion und Abduktion in einem Umfang von 20 bis 30°. Im Karpalgelenk selbst findet keine Rotation statt, die Supination der Pfote entsteht durch eine Drehung im Schultergelenk und eine Bewegung der Radioulnargelenke. Durch die leicht schräge Anordnung kommt es allerdings bei Beugung des Karpalgelenks zu einem leichten Auswärtsführen der Pfote. Die einzelnen Gelenketagen besitzen dabei unterschiedliche Bewegungsumfänge: In der proximalen Etage finden hauptsächlich Beugung und Streckung sowie Adduktion und Abduktion statt, in der mittleren und distalen Etage sind fast ausschließlich Beugung und Streckung, allerdings in deutlich geringerem Ausmaß möglich.

Im Karpalgelenk stehen außerdem die Metakarpalia untereinander über die *Articulationes intermetacarpeae* in Verbindung. Ihr Bandapparat steht eng mit dem des Karpus in Verbindung.

Muskeln des Karpalgelenks: Die Muskeln des Karpalgelenks lassen sich im Wesentlichen in Beuger und Strecker unterteilen. Der *M. extensor carpi radialis* ist der wichtigste Strecker des Karpalgelenks und bildet die kraniolaterale Kontur des Unterarms; er wird vom *N. radialis* innerviert (klinische Bedeutung bei Radialislähmung). Der *M. flexor carpi radialis* und der *M. flexor carpi ulnaris* sowie der *M. extensor carpi ulnaris* repräsentieren die Beuger des Karpalgelenks. Der *M. flexor carpi ulnaris* besitzt besondere Bedeutung durch seine Ansatzstelle am *Os carpi accessorium*, welches vor allem bei **Sporthunden** oft in seiner Beweglichkeit eingeschränkt ist und mobilisiert werden muss.

Zehengelenke: Die Zehengelenke umfassen von proximal nach distal gesehen die Grundgelenke (*Articulationes metacarpophalangeae*), die Mittelgelenke (*Articulationes interphalangeae proximales*) und die Krallengelenke (*Articulationes interphalangeae distales*). Die Grundgelenke sind als Walzen- bzw. Wechselgelenke ausgebildet, im Stand befinden sie sich in deutlicher Hyperextension, von wo aus eine Beugung im Umfang von etwa 20° möglich ist. In gestreckter Stellung sind gleichzeitig Abduktion und Adduktion sowie eine leichte Rotation möglich. Die Zehenmittelgelenke und die Krallengelenke sind als Sattelgelenke ausgebildet. Die Mittelgelenke befinden sich im Stand in deutlicher Flexionsstellung, von hier aus ist noch eine weitere Beugung von 60° und eine Streckung von 90° möglich. Die Krallengelenke ermöglichen Beugung und Streckung sowie in geringem Maß Abduktion und Adduktion.

Muskeln der Vorderzehen: An den Vorderzehen unterscheidet man die langen und kurzen Muskeln.

Als wichtigste Zehenstrecker sind der *M. extensor digitalis communis* und der *M. extensor digitalis lateralis* zu nennen, die beide durch den *N. radialis* innerviert werden (klinische Bedeutung bei Radialislähmung) und durch ihren zweigelenkigen Verlauf auch als Strecker des Karpalgelenks fungieren. Der *M. flexor digitalis superficialis* und der *M. flexor digitalis profundus* repräsentieren demgegenüber die Zehenbeuger; sie werden durch den *N. medianus* innerviert und unterstützen durch ihren zweigelenkigen Verlauf die Beugung des

Karpalgelenks. Die aus dem *M. flexor digitalis superficialis* hervorgehende oberflächliche Beugesehne umfasst vor ihrem Ansatz palmar an den Mittelphalangen manschettenartig die tiefe Beugesehne und führt somit eine Flexion der Zehengrund- und Mittelgelenke herbei. Die tiefe Beugesehne hingegen, welche aus dem *M. flexor digitalis profundus* hervorgeht, zieht bis zu den distalen Phalangen und inseriert hier am *Tuberculum flexorium*; sie bewirkt dadurch eine Flexion aller Zehengelenke.

Besondere Belastungen und Ursachen für Dysfunktionen
Am Karpalgelenk treten häufig Arthrosen als Folge von Traumata, vor allem aber nach chronischer Überlastung auf. Als kapsuläres Zeichen tritt hierbei eine gleichmäßige Einschränkung aller Bewegungsrichtungen auf.

Als Ursachen sind insbesondere **Sprungsportarten** zu nennen, bei denen es bei der Landung zu einer starken Hyperextension im Handgelenk kommt. In diesem Zusammenhang treten häufig auch Tendopathien der Beugesehnen sowie Bewegungseinschränkungen des *Os carpi accessorium* auf.

Untersuchung und Behandlung
Karpalgelenk: Während Radius und Ulna die fixen Gelenkpartner darstellen, werden die flexiblen Partner durch die Karpalknöchelchen repräsentiert. Dabei ist das *Os carpi intermedioradiale* konvex, das *Os carpi ulnare* jedoch konkav.

Bei Beugung und Streckung des Karpalgelenks werden jedoch immer beide Gelenkanteile mitbewegt, sodass die Anwendung der Konvex-Konkav-Regel im Bereich des Karpus problematisch ist.

Die Grifftechniken für die manuelle Behandlung des Karpalgelenks entsprechen den Handpositionen bei den Untersuchungstechniken. Bei Vorliegen von Bewegungseinschränkungen muss aufgrund der unterschiedlichen Form der distalen Gelenkflächen immer in beide Richtungen, also in Flexion und Extension mobilisiert werden.

Die translatorische Bewegungsuntersuchung und Behandlung des Karpalgelenks erfolgt mit Hilfe von Traktion, Kompression und translatorischem Gleiten (Foto 62):

- **Traktion:** Der Therapeut fixiert mit der proximalen Hand den Unterarm und greift mit der distalen Hand um die Karpal- und Metakarpalknochen und übt in leichter Flexionsstellung einen Zug rechtwinklig zur Behandlungsebene, also nach distal entlang der Metakarpalachse aus. Das physiologische Endgefühl dabei ist fest-elastisch.
- **Kompression:** Bei gleicher Ausgangsstellung und Griffanlage wie bei der Traktion erfolgt ein Druck rechtwinklig auf die Behandlungsebene, also entlang der Metakarpalachse. Das physiologische Endgefühl ist hierbei hart. Durch die Behandlung unter Kompression wird das Karpalgelenk als Ganzes behandelt. Dabei wird das Gelenk zunächst in die Ausgangs-Beugestellung gebracht und anschließend unter Druck gestreckt. In Extension lässt der Druck wieder nach und das Gelenk wird zurück in die Ausgangsstellung gebracht. Dieser Zyklus wird insgesamt etwa acht bis zehn Mal durchgeführt.

  Flexion → Druck → Extension → Entspannung
- **Translatorisches Gleiten:** Beim translatorischen Gleiten wird die Beweglichkeit nach kranial und kaudal senkrecht zur Metakarpalachse getestet. Liegt eine Bewegungseinschränkung vor, muss aufgrund der unterschiedlichen Konkavität bzw. Konvexität in der ***Articulatio antebrachiocarpea*** immer in beide Richtungen mobilisiert werden.

Os carpi accessorium: Das lateropalmar am Karpalgelenk befindliche Erbsbein, *Os carpi accessorium,* ist häufig in seiner Beweglichkeit eingeschränkt. Für die Untersuchung hält die eine Hand den Karpus in leichter Fle-

> Alternativ kann die Mobilisation des Karpus erfolgen, indem alle gegeneinander isolierbaren Knochen gegeneinander bewegt werden: Bei Fixierung des Radius wird das *Os carpi intermedioradiale* mobilisiert; bei Fixierung der Ulna wird das *Os carpi ulnare* mobilisiert und anschließend erfolgt die Mobilisation von ***Os carpi intermedioradiale*** und ***ulnare*** gegeneinander.

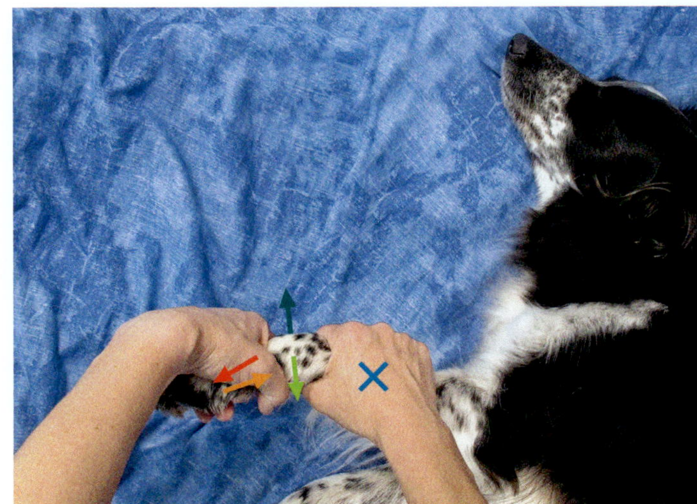

Foto 62: Karpus: Traktion (roter Pfeil), Kompression (oranger Pfeil) und Gleiten nach kranial (dunkelgrüner Pfeil) sowie kaudal (hellgrüner Pfeil).

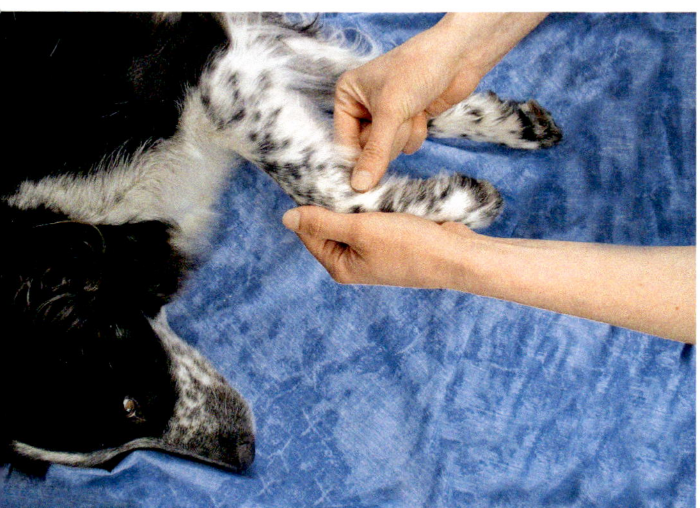

Foto 63: Karpus, Os carpi accessorium.

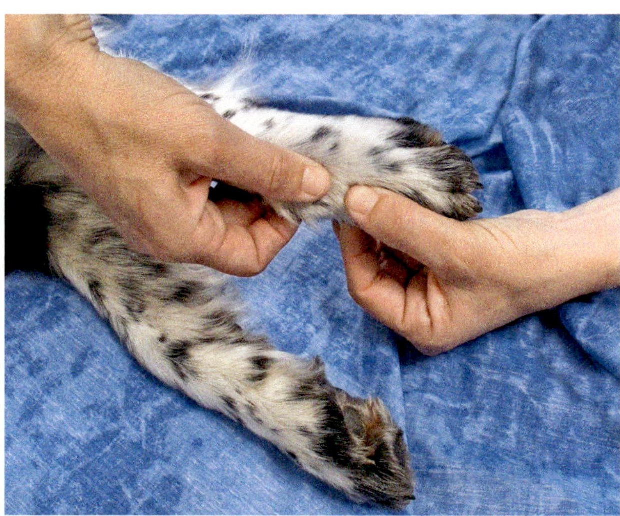

Foto 64: Unspezifische Mobilisation der Zehengelenke.

xion, sodass die Beugesehnen und vor allem der *M. flexor carpi ulnaris* entspannt sind; nun greift die andere Hand das *Os carpi accessorium* zwischen Daumen und Zeigefinger und bewegt es nach medial und lateral. Liegt eine Einschränkung vor, wird diese Bewegung wiederholt, bis das Knöchelchen wieder beweglich ist (Foto 63).

Zehengelenke: Alle Zehengelenke, also die Grund-, Mittel- und Krallengelenke aller Strahlen werden nacheinander in Extension und Flexion getestet. Die Grundgelenke werden zusätzlich in Rotation und Abduktion-Adduktion getestet. Liegt eine Einschränkung vor, so wird dieselbe Bewegung wie bei der Untersuchung solange wiederholt, bis das Gelenk wieder beweglich ist. Am häufigsten sind dabei die Grundgelenke des IV. und III. Strahls betroffen, wobei meist die Flexion eingeschränkt ist.

Die Untersuchung und Behandlung der Zehengelenke erfolgt mit Hilfe von Traktion, Kompression und translatorischem Gleiten:

- **Traktion:** Der Therapeut fixiert mit einer Hand den Metakarpus bzw. die betreffende *Phalanx proximalis* oder *Phalanx media*. Die andere Hand umfasst mit Daumen und Zeigefinger den entsprechend distal gelegenen Zehenknochen und übt einen Zug in Längsrichtung der Phalangen aus. Das Endgefühlt ist fest-elastisch.
- **Kompression:** Bei gleicher Griffanlage wie bei der Traktion wird der entsprechende Zehenknochen unter Druck rechtwinklig zur Behandlungsebene hin, also in Längsrichtung der Phalangen bewegt.
- **Translatorisches Gleiten:** Unter leichter Traktion wird das translatorische Gleiten nach kranial und kaudal getestet. Das physiologische Endgefühl ist jeweils fest elastisch. Ist die Flexion eingeschränkt, so geht dies mit einer Einschränkung der Gleitbewegung nach kaudal einher. Bei einer Einschränkung der Extension ist die Gleitbewegung nach kranial eingeschränkt.

An den Zehengrundgelenken wird zusätzlich die Beweglichkeit nach lateral und nach medial untersucht, um Einschränkungen der Ab- und Adduktion festzustellen.

In der Praxis ist auch die unspezifische Mobilisation der Zehengelenke in der Form möglich, dass beide Gelenkpartner möglichst nah am zu behandelnden Gelenk gegriffen und vorsichtig gegeneinander in alle Bewegungsrichtungen mobilisiert werden (Foto 64).

Hintergliedmaßen

Die Hintergliedmaßen sind beim Hund wie bei den übrigen Vierbeinern auch für die Entwicklung der **Schubkraft** in der Vorwärtsbewegung verantwortlich. Die Verbindung der Hinterbeine mit dem Rumpf erfolgt daher knöchern, um auf diese Weise einen möglichst geringen Energieverlust zu gewährleisten. Dabei kommt hier den Gelenken, vor allem den Kreuzdarmbeingelenken (s. Kreuz-Beckenregion), gleichzeitig auch eine gewisse Stoßdämpferfunktion zu. Auch an den Hintergliedmaßen tragen der dritte und vierte Strahl die Hauptbelastung und sind so ebenfalls anfälliger, der erste Strahl ist an den Hintergliedmaßen bis auf wenige Ausnahmen vollständig reduziert (Abb. 38a).

Oberschenkel und Hüftgelenk

Oberschenkelknochen: Der *Femur* artikuliert proximal im Hüftgelenk mit dem Becken und distal im Kniegelenk mit der Patella und der Tibia. Das proximal gelegene, kugelförmige *Caput ossis femoris* bildet den distalen Anteil des Hüftgelenks zur Artikulation mit dem *Acetabulum*. An ihm befindet sich die *Fovea capitis*, eine flache Bandgrube, die auch auf den HD-Aufnahmen jüngerer Hunde als Abflachung der Kontur sichtbar ist. Der Oberschenkelkopf ist durch den Hals, *Collum,* vom Schaft des Femur abgesetzt; Hals und Schaft sollten dabei einen Winkel von etwa 130° zueinander bilden. Nach lateral erhebt sich der *Trochanter major* als prominente Ansatzstelle der Kruppenmuskulatur; medial davon befindet sich die *Fossa trochanterica.* Der *Trochanter minor* stellt eine deutlich kleinere, warzenartige Muskelansatzstelle dar. Der Femurschaft, *Corpus ossis femoris*, ist auf der Kranialseite konvex gerundet und auf der Kaudalseite abgeflacht, er besitzt zahlreiche Muskelansatzflächen.

Hüftgelenk: Das Hüftgelenk (*Articulatio coxae*) ist ein **Kugelgelenk**, in welchem das *Caput ossis femoris* als distaler, konvexer Partner mit der *Facies lunata* des Azetabulums als proximalem, konkavem Partner artikuliert. Das Azetabulum wird durch das knorpelige *Labrum acetabulare* überhöht. Ventral befindet sich die *Incisura acetabuli*, die durch das *Ligamentum transversum acetabuli* überspannt wird. Das *Lig. capitis ossis femoris* verbindet die *Fovea capitis* mit der *Fossa acetabuli*; dabei ist es kein stabilisierendes bzw. haltendes Band, sondern erfüllt eher eine dämpfende Funktion. Im Wachstum beinhaltet es außerdem Blutgefäße.

Der Bewegungsumfang im Hüftgelenk beträgt etwa 100 bis 130° in Beugung und Streckung, etwa 50 bis 60° in Ab- und Adduktion und etwa 100° in Rotation. Die dreidimensionale Ruhestellung liegt bei etwa 20° Flexion, 10° Abduktion und leichter Außenrotation. Das physiologische Endgefühl ist für die Extension **fest-elastisch**, für die Flexion **weich-elastisch**.

Beckengürtelmuskulatur: Die Beckengürtelmuskulatur wird auch als innere Lendenmuskulatur bezeichnet und besteht aus den segmental aufgebauten Muskeln *M. quadratus lumborum*, *M. psoas minor* und *M. iliopsoas*, die jeweils an der Ventralseite der Brust- und Lendenwirbel entspringen und an den Querfortsätzen der kaudal gelegenen Lendenwirbel sowie dem Darmbein inserieren. Bei einseitiger Aktivität bedingen sie eine Lateralflexion der Lendenwirbelsäule (und Beugung der Hüfte; *M. iliopsoas* mit Ansatz am *Trochanter minor*), bei beidseitiger Aktivität eine Flexion der Lendenwirbelsäule. Die Beckengürtelmuskulatur wird von den Ventralästen der Lumbalnerven versorgt.

Muskeln des Hüftgelenks: Zu den Muskeln des Hüftgelenks gehören neben den Kruppenmuskeln (s. S. 41f)

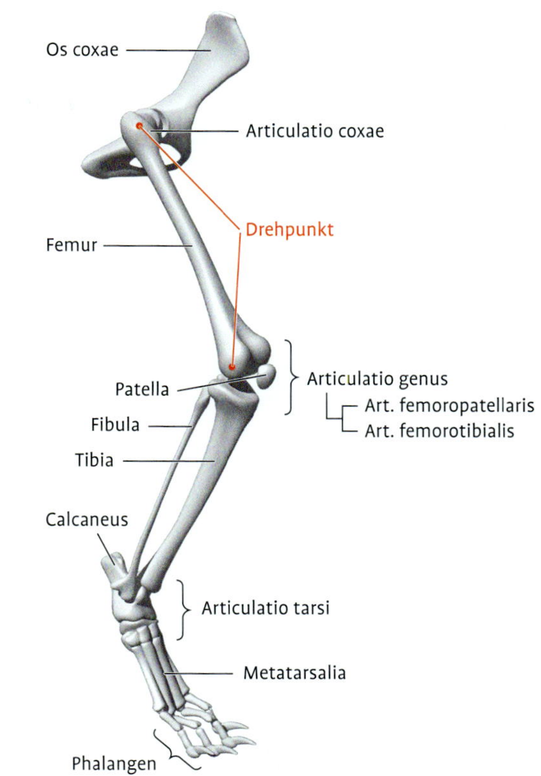

Abb. 38a: Skelett der Hintergliedmaße.

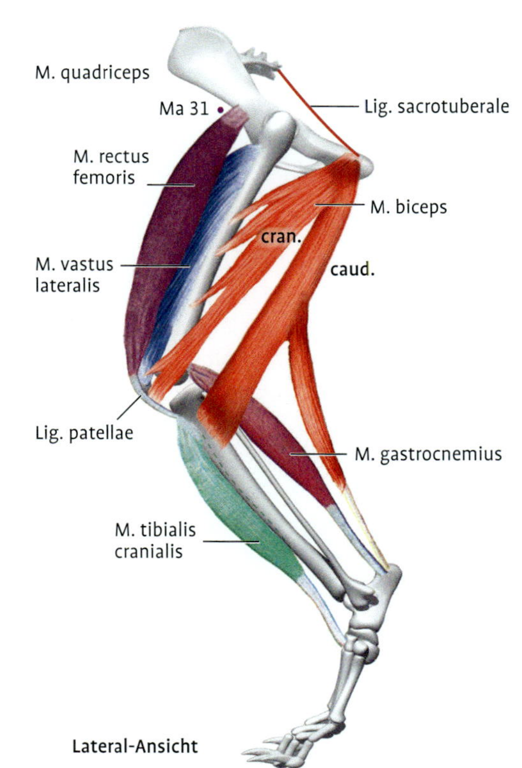

Abb. 38b: Muskeln der Hintergliedmaße.

auch die Hinterbackenmuskeln sowie die medialen Oberschenkel- und tiefen Hüftgelenksmuskeln:

Die **Hinterbackenmuskulatur** wird auch als ischiokrurale Muskulatur bezeichnet und setzt sich zusammen aus dem *M. biceps femoris*, dem *M. abductor cruris caudalis*, dem *M. semimembranosus* und dem *M. semitendinosus*, von denen die beiden Letzten auch als *Hamstrings* bezeichnet werden. Der *M. biceps femoris* stellt eine Muskelplatte dar, die kaudolateral am Oberschenkel direkt unter der Haut liegt und in enger Verbindung mit der *Fascia latae* steht. Er entspringt mit seinen zwei Köpfen am Sitzbeinhöcker und geht aponeurotisch in die Faszien des Ober- und Unterschenkels über. Außerdem gibt er eine Fersenbeinsehne ab. Insgesamt fungiert er als Strecker des Hüftgelenks. Darüber hinaus unterstützt er mit seiner kranialen Portion die Kniegelenksstreckung, mit seiner kaudalen Portion die Kniegelenksbeugung und durch die Fersenbeinsehne auch die Streckung des Sprunggelenks. Der *M. semimembranosus* und der *M. semitendinosus* kommen ebenfalls vom Sitzbeinhöcker und setzen am Oberschenkel sowie an der Tibia an. Dadurch wirken sie ebenfalls als Strecker der Hüfte und Beuger des Kniegelenks; sie werden vom *N. tibialis* innerviert. Der *M. semitendinosus* spaltet ähnlich wie der *M. biceps* auch eine Fersenbeinsehne ab, die sich mit der des Bizeps vereinigt und so den *Tendo accessorius* der Achillessehne bildet. Durch die Fersenbeinsehne wird zusätzlich die Streckung von Knie- und Sprunggelenk vermittelt.

Die **mediale Oberschenkelmuskulatur** hat im Wesentlichen die Funktion, die Adduktion der Gliedmaße herbeizuführen und wird vom *N. obturatorius* und vom *N. femoralis* innerviert. Sie umfasst den *M. sartorius*, den *M. gracilis* (klinische Bedeutung durch Graciliskontraktur), die *Mm. adductores* und den *M. pectineus* (klinische Bedeutung bei Hüftgelenksdysplasie).

Die **tiefe Hüftgelenksmuskulatur** wird auch als „kleine Beckengesellschaft" bezeichnet und liegt in unmittelbarer Nähe des Hüftgelenks; ihre Aufgaben sind die **Feinabstimmung** der Bewegungen am Hüftgelenk sowie die Supination der Gliedmaße. Zu ihr zählen der *M. obturatorius internus* und *externus*, die *Mm. gemelli*, der *M. quadratus femoris* und der *M. articularis coxae*.

Besondere Belastungen und Ursachen für Dysfunktionen

Die häufigste Pathologie des Hüftgelenks ist die Hüftgelenksdysplasie und als deren Folge die Coxarthrose. Weiterhin können *Osteochondrosis dissecans*, Bursitiden und die Femurkopfnekrose auftreten. Auch finden sich häufig Tendopathien im Bereich des Hüftgelenks, vor allem Tendopathien des *M. pectineus*, des *M. sartorius* und des *M. rectus femoris*.

Bei Vorliegen einer Pathologie ist als kapsuläres Zeichen die Innenrotation vor der Extension vor der Abduktion betroffen und eingeschränkt.

Untersuchung und Behandlung

Das konkave Azetabulum des Beckens stellt den fixen Gelenkpartner dar, der konvexe Femurkopf den distalen, flexiblen Partner. Die Gelenk- oder erste Behandlungsebene ist daher fix und verändert sich auch bei Winkeländerungen im Hüftgelenk nicht. Da der proximale, fixe Partner konkav ist, erfolgen Gelenkgleiten und Knochenbewegung gegensinnig.

Die Grifftechnik für die manuelle Behandlung ist identisch mit der Handhaltung bei der Gelenkuntersuchung. Die Mobilisation erfolgt entsprechend der in der Untersuchung festgestellten Einschränkungen.

Bei der translatorischen Bewegungsuntersuchung und Behandlung des Hüftgelenks wird mit Traktion, Kompression und translatorischem Gleiten gearbeitet:

- **Traktion:** Bei der Behandlung am liegenden Hund erfolgt die Fixierung des Beckens als proximaler Partner allein durch die Schwerkraft. Der Therapeut umgreift mit beiden Händen den proximalen Femur und zieht diesen rechtwinklig von der Behandlungsebene nach laterodistal weg; dies entspricht der Richtung der Längsachse durch den Femurhals (die erste Behandlungsebene stellt eine schräge Fläche dar, die nach lateral und distal geneigt ist – am auf der Seite liegenden Hund zeigt sie dadurch decken- und pfotenwärts). Das physiologische Endgefühl ist dabei fest-elastisch (Foto 65 a).
- **Kompression:** Bei gleicher Griffanlage und Fixierung des Beckens wird nun der Femur in seinem proximalen Bereich rechtwinklig zur Behandlungsebene in Richtung Pfanne, d.h. nach mediodorsal, entlang der Längsachse durch den Femurhals (aufgrund der wiederum schräg geneigten Behandlungsebene geht der Druck also nach proximal und in Richtung auf den Boden zu) gedrückt. Das physiologische Endgefühl ist dabei hart.
  Die Behandlung unter Kompression wird durchgeführt, indem das Gelenk zunächst in die Ausgangsbeugestellung gebracht wird. Von hier aus wird Druck aufgebaut und das Gelenk dann in die Zielstellung, die Streckung geführt. Hier lässt der Druck wieder nach und die Ausgangsstellung wird wieder eingenommen. Diese Zyklen werden etwa acht bis zehn Mal wiederholt (Foto 65 b).
  Flexion → Druck → Extension → Entspannung
- **Translatorisches Gleiten:** Beim translatorischen Gleiten wird in erster Linie das Kranial- und Kaudalgleiten getestet. Nach einer leichten Traktion senkrecht von der Gelenk- oder ersten Behandlungsebene weg erfolgt das translatorische Gleiten parallel zu dieser Ebene. Aufgrund der konvexen Form

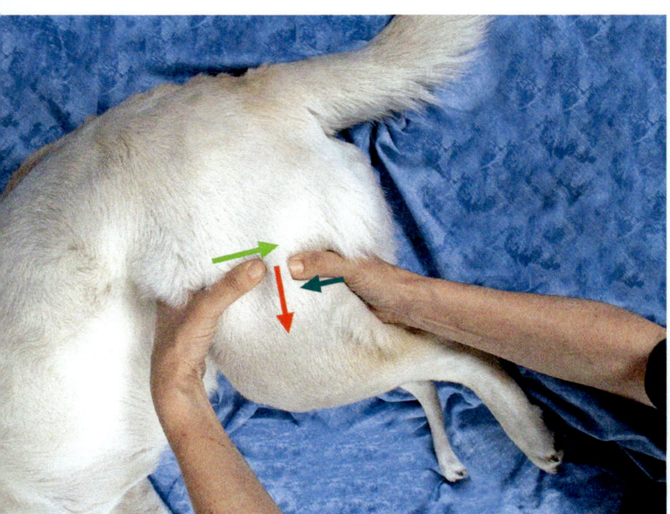

Foto 65 a: Hüfte: Traktion (roter Pfeil) und Gleiten nach kranial (dunkelgrüner Pfeil) sowie kaudal (hellgrüner Pfeil).

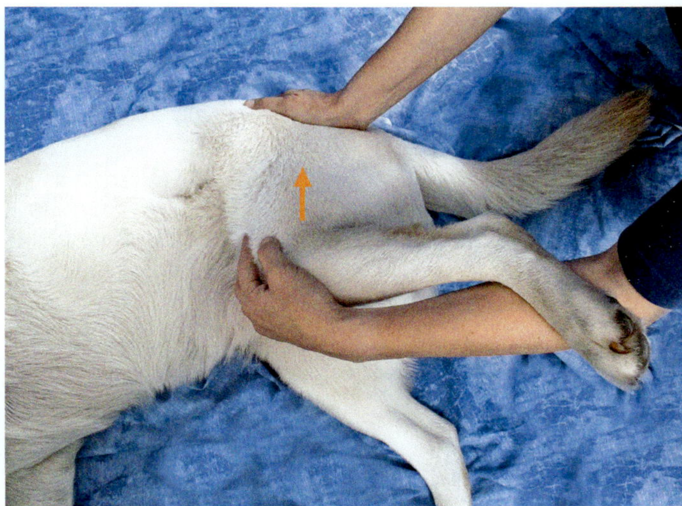

Foto 65 b: Hüfte: Kompression (oranger Pfeil).

des distalen Partners ist bei einer Störung des Kranialgleitens die Hüftextension eingeschränkt (kraniale Kapselanteile verkürzt), bei einer Störung des Kaudalgleitens die Flexion (kaudale Kapselanteile verkürzt). Die Behandlung einer eingeschränkten Extension erfolgt daher durch eine Verschiebung nach kranial bei gleichzeitiger Forcierung der Extension; bei eingeschränkter Flexion erfolgt die Behandlung durch eine Verschiebung nach kaudal bei gleichzeitiger Forcierung der Flexion (Foto 65 a).

Kniegelenk und Unterschenkel

Oberschenkel: Distal am Oberschenkelknochen dienen der oberhalb der eigentlichen Gelenkflächen liegende *Epicondylus lateralis* sowie der *Epicondylus medialis* als Bandhöcker bzw. -grube. Der *Condylus lateralis* und *medialis* stellen die eigentlichen Gelenkknorren dar und sind durch die *Fossa intercondylaris* voneinander und durch die *Linea intercondylaris* von der *Fossa poplitea* abgesetzt. Auf der Kranialseite bildet die *Trochlea ossis femoris* mit dem *Sulcus patellaris* und dem lateralen und medialen Rollkamm die Führungsschiene für die Patella. Dabei ist der mediale Rollkamm stärker und höher ausgebildet. Die Rollkämme gehen distal in die Kondylen über, proximal befindet sich die *Fossa suprapatellaris*.
Kniescheibe: Bei der Kniescheibe, *Patella*, handelt es sich von der Entwicklung her um ein tropfenförmiges Sesambein in der Endsehne des *M. quadriceps*. Proximal befindet sich die Basis, distal die Apex. Die Patella wird von Knorpelsäumen eingefasst. Darüber hinaus befinden sich im Bereich des Kniegelenks noch drei weitere Sesambeine: die paarigen vesalischen Sesambeine oder Fabellen, welche in den Ursprungssehnen des *M. gastrocnemius* zu finden sind, und ein unpaares Sesambein in der Ursprungssehne des *M. popliteus*, welches zwischen *Caput fibulae* und *Condylus lateralis* der Tibia gelegen ist.
Unterschenkel: Der Unterschenkel besteht analog zum Unterarm aus zwei Knochen, der gewichtstragenden Tibia (Schienbein) und der kaudal gelegenen schwächeren Fibula (Wadenbein). Zwischen beiden befindet sich das *Spatium interosseum cruris*, das von der *Membrana interossea cruris* überbrückt wird.

Die **Tibia** befindet sich kranial vor der Fibula. Die proximale Gelenkfläche ist als Plateau ausgebildet, auf welchem sich der etwas größere *Condylus lateralis* und der kleinere *Condylus medialis* zur Artikulation mit dem Femur abheben. Am lateralen Kondylus ist die *Facies articularis fibularis* ausgebildet, welche die proximale gelenkige Verbindung mit der Fibula herstellt. Zwischen den Kondylen liegt die zweihöckrige *Eminentia intercondylaris*, die den Kreuzbändern Ansatz bietet. Kranial befindet sich die *Tuberositas tibiae* oder Schienbeinbeule, welche nach distal in die *Crista tibiae* übergeht und schließlich im *Margo cranialis* der Tibia mündet. Durch diesen scharfen Kranialrand besitzt die Tibia proximal einen fast dreieckigen Querschnitt, der distal queroval wird. Distal ist die *Cochlea tibiae* zu erkennen, die Gelenkschraube des Sprunggelenks, die durch einen Sagittalkamm geteilt wird. Auf ihrer medialen Seite ist der *Malleolus medialis* ausgebildet, lateral befindet sich eine Gelenkfacette zur distalen Artikulation mit der *Facies articularis malleoli* der Fibula.

Die **Fibula** ist als dünner, flacher Knochen ausgebildet, der axial so gedreht ist, dass man proximal eine

Dorsal- und eine Kaudalfläche unterscheiden kann, distal jedoch eine Lateral- und eine Medialfläche vorhanden sind. Proximal befindet sich das Fibulaköpfchen, welches mit dem *Condylus lateralis* der Tibia artikuliert. Distal bildet die Fibula den *Malleolus lateralis*, welcher gelenkige Verbindung zur Kochlea der Tibia besitzt.

Kniegelenk: Das Kniegelenk (*Articulatio genus*) ist ein zusammengesetztes Gelenk; es umfasst die *Articulatio femorotibialis* (Kniekehlgelenk) und die *Articulatio femoropatellaris* (Kniescheibengelenk), welche anatomisch und funktionell in enger Verbindung stehen.

Das **Kniekehlgelenk** ist funktionell ein **Spiralgelenk**; es artikulieren die konvexen *Condyli ossis femoris* mit den eher planen bzw. konkaven *Condyli tibiae*. Das Gelenk ist inkongruent, zwischen die Gelenkflächen sind daher von lateral und medial die halbmondförmigen, aus Faserknorpel bestehenden Menisken eingeschoben. Die Außenränder sind höher als die sehr flachen Innenränder, dabei ist der laterale Meniskus stärker ausgeprägt. Der Bandapparat des Kniekehlgelenks besteht aus den lateralen und medialen Kollateralbändern, welche so verlaufen, dass sie bei Kniebeugung entspannt sind, sowie den Haltebändern der Menisken und den Kreuzbändern, von denen vor allem das kraniale von klinischer Bedeutung ist (Kreuzbandriss). Die Kreuzbänder liegen intrakapsulär; das vordere Kreuzband zieht vom lateralen Femurknorren zur *Area intercondylaris cranialis* und begrenzt die Bewegung der Tibia nach vorne; das hintere Kreuzband zieht vom medialen Femurknorren zur *Area intercondylaris caudalis* und zur *Incisura poplitea* und begrenzt die Bewegung der Tibia nach hinten. Die vesalischen Sesambeine sowie das Sesambein im *M. popliteus* stehen mit der Kniekehlgelenkskapsel in Verbindung. Das Kniekehlgelenk besitzt eine komplexe Biomechanik. Bei Beugung und Streckung des Gelenks kommt es zu einer Rollgleitbewegung der Femurkondylen auf den Menisken, die Menisken gleiten ihrerseits in geringem Umfang auf dem Tibiaplateau. Der Umfang von Beugung und Streckung umfasst bis zu 130°. Zusätzlich sind in gebeugter Stellung eine Abduktions-Adduktionsbewegung sowie eine Rotation im Umfang von jeweils etwa 20° möglich. Die Ruhestellung ist bei einer Flexion von etwa 30° gegeben; das physiologische Endgefühl bei Extension ist **fest-elastisch**, das bei Flexion **weich-elastisch**.

Das **Kniescheibengelenk** ist von seiner Entwicklung her betrachtet ein Schleimbeutel unterhalb des Sesambeins, also der Patella, in der Endsehne des *M. quadriceps*. Die Bewegung in diesem Gelenk erfolgt in der Weise eines **Schlittengelenks**, die Patella gleitet im *Sulcus patellaris* bei Beugung des Knies nach distal und bei Streckung zurück nach proximal. Die Patella stellt den flexiblen Gelenkpartner dar, ihre Gelenkfläche ist konvex. Die Ruhestellung und damit die Position, in der die Patella am beweglichsten ist, ist bei maximaler Extension des Knie(-kehl-)gelenks gegeben. Die Patella lässt sich dann in einem gewissen Umfang nach distal und proximal und in noch geringerem Umfang nach lateral und medial bewegen. Das physiologische Endgefühl ist dabei **fest- bis weich-elastisch**. Die Gelenkhöhle des Kniescheibengelenks kommuniziert mit der des Kniekehlgelenks. Der Bandapparat besteht aus dem *Ligamentum patellae*, welches der Endsehne des *M. quadriceps* entspricht und von der *Apex patellae* zur *Tuberositas tibiae* zieht, und den *Retinacula patellae*, Faszienverstärkungen welche die Patella nach lateral und medial an den vesalischen Sesambeinen fixieren.

Tibiofibulargelenke: Die *Articulationes tibiofibulares proximalis* und *distalis* sind straffe Gelenke, in denen eine aktive Bewegung nicht möglich und eine passive Bewegung bisher nicht nachweisbar ist.

Besondere Muskeln des Kniegelenks: Zu den besonderen Muskeln des Kniegelenks gehören der *M. quadriceps femoris*, der *M. popliteus* und der *M. articularis genus*, welcher funktionell nur eine untergeordnete Rolle spielt. Der *M. quadriceps* besitzt beim Hund vier Köpfe, welche von der Darmbeinsäule sowie vom Femur aus ihren Ursprung nehmen. Alle Anteile setzen gemeinsam mit der Patella als Sesambein der Endsehne über das *Ligamentum patellae* an der *Tuberositas tibiae* an. Der *M. quadriceps* wird durch den *N. femoralis* innerviert (vgl. Reflexüberprüfung des Patellarsehnenreflexes) und ist der stärkste Strecker des Kniegelenks. Mit seinem vom Darmbein kommenden Anteil, dem *M. rectus femoris*, ist er zusätzlich ein Beuger der Hüfte. Der *M. popliteus* befindet sich in der Kniekehle und besitzt ebenfalls ein eigenes Sesambein; er wird durch den *N. tibialis* innerviert und ist ein Pronator und Hilfsstrecker des Kniegelenks.

Besondere Belastungen und Ursachen für Dysfunktionen

Häufigste Pathologien im Bereich des Kniegelenks sind Affektionen des Kapselbandapparates mit Instabilität, wie z.B. die Ruptur des kranialen Kreuzbandes, Meniskusaffektionen und die *Osteochondrosis dissecans*. Hieraus resultieren meist Arthritiden und Arthrosen des Kniegelenks. Weiterhin kommen Patellaluxationen (vor allem bei kleinen Hunderassen und Terriern) und Tendopathien vor; hier spielt die Tendopathie des *M. gastrocnemius* eine besondere Rolle. Als kapsuläres Zeichen ist am Femorotibialgelenk zunächst die Flexion, dann die Extension eingeschränkt; am Femoropatellargelenk ist die Flexion als Erstes betroffen.

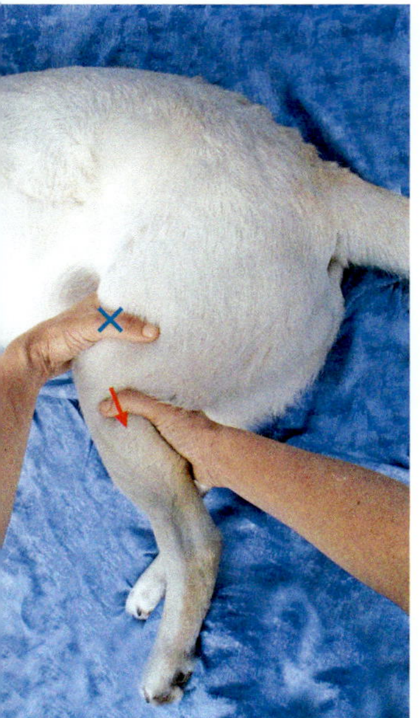

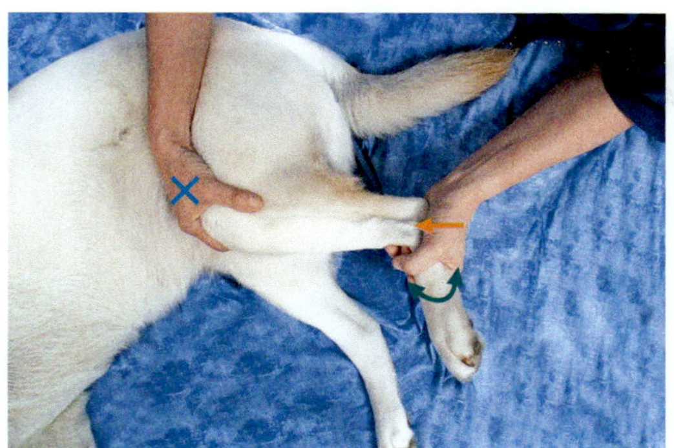

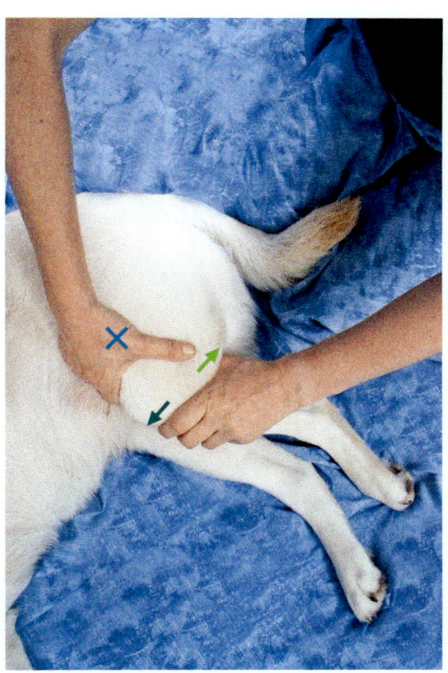

Foto 66 a: Knie, Femorotibialgelenk: Traktion.

Foto 66 b: Knie, Femorotibialgelenk: Fixation (blaues Kreuz) und Kompression (oranger Pfeil) sowie Außen- und Innenrotation beim Apley-Test (grüner Pfeil).

Foto 66 c: Knie, Femorotibialgelenk: Gleiten.

Untersuchung und Behandlung

Während der Femur den fixen Gelenkpartner darstellt, wird der flexible Partner im Femoropatellargelenk durch die Patella und im Femorotibialgelenk durch die Tibia repräsentiert. Die Tibia als distaler Partner ist konkav; dadurch bewegen sich bei einer Knochenbewegung mit Winkelveränderung im Kniegelenk die Behandlungsebenen ebenfalls mit und die Rollgleitbewegung findet in die gleiche Richtung statt wie die Knochenbewegungen.

Die Handhaltung für die manuelle Behandlung des Kniegelenks ist identisch mit der Handhaltung für die Untersuchung. Die Mobilisation erfolgt entsprechend der festgestellten Einschränkungen.

Femorotibialgelenk: Untersuchung und Behandlung des Femorotibialgelenks erfolgen über Traktion, Kompression und translatorisches Gleiten; zusätzlich kann der *Apley*-Test zur Andwendung kommen:

- **Traktion:** Der Therapeut fixiert mit seiner kopfnahen Hand den distalen Femur und umgreift mit seiner kopffernen Hand die proximale Tibia und zieht diese rechtwinklig von der Behandlungsebene weg. Die distale Gelenkfläche, die durch das Tibiaplateau repräsentiert wird, ist annähernd plan, die Zugrichtung entspricht daher ungefähr der Knochenachse des Tibiaschafts. Das Kniegelenk befindet sich dabei in leichter Flexion und das physiologische Endgefühl ist fest-elastisch (Foto 66 a).
- **Kompression:** Bei gleicher Griffanlage wie für die Traktion wird die Tibia zur Behandlungsebene hin gedrückt; die Kraftrichtung entspricht wiederum der Achse durch den Tibiaschaft. Das physiologische Endgefühl ist hart. Bei der Behandlung unter Kompression wird das Kniegelenk zunächst in die Ausgangsstellung (etwa 90° Flexion) gebracht und anschließend unter Druck gestreckt. In Extension lässt der Druck wieder nach und das Gelenk wird zurück in die Ausgangsstellung gebracht. Dieser Zyklus wird insgesamt etwa acht bis zehn Mal durchgeführt (Foto 66 b).

  90°-Flexion → Druck → Extension → Entspannung

  Die Behandlung unter Kompression darf nicht erfolgen, wenn das Tier bei der Untersuchung eine Schmerzreaktion gezeigt hat bzw. wenn durch einen positiven *Apley*-Test der Verdacht auf eine Meniskusläsion gegeben ist!
- ***Apley*-Test:** Ist der Kompressionstest schmerzhaft, muss an eine Meniskusläsion gedacht werden, und es sollten weiterführende Untersuchungen wie z.B. der *Apley*-Test angewandt werden. Zeigt der Patient beim *Apley*-Test eine Schmerzreaktion, deutet dies auf eine Meniskusläsion hin. Der Test wird ähnlich wie die Kompression in Ruhestellung durchgeführt. Unter Kompression wird der Unterschenkel nacheinander in Innen- und Außenrotation gebracht.
- **Translatorisches Gleiten:** Beim translatorischen Gleiten wird die Gleitbewegung nach kranial- und kaudal getestet. Bei fixiertem Femur wird der Unterschenkel unter leichter Traktion im Kniegelenk parallel zur ersten Behandlungsebene nach vorne und hinten verschoben. Dies entspricht von der Bewegung her der Schubladenprobe, die bei Verdacht auf einen Riss des kranialen oder kaudalen Kreuzbandes angewandt wird. Da die Translationsbewegung durch die Kreuzbänder begrenzt wird, ist das physiologische Endgefühl fest-elastisch. Aufgrund der Gleichrichtung der Rollgleitbewegung und der Knochenbewegung des Unterschenkels im Kniekehlgelenk, ist bei eingeschränkter Flexion das Kau-

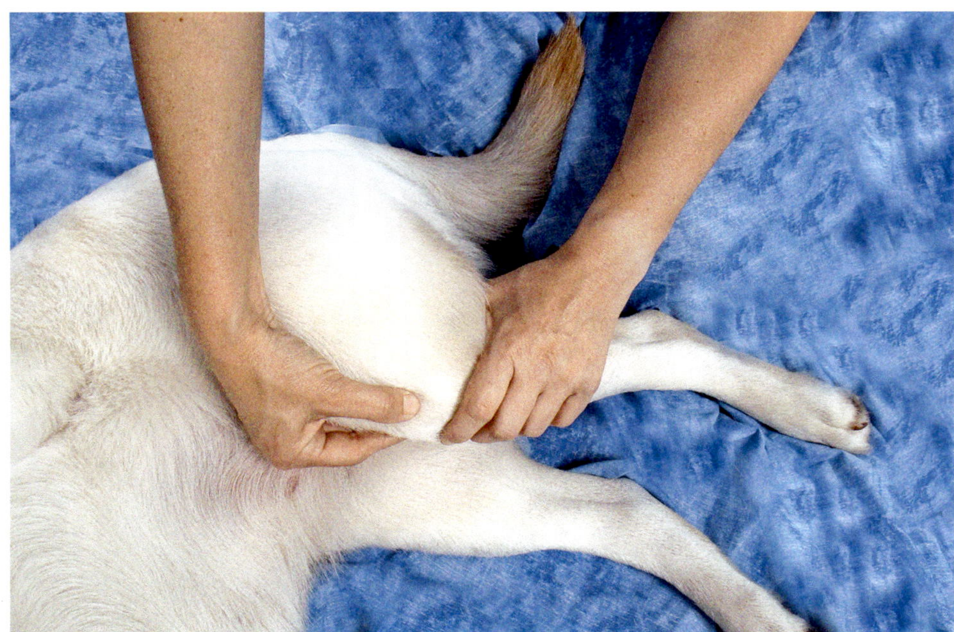

Foto 67: Knie, Femoropatellargelenk: Gleiten.

dalgleiten des Unterschenkels durch eine Verkürzung der kranialen Kapselbandanteile gestört, bei eingeschränkter Extension jedoch das Kranialgleiten durch eine Verkürzung der kaudalen Kapselbandanteile behindert. Das translatorische Gleiten erfolgt bei Einschränkung der Flexion entsprechend nach kaudal, bei Einschränkung der Extension nach kranial (Foto 66 c).

Femoropatellargelenk: Eine Traktion im Bereich des Femoropatellargelenks ist nicht möglich; die Behandlung erfolgt mit Hilfe der Kompression und des translatorischen Gleitens (Foto 67):

- **Kompression:** Das Kniegelenk ist maximal gestreckt; die Patella wird rechtwinklig zur Behandlungsebene hin gedrückt. Dabei sollte der Femur mit der anderen Hand stabilisiert werden. Das physiologische Endgefühl ist hart.
- **Translatorisches Gleiten:** Der Femur wird bei maximal gestrecktem Kniegelenk mit einer Hand fixiert und die Patella parallel zur Behandlungsebene nach lateral, medial, proximal und distal verschoben. Bei einer Fixierung der Patella wird unter leichter Flexion des Kniegelenks der Femur mit der einen Hand fixiert, mit der anderen Hand wird die Kniescheibe in alle Bewegungsrichtungen mobilisiert, bis eine Vergrößerung des Bewegungsumfangs eintritt.

Tarsalgelenk und Pfote

Tarsus und Metatarsus: Der Tarsus des Hundes besteht aus sieben Tarsalknochen, die in drei Reihen angeordnet sind. Proximal sind dies Talus und Kalkaneus, in der mittleren Reihe das *Os tarsi centrale* und die distale Reihe besteht aus den vier *Ossa tarsalia primum* bis *quartum*.

Der Talus, der auch Rollbein oder Sprungbein genannt wird, besitzt eine Gelenkrolle (*Trochlea tali*) mit zwei Rollkämmen und einer Rollfurche zur Artikulation mit dem Unterschenkel. Die Rollfurchen sind um etwa 20° schräg zur Achse der Tibia gestellt, sodass es sich beim Sprunggelenk funktionell um ein **Schraubengelenk** handelt, indem es bei Beugung des Tarsus zu einer leichten Auswärtsbewegung der Pfote kommt. Am *Corpus tali* befinden sich plantar zwei Gelenkflächen zur Artikulation mit dem Kalkaneus, seitlich befinden sich Bandhöcker und -gruben. Mediodistal ist das *Caput tali* zu erkennen, welches eine konvexe Gelenkfläche zur Verbindung mit dem *Os tarsi centrale* besitzt.

Der Kalkaneus bildet die knöcherne Grundlage der Ferse (= *Calx*), die als langer Knochenhebel ausgezogen ist und dorsal das *Tuber calcanei* trägt (Ansatzstelle der Achillessehne).

Die mittlere Knochenreihe des Tarsus wird durch das *Os tarsi centrale* bzw. *Os naviculare* repräsentiert; dieses artikuliert auf der einen Seite mit dem *Caput tali* und auf der anderen Seite mit den *Ossa tarsalia primum* bis *quartum*.

Der Metatarsus besteht aus fünf relativ kurzen Röhrenknochen, die mehr im Halbkreis als nebeneinander liegen. Dabei ist das Metatarsale des ersten Strahls entweder rudimentär verkümmert oder mit dem *Os tarsale primum* verschmolzen; bei Hunden mit Wolfskrallen kann es darüber hinaus zweigeteilt und zehentragend

Beim Spielen werden aufgrund von Scherbewegungen die Gelenke der Gliedmaßen stark beansprucht.

sein. Die Metatarsalia des dritten und vierten Strahls sind stärker und länger ausgebildet (vgl. gewichtstragende Strahlen) als die des zweiten und fünften Strahls. Insgesamt sind die Metatarsalia etwas länger und kräftiger als die Metakarpalia.

Zehenknochen: Der Bau der Zehenknochen, Phalangen, entspricht denen der Vordergliedmaße; allerdings fehlt an den Hintergliedmaßen bei den meisten Rassen die erste Zehe. Bei einigen Rassen kann sie jedoch mit oder ohne knöcherne Verbindung als Wolfskralle auftreten.

Tarsalgelenk: Das Tarsal- oder Sprunggelenk (*Articulatio tarsi*) ist ein zusammengesetztes Gelenk, es wird von den distalen Anteilen der Unterschenkelknochen, den drei Reihen der Tarsalknochen und den proximalen Enden der Metatarsalia gebildet. Dadurch entstehen insgesamt vier Gelenketagen.

In der am weitesten proximal gelegenen Etage ist die *Articulatio tarsocruralis* das Gelenk, welches für den größten Bewegungsumfang des Sprunggelenks in Beugung und Streckung verantwortlich ist und dadurch funktionell die wichtigste Rolle spielt. Es handelt sich dabei um ein **Schraubengelenk**, in dem die Kochlea der Tibia mit der Trochlea des Talus artikuliert. Die distale Gelenkfläche ist dabei konvex. Dieses Gelenk wird von den *Malleoli* der Tibia und Fibula flankiert.

Zu den übrigen Gelenken des Tarsus gehören außerdem die *Articulatio talocalcanea* sowie das proximale Intertarsalgelenk, welches auch als zweite Gelenketage bezeichnet wird, das distale Intertarsalgelenk, das die dritte Gelenketage bildet, und die *Articulationes tarsometatarseae*, welche die vierte Etage bilden.

Der Bandapparat des Tarsus besteht aus einigen gemeinsamen Bändern sowie einer Vielzahl kleiner Bänder, die die einzelnen Knochen miteinander verbinden. Die Kollateralbänder ziehen mit je einem langen Schenkel jeweils vom *Malleolus lateralis* und *medialis* bis zum Metatarsus; dazwischen überspannen kurze Kollateralbänder jeweils einzelne Gelenketagen. Darüber hinaus sind plantar und dorsal lange Bänder ausgebildet sowie auf der Plantarseite zusätzlich kurze Bänder. Dorsal bildet eine Faszienverstärkung das *Retinaculum extensorum crurale*.

Der Bewegungsumfang des Tarsalgelenks setzt sich aus den einzelnen Bewegungen der vier Etagen zusammen, dabei besitzt das Tarsokruralgelenk den größten Umfang in Beugung und Streckung. Insgesamt ist eine Bewegung in Beugung-Streckung von etwa 140° möglich. Zusätzlich zu dieser Bewegung ist eine Rotation von insgesamt bis zu 60° möglich. Die Ruhestellung liegt ungefähr bei 10° Flexion; das physiologische Endgefühl ist **fest-elastisch**.

Die Metatarsalia sind untereinander über *Articulationes intermetatarseae* verbunden, bei denen es sich um straffe Gelenke handelt; ihr Bandapparat steht mit dem des Tarsus in Verbindung.

Zehengelenke: Die Zehengelenke der Hinterpfoten entsprechen im Wesentlichen denen der Vorderpfoten (s.S. 118).

Muskeln des Sprunggelenks: Zu den Muskeln des Sprunggelenks gehört der *M. tibialis cranialis*, der als Beuger fungiert und vom *N. fibularis* innerviert wird, sowie dessen Antagonisten, der *M. gastrocnemius* und der *M. soleus*, welche das Sprunggelenk strecken und vom *N. tibialis* versorgt werden. Ebenfalls zu den Sprunggelenksmuskeln werden der *M. fibularis longus* (Pronator), der *M. fibularis brevis* (Abduktor) und der *M. tibialis caudalis* (Adduktor) gerechnet.

Der *M. tibialis cranialis* ist der stärkste Unterschenkelmuskel und bildet die oberflächliche Kontur des Unterschenkels auf der kraniomedialen Seite. Er nimmt seinen Ursprung am *Condylus lateralis* und *Margo cranialis* der Tibia und zieht zum proximalen Ende des zweiten Metatarsale. Der *M. gastrocnemius* entspringt mit einem lateralen und einem medialen Kopf in der Kniekehle und beherbergt hier die vesalischen Sesambeine, welche mit den Femurkondylen artikulieren. Sein Ansatz vollzieht sich über die Achillessehne am *Tuber calcanei*; hier nimmt er auch den *M. soleus* auf.

Anteile der Achillessehne:

- *M. gastrocnemius* = eigentliche Achillessehne
- *Tendo accessorius*: bestehend aus den Endsehnen von
  - *M. biceps femoris*
  - *M. semitendinosus*
- *M. flexor digitalis superficialis* (Fersenbeinkappe)
- *M. soleus* (dünne Endsehne)

Muskeln der Hinterzehen: An den Hinterzehen unterscheidet man ähnlich wie vorne die langen und kurzen Muskeln, wovon Letztere beim Hund im Vergleich zum Menschen eher untergeordnete Bedeutung haben. Als wichtigste Zehenstrecker sind hier der *M. extensor digitalis longus* und der *M. extensor digitalis lateralis* zu nennen, die beide durch den *N. fibularis* versorgt werden und durch ihren zweigelenkigen Verlauf gleichzeitig auch als Sprunggelenkbeuger fungieren. Der *M. flexor digitalis superficialis* und der *M. flexor digitalis profundus* repräsentieren demgegenüber die Zehenbeuger; sie werden durch den *N. tibialis* innerviert und unterstützen durch ihren zweigelenkigen Verlauf auch die Streckung des Sprunggelenks. Der *M. flexor digitalis superficialis* bildet einen Teil der Achillessehne und befestigt diese am Kalkaneus als Fersenbeinkappe. Die aus

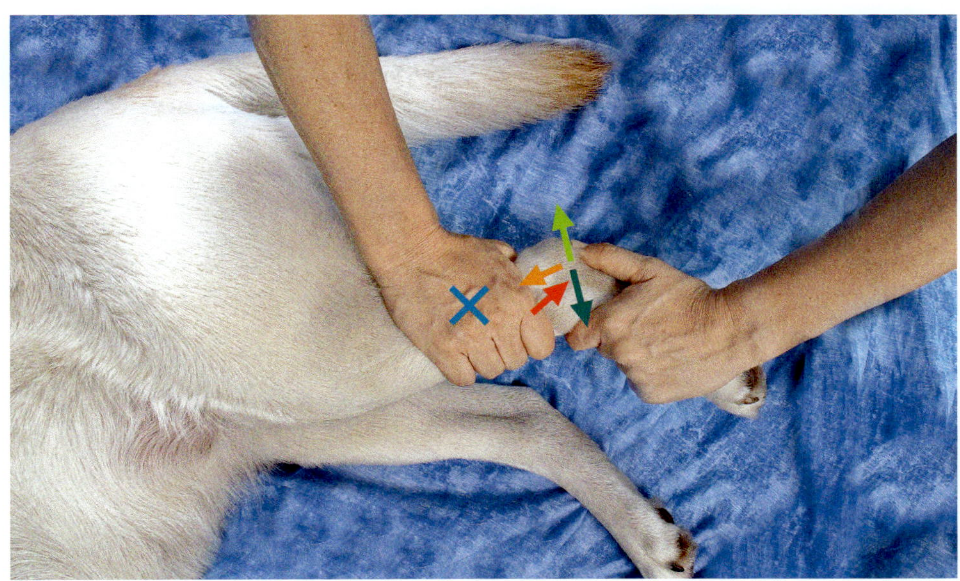

Foto 68: Tarsus: Fixation (blaues Kreuz), Traktion (roter Pfeil), Kompression (oranger Pfeil) und Gleiten nach ventral (dunkelgrün) und dorsal (hellgrün).

ihm hervorgehende oberflächliche Beugesehne umfasst vor ihrem Ansatz palmar an den Mittelphalangen manschettenartig die tiefe Beugesehne und führt eine Flexion der Zehengrund- und Mittelgelenke herbei. Die tiefe Beugesehne, welche aus dem *M. flexor digitalis profundus* hervorgeht, zieht bis zu den distalen Phalangen und inseriert hier am *Tuberculum flexorium*; sie bewirkt dadurch eine Flexion aller Zehengelenke.

Besondere Belastungen und Ursachen für Dysfunktionen

Häufigste Affektionen im Sprunggelenk sind Arthritiden und Arthrosen nach Traumata, Überbelastungen oder *Osteochondrosis dissecans*. Als kapsuläres Zeichen ist zunächst die Flexion, dann die Extension eingeschränkt.

Untersuchung und Behandlung

Tarsalgelenk: Während die Knochen des Unterschenkels die fixen Gelenkpartner darstellen, wird der flexible Partner durch die konvexe Trochlea des Talus repräsentiert. Dadurch sind die Gelenk- und Behandlungsebenen fix, auch wenn es durch Beugung oder Streckung zu einer Winkelveränderung im Sprunggelenk kommt. Die Knochenbewegungsrichtung und die Richtung des Rollgleitens im Gelenk sind einander entgegengesetzt.

Die Grifftechniken für die manuelle Behandlung des Tarsalgelenks entsprechen den Handpositionen bei den Untersuchungstechniken (Foto 68):

- **Traktion:** Die kopfnahe Hand des Therapeuten umfasst zur Fixierung den Unterschenkel, die kopfferne Hand umgreift *Collum* und *Caput* des Talus. In leichter Flexionsstellung erfolgt ein Zug mit der distalen Hand rechtwinklig von der Behandlungsebene weg; die Zugrichtung entspricht ungefähr der Verlängerung des Unterschenkels. Das physiologische Endgefühl ist dabei fest-elastisch.
- **Kompression:** Die kopfnahe Hand fixiert wiederum den Unterschenkel, die kopfferne Hand greift von plantar her Pfote und Tarsus und appliziert nun Druck über das Fersenbein von kaudal her rechtwinklig auf die Behandlungsebene zu. Das physiologische Endgefühl ist hierbei hart.
Durch die Behandlung unter Kompression wird das Tarsalgelenk als Ganzes behandelt. Dabei wird das Gelenk zunächst in die Ausgangs-Beugestellung gebracht und anschließend unter Druck gestreckt. In Extension lässt der Druck wieder nach und das Gelenk wird zurück in die Ausgangsstellung gebracht. Dieser Zyklus wird insgesamt etwa acht bis zehn Mal durchgeführt.
Flexion → Druck → Extension → Entspannung
- **Translatorisches Gleiten:** Beim translatorischen Gleiten wird die Beweglichkeit nach kranial und kaudal senkrecht zur Unterschenkelachse getestet. Einschränkungen des Kranialgleitens weisen auf eine Bewegungseinschränkung in Flexion hin; Einschränkungen des Kaudalgleitens finden sich bei Einschränkungen der Extension.

Eine Mobilisation des Kalkaneus kann alternativ zu einer Lockerung der Bandstrukturen beitragen. Hierbei fixiert eine Hand von vorne kommend Unterschenkel, Tarsus und Metatarsus in annähernd gestreckter Position, die zweite Hand greift von hinten bzw. palmar den Kalkaneus und mobilisiert diesen nach lateral und medial.

Zehengelenke: Die Zehengelenke der Hintergliedmaßen werden analog der Zehengelenke der Vordergliedmaßen untersucht und behandelt.

Fasziales System

FASZIEN- UND WEICHTEIL-TECHNIKEN

FUNKTIONELLE BEDEUTUNG DES FASZIENSYSTEMS

Definition, Bedeutung und Veränderung des Faszienbegriffs

Den Begriff „Faszie“ klar zu definieren, ist aufgrund der Tatsache, dass das Fasziensystem als ganzheitliches System den gesamten Körper sowie alle seine Organe und Strukturen umgibt und durchzieht, schwierig. In der Vergangenheit hat es verschiedene Definitionen gegeben, die jeweils auch den Fortschritt der anatomischen und histologischen Erkenntnisse widerspiegeln (Tab. 44).

In den 1980er und 1990er Jahren wurden die Faszien ausgehend von ihren makroskopisch sichtbaren Verläufen – ähnlich wie Muskeln – anatomisch benannt und beschrieben; die Definition beschränkte sich im Wesentlichen darauf, das oberflächliche und tiefe Fasziensystem zu beschreiben sowie dessen Anteile topografisch zu benennen. Auch die Definition der FIPAT von 2011 beschränkt sich noch auf die sezierbaren Ansammlungen von Bindegewebe, die sich in ihrer Topographie relativ klar beschreiben lassen.

Danach setzt in der Betrachtung des Fasziensystems jedoch ein Wandel ein, der auf zwei wesentliche Aspekte zurückzuführen ist:

So wurde einerseits vor allem durch raster-elektronenmikroskopische Untersuchungen deutlich, dass die klare anatomisch-topografische Abgrenzung der einzelnen Faszien histologisch eigentlich nicht möglich ist, da die einer Faszie zugeschriebenen Bindegewebsfasern nicht an deren sichtbarer Begrenzung enden, sondern beispielsweise in den Knochen hineinlaufen, an welchem die entsprechende Faszie bzw. der entsprechende Muskel ansetzt.

Zum anderen konnte im Hinblick auf die Funktion der Faszien durch Studien aus unterschiedlichen Disziplinen gezeigt werden, dass die zellulären Bestandteile des Fasziensystems zahlreiche Aufgaben übermitteln, die weit über die mechanischen Aufgaben des Bindegewebes hinausgehen. Hierzu gehören insbesondere Funktionen im Hinblick auf die Propriozeption, aber auch Interaktionen mit Immunsystem und endokrinologischen Regelkreisen.

Tab. 44 Ueberschrift für diese Tabelle

	Anatomische Organisation	Definition
1989	FCAT = Federative Committee on Anatomical Terminology (Teil der Federation of Associations of Anatomists; IFAA)	Die Fascia superficialis ist eine lose Schichtung von Unterhautgewebe, welches sich oberflächlich der dichteren Schichten der Fascia profunda befindet. Die Fascia profunda liegt unterhalb der Fascia superficialis.
2011	FIPAT = Federative International Program on Anatomical Terminologies	Die Faszie ist ein Blatt oder eine Schicht oder jedwede andere sezierbare Ansammlung von Bindegewebe, das unterhalb der Haut liegt und Muskeln und innere Organe trennt, umschließt oder ihnen Ansatz bietet.
2013	FORCE = Foundation of Osteopathic Reasearch and Clinical Endorsement	Die Faszie ist jegliches Gewebe, das Eigenschaften besitzt, auf mechanische Reize zu antworten. Das Kontinuum der Faszie übermittelt und empfängt ununterbrochen mechano-metabolische Informationen, die die Form und Funktion des gesamten Körpers beeinflussen können.
2014	Fascia Nomenclature Committee (Teil der Fascia Research Society; FRS)	Das fasziale System besteht aus einem dreidimensionalen Kontinuum aus weichen, kollagenhaltigen, lockeren, dichten und fibrösen Arten von Bindegewebe, welches den Körper durchdringt. Es umfasst Elemente wie Fettgewebe, Adventitia, Nervenscheiden, Sehnen und Aponeurosen, tiefe und oberflächliche Faszien, Gelenkkapseln, Bänder, Membranen, Miningen, Periost, Retinacula, Septen, die visceralen Faszien und alles intra- und intermuskuläre Bindegewebe mitsamt dem Endo-, Peri- und Epimysium.

Aufgrund der Schwierigkeiten, das Fasziensystem klar von anderen Geweben des Körpers abzugrenzen und topografisch die Lage einer einzelnen Faszie zu definieren, ergeben sich jedoch auch immer wieder Probleme in Bezug auf wissenschaftliche Untersuchungen zu diesen Themen, da eine exakte Fragestellung bzw. Definition Grundlage jeder wissenschaftlichen Studie ist.

Alle Bindegewebsstrukturen des Körpers bestehen aus zellulären Anteilen und der Grundsubstanz, welche sich zwischen den Zellen befindet (Tab. 45).

Die Faszien bestehen aus Bindegewebe und werden daher auch als „Muskelbinden" bezeichnet. Sie können unterschiedlich stark ausgebildet sein und sind nur spärlich mit Blutgefäßen versorgt. Sie bestehen hauptsächlich aus kollagenen Bindegewebsfasern (mit 60-70% häufigster Fasertyp) mit wechselnden Anteilen an **elastischen Fasern**. Je höher der Anteil der elastischen Fasern, umso gelblicher die Farbe der ansonsten eher silbrig-glänzenden Faszien (vgl. Benennung: *Ligamentum flavum*, *Tunica flava*).

Die **kollagenen Fasern** zeigen eine scherengitterartige Ausrichtung und verlaufen meist schräg zu der von ihnen umgebenen Muskulatur. Sie sind wenig dehnbar und finden sich daher z.B. in hohem Anteil im Sehnengewebe. Kollagene und elastische Komponenten sind funktionell zum so genannten **kollagenoelastischen Komplex** zusammengeschlossen, in welchem der kollagene Anteil die Dehnungseigenschaften bestimmt bzw. limitiert und der elastische Anteil für die Rückstellfähigkeit verantwortlich ist. Ein dritter Fasertyp wird von den **retikulären Fasern** repräsentiert, die netzartig die Blutgefäße des Körpers umgeben. Die kollagenen Fasern werden von Fibroblasten produziert; diese benötigen hierfür ein alkalisches Milieu sowie eine ausreichende Versorgung mit Sauerstoff. Aus diesem Grund ist die Anregung der Durchblutung des Bindegewebes wichtig, um so für die Produktion der kollagenen Fasern die entsprechenden Voraussetzungen zu schaffen.

Faszien als Teil des Bindegewebes sind – wenn auch nur in geringem Ausmaß – an der Bildung des Immunsystems beteiligt: Im Bindegewebe befinden sich unter anderem Makrophagen, Lymphozyten und Mastzellen. Mit zunehmender Bindegewebsspannung nimmt die Beweglichkeit der freien Makrophagen im Gewebe und damit die Phagozytoseleistung ab; daher ist eine niedrige Gewebespannung wichtig, um die Abwehrmechanismen zu optimieren. Mastzellen können durch die Ausschüttung von Histamin die Durchblutung des Gewebes und durch die Bildung von Prostaglandinen auch die Gefäßpermeabilität steigern; sie spielen eine wichtige Rolle in der Wundheilung und werden durch Friktion stimuliert. Dadurch können sie helfen, chronische Prozesse wieder aufflammen zu lassen und so eine Heilung bzw. Regulation zu ermöglichen.

Darüber hinaus wurde mittlerweile mit den sogenannten **Telozyten** ein weiterer Zelltyp entdeckt, dessen Funktion jedoch noch nicht vollständig erforscht ist. Telozyten haben Verbindungen zu anderen Telozyten (homocellular junctions) und anderen Zelltypen (heterocellular junctions) und dienen offensichtlich der interzellulären Kommunikation. So beeinflussen sie den Zellstoffwechsel, Reparatur- und Remodeling-Prozesse sowie die Produktion von Hyaluronsäure im Bindegewebe.

Tab. 45 Bestandteile des Bindegewebes

Zelluläre Bestandteile	Grundsubstanz / Matrix
Fibroblasten	Wasser
Fibrozyten	Proteoglykane / Glucosaminoglykane
Makrophagen (Immunsystem)	Kollagene Fasern
Lymphozyten (Immunsystem)	Elastische Fasern
Mastzellen (Immunsystem)	Retikuläre Fasern
Fettzellen	
Telozyten	
Nozizeptoren	
Mechanorezeptoren, Pacini- und Ruffini-Körperchen; Golgi-Rezeptoren	

Auch das Vorhandensein sowohl von **Mechano-** als auch von **Nozizeptoren** im Fasziensystem ist mittlerweile durch zahlreiche Studien belegt. Aktuelle Forschungen an Tiermodellen – vor allem an der Fascia thoracolumbalis von Ratten – untersuchen deren Bedeutung im Hinblick auf die Entstehung von unspezifischen Rückenschmerzen beim Menschen.

Während aus dem Fasziensystem sensorische, machanorezeptive und nozizeptive Afferenzen aufgenommen werden, sind die Efferenzen rein vegetativ; dies ist ein möglicher Signal- und Rückkopplungsweg, über den die Körperhaltung mit dem Vegetativum verknüpft ist.

Die Faszien umhüllen einzelne Muskelportionen und Muskeln und schließen mehrere Muskeln zu Gruppen zusammen. Zum Teil spalten sie Blätter ab, die in die Muskulatur hineinziehen oder auch am Periost anheften. Einige Muskeln nehmen ihren Ursprung aus Faszien heraus; an anderen Stellen wiederum (vor allem distal an den Gliedmaßen) sind die Faszien zu Haltebändern von Sehnen verstärkt (*Retinaculum tendineum*). Die Faszien stehen außerdem in Verbindung mit den Bindegewebshüllen aller Leitungsstrukturen: mit den Nerven sowie den Lymph- und Blutgefäßen und über diese auch mit den Bindegewebshüllen der inneren Organe. So verbinden sie wie ein **Netzwerk** alle Gewebe des Körpers und können daher auch als ein eigenes **holistisches System** angesehen werden (das Nervensystem und das Blutgefäßsystem stellen die weiteren holistischen Systeme des Körpers dar).

Ein weiterer wichtiger Bestandteil des Bindegewebes und somit auch der Faszien sind die Proteoglykane und Glukosaminoglykane. Einer ihrer Hauptbestandteile ist die **Hyaluronsäure**. Sie wird vor allem beim Pferd häufig bei arthrotischen Erkrankungen eingesetzt, hat mit zwei bis vier Tagen allerdings nur eine kurze Halbwertszeit. Proteoglykane und Glukosaminoglykane besitzen eine starke negative Ladung und dadurch eine hohe Wasserbindungskraft. Durch mechanisch hervorgerufene Spannungsänderungen im Gewebe entsteht hier ein **piezoelektrischer Effekt**; solche Effekte spielen eine wichtige Rolle bei der Heilung von Geweben, indem sie die Ausrichtung von Kollagenfasern (z.B. nach Sehnenriss) und Trabekeln im Knochengewebe (z.B. nach Fraktur) vorgeben. Auch über piezoelektrische Effekte kann dadurch über Friktionsbehandlungen die Heilung beeinflusst werden (etwa 14 Tage nach der Verletzung, nach Abklingen der Entzündung).

Zu den Funktionen der Faszien gehören neben der offensichtlichen Stütz- und Trägerfunktion für die Muskulatur auch die Schutz- und Stoßdämpferfunktion. Sie spielen eine Rolle im Immunsystem und bei der Kommunikation der verschiedenen Körpersysteme untereinander. Des Weiteren spielen sie eine wichtige Rolle in der Hämodynamik: Sie kontrahieren und entspannen sich etwa acht bis zwölf Mal pro Minute (vgl. kraniosakraler Rhythmus); dies entspricht wiederum der Frequenz des Pumpmechanismus im Lymphsystem.

Tab. 46 Muskeln mit Bezug zur Fascia thoracolumbalis

Muskel	Ursprung	Ansatz	Innervation	Funktion
M. latissimus dorsi	*Fascia thoracolumbalis* (oberflächliches Blatt)	*Crista tub. majoris* und *minoris humeri*	*N. thoracodorsalis*	Flexion Schultergelenk; bei fixierter Gliedmaße zieht er den Rumpf nach vorne
M. serratus dorsalis caudalis	*Fascia thoracolumbalis* (mittleres Blatt)	Letzte drei Rippen	*Nn. intercostales*	Exspiration
M. obliquus externus abdominis	*Pars costalis*: ab 4.–5. Rippe *Pars lumbalis*: *Fascia thoracolumbalis* (mittleres Blatt)	*Linea alba*, *Pecten ossis pubis*	Ventraläste der Interkostal- und Lumbalnerven	Kontraktionsfähiger Tragegurt; Beugung LWS, Bauchpresse, Atmung
M. obliquus internus abdominis	*Pars inguinalis*: Tuber coxae, *Lig. inguinale* *Pars lumbalis*: *Fascia thoracolumbalis* (mittleres Blatt)	*Linea alba* und Rippenbogen	Ventraläste der Interkostal- und Lumbalnerven	Kontraktionsfähiger Tragegurt, Beugung LWS, Bauchpresse, Atmung
M. transversus abdominis	*Pars costalis*: Rippen *Pars lumbalis*: *Fascia thoracolumbalis* (tiefes Blatt) und Querfortsätze der LWK	*Linea alba*	Ventraläste der Interkostal- und Lumbalnerven	Kontraktionsfähiger Tragegurt, Beugung LWS, Bauchpresse, Atmung
M. longissimus	*Fascia thoracolumbalis* (tiefes Blatt)	Dornfortsätze	Dorsaläste der Interkostal- und Lumbalnerven	Stärkster Strecker der Wirbelsäule; „dorsale Sehne" im Modell der Bogen-Sehnenkonstruktion
M. iliocostalis	*Fascia thoracolumbalis* (tiefes Blatt)	Dorn- und Querfortsätze; hintere Rippen	Dorsaläste der Interkostal- und Lumbalnerven	Seitwärtsbeuger der Wirbelsäule; je nach Anteil Beuger bzw. Strecker

Funktion der Faszien:

- ***Posture:*** Stütz- und Trägerfunktion (Faszien stützen den Körper und bilden seine Form)
- ***Protection:*** Schutzfunktion (Faszien schützen den Körper vor Spannungskräften und Gewalteinwirkung; die Kräfte werden über das Fasziensystem weitergeleitet und verteilt)
- ***Packaging:*** Trennfunktion (Faszien umhüllen die einzelnen Muskeln und Organe des Körpers und trennen sie in Kompartimente)
- ***Passageways:*** Durchgangsfunktion (Faszien bilden Umhüllungen und Durchtrittspforten für Nerven, Lymph- und Blutgefäße)
- Stoßdämpferfunktion
- Rolle in der Hämodynamik (Faszien kontrahieren und entspannen sich etwa 8–12 × pro Minute; dies entspricht der Frequenz bzw. dem Pumpmechanismus im Lymphsystem; vor einer Lymphdrainage ist die Anwendung bestimmter Faszientechniken sinnvoll)
- Abwehrfunktion (vgl. Makrophagen, Mastzellen etc.)
- Rolle bei Kommunikation und Austausch
- Biochemische Funktionen

ANATOMIE DER KÖRPERFASZIEN

Die gesamte Körperoberfläche ist von der oberflächlich gelegenen, zarteren *Fascia superficialis* und von der tiefer gelegenen, fester ausgebildeten *Fascia profunda* umhüllt. Beide Faszien verschmelzen teilweise miteinander; in die oberflächliche Faszie sind außerdem die platten Hautmuskeln eingelagert. Diese topografischen Beschreibungen folgen der anatomisch-deskriptiven Faszien-Definition.

Oberflächliche Körperfaszie

Die oberflächliche Körperfaszie oder *Fascia superficialis* lässt sich regional in den Kopf-, Hals-, Rumpf-, Schwanz- und Gliedmaßenanteil aufgliedern. Die oberflächliche Kopffaszie steht nur an der Nase, den Lippen und den Augenlidern direkt mit der Haut in Verbindung und ist ihr gegenüber ansonsten verschieblich; sie setzt sich nach kaudal in die oberflächliche Halsfaszie fort. Auch diese ist gegenüber Haut und Unterlage leicht verschieblich. Die oberflächliche Rumpffaszie umgibt Brust und Bauch und steht des Weiteren mit den Gliedmaßenfaszien und der Schwanzfaszie in Verbindung. Sie enthält den Bauchhautmuskel und bildet am Übergang zu den Gliedmaßen die Knie- und Ellbogenfalten. Auch sie ist gegenüber der Haut und der Unterlage verschieblich; zwischen ihr und der tiefen Rumpffaszie (s. S. 136) befindet sich eine je nach Ernährungszustand unterschiedlich stark ausgeprägte **Fettschicht**. An den Gliedmaßen ist die oberflächliche Faszienschicht sehr dünn und verschmilzt vor allem distal mit der tiefen Faszie.

Tiefe Körperfaszie

Die tiefe Körperfaszie, *Fascia profunda*, lässt sich ebenfalls regional in den Kopf-, Hals-, Rumpf-, Schwanz- und Gliedmaßenanteil unterteilen.

Tiefe Faszie des Kopfes: Die tiefe Kopffaszie ist insgesamt relativ dünn; lediglich im Bereich des *M. temporalis* ist sie als *Fascia temporalis* kräftig ausgebildet und überzieht hier den Muskel und heftet sich am Periost seiner knöchernen Begrenzung an. Die großen Blutgefäße, Teile des *N. facialis*, die oberflächliche mimische Muskulatur und die *Lnn. mandibulares* liegen außerhalb der tiefen Kopffaszie.

Tiefe Faszie des Halses: Die tiefe Halsfaszie ist zweiblättrig; das oberflächliche Blatt reicht vom Zungenbein und vom *Os temporale* über den Atlasflügel bis zum *Manubrium sterni* und dem ersten Rippenpaar. Das oberflächliche Blatt umhüllt Trachea, Ösophagus, Kehlkopf und Schilddrüse und strahlt mit verschiedenen Lamellen in die Nackenmuskulatur ein und umgibt diese. Das tiefe Blatt umhüllt den *M. longus colli* und den *M. longus capitis*; im Bereich von Luft- und Speiseröhre steht es mit dem oberflächlichen Blatt in Verbindung; es setzt ebenfalls am *Manubrium sterni* und am ersten Rippenpaar an. Das oberflächliche Blatt setzt sich außen an der Brustwand in die tiefe Brustfaszie fort. Das tiefe Blatt begleitet den *M. longus colli* in den Thorax und geht hier in die *Fascia endothoracica* über.

Tiefe Faszie des Rumpfes: Die tiefe Rumpffaszie ist im Bereich des Rückens stark ausgebildet und wird dort auch als *Fascia thoracolumbalis* bezeichnet.

Die ***Fascia thoracolumbalis*** ist dreiblättrig und bietet vielen Muskeln Ursprung (Tab. 46). Alle Blätter stehen mit den Dornfortsätzen der Brust-, Lenden- und Kreuzwirbel sowie mit dem *Ligamentum supraspinale* in Verbindung. Kaudal geht die *Fascia thoracolumbalis* teilweise in die *Fascia glutaea* über, die übrigen Anteile heften sich an der *Crista iliaca* an. Dadurch ist die *Fascia thoracolumbalis* ein dynamisches Stabilisationselement für die Lendenwirbelsäule und bildet eine mechanische Hülle um die Rückenmuskulatur. Sie ist ein sehr wichtiger **Kräfteverteiler**: Verändert sich ihr Tonus, führt dies zu einer Funktionsbeeinträchtigung der Rückenmuskulatur. *Fascia thoracolumbalis*, *Fascia glutaea* und *Fascia lata* bilden eine myofasziale Kette.

Die ***Fascia spinocostotransversalis***, die den vorderen Teil der tiefen Rumpffaszie darstellt, ist zweiblättrig. Sie kommt dorsal von den Halswirbeln und den Dornfortsätzen der ersten Brustwirbel und steht nach kaudal mit der *Fascia thoracolumbalis* in Verbindung. Sie bietet dem *M. serratus dorsalis cranialis* und dem *M. splenius* Ursprung. Das tiefe Blatt der *Fascia spinocostotransversalis* steht auch mit dem *M. spinalis et semispinalis*, dem *M. iliocostalis* und dem *M. longissimus* in Verbindung.

Tiefe Faszie des Schwanzes: Die tiefe Schwanzfaszie ist kräftig ausgebildet und gibt Septen zwischen die einzelnen Schwanzmuskeln ab, sodass diese gegeneinander beweglich sind.

Tiefe Faszie der Schultergliedmaße: Die tiefe Faszie der Schultergliedmaße steht mit der tiefen Hals- und der tiefen Rumpffaszie in Verbindung. Die *Fascia axillaris* spaltet sich ventral von der *Fascia thoracolumbalis* ab und gewährleistet die Verschieblichkeit der medialen Schultermuskeln gegenüber Schulterblatt und Rumpf und umspannt außerdem die Gefäßsstämme der Vordergliedmaße sowie den *Plexus brachialis*. Sie setzt sich nach distal in die Oberarmfaszie, *Fascia brachii*, fort, welche sich wiederum in die *Fascia antebrachii* fortsetzt. Diese ist medial am Radius und kaudal an der Ulna mit dem Periost verschmolzen. Am Karpus bildet sie das dorsal gelegene *Retinaculum extensorum* und palmar das *Retinaculum flexorum*. Die Ringbänder der Beugesehnen im Zehenbereich werden ebenfalls von ihr gebildet.

Tiefe Faszie der Beckengliedmaße: Die tiefe Faszie der Beckengliedmaße geht aus der *Fascia glutaea* hervor, lateral setzt sie sich als *Fascia lata* auf den Oberschenkel fort. Diese ist relativ stark ausgebildet und umhüllt den *M. biceps femoris* und bietet dem *M. tensor fasciae latae* Ansatz. Sie sendet mehrere Lamellen zwischen die einzelnen Anteile des *M. quadriceps,* von denen ein Septum auch mit dem Periost des Femur verbunden ist. Medial am Oberschenkel ist die *Fascia femoris medialis* ausgebildet, welche hier zweiblättrig ist und die medialen Oberschenkelmuskeln umgibt. Beidseitig vom *M. gastrocnemius* gibt ihr tiefes Blatt ein Septum in die Tiefe der Kniekehle ab. Am Knie selbst wird die tiefe Faszie als *Fascia genus*, Kniefaszie, bezeichnet. Diese ist stark ausgebildet und besitzt kaudal in der Kniekehle viele elastische Fasern. Sie steht mit den Kondylen des Femurs, der Patella und dem geraden Kniescheibenband in enger Verbindung. Nach distal schließt sich die Unterschenkelfaszie, *Fascia cruris,* an, die ebenfalls kräftig und mehrblättrig ausgebildet ist. Die Unterschenkelfaszie gewährleistet die Verschieblichkeit der Sehnen (Achillessehne!) und Muskeln in diesem Bereich (distale Gliedmaße: vgl. tiefe Faszie der Schultergliedmaße).

Innere Körperfaszie

Die innere Körperfaszie kleidet die Innenflächen von Bauch-, Brust- und Beckenhöhle aus und steht mit den Parietalblättern der entsprechenden serösen Auskleidungen in enger Verbindung. Sie wird regional unterschiedlich bezeichnet:

- *Fascia endothoracica* (Thorax)
- *Fascia transversalis* (Abdomen)
- *Fascia iliaca* (innere Lendenmuskulatur)
- *Fascia pelvis* (Becken)

MYOFASZIALE KETTEN

In der Osteopathie ist weniger die topographisch benachbarte Lage der Faszien, als vielmehr ihr **funktioneller Zusammenhang** von Bedeutung.

Die Faszien einer Schicht umgeben oftmals Muskeln, die funktionell zusammenarbeiten – die entsprechenden Muskelgruppen werden daher auch als **Muskelfunktionsketten** bezeichnet, die entsprechenden Faszien als **Faszienketten**. Da beide Systeme eng miteinander verbunden sind, werden sie auch unter dem Begriff der **myofaszialen Ketten** zusammengefasst.
Die so ineinander verzahnten Faszien übertragen Bewegungen von einer Region des Körpers auf weit entfernte Körperteile. Ihre Aufgabe ist die Kraftübertragung, die Stoßdämpfung, aber auch die Harmonisierung von Bewegungsabläufen.

Treten Störungen innerhalb der myofaszialen Ketten auf, so spricht man von **Läsionsketten**. Diese sind verantwortlich für die Projektion von Beschwerden in entfernte Körperregionen. Im Falle einer solchen Störung wird nicht die physiologische Bewegung, sondern die Fehlspannung weitergeleitet.
Im Humanbereich hat Thomas W. Myers diese Ketten untersucht und in ein System von zwölf myofaszialen Leitbahnen, den sogenannten „Anatomy Trains“ gefasst.

Für Pferd und Hund konnte Vibeke S. ElbrØnd die Existenz dieser Leitbahnen ebenfalls nachweisen und deren Verlauf beschreiben, der beim Vierbeiner zum Teil etwas von dem beim Menschen abweicht.

Darüber hinaus weisen die myofaszialen Leitbahnen oder Ketten zum Teil auch Übereinstimmungen mit den Meridianverläufen der Traditionellen Chinesischen Medizin auf.

Unterschiedliche myofasziale Ketten:

- Oberflächliche und tiefe Kette der Rückenlinie (vgl. Lenkergefäß; Blasenmeridian)
- Oberflächliche und tiefe Kette der Ventralseite (vgl. Konzeptionsgefäß; Magenmeridian)
- Spirallinie (seitlich am Körper; vgl. Gallenblasenmeridian)
- Kette der Extensoren der Vordergliedmaße
- Kette der Flexoren der Vordergliedmaße
- Kette der Extensoren der Hintergliedmaße
- Kette der Flexoren der Hintergliedmaße

Während die myofaszialen Ketten mehr oder weniger in **longitudinaler** Ausrichtung über die Gliedmaßen und über den Rumpf ziehen, befinden sich senkrecht zu ihnen, in **transversaler** bzw. **frontaler** Ebene, **Pufferzonen**. Solche Pufferzonen stellen die großen Gliedmaßengelenke sowie die Befestigung der Gliedmaßen am Rumpf dar (Beckengürtel, Hüfte, Knie, Schultergürtel, Schulter, Ellbogen). Wichtig sind auch der atlantookzipitale Übergang, der Zungenbeinapparat und das Zwerchfell bzw. Diaphragma. Aufgabe dieser Pufferzonen ist es, Stoßbelastungen zu minimieren bzw. umzulenken und dadurch auch die Weiterleitung von Fehlspannungen einzuschränken. Dies zeigt, dass die Behandlung des Zwerchfells und der kranialen Halswirbelsäule auch im Zusammenhang mit anderen biomechanischen Läsionen eine besondere Bedeutung hat.

URSACHEN FÜR STÖRUNGEN DES FASZIALEN SYSTEMS

Alle Faktoren, die eine Veränderung der Bindegewebsspannung bedingen, können zu Störungen des faszialen Systems führen. Hierzu zählen auf der einen Seite Traumata, aber auch Operationen und Entzündungen, bei denen es zu einer direkten Beteiligung des Bindegewebssystems kommt und eine Ausheilung oft mit Narbenbildung verbunden ist. Auch über biomechanische Veränderungen (Vorliegen von Dysfunktionen; falsche Bewegungsabläufe) kann es jedoch zu Störungen im Fasziensystem kommen. Darüber hinaus können auch viszerale Einflüsse die Spannung im Bindegewebssystem verändern. Eine generelle Schwächung des faszialen Systems geschieht durch Stress: Bei Stress kommt es zu einer vermehrten Produktion von Kortisol und dadurch zu einem Mangel an Insulin – dies wiederum führt zu einer verringerten Produktion von Hyaluronsäure, welche sich im gesamten Bindegewebssystem negativ auswirkt.

Ursachen für Störungen des faszialen Systems:

- Traumata, Verletzungen (dadurch bedingte Narben)
- Operationen (dadurch bedingte Narben)
- Entzündungen
- Biomechanische Dysfunktionen
- Viszerale Probleme
- Stress

Neuere Untersuchungen haben dabei gezeigt, dass zwischen bindegewebig-mechanischen Einschränkungen, Entzündungsprozessen und der Entstehung von Schmerz vielfältige und zum Teil komplexe Zusammenhänge existieren: **Narbengewebe**, welches in Folge von chirurgischen Eingriffen oder Verletzungen entsteht, geht mit Verklebungen im Bereich des Bindegewebes einher. Dadurch kommt es zu einer Reduktion der physiologischen Gleitbewegung zwischen den verschiedenen Schichten der Faszien. Auch ein Mangel an Hyaluronsäure führt zu einer Veränderung der Visko-Elastizität des Fasziensystems. Die Abnahme der Visko-Elastizität wiederum kann zu einer Aktivierung von Nozizeptoren führen; darüber hinaus verändert sich das Milieu des umgebenden Gewebes im Sinne einer **Entzündungsreaktion** (*inflammatory environment*). Die Verklebungen werden zunehmend vaskularisiert und innerviert. Diese Vorgänge können zu chronischen postchirurgischen bzw. posttraumatischen Schmerzsyndromen führen.

Darüber hinaus besitzen Fibroblasten eine kontraktile Kapazität, durch welche die Faszienspannung verändert werden kann, und zwar ganz unabhängig von direkten neuronalen Einflüssen. Diese Spannungsveränderungen befördern ihrerseits wiederum chronische Entzündungsreaktionen. Dadurch kommt es zu extrazellulären Ödemen, welche abermals die Spannung im Gewebe erhöhen. Als Antwort auf die Spannungszunahme schütten die Fibroblasten vermehrt ATP aus, welches eine Sensibilisierung der Nozizeptoren bedingt. Auf diesem Wege kann eine unphysiologische Faszienspannung über eine lokale Ischämie und Entzündungsreaktionen zu einem Schmerzsyndrom führen.

Umgekehrt beeinflussen auch Allgemeinerkrankungen das Bindegewebe- und Fasziensystem: **Systemische Erkrankungen** und Schmerzsyndrome führen außerdem zu einer Ausschüttung verschiedener **Zytokine**. Diese werden teilweise auch vom Bindegewebe selbst produziert, aber auch von **Nozizeptoren** im Bereich des Fasziensystems wahrgenommen. Darüber hinaus beherbergt das Bindegewebe Nozizeptoren, die mechanische Reize in Schmerzinformationen übersetzen können. Unphysiologische mechanische Reize können außerdem bewirken, dass sich Mechanorezeptoren in Nozizeptoren umwandeln. Nozizeptoren synthetisieren selbst Neuropeptide, die ebenfalls zu **Entzündungen des umgebenden Gewebes** führen (*inflammatory environment; senzitizing soup*).

UNTERSUCHUNGS- UND BEHANDLUNGSTECHNIKEN DES FASZIALEN SYSTEMS

Für die Faszientechniken werden zunächst die verschiedenen Prinzipien der einzelnen Untersuchungs- und Behandlungstechniken allgemein besprochen, bevor die Techniken für die unterschiedlichen faszialen Strukturen erläutert werden, da hier Untersuchungs- und Behandlungstechniken in vielen Fällen fließend ineinander übergehen.

Die Behandlung schließt sich in der Regel unmittelbar an die Untersuchung an, indem entweder zunächst der Zug intensiviert und dann anschließend in die entgegengesetzte Richtung gearbeitet wird (indirekt-direkte, weiche Technik) oder indem direkt gegen die Einschränkung gearbeitet wird (direkte Technik).

Listening-Technik

Die *Listening*-Technik ist in erster Linie eine **diagnostische Technik**, bei der der Untersucher weitgehend passiv dem **physiologischen Faszienrhythmus**, aber auch erspürten Fehlspannungen und Veränderungen im Bindegewebszug folgt. Ziel dieser Technik ist es, abweichende Spannungen bzw. Rhythmen zu diagnostizieren und zu normalisieren. Dazu können unmittelbar an die eigentliche *Listening*-Technik direkte oder indirekte Behandlungstechniken (s.u.) angeschlossen werden.

Bei der *Listening*-Technik wird die Hand flächig auf das Gewebe aufgelegt; dabei ist es wichtig, dass kein aktiver Druck ausgeübt wird, sondern die Hand zunächst in das Gewebe einsinkt und anschließend passiv dem Bindegewebszug folgt. Physiologischerweise wird nun ein Faszienrhythmus spürbar, dessen Frequenz überall am Körper synchron verläuft und etwa acht bis zwölf Zyklen pro Minute beträgt (vgl. kraniosakraler Rhythmus; Hämodynamik), dessen Zugrichtung jedoch je nach Körperregion variiert. Eine veränderte Frequenz, eine verminderte Gesamtbewegung oder eine Asymmetrie in der Bewegung können Hinweise auf Störungen im faszialen System sein. Auch kann die Richtung des Bindegewebszuges beispielsweise durch Narben im Gewebe verändert sein.

Induktions-Technik

Die Induktions-Technik ist eine **indirekte Behandlungstechnik**, bei der die Hand des Therapeuten dem Bindegewebszug mehr oder weniger passiv in die Richtung der Läsion folgt, dann jedoch verharrt, bis ein *Release*-Phänomen eintritt. Anschließend erspürt die weiterhin auf derselben Stelle liegende Hand, ob nun ein Gewebszug in eine andere Richtung erfolgt und verfährt entsprechend, und zwar so lange, bis das Gewebe gleichmäßig in alle Richtungen beweglich ist und keine Fehlspannungen mehr wahrgenommen werden.

Direkte Faszien-Technik

Die direkte Faszien-Technik ist eine Behandlungstechnik, bei der der Therapeut aktiv gegen die eingeschränkte Bewegungsrichtung bzw. gegen die Fehlspannung arbeitet. Dabei kann der Kontakt ein- oder beidhändig erfolgen und entspricht in seiner Intensität den zuvor beschriebenen Techniken. Die Technik ist beendet, wenn das Gewebe gleichmäßig beweglich und die Bewegungseinschränkung nicht mehr spürbar ist.

Release-Phänomen

Vor allem dann, wenn ein abweichender Bindegewebszug in eine Richtung besteht, oder wenn die Beweglichkeit des Gewebes in eine Richtung eingeschränkt ist, tritt unter der Behandlung ein so genanntes *Release*-Phänomen, also eine Entspannung des Gewebes auf. Bei einer indirekten Technik ist dies als Nachlassen der Fehlspannung und der damit verbundenen Rückkehr in eine neutrale Position spürbar, bei einer direkten Technik hingegen geht die Entspannung mit einer Auflösung der Bewegungseinschränkung einher, sodass der Bewegungsumfang des Gewebes größer wird.

Unwinding-Phänomen

Bei manchen Techniken ist während der Untersuchung und Behandlung nicht in erster Linie der Faszienrhythmus oder ein Gewebszug in eine bestimmte Richtung spürbar, sondern es kommt unter der Ausführung zu einem so genannten *Unwinding*-Phänomen. Dabei normalisieren sich antagonistische Faszienzüge und Fehlspannungen und der Therapeut spürt dies in Form einer Achter-Bewegung, die jedoch deutlich schneller erfolgt als der normale Faszienrhythmus. Die Technik ist in dem Moment beendet, wo die Bewegung zum **Stillstand** kommt, da die Faszienspannung dann ausgeglichen ist.

Ein solches *Unwinding*-Phänomen tritt z.B. beim longitudinalen Faszien-*Release* an den Gliedmaßen auf und ist auch bei einigen kraniosakralen Techniken zu beobachten.

DURCHFÜHRUNG DER FASZIENTECHNIKEN

Im Folgenden werden die einzelnen Techniken und ihre Durchführung beschrieben; dabei erfolgt die Reihenfolge topographisch von kaudal nach kranial, die Techniken für die Extremitäten werden anschließend beschrieben. Für alle Techniken ist es von Vorteil, wenn der Patient möglichst entspannt ist und sich in Seiten- oder Brust-Bauch-Lage befindet. Für unsichere Hunde und solche, die die Einnahme einer bestimmten Körperhaltung auf Kommando noch nicht gelernt haben oder nicht ausführen wollen, kann eine liegende Position aber zum Teil nur mit Zwang erreicht werden, was für den Patienten, aber auch für den Besitzer unter Umständen mit viel Stress verbunden ist. In diesen Fällen kann es deutlich stressfreier und damit für das Ergebnis der Behandlung besser sein, wenn der Patient sitzt oder steht. Fast alle Techniken können auch – analog wie beispielsweise beim Pferd – am sitzenden oder stehenden Hund ausgeführt werden. Eine Ausnahme bilden die Techniken zur Behandlung des Epigastriums bzw. der Ventral Release, bei denen die Bauchseite unter Zuhilfenahme der Eigenschwere der Hand bzw. über das Einsinken der Hand in das zu behandelnde Gewebe gearbeitet wird. Auch die Gliedmaßen-Techniken können ausschließlich am in Seitenlage befindlichen Hund ausgeführt werden.

Diaphragma pelvis

Anatomie: Das Diaphragma pelvis umschließt den Analkanal und wird vom *M. coccygeus*, dem *M. retrococcygeus* und dem *M. levator ani* gebildet (s. Abb. 8, S. 33). Funktionell werden aber auch der *M. sphincter ani externus*, der *M. constrictor vestibuli* und der *M. constrictor vulvae*, die sich faszial zum sogenannten Perinealkörper verflechten, zum *Diaphragma pelvis* gezählt.
Funktion: Perineum und *Diaphragma pelvis* verschließen gemeinsam den Beckenausgang. Bei der Defäkation arbeiten der *M. coccygeus*, der *M. retrococcygeus* und der *M. levator ani* zusammen. Der *M. levator ani* und der *M. coccygeus* komprimieren während der Defäkation seitlich das Rektum, während der *M. retrococcygeus* das Rektum verkürzt. Durch die Verkürzung und die seitliche Kompression des Rektums wird die Kotsäule nach außen geschoben. Außerdem wirkt der *M. levator ani* bei einem intraabdominalen Druckanstieg der Kaudalverlagerung der Beckenorgane entgegen.

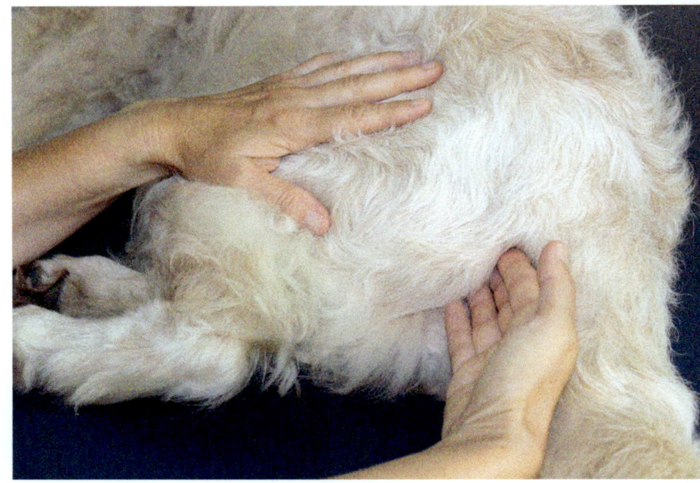

Foto 69: Test des Diaphragma Pelvis und Pelvis-Lift

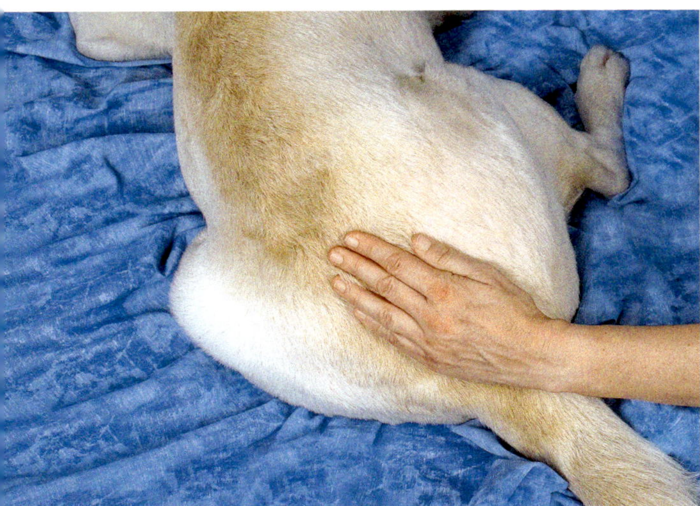

Foto 70: Sakrum-Listening.

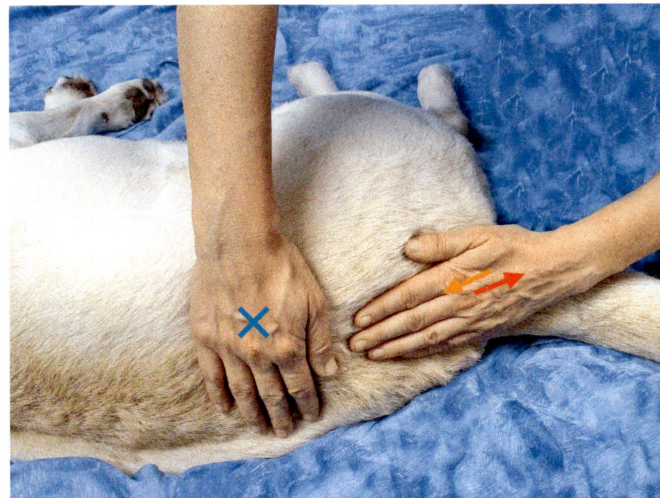

Foto 71: Lumbosakrale Kompression (oranger Pfeil) und Dekompression (roter Pfeil). Position der Fixation (blaues Kreuz).

Störungen des *Diaphragma pelvis*:

- Bei rezidivierenden Blasenentzündungen
- Bei Inkontinenz
- Bei Harnverhalten
- Bei Kotabsatzschwierigkeiten
- Bei Schmerzen im LSÜ

Diagnostische Palpation des *Diaphragma pelvis*: Für die Untersuchung des *Diaphragma pelvis* befindet sich der Hund in Seitenlage. Der Therapeut nimmt mit den aufgestellten Fingern seiner kopffernen Hand Kontakt mit dem *Diaphragma pelvis* auf, indem er die Innenseite seiner Finger entlang der Medialseite des Tuber *ischiadicum* nach kranial gleiten lässt. Der Therapeut **übt dabei** einen sanften Druck nach kranial aus und prüft die Elastizität und Schmerzhaftigkeit des *Diaphragma pelvis* im Seitenvergleich.

Pelvis-Lift: Die Ausgangsstellung und die Ausführung entsprechen der diagnostischen Palpation des *Diaphragma pelvis*. Allerdings hält der Therapeut den kranialen Druck an der restriktiven Barriere solange aufrecht, bis die Spannung deutlich nachlässt (Foto 69).

Sakrum und lumbosakraler Übergang

***Listening*-Test am Sakrum:** Am Sakrum sollte der Faszien- bzw. kraniosakrale Rhythmus des Körpers deutlich und uneingeschränkt spürbar sein. Für diese Technik befindet sich der Hund in Brust-Bauch- oder Seitenlage; auch die Behandlung am stehenden oder sitzenden Hund ist möglich. Der Therapeut legt eine Hand in Längsrichtung auf das Sakrum und folgt der Bewegung des Bindegewebes passiv (Foto 70). Dabei sollte sich das Sakrum physiologischerweise mit einer Frequenz von acht bis zwölf Zyklen pro Minute abwechselnd nach kranial neigen (Nutation bzw. Extension des lumbosakralen Übergangs) und wieder nach kaudal zurückkehren (Kontranutation bzw. Flexion des lumbosakralen Übergangs).

Als abweichende Befunde können ein zu schneller oder zu langsamer Rhythmus vorliegen oder das Verhältnis von Nutation zu Kontranutation ist verändert. Solche Abweichungen können Anzeichen für Störungen im Kraniosakralen System oder für funktionelle Sakrumsfehlstellungen sein. Ein vermehrt seitlicher Zug kann auf Probleme in den Sakroiliakalgelenken der distal gelegenen Gliedmaßen hindeuten.

Sakrum-*Release*: Wie beim *Listening*-Test liegt der Hund bevorzugt in Brust-Bauch- oder Seitenlage, auch hier ist eine Behandlung am stehenden oder sitzenden Hund möglich; die Hand des Therapeuten folgt dem wahrgenommenen Bindegewebszug in die Richtung der Läsion und verharrt am Bewegungsende, bis ein *Release*-Phänomen spürbar ist.

Lumbosakrale Kompression – Dekompression: Diese aktive Technik wird ebenfalls am liegenden Hund ausgeführt und kann vor allem dann eingesetzt werden, wenn im Becken- oder Sakralbereich funktionelle Fehlstellungen oder Dysfunktionen vorliegen, der Hund jedoch hochgradig berührungsempfindlich oder stark angespannt ist und so eine andere Form der Behandlung zunächst nicht zulässt.

Während eine Hand wiederum in Längsrichtung auf das Sakrum gelegt wird, kommt die zweite Hand quer dazu im Bereich der letzten Lendenwirbel zu liegen. Nun nähert der Therapeut zunächst das Gewebe an, indem

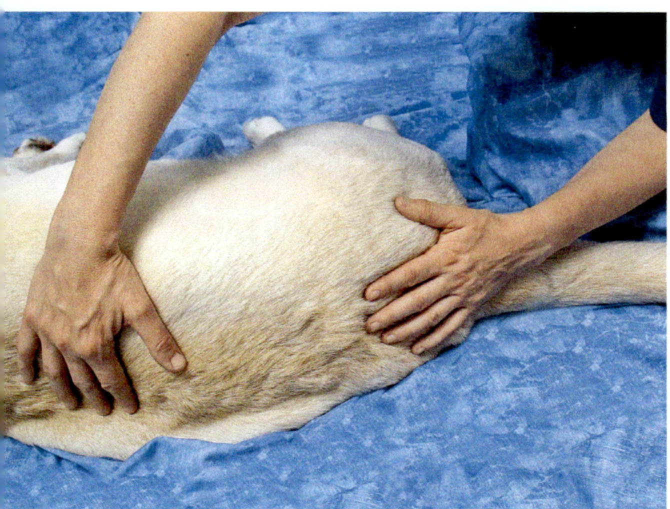

Foto 72: Release der Fascia thoracolumbalis.

beide Hände mit leichtem Zug aufeinander zu arbeiten (= Kompression). Das Gewebe wird gehalten, bis die Spannung nachlässt. Anschließend entfernen sich die Hände des Therapeuten voneinander und bewirken so eine Dekompression des lumbosakralen Gewebes; auch dies wird gehalten, bis die Spannung nachlässt (Foto 71).

Fascia thoracolumbalis

Release der Fascia thoracolumbalis: Fehlspannungen der *Fascia thoracolumbalis* treten häufig auf, da diese mit zahlreichen Muskeln des Stammes in Verbindung steht und immer, wenn es dort zu Dysfunktionen kommt, mitbeteiligt sein kann. Die Technik eignet sich vor allem auch dann, wenn im Brust- oder Lendenwirbelsäulenbereich funktionelle Fehlstellungen oder Dysfunktionen vorliegen. Sie wird bevorzugt in Brust-Bauch- oder Seitenlage ausgeführt, auch hier ist die Behandlung am stehenden oder sitzenden Hund möglich.

Während eine Hand im Sakralbereich in Längsrichtung aufgelegt wird, wird die zweite Hand quer dazu im Bereich des thorakolumbalen Übergangs aufgelegt (Foto 72). Nacheinander kann nun entsprechend des Faserverlaufs in Längsrichtung sowie in diagonaler Richtung behandelt werden:

- **Behandlung in Längsrichtung:** Sofern der physiologische Faszienrhythmus spürbar ist, sollte die Behandlung synchron zu diesem ausgeführt werden. Dabei bewegt sich die auf dem Sakrum befindliche Hand mit der Gewebebewegung nach kranial und kaudal, während die Hand am thorakolumbalen Übergang das Gewebe in diesem Bereich nur fixiert. Unter der Behandlung wird die Bewegung des Sakrums intensiviert, wodurch es abwechselnd zu einer Annäherung und anschließend zu einer Dehnung der Fasern der *Fascia thoracolumbalis* kommt. Die Behandlung ist beendet, wenn eine gleichmäßige Gewebebeweglichkeit spürbar ist.
- **Behandlung in diagonaler Richtung:** Bei dieser Technik arbeitet der Therapeut nun auch aktiv mit der am thorakolumbalen Übergang befindlichen Hand: Während sich diese langsam zur linken Körperseite des Hundes bewegt, geht die kaudale Hand langsam nach rechts, anschließend erfolgt die Behandlung in der Gegenrichtung. Die Behandlung ist beendet, wenn auch hier das Gewebe gleichmäßig in beide Richtungen bewegt werden kann.

Diaphragma

Das Zwerchfell, auch als respiratorisches Diaphragma bezeichnet, stellt einen wichtigen **Puffermechanismus** im faszialen System dar, gleichzeitig trennt es Brust- und Bauchhöhle voneinander. Darüber hinaus spielt das Zwerchfell eine wichtige Rolle bei der Atembewegung. Die Organe oberhalb des Diaphragmas im Brustraum (Herz, Lunge, Ösophagus) und die Organe unterhalb des Diaphragmas im Bauchraum (Nieren, Leber, Magen, Milz, Dickdarm, Dünndarm) haben direkt oder indirekt eine ligamentäre Verbindung zum Diaphragma, somit können auch hier Tonusveränderungen des Diaphragmas zu einem Mobilitätsverlust der viszeralen Organe führen.

Das Diaphragma steht außerdem mit den knöchernen Strukturen wie Sternum und Rippen sowie mit den hinteren Brust- und vorderen Lendenwirbeln (Th12-L3) in Verbindung.

Auch Probleme der Hintergliedmaßen bzw. der Lendenwirbelsäule können sich auf das Diaphragma auswirken: Durch die **Psoasmuskulatur** steht die Hintergliedmaße mit der Lendenwirbelsäule in Verbindung; von hieraus nimmt auch die muskuläre *Pars lumbalis* des Zwerchfells ihren Ursprung, sodass sich auf diesem Wege Dysfunktionen und Fehlspannungen übertragen können.

Ein weiterer Mechanismus, bei dem es durch entfernte Läsionen zu Einschränkungen der Funktion des Zwerchfells kommen kann, ist die motorische Innervation über den *Nervus phrenicus*. Seine Fasern kommen aus dem Halsmark (C5–C7), sodass auch biomechanische Probleme der kaudalen Halswirbelsäule Einfluss auf das Zwerchfell nehmen können. Darüber hinaus bildet das Diaphragma die Durchtrittspforte für den *N. vagus*; es steht somit auch in Verbindung mit dem *Foramen jugulare* und darüber indirekt auch mit der kranialen Halswirbelsäule (C0-C2). Weiterhin tritt der *Ductus thoracicus* durch das Diaphragma, Tounsveränderungen können somit eine Stase im lymphatischen System verursachen.

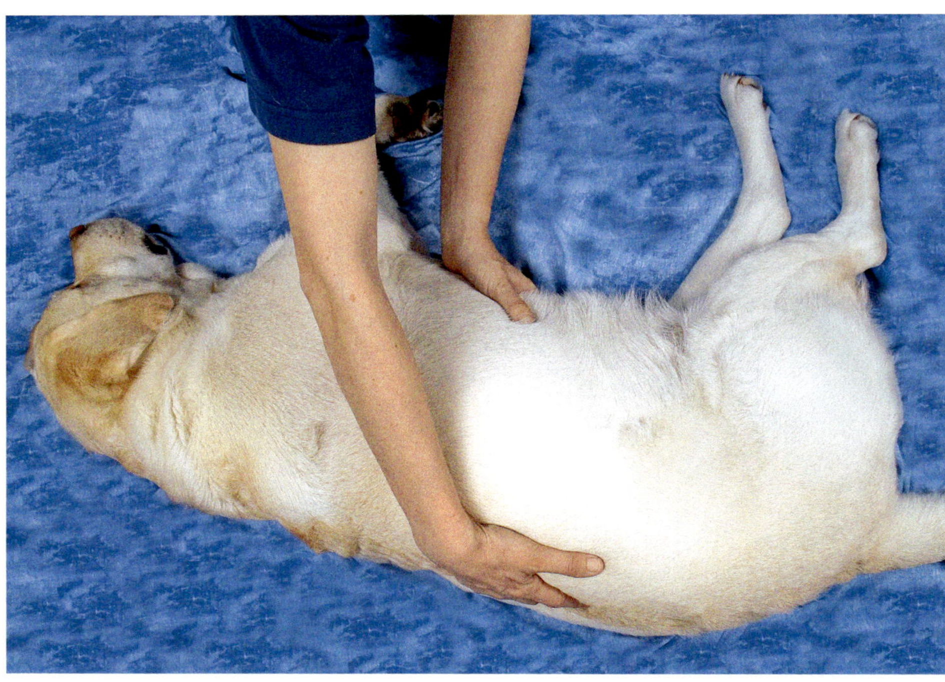

Foto 73 a: Diaphragma I: Sandwich-Technik.

Störungen des Diaphragmas:

- Bei Atembeschwerden / Atemwegserkrankungen
- Bei viszeralen Problemen (vor allem Brust- und Bauchhöhlenorgane; topographische Nähe zu Lunge, Leber, Milz und Magen)
- Bei knöchernen / artikulären Problemen im Thorax-Bereich sowie in der hinteren Brust- und vorderen Lendenwirbelsäule
- Bei Problemen der Lendenwirbelsäule (häufig durch Probleme der Hintergliedmaßen bedingt; über Psoasmuskulatur und *Pars lumbalis* des Diaphragmas)
- Bei Problemen der kaudalen Halswirbelsäule (häufig durch Probleme der Vordergliedmaße bedingt; über den *N. phrenicus*) sowie der kranialen Halswirbelsäule (über *N. vagus* und *Foramen jugulare*)
- Auftreten einer lympahtischen Stase als Folge einer Störung des Diaphragmas

***Listening*-Test am Diaphragma:** Für die Untersuchung und Behandlung des Diaphragmas befindet sich der Hund vorzugsweise in Seiten-(oder Rücken-)lage; die Behandlung ist auch am sitzenden oder stehenden Patienten möglich. Der Therapeut legt eine Hand auf den epigastrischen Winkel, und zwar in der Form, dass der Daumen dem Rippenbogen der einen Körperseite des Hundes anliegt und der Zeigefinger Kontakt mit dem Rippenbogen der anderen Körperseite aufnimmt. Mit der anderen Hand kann auf der Rückenseite ein Gegenpol gebildet werden (*Sandwich*-Technik). Die ventral befindliche Hand folgt nun dem Zug des Bindegewebes, dieser sollte in alle Richtungen gleichmäßig stark sein (Foto 73 a). Außerdem sollte die Atembewegung frei und ungehindert ablaufen. Ein vermehrter Zug in eine Richtung kann auf viszerale Probleme, aber auch auf Fehlspannungen im faszialen System hinweisen.

Diaphragma-*Release*: Beim Diaphragma-*Release* befindet sich der Hund ebenfalls bevorzugt in Seitenlage, die Handhaltung entspricht der des *Listening*-Tests. Die Hand des Therapeuten folgt dem wahrgenommenen Bindegewebszug in die Richtung der Läsion und verharrt am Bewegungsende, bis ein *Release*-Phänomen spürbar ist.

Diese Technik kann – sofern Fehlspannungen mit unterschiedlichen Zugrichtungen vorhanden sind – unter Umständen auch mehrfach hintereinander durchgeführt werden.

Diaphragma-Mobilisation über die Atmung: Diese Technik, die auch als **latero-laterale Zwerchfelldehnung** bezeichnet wird, stimuliert vor allem das arteriovenöse System sowie über eine **Sogwirkung** außerdem das Lymphsystem und stellt daher eine gute Vorbereitung für alle weiteren Faszien- und auch viszeralen Techniken dar, da sie zusätzlich Einfluss auf die ligamentären Aufhängeapparate der inneren Organe nimmt.

Die Diaphragma-Mobilisation über die Atmung kann auf zwei verschiedene Arten durchgeführt werden, je nachdem, ob der Hund sitzt oder liegt (Foto 73 b):

- **Behandlung am sitzenden Hund:** Der Therapeut befindet sich hinter dem Hund und greift vorsichtig beidseitig mit

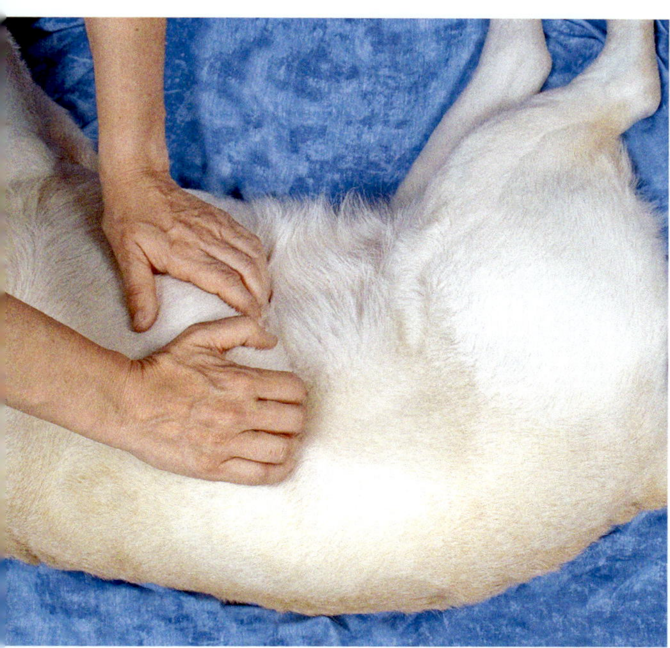

Foto 73 b: Diaphragma II: Release-Technik über die Atmung.

den Fingerspitzen unter den Rippenbogen des Hundes. Bei der Einatmung folgen die Hände der Rippenbewegung nach lateral, bei der Ausatmung setzt der Therapeut der Rippenbewegung einen sanften Widerstand entgegen.

- **Behandlung am Hund in Seitenlage:** Der Therapeut befindet sich neben dem im Seitenlage befindlichen Hund; er schiebt nun eine Hand mit der Handfläche nach oben mit der Kleinfingerkante unter den Rippenbogen des Hundes (dadurch hat der Handrücken Kontakt zur Bauchwand). Bei der Einatmung folgt die Hand der Rippenbewegung nach lateral, bei der Ausatmung setzt der Therapeut wiederum der Rippenbewegung einen leichten Widerstand entgegen.

Homolaterales *Unwinding*: Für diese Technik befindet sich der Hund in Seitenlage; der Therapeut nimmt mit einer Hand Kontakt zu den Dornfortsätzen des thorakolumbalen Übergangs auf und legt die andere Hand kaudal des Rippenbogens auf die seitliche Bauchwand. Während des Ausatmens werden nun die Dornfortsätze zur oben liegenden Seite gezogen, die andere Hand übt zeitgleich einen dorsomedialwärts gerichteten Druck aus. Die Technik wird über mehrere Atemzüge gehalten, und zwar so lange, bis das *Unwinding*-Phänomen zum Stillstand kommt und der Therapeut eine tiefe Entspannung bzw. ein tiefes Einatmen wahrnimmt.

Epigastrium / Bauchwand

Behandlung des Epigastriums: Für die Behandlung des Epigastriums befindet sich der Hund in Seiten- oder Rückenlage. Nun wird eine Hand etwa in Höhe des Nabels flächig auf die Bauchdecke aufgelegt. Zunächst wird in Form eines *Listening*-Tests erspürt, ob ein Zug in eine bestimmte Richtung wahrgenommen wird. Die Behandlung schließt sich unmittelbar an, indem der Therapeut die Hand in derselben Position belässt und abwartet, bis er das Gefühl hat, dass die Hand in die Tiefe sinkt bzw. dorthin gezogen wird (Foto 74). Wie schnell dieser *Release* eintritt, ist stark vom Spannungszustand der Bauchdecke, aber auch von der generellen Anspannung des Hundes abhängig. Die Behandlung des Epigastriums ist eine ausgleichende, **stressmildernde** Technik.

Ventral-*Release*: Der Ventral-*Release* dient der Entspannung der Bauchfaszie; er sollte bei allen Hunden zur Anwendung kommen, die vorberichtlich eine Bauchoperation hatten (z.B. Fehlspannungen durch Kastrationsnarben etc.), sowie bei Hunden, die mit stark aufgezogenem Bauch bzw. in kyphotischer Haltung stehen.

Für alle folgenden Techniken befindet sich der Hund in Seiten-(oder Rücken-)lage:

***Listening*-Technik:** Die Technik beginnt damit, dass der Therapeut eine Hand in Längsrichtung kranial des *Os pubis* auf die Bauchdecke auflegt und erfühlt, in welche Richtung die Hand gezogen wird. Im nächsten Schritt wird die Hand dort erneut aufgelegt, wohin sie anfänglich gezogen wurde. Hier wird wiederum abgewartet, ob ein Zug in eine Richtung festzustellen ist und die Hand wird dann an dieser Stelle erneut aufgelegt. Dies geschieht so lange, bis keine Fehlspannungen mehr zu erspüren sind.

***Rotations*-Technik:** Bei dieser ebenfalls einhändigen Technik erfolgt die Prüfung der Spannung der Bauchfaszie in Rotation. Dabei wird verglichen, ob die Rotation nach links oder nach rechts einfacher erfolgt oder eingeschränkt ist. Die anschließende Behandlung kann in Form einer direkten oder einer indirekten Technik ausgeführt werden:

Bei der **direkten Technik** arbeitet die Hand entgegen der erfühlten Spannungsrichtung und verharrt am Bewegungsende, bis ein *Release* wahrgenommen wird.

Bei der **indirekten Technik** lässt sich die Hand mit der erfühlten Spannung in eine Rotationsrichtung ziehen und verharrt wiederum am Bewegungsende, bis ein *Release* wahrnehmbar ist.

Mobilisation der Bauchfaszie in Längsrichtung: Bei dieser beidhändigen direkten Technik werden die Hände des Therapeuten überkreuz an der Bauchwand des Hundes aufgelegt. Eine Hand befindet sich knapp kranial des

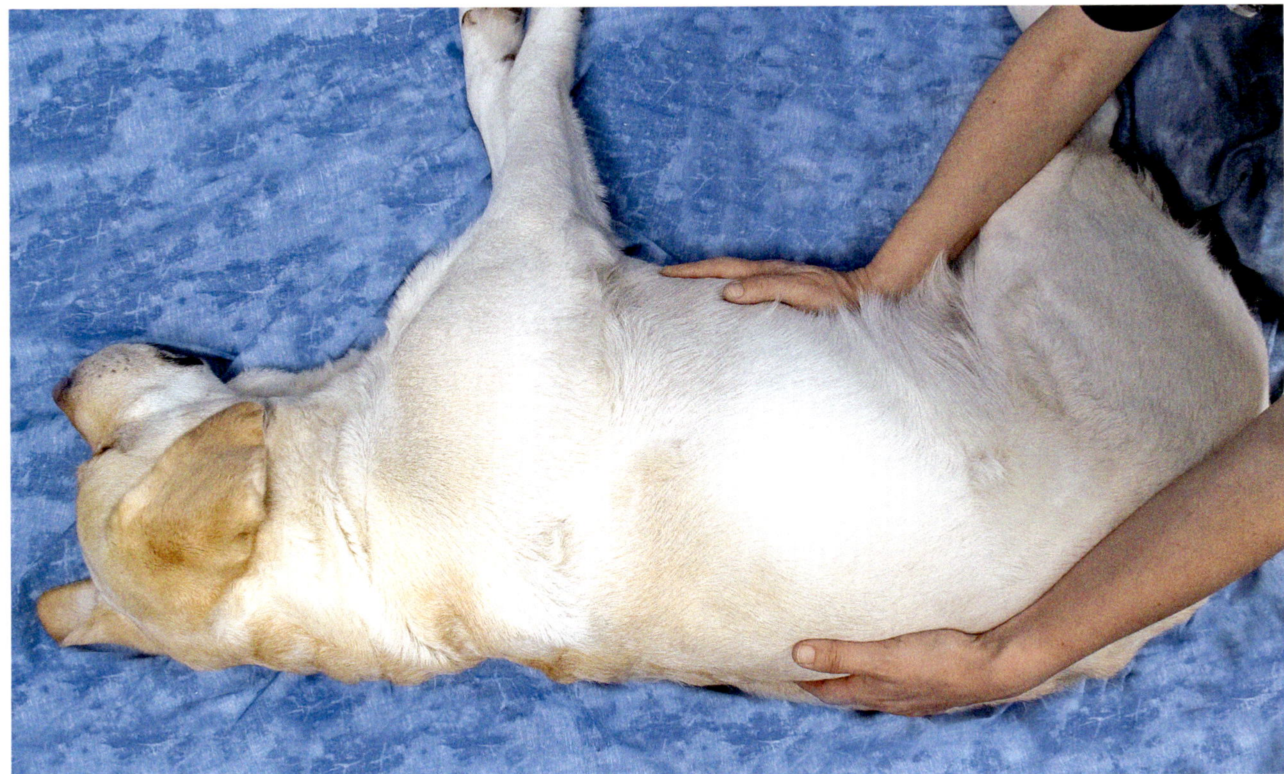

Foto 74: Epigastrium.

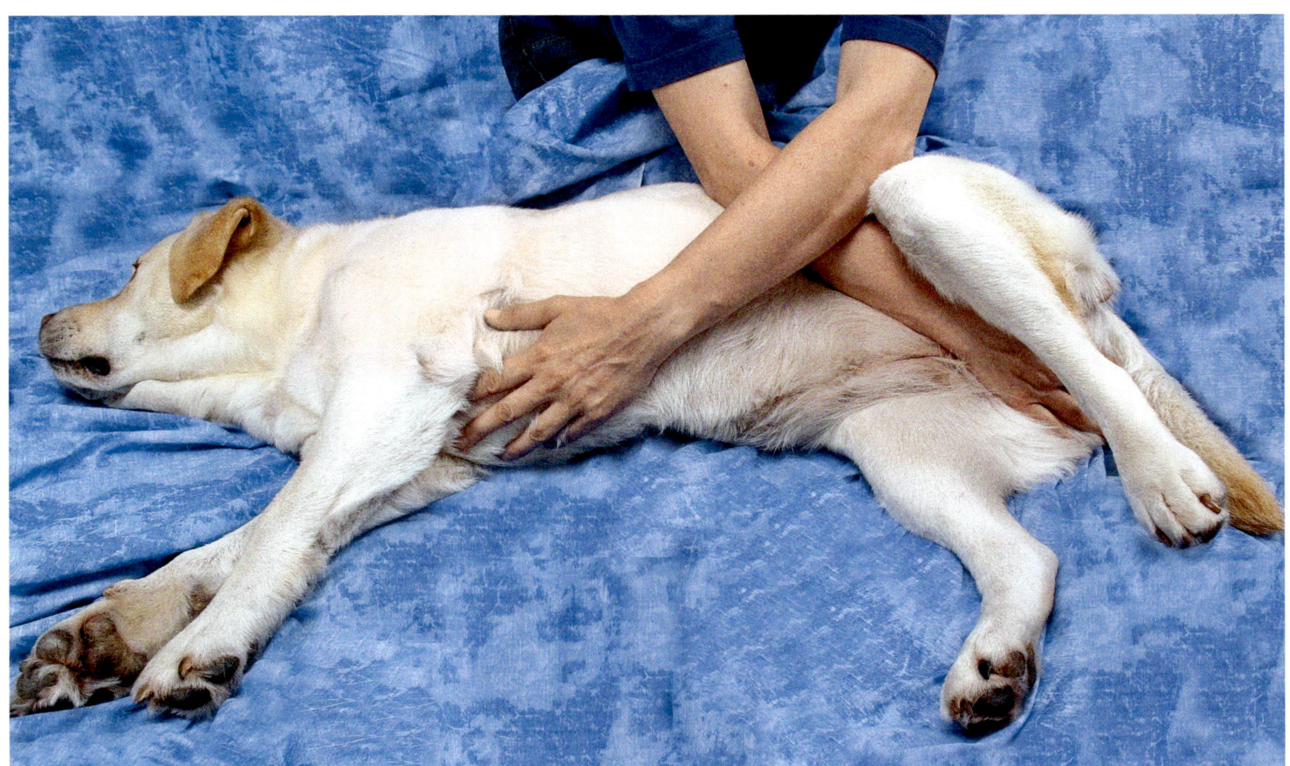

Foto 75: Ventral-Release.

Schambeines, die andere Hand wird am epigastrischen Winkel bzw. am Sternum aufgelegt. Nun dehnen beide Hände die Bauchfaszie in Längsrichtung, bis die Gewebespannung nachlässt (Foto 75).

Sternum

Listening-Test am Sternum: Der Hund befindet sich in Seiten-(oder Rücken-)lage; eine Hand wird in Längsrichtung auf das Sternum aufgelegt. Aufgrund der Atembewegung des Thorax ist hier der Faszienrhythmus nur schlecht zu spüren, sodass vor allem auf einen abweichenden Faserzug geachtet wird (Foto 76). Die Behandlung ist ebenfalls am stehenden oder sitzenden Hund möglich.
Induktion am Sternum / Sternum-*Release*: Die Hand befindet sich in derselben Position wie beim *Listening*-Test; ist ein abweichender Faserzug zu spüren, so folgt die Hand diesem passiv und wird dann in dieser Position belassen, bis ein *Release* eintritt. Häufig sind dabei Bewegungen in Rotationsrichtung zu spüren bzw. die Rotation des Gewebes in die eine Richtung erfolgt leichter als in die andere.

Mediastinum

Mediastinal-*Release*: Der Mediastinal-*Release* dient allgemein der Harmonisierung der Strukturen des Brustkorbes, insbesondere jedoch jener Strukturen, die in das Mediastinum eingebettet liegen. Dies sind das Perikard und das Herz, die *Vena cava*, die Aorta, die Trachea, der Ösophagus, der *Nervus vagus* und der *Ductus thoracicus*. Der Mediastinal-*Release* kann daher gut bei Hunden mit Herz-Kreislauf-Problemen oder Atembeschwerden zur Anwendung kommen und unterstützt zudem den lymphatischen Rückstrom. Über die Beeinflussung des *Nervus vagus* lässt sich der Effekt auf das Vegetativum erklären; außerdem besteht ein topographischer Zusammenhang zum *Ganglion stellatum*.
***Sandwich*-Technik:** Der Hund liegt auf der Seite, alternativ ist auch die Behandlung am sitzenden oder stehenden Hund möglich. Eine Hand des Therapeuten befindet sich ventral am Sternum, die andere Hand liegt dieser gegenüber, dorsal am Thorax. Nun bewegt sich zunächst die Hand am Sternum langsam nach kranial, während die Hand am Rücken gleichzeitig einen Zug nach kaudal ausübt. Anschließend werden die Behandlungsrichtungen umgekehrt. Nun arbeitet die am Sternum liegende Hand nach kaudal, während die am Rücken liegende Hand das Gewebe nach kranial zieht. In den allermeisten Fällen tritt unter dieser Technik eine deutliche Entspannung des Hundes auf, die sich in einem tiefen Seufzen äußert (Foto 77).

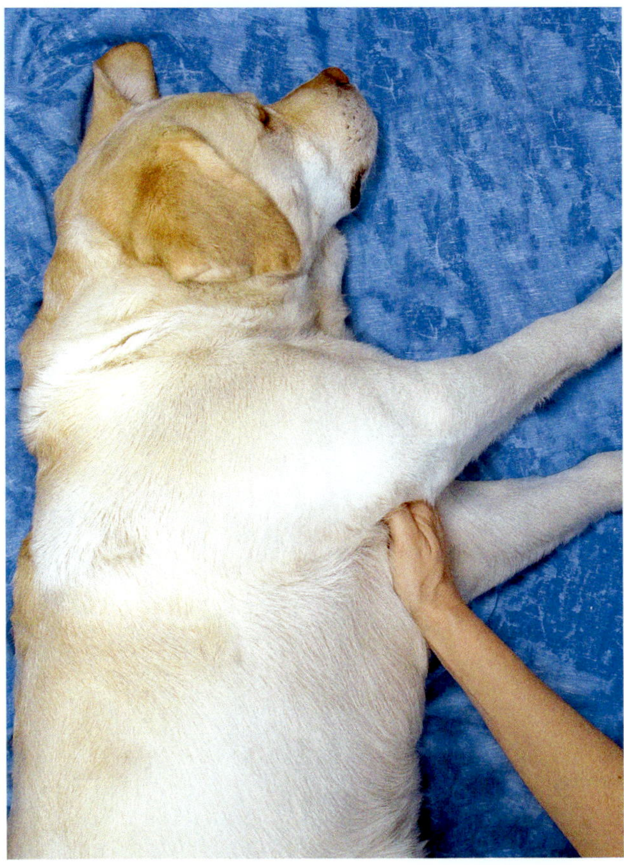

Foto 76: Sternum.

Die durch diese Technik hervorgerufene Dehnung ähnelt dem aktiven Dehnen des Hundes, der zunächst in Vorderkörper-Tiefstellung geht und anschließend den gesamten Rumpf über die dann gestreckten Vordergliedmaßen nach vorne schiebt.
Sternookzipital-*Release*: Auch diese Technik wirkt stark auf das Mediastinum und die darin befindlichen Strukturen. Gleichzeitig werden jedoch auch die Faszien der Vorder- und Rückseite sowie diejenigen im Halsbereich beeinflusst. Der Hund befindet sich wiederum in Seitenlage bzw. sitzt oder steht, der Therapeut legt eine Hand ventral am Sternum an, die zweite befindet sich dorsal am Okziput. Während die Hand auf dem Sternum nun vorsichtig Zug nach kaudal ausübt, arbeitet die Hand am Okziput sanft nach kranial (Foto 78).

Vordere Thorax-Apertur

Anterior-Posterior-Ausgleich: Auch hierbei handelt es sich um eine *Sandwich*-Technik, die bevorzugt am in Seitenlage befindlichen Hund ausgeführt wird; die Behandlung am stehenden oder sitzenden Hund ist eben-

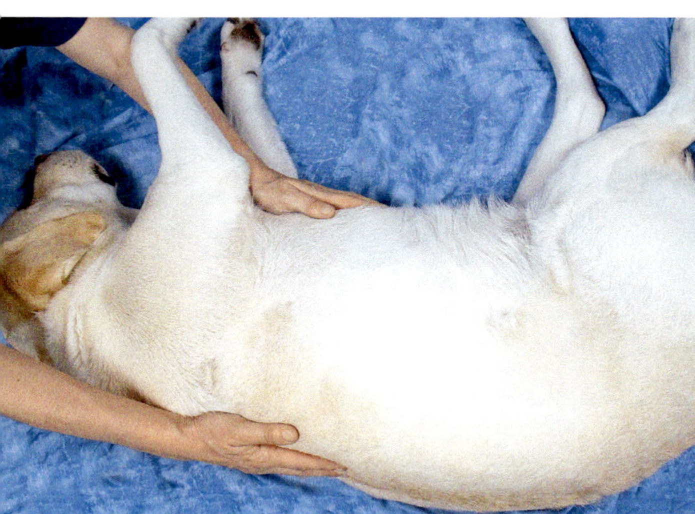

Foto 77: Mediastinum: Sandwich-Technik.

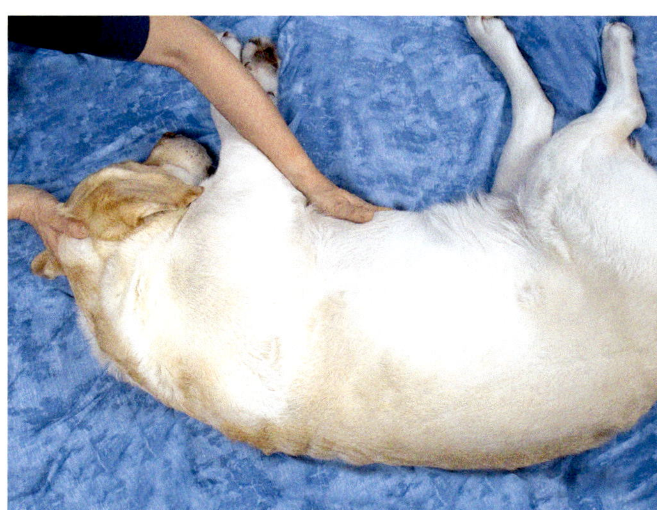

Foto 78: Sternookzipital-Release.

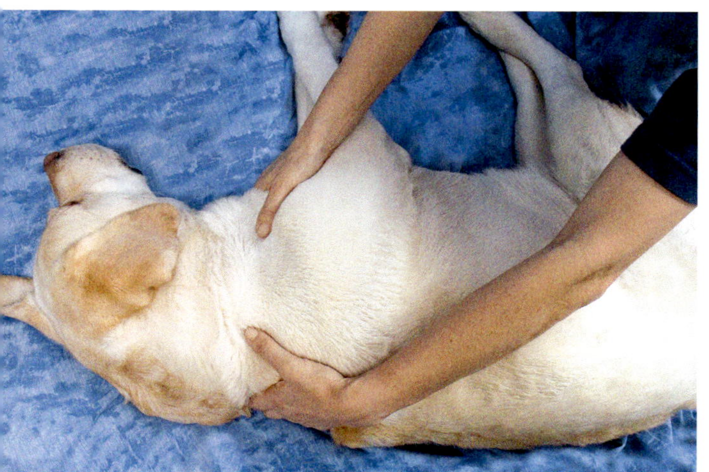

Foto 79: d.v.-Release der vorderen Thorax-Apertur.

falls möglich. Während eine Hand ventral quer oberhalb des *Manubrium sterni* aufgelegt wird, befindet sich die zweite Hand dorsal am zervikothorakalen Übergang. Nun wird das Gewebe nacheinander in alle Richtungen verschoben bzw. rotiert (Foto 79).

Es kann wiederum direkt behandelt werden, indem gegen eine bestehende Bewegungseinschränkung gearbeitet wird, oder indirekt, indem sich die Hand mit Gewebespannung mitziehen lässt.

Auch diese Technik hat einen starken Einfluss auf den **kranialen Venenwinkel**, sodass sie sich im Zusammenhang mit der Lymphdrainage empfiehlt.

Pump-Technik: Auch bei dieser Technik wird der lymphatische Rückstrom unterstützt und es findet eine Dehnung der Halsfaszie in Längsrichtung statt. Der Therapeut befindet sich hinter dem sitzenden Hund und legt seine Hände jeweils seitlich auf dessen Hals, knapp oberhalb der vorderen Thorax-Apertur. Nun bewegen sich zunächst beide Hände mit leichtem Druck auf die Thoraxöffnung zu. Von dort aus werden nun alternierend rhythmische Pumpbewegungen in Richtung auf die Lungenspitze zu ausgeführt.

Behandlung über das *Manubrium sterni*: Hunde vom dolichocephalen Typ besitzen meist auch einen seitlich abgeflachten Thorax mit relativ prominentem Manubrium sterni. Bei diesen Hunden kann der Therapeut das Manubrium wie eine Art „Handgriff" benutzen, um das umgebende Gewebe zu mobilisieren. Diese Technik ist am liegenden, aber auch am sitzenden oder stehenden Hund möglich: Während eine Hand dorsal am zervikothorakalen Übergang mehr oder weniger passiv aufliegt, umfasst die andere Hand das Manubrium sterni von cranio-ventral und bewegt dies nun langsam im Wechsel nach rechts und nach links. Über diese etwas kräftigere Technik wird stärker als bei den beiden zuvor genannten Techniken auch die Pectoralis-Muskulatur sowie der knöcherne Thoraxeingang bzw. die 1. Rippe mobilisiert; diese Technik kann bei Hunden mit starken Verspannungen im Bereich der Brustmuskulatur dem Anterior-Posterior-Ausgleich vorangestellt werden.

Dorsales Fasziensystem und Dura mater

Dural-Tube-Stretch: Der *Dural-Tube-Stretch* ist eine Technik, die vor allem dann eingesetzt werden sollte, wenn bei einem Hund zahlreiche Dysfunktionen oder eine starke Verspannung der dorsalen Muskulatur vorliegen; sie ist außerdem ein Teil der kraniosakralen Behandlung.

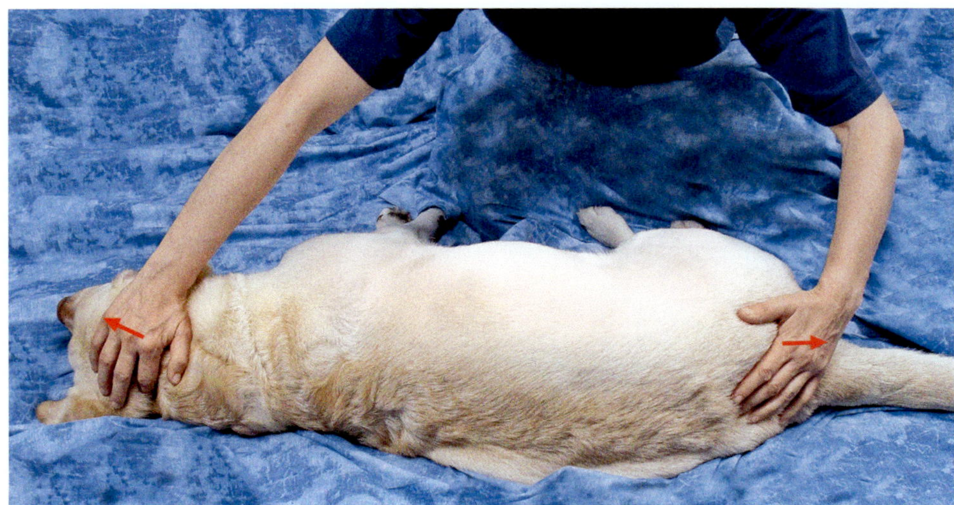

Foto 80: Dural-Tube-Stretch.

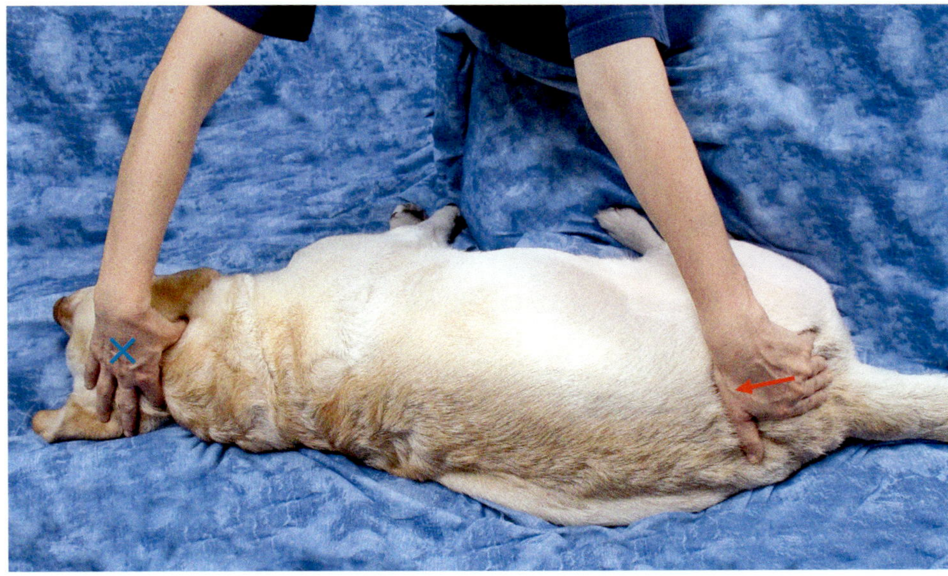

Foto 81: Kokzygeus-Lift: Fixation (blaues Kreuz) und Lift (roter Pfeil).

Der Hund befindet sich in Seitenlage oder wird im Stehen oder Sitzen behandelt, eine Hand wird in Längsrichtung auf das Sakrum aufgelegt, die andere Hand greift an das Okziput. In dieser Position lässt sich der kraniosakrale Rhythmus bzw. Rhythmus des Fasziensystems spüren (Foto 80). Es empfiehlt sich, die Behandlung synchron mit diesem Rhythmus vorzunehmen. Während die am Sakrum befindliche Hand nun das Gewebe nach kaudal bewegt, übt die am Okziput befindliche Hand einen Zug nach kranial aus. Dabei können beide Hände zeitgleich gegeneinander arbeiten (direkte Längsdehnung) oder es bewegt sich abwechselnd die Hand am Sakrum nach kaudal und die Hand am Okziput nach kranial (*Rocking the baby*).

Kokzygeus-Lift nach Goodheart: Der Hund befindet sich in Seiten- oder Brust-Bauchlage, auch die Behandlung im Sitzen oder Stehen ist möglich. Während der Therapeut nun wiederum eine Hand in Längsrichtung auf Sakrum und vordere Schwanzwirbel legt, fixiert er mit der zweiten Hand die Muskulatur im Bereich der Halswirbelsäule. Hier sucht er – sofern vorhanden – einen so genannten *Tenderpoint* (s. *Strain-Counterstrain*-Technik S. 154), eine verhärtete Stelle im Muskelgewebe, die durch eine Verspannung, eine ödematöse Verquellung, aber auch eine Verkalkung entstehen kann. Nun bewegt sich die am Sakrum befindliche Hand langsam nach kranial und führt so eine Dekompression des Gewebes herbei (Foto 81).

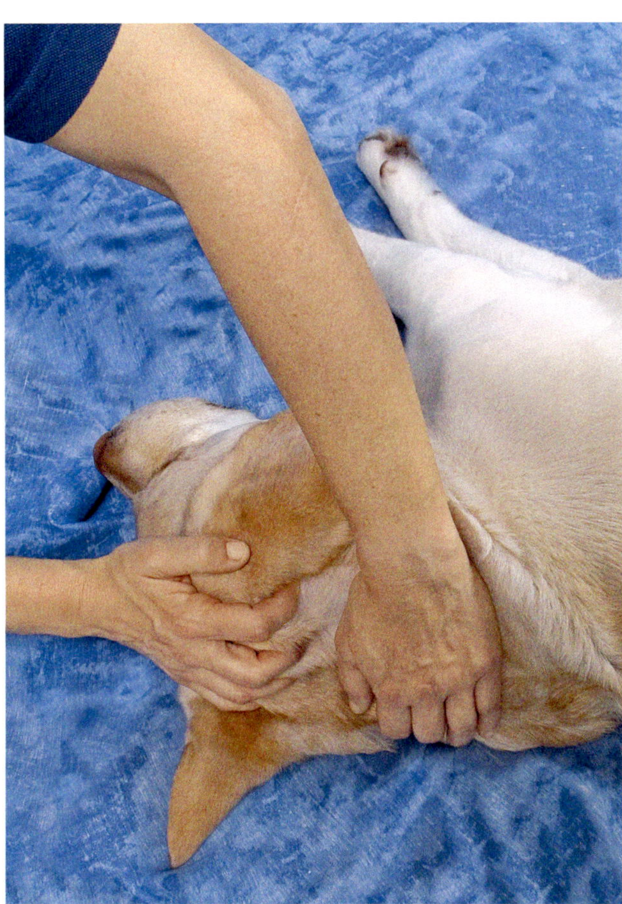

Foto 82: Cranial-Base-Release.

Auch bei dieser Technik wird über den Dura-Schlauch gearbeitet; dieser ist über das *Filum terminale* an den kranialen Schwanzwirbeln befestigt und proximal im Bereich von oberer Halswirbelsäule und Okziput angeheftet. Der Kokzygeus-Lift empfiehlt sich vor allem dann, wenn Verspannungen oder *Tenderpoints* in der Nackenmuskulatur vorliegen sowie allgemein bei Verspannungen der dorsalen Rückenmuskulatur.

Dorsale kurze Kopfmuskulatur

Cranial-Base-Release: Die Entspannung der dorsalen kurzen Kopfmuskeln ist besonders dann angezeigt, wenn im Bereich der Kopfgelenksregion, aber auch im Kraniosakralen System Dysfunktionen vorliegen bzw. wenn der Hals- und Nackenbereich des Hundes verspannt ist. In der Humanosteopathie wird bei dieser Technik mit der Eigenschwere des Schädels des in Rückenlage befindlichen Patienten gearbeitet; dies ist leider beim Hund nicht möglich, sodass beim *Cranial-Base-Release* eine modifizierte Technik zur Anwendung kommt.

Auch diese Technik ist am einfachsten durchzuführen, wenn sich der Hund dabei in Seitenlage befindet; die Behandlung im Sitzen oder Stehen ist möglich. Während der Therapeut die kopfferne Hand quer auf die Muskulatur im Bereich von Atlas und Axis (C1/C2) legt, kommt die andere, kopfnahe Hand längs auf dem Oberschädel zu liegen, wobei die Fingerspitzen Kontakt zur *Crista nuchae* aufnehmen. Während die kaudale Hand lediglich durch sanften Druck die Muskulatur und die Kopfgelenkssegmente fixiert, applizieren die Finger der kopfnahen Hand Druck in die Tiefe der subokzipitalen Muskulatur und üben gleichzeitig eine sanfte Traktion des Okziput nach kranial aus, als würde das Hinterhauptsbein wie ein Helm nach vorne vom Schädel abgenommen (Foto 76). Die Technik wird gehalten, bis zwei bis drei *Release*-Phänomene wahrgenommen werden. Auch diese Technik eignet sich zur Ergänzung einer kraniosakralen Behandlung.

Ventrales System im Halsbereich

Auf der Ventralseite steht die vordere Thoraxapertur über die untere Halsmuskulatur mit dem Kopfbereich – und hier insbesondere mit dem Kehlkopf und dem Zungenbeinapparat – in Verbindung. Verspannungen in diesem Bereich können sich in einer tiefen Kopf-Hals-Haltung, aber auch in Form von Schluckbeschwerden, auffälligen Zungenbewegungen und Problemen beim Kauen äußern; sie finden sich häufig in Kombination mit Verspannungen der kurzen dorsalen Kopfmuskulatur sowie mit somatischen Dysfunktionen im Bereich der oberen und unteren Halswirbelsäule und der 1. Rippe.

Kehlkopf- und Hyoid-Mobilisation: Die Behandlung lässt sich gut am sitzenden Hund ausführen, ist aber auch in anderen Positionen möglich. Bei großen Hunden lassen sich Kehlkopf und Hyoid getrennt voneinander greifen und mobilisieren; bei kleinen Hunden können beide Strukturen gemeinsam behandelt werden. Dabei ist insbesondere bei der Hand, die mit dem Hyoid bzw. dem Kehlkopf Kontakt aufnimmt, auf eine leichte Griffanlage zu achten, da eine zu feste Griffanlage als sehr unangenehm empfunden wird und zu Schluck- und Abwehrbewegungen führt!

Technik 1 – seitliche Mobilisation: Der Therapeut befindet sich neben dem Hund; eine Hand wir locker kaudal des Okziput im Bereich der oberen Halswirbelsäule aufgelegt; die zweite Hand nimmt Kontakt mit den zu behandelnden Strukturen auf; dabei umfasst der Therapeut vorsichtig mit Daumen und Zeigefinger das Hyoid bzw. den Kehlkopf und schiebt diese zunächst leicht nach dorsal, so dass Daumen- und Zeigefingerrücken von innen Kontakt mit den Mandibeln aufnehmen. Dann werden die Strukturen vorsichtig und rhythmisch nach rechts und links bewegt. Häufig finden sich dabei einseitige Einschränkungen bzw. es lässt sich eine festere und eine lockere Seite unterscheiden. Die Technik wird so lange ausgeführt, bis die Beweglichkeit auf beiden Seiten gleich gut erscheint (Foto 83).

Technik 2 – Mobilisation in Längsrichtung: Die behandelnde Hand befindet sich wie oben beschrieben im Bereich von Kehlkopf und Hyoid, indem der Therapeut diese Strukturen vorsichtig mit Daumen und Zeigefinger umfasst; die zweite Hand wird nun im Bereich des Manubrium sterni bzw. der cranialen Thorax-Apertur aufgelegt. Nun wird vorsichtig ein Zug in Längsrichtung ausgeübt, indem sich die Hände leicht voneinander wegbewegen; anschließend erfolgt eine Annäherung des Gewebes. Diese Technik wird wiederholt, bis sich das Gewebe leicht und gleichmäßig bewegen lässt (Foto 84 a und b).

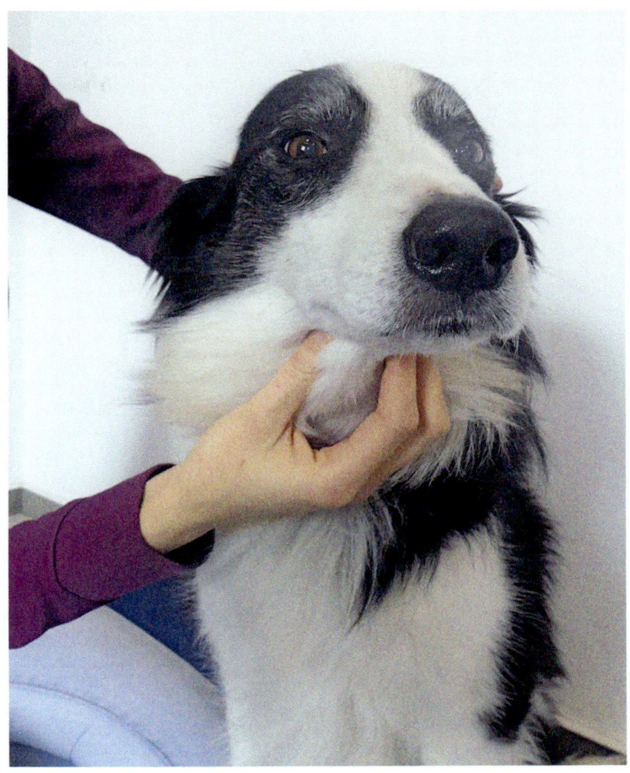

Foto 83: Technik 1: seitliche Mobilisation

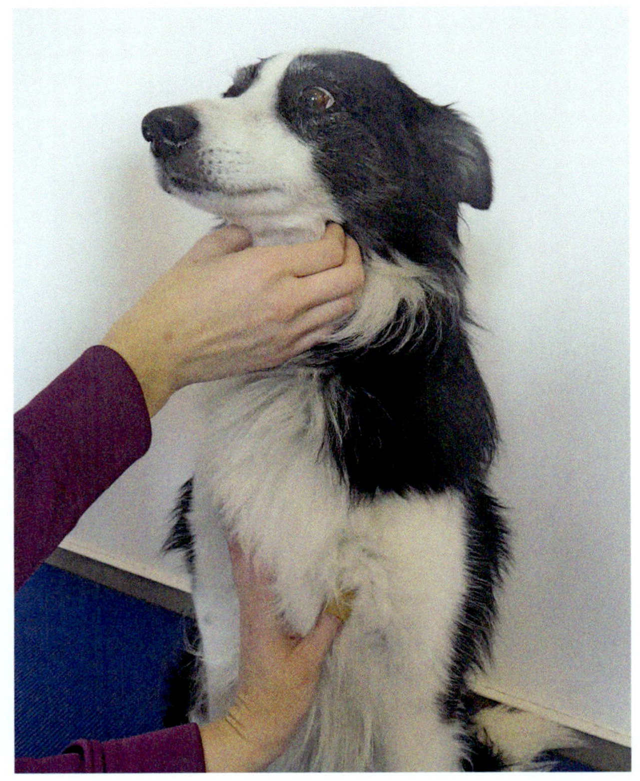

Foto 84 a: Technik 2: Mobilisation in Längsrichtung

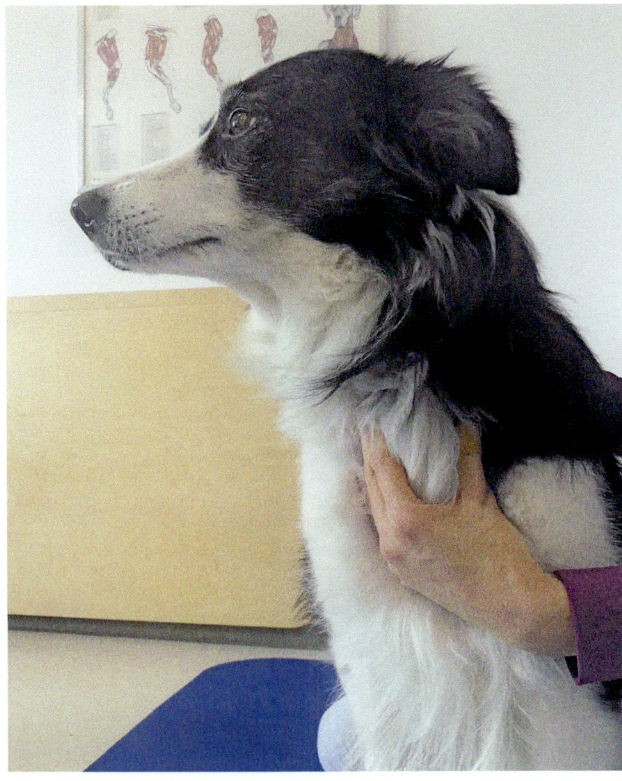

Foto 84 b: Bereich des Manubrium sterni

Gliedmaßen

Die Untersuchung und Behandlung der Gliedmaßen erfolgt am in Seitenlage befindlichen Hund; eine Behandlung im Sitzen oder Stehen ist hierbei nicht möglich. Dabei dabei wird immer nur die oben liegende Vorder- und bzw. oder Hintergliedmaße behandelt.

Globaler *Listening*-Test an der Vordergliedmaße: Der Therapeut legt eine Hand flächig auf die Oberarmmuskulatur des Hundes auf und lässt diese passiv in das Gewebe einsinken. Physiologischerweise ist hier der Faszienrhythmus spürbar, indem die Vordergliedmaße zunächst in Innenrotation geht und anschließend wieder in ihre Neutralposition zurück rotiert (da das Vorderbein beim auf der Seite liegenden Hund bei der Atmung mit angehoben und abgesenkt wird, ist der Rhythmus an der Hintergliedmaße etwas einfacher zu spüren). Es können Abweichungen in der Frequenz vorliegen oder aber das Verhältnis zwischen Innen- und Außenrotation ist verändert. Auch können durch Dysfunktionen im Bereich der Gliedmaßen Fehlspannungen auftreten, die sich als Bindegewebszug z.B. in Richtung auf das betroffene Gelenk äußern.

Globaler *Listening*-Test an der Hintergliedmaße: Der Therapeut legt seine Hand flächig auf die Oberschenkelmuskulatur des Hundes auf und lässt sie passiv in das Gewebe sinken. Auch hier ist physiologischerweise der Faszienrhythmus deutlich spürbar, indem die Hintergliedmaße zunächst in Außenrotation geht und anschließend wieder in ihre Neutralposition zurückkehrt. Es können auch hier Abweichungen in der Frequenz vorliegen oder aber das Verhältnis zwischen Außen- und Innenrotation ist verändert. Dysfunktionen im Bereich der Gliedmaßen können ebenfalls Fehlspannungen hervorrufen, die sich als Bindegewebszug zum betroffenen Gelenk hin äußern.

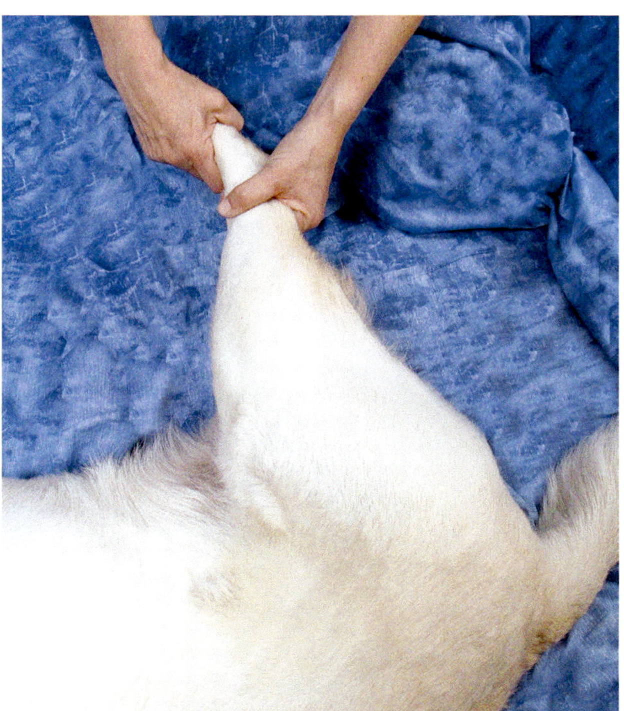

Foto 85: Longitudinaler Release der Gliedmaße.

Longitudinaler Faszien-*Release*: Dysfunktionen an den Gliedmaßen sowie das Auftreten von faszialen Fehlspannungen in diesem Bereich sind beim Hund ausgesprochen häufig, sodass sich der longitudinale Faszien-*Release* an den Gliedmaßen – auch als vorbereitende Technik – für fast jeden Patienten empfiehlt (Foto 85):

- **Longitudinaler Faszien-Release an der Vordergliedmaße:** Der Therapeut umfasst die Vordergliedmaße des Hundes mit beiden Händen im Bereich des Karpalgelenks. Nun lässt er die Gliedmaße möglichst locker und passiv in den eigenen Händen hängen, wobei gleichzeitig ein minimaler Zug in Längsrichtung (Verlängerung der Gliedmaßenachse) entsteht. Unter der Behandlung kommt es zu einem *Unwinding*-Phänomen, dessen Bewegung nach einiger Zeit von selbst zum Stillstand kommt; die Technik ist damit beendet.
- **Longitudinaler Faszien-Release an der Hintergliedmaße:** Der Therapeut umfasst die Hintergliedmaße des Hundes mit beiden Händen im Bereich des Tarsalgelenks. Auch hier lässt er die Gliedmaße möglichst locker und passiv in den eigenen Händen hängen, wobei gleichzeitig auch hier ein minimaler Zug in der Richtung der Verlängerung der Gliedmaßenachse entsteht. Unter der Behandlung kommt es wiederum zu einem *Unwinding*-Phänomen, dessen Beendigung auch das Ende der Anwendung dieser Technik markiert.

Kniegelenkstwist: Da am Kniegelenk die Oberschenkelfaszie in die Unterschenkelfaszie übergeht, ist dieser Bereich besonders anfällig für Fehlspannungen. Dabei markiert die Patella den Übergang und stellt einen wichtigen **diagnostischen Bezugspunkt** dar. Diagnostiziert bzw. therapiert wird eine relative Rotation des Unterschenkels gegenüber dem Oberschenkel; dabei kann sich der Unterschenkel in Innen- oder Außenrotation befinden.

Zur Beurteilung der Faszienmobilität im Kniegelenksbereich wird bei gestrecktem Kniegelenk mit der prosimalen Untersuchungshand die Patella mit Daumen und Zeigefinger umfasst. Der Zeigefinger der distalen Untersuchungshand markiert die Tuberositas tibiae. Liegt diese Markierung außerhalb des Patella-Mittelpunktes, weist dies auf eine Faszienrestriktion in diesem Bereich hin. Bei einer Abweichung der Tuberositas tibiae nach lateral spricht man von einem ARO-Twist (Außen-Rotations-Twist); bei einer Abweichung nach medial von einem IRO-Twist (Innen-Rotations-Twist).

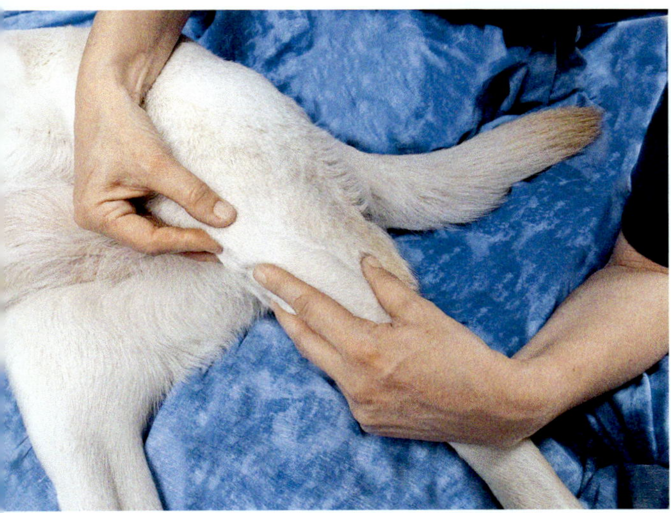

Foto 86 a: Kniegelenkstwist: Untersuchungsposition.

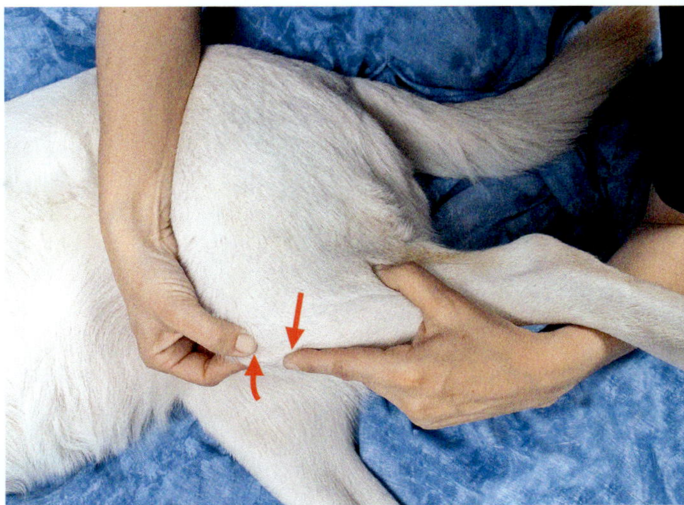

Foto 86 b: Kniegelenkstwist: Korrektur Außenrotation.

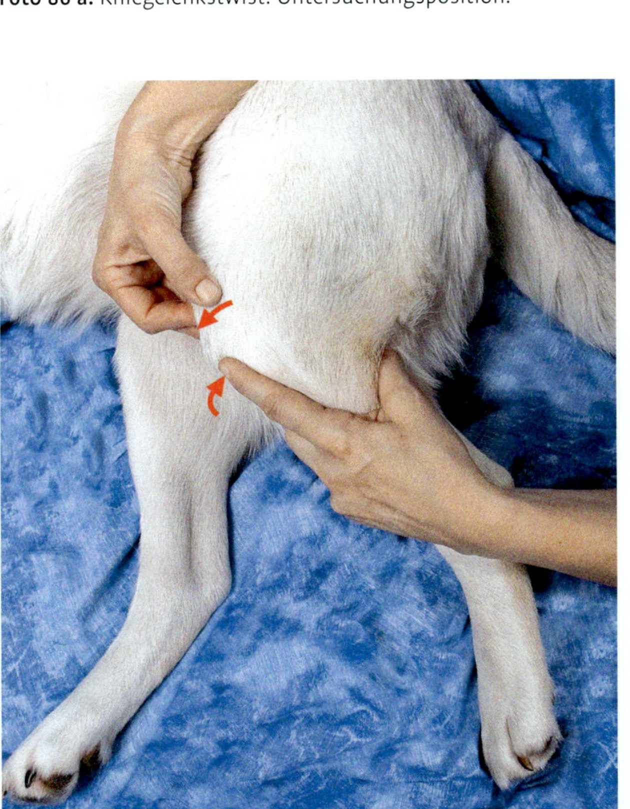

Foto 86 c: Kniegelenkstwist: Korrektur Innenrotation.

Die eigentliche Behandlung erfolgt mit Hilfe einer direkten Technik: Die Behandlung erfolgt bei 90° Knieflexion: Bei einem IRO-Twist wird der Unterschenkel nach außen rotiert und ein Druck auf die Patella nach medial ausgeübt; bei einem ARO-Twist wird der Unterschenkel nach innen rotiert und Druck auf die Patella nach lateral ausgeübt. Es wird abgewartet, bis ein *Release*-Phänomen auftritt.

Eine Indikation für diese Behandlung sind fasziale Fehlspannungen bzw. Dysfunktionen des Kniegelenks, welche mit einer Rotationsfehlstellung einhergehen, aber auch geringgradige Formen der Patellaluxation (Grad I). Absolute Kontraindikationen für diese Technik sind jedoch Luxationen der Patella II., III. oder IV. Grades sowie nicht operierte Kreuzbandrisse bzw. ein Zustand nach chirugisch versorgtem Kreuzbandriss in den ersten 3 Monaten.

Torsionsbehandlung der großen Gliedmaßengelenke

Im Bereich der Gliedmaßen verlaufen die bindegewebigen Züge zwar hauptsächlich in Längsrichtung, dabei sind sie jedoch leicht schräg zur Knochenachse angeordnet und wechseln ihre Zugrichtung im Bereich der großen Gelenke. In den Gelenkkapseln befinden sich darüber hinaus zahlreiche Mechanorezeptoren, die ebenfalls durch die folgenden Behandlungstechniken angesprochen werden. Der Behandlungseffekt ist vermutlich teilweise auf eine Art „Neujustierung" dieser Mechanorezeptoren zurückzuführen, nachdem ein langanhaltender Torsionsreiz von zwei Knochen zueinander ausgeübt wird, da diese Techniken unabhängig davon, ob im jeweiligen Fall eher ein Innen- oder Außenrotations-Strain vorliegt, immer in derselben Weise angewandt werden können und in jedem Fall einen eher ausgleichenden Effekt beispielsweise auf die Gliedmaßenstellung (O- oder X-Beinigkeit) haben.

Torsionsbehandlung an der Hintergliedmaße

Der Hund befindet sich in Seitenlage, die zu behandelnde Gliedmaße liegt oben; der Therapeut legt zunächst eine Hand in Längsrichtung dorsal auf die Kruppenregion auf; er umfasst mit der anderen Hand den Oberschenkel möglichst flächig und führt nun eine Außenrotation aus; diese Position wird mindestens 30 Sekunden lang gehalten.

Unter Beibehaltung der Außenrotation am Oberschenkel umgreift nun die andere Hand den Unterschenkel und führt dort eine entgegengesetzte Innenrotation aus; diese Position wird wiederum mindestens 30 Sekunden lang gehalten.

Unter Beibehaltung der Innenrotation am Unterschenkel umgreift nun wieder die andere Hand den Mittelfußbereich und führt dort wieder eine Außenrotation aus; diese dritte Position wird ebenfalls mindestens 30 Sekunden lang gehalten.

Nach Ausführung dieser Behandlung sollte dem Patienten unbedingt die Gelegenheit gegeben werden, ein paar Schritte unbeeinflusst umherzulaufen, um wieder ein normales Bewegungsgefühl in der behandelten Gliedmaße zu erhalten. (Fotos 87 a bis c)

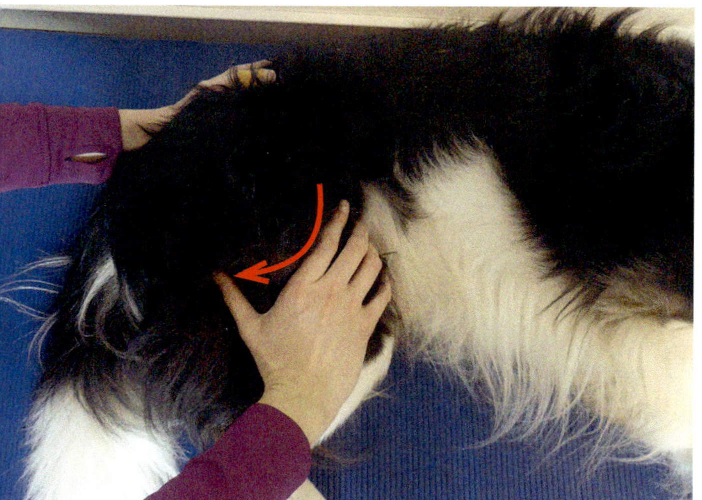

Foto 87 a: Torsionsbehandlung des Hüftgelenks

Torsionsbehandlung an der Vordergliedmaße

Der Hund befindet sich wiederum in Seitenlage mit der zu behandelnden Gliedmaße oben. Der Therapeut legt nun zunächst eine Hand dorsal im vorderen Brustwirbelbereich auf und platziert die andere Hand möglichst flächig auf der Skapula; mit dieser Hand übt er nun eine Außenrotationsbewegung aus und hält diese Position mindestens 30 Sekunden lang.

Unter Beibehaltung der Außenrotation an der Skapula umgreift er nun mit der anderen Hand den Oberarm und führt dort eine entgegengesetzte Innenrotation aus; diese Position wird wiederum für mindestens 30 Sekunden lang gehalten.

Unter Beibehaltung der Innenrotation am Oberarm umgreift nun wiederum die andere Hand den Unterarm und führt dort wieder eine Supination bzw. Außenrotation aus; diese dritte Position wird ebenfalls noch einmal 30 Sekunden lang gehalten.

Nach Ausführung dieser Techniken an der Vordergliedmaße sollte der Patient wiederum Gelegenheit haben, sich ein wenig zu bewegen, um sein Bewegungsgefühl zu normalisieren. (Fotos 88 a bis c)

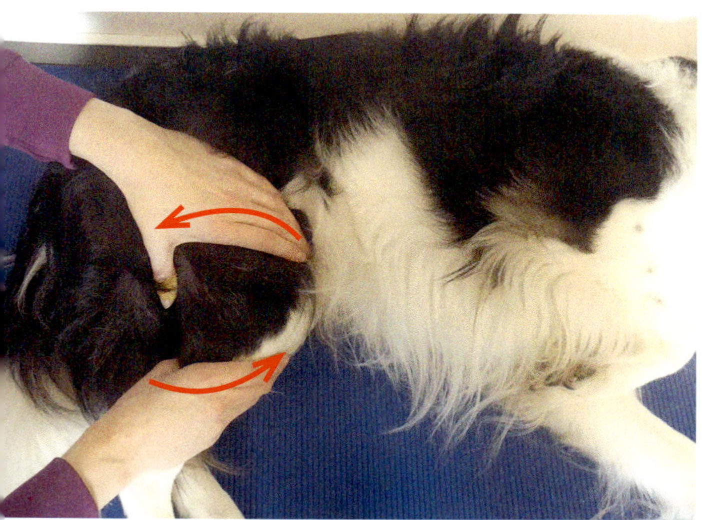

Foto 87 b: Torsionsbehandlung des Kniegelenks

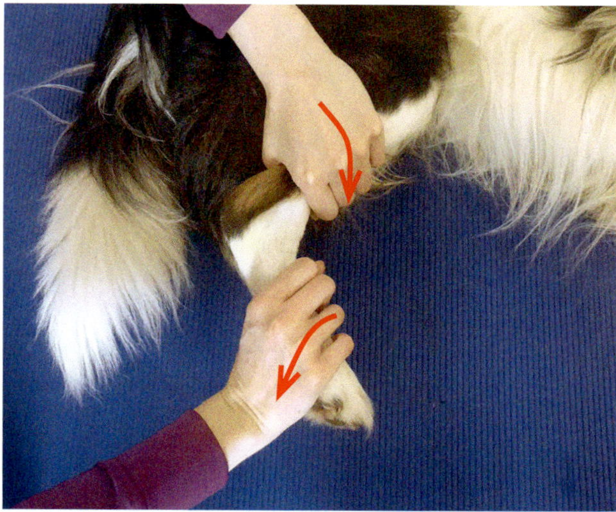

Foto 87 b: Torsionsbehandlung des Sprunggelenks

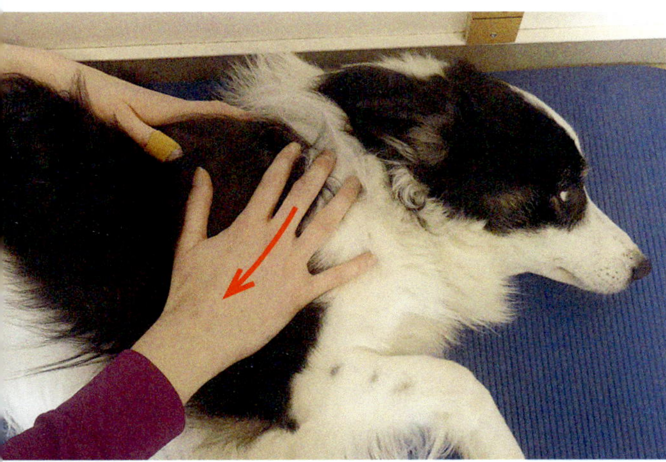

Foto 88 a: Torsionsbehandlung des Schulterblattes

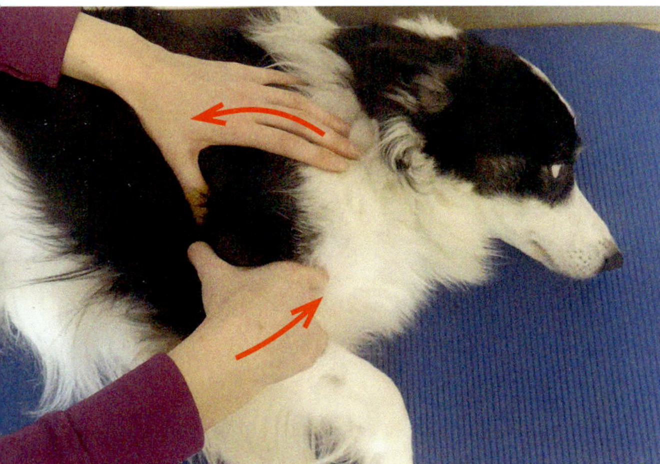

Foto 88 b: Torsionsbehandlung des Schultergelenks

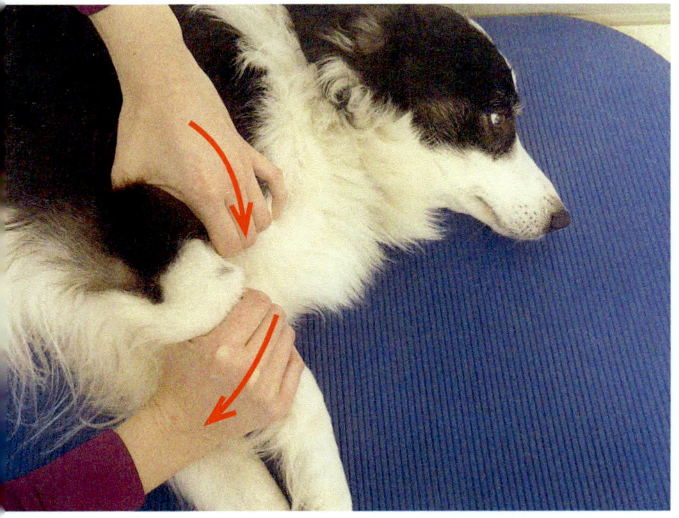

Foto 88 c: Torsionsbehandlung des Ellbogengelenks

Das *Ten-Step-Procedure*

Um sich einen Überblick über die faszialen Spannungen des Hundes zu verschaffen und um häufig auftretende Fehlspannungen zu behandeln, hat sich eine bestimmte Reihenfolge von Techniken etabliert, in die jedoch je nach Bedarf weitere Techniken eingebaut werden können. Diese wird als *Ten-Step-Procedure* bezeichnet, da sie fünf Faszientechniken und, vollständig ausgeführt, zusätzlich noch fünf kraniosakrale Techniken beinhaltet.

Ablauf des *Ten-Step-Procedure*:

1. *Fronto-Occipital Hold* (diagnostische Technik aus der Kraniosakralen Therapie; s. S. 193)
2. *Release* der *Fascia thoracolumbalis* / lumbosakrale wKompression – Dekompression
3. Diaphragma-*Release*
4. *Sandwich*-Technik zum *Release* der vorderen Thorax-Apertur
5. *Dural-Tube-Stretch*
6. *Cranial-Base-Release*
7. Parietal-Lift (Technik aus der Kraniosakralen Therapie; s. S. 202)
8. Frontal-Lift (Technik aus der Kraniosakralen Therapie; s. S. 202)
9. Sphenoid-Lift (Technik aus der Kraniosakralen Therapie; s. S. 202)
10. CV4-*Stillpoint-Induction* (Technik aus der Kraniosakralen Therapie; s. S. 203)

Das *Ten-Step-Procedure* empfiehlt sich in dieser Form auch als **Vorbereitung** für eine weitergehende kraniosakrale Behandlung. Es werden dabei zunächst die Techniken 1 bis 9 durchgeführt, anschließend werden die eigentlichen kraniosakralen Dysfunktionen behandelt und zum Abschluss wird die CV4-*Stillpoint-Induction* angeschlossen.

Die Stressbehandlung

Bei Hunden, die unter starker körperlicher Anspannung stehen (z.B. Sporthunde in der Turnier-Saison), aber auch bei solchen Hunden, die generell anfällig für emotionale Belastungen sind, können folgende Techniken nacheinander angewandt werden, um die **Stressbelastung** bzw. die Anspannung zu senken.

Ablauf der Stressbehandlung:

1. Behandlung des Epigastriums
2. Diaphragma-*Release*
3. Induktionstechnik am Sternum
4. Mediastinal-*Release*

WEITERE FUNKTIONELLE TECHNIKEN DES WEICHGEWEBES

Die im Folgenden beschriebenen Techniken kommen dort zur Anwendung, wo verhärtete Bezirke im Muskelgewebe, so genannte *Tenderpoints,* vorhanden sind. Diese sind typischerweise in Muskelbäuchen zu finden, können aber auch an Muskelsehnenübergängen auftreten. Durch Verspannungen, Ödeme oder bei chronischen Prozessen auch durch Verkalkungen ist das Gewebe verhärtet und der Muskel dadurch in seiner Funktion eingeschränkt. Bei diesen Techniken wird über eine **Annäherung** der betroffenen Muskelfasern bei **gleichzeitigem Druck** auf den *Tenderpoint* gearbeitet. Dabei muss der Muskel nach Möglichkeit in der Position der geringsten Anspannung gehalten werden und über einen längeren Zeitraum (*Positional-Release*: mindestens einige Sekunden; *Strain-Counterstrain*-Technik: mindestens 90 Sekunden) in dieser Position bleiben. Anschließend wird das Gelenk oder die Gliedmaße passiv in die Neutralstellung zurückbewegt. Unter der Behandlung kommt es zu einer deutlichen Entspannung der betroffenen Muskulatur (Foto 79).

Die *Strain-Counterstrain*-Technik

Die *Strain-Counterstrain*-Technik wurde in den 1950er Jahren von **Lawrence H. Jones** entwickelt, dem bei seinen Patienten verhärtete Bezirke im Muskelgewebe auffielen, die er als *Tenderpoints* bezeichnete. **Jones** gelang es, die Probleme seiner Patienten zu lindern, indem er sie in einer **schmerzfreien Position** lagerte und dann über einen längeren Zeitraum in dieser Position beließ und dieses Konzept mit der Behandlung der *Tenderpoints* verband. **Jones** konnte für den Menschen über 200 solcher ***Tenderpoints*** entdecken, die er nach ihrer Lage auf der anterioren oder posterioren Seite unterschied. Seine Behandlung umfasste dabei vier wesentliche Merkmale:

1. Das Aufsuchen sowie der Druck auf die *Tenderpoints* und die fortlaufende Kontrolle dieser Punkte unter der Behandlung.
2. Die Einnahme einer schmerzfreien Position durch den Patienten, wobei vor allem der betroffene Muskel in eine schmerzfreie Stellung gebracht wird.
3. Das Halten dieser Position über mindestens 90 Sekunden.
4. Das passive Rückführen des Muskels (bzw. des Gelenks oder der Gliedmaße) in die Neutralstellung durch den Therapeuten.

Jones entdeckte, dass eine kürzere Behandlungsdauer nicht die gewünschten Erfolge brachte, während der Behandlungserfolg durch eine längere Zeitdauer nicht mehr gesteigert werden konnte.

Die *Positional-Release*-Technik

Während bei der von **Jones** entwickelten Technik vor allem die Schmerzfreiheit des Patienten im Vordergrund steht, entwickelte sich wenige Jahre später die so genannte *Positional-Release*-Technik, bei der der **Spannungszustand** des betroffenen Muskels den Gradmesser für die Behandlungsposition und die Behandlungsdauer darstellt. Hierbei wird ebenfalls zunächst der *Tenderpoint* aufgesucht und gehalten (s. *Strain-Counterstrain*-Technik 1.), anschließend wird jedoch die Position mit der maximalen Entspannung eingenommen. Diese wird bei der *Positional-Release*-Technik lediglich über einige Sekunden gehalten; auch hier ist das passive Rückführen des Muskels in die Neutralposition (bzw. des Gelenks oder der Gliedmaße) jedoch essentiell für den Therapieerfolg.

Tab. 47 Strain-Counterstrain- und Positional-Release-Technik

Schritte	Strain-Counterstrain-Technik	Positional-Release-Technik
1.	Aufsuchen des *Tenderpoints*	Aufsuchen des *Tenderpoints*
2.	Aufsuchen der Position mit maximaler Schmerzfreiheit	Aufsuchen der Position mit maximaler Muskelentspannung
3.	Halten über 90 Sekunden	Halten über einige Sekunden
4.	Passives Rückführen in die Neutralposition	Passives Rückführen in die Neutralposition

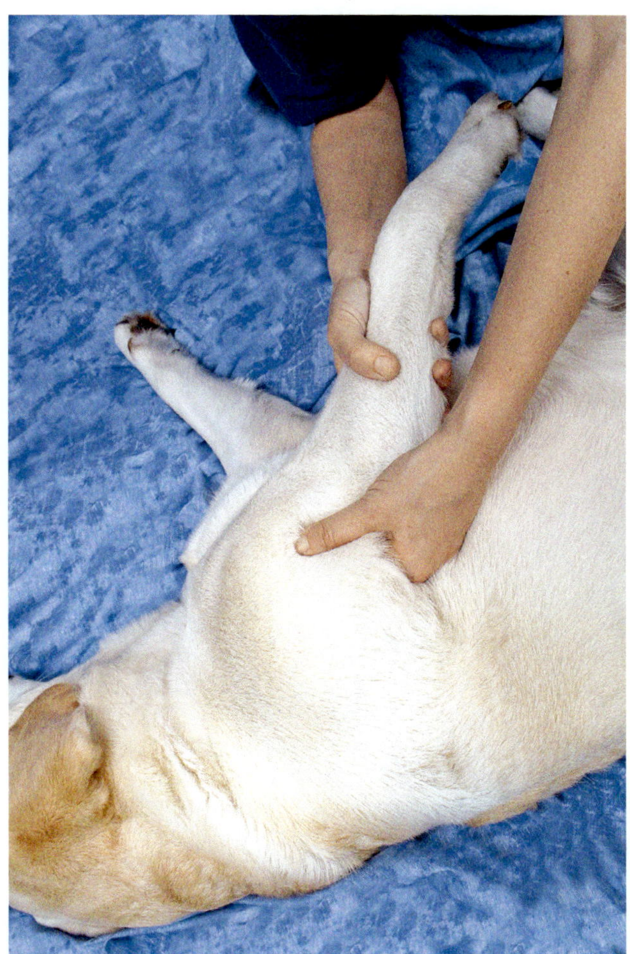

Foto 89: Strain-Counterstrain / Positional-Release.

Die Festigungstechnik

Eine Sonderform der *Strain-Counterstrain*-Technik stellt die von **Marsh Morrison** entwickelte Festigungstechnik dar, die ausschließlich an der **paravertebralen** Muskulatur zur Anwendung kommt, jedoch nach demselben Prinzip arbeitet wie die zuvor beschriebenen Techniken.

Bei dieser Technik werden **verhärtete** Bezirke oder **druckempfindliche** Punkte in der paravertebralen Muskulatur aufgesucht; der Hund wird anschließend in Seitenlage gebracht, sodass die betroffene Seite nach oben zu liegen kommt. Die Daumen beider Hände werden nun auf den betroffenen Punkt gelegt, anschließend zieht der Therapeut die Dornfortsätze der benachbarten Wirbel zu sich hin, sodass das betroffene Bewegungssegment in Seitneigung gebracht wird und sich die Muskelfasern dadurch annähern und entspannen können (Foto 90). Auch diese Position wird über 90 Sekunden gehalten.

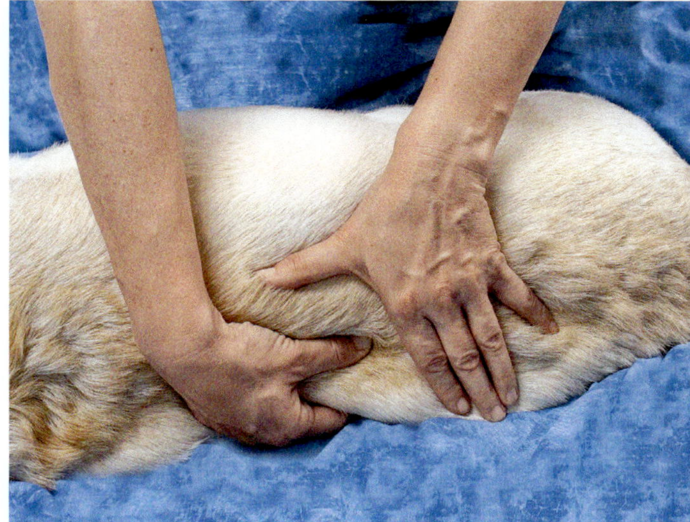

Foto 90: Festigungstechnik.

Tenderpoint-Behandlung beim Hund

Da beim Hund im Gegensatz zum Menschen das Aufsuchen der Position mit der maximalen Muskelentspannung gegenüber dem Einnehmen einer schmerzfreien Haltung deutlich einfacher zu erreichen ist, eine Behandlungsdauer von 90 Sekunden sich aber auch beim Hund als effektiver erwiesen hat, wird hier eigentlich mit einer Kombination aus *Strain-Counterstrain*- und *Positional-Release*-Technik gearbeitet.

Die *Tenderpoint*-Behandlung kann überall dort zur Anwendung kommen, wo verhärtete Bezirke in der peripheren Muskulatur vorhanden sind. Beim Hund sind dabei bestimmte Bereiche besonders häufig betroffen; diese stimmen teilweise auch mit Akupunktur- oder *Trigger*-Punkten überein.

Mit dem Zeigefinger oder Daumen wird zunächst der betroffene Muskel auf das Vorliegen eines Tenderpoints untersucht. Wurde eine veränderte Stelle gefunden, so bleibt der Finger zunächst mit tastendem Druck in derselben Position, während der Therapeut mit der anderen Hand das Gelenk bzw. die Gliedmaße so bewegt, dass die betroffenen Muskelfasern in maximale Annäherung bzw. Entspannung gebracht werden. Nun wird diese Position über mindestens 90 Sekunden gehalten, während der Druck auf den *Tenderpoint* nicht verstärkt werden sollte. Am Ende der Technik wird der Muskel passiv durch den Therapeuten in die Neutralstellung zurückgeführt.

Beim Hund häufig vorkommende *Tenderpoints*, die über die oben beschriebene Technik behandelt werden können, sind in Tabelle 48 aufgeführt.

Tab. 48 Häufige Tenderpoints beim Hund

Muskel	Lage des Tenderpoint	Korrelationen	Übereinstimmung mit Akupunkturpunkt	Behandlung
M. glutaeus medius	Muskelbauch	Dysfunktionen des Beckens bzw. des Sakrums		Unter Abduktion und Streckung oder Beugung der Hüfte (je nach Lage des Punktes)
M. rectus femoris des M. quadriceps	Ursprung	Hüft- und Kniebeschwerden	MA31	Unter Beugung der Hüfte
M. pectineus	Muskelbauch oder Ursprung an der Beckensymphyse	Hüftbeschwerden		Unter Adduktion des Hüftgelenks
Ischiokrurale Muskulatur	Muskelansatz jeweils am medialen und lateralen *Epicondylus femoris*			Unter Extension des Hüftgelenks und Flexion des Kniegelenks
M. gastrocnemius	Ursprung lateral am Fibulaköpfchen und medial am Kondylus		GB34 ; Bezug auch zu BL40	Unter Flexion des Kniegelenks und Extension des Sprunggelenks
M. supraspinatus	Muskelbauch		3E15	Unter Extension und Abduktion des Schultergelenks
M. infraspinatus	Muskelbauch		DI11	Unter Flexion und Abduktion des Schultergelenks
M. biceps brachii	Ursprung, medial des *Tuberculum majus* distal des *Ligamentum transversum*	Probleme mit der Bizepssehne	DI15	Unter Extension und Adduktion des Schultergelenks und Flexion des Ellbogengelenks
M. triceps brachii	Muskelbauch; Lateral am Sehnenansatz/ Olekranon		DÜ09 (Muskelbauch)	Unter Beugung der Schulter und Streckung des Ellbogengelenks

Funktionelle Weichteiltechnik

Diese Technik kommt ebenfalls primär bei Verspannungen oder Verkürzungen der Muskulatur der Gliedmaßen zur Anwendung, dabei muss jedoch nicht notwendigerweise ein *Tenderpoint* vorhanden sein. Ziele sind die Detonisierung des zu behandelnden Muskels, eine Förderung der lokalen Durchblutung sowie eine allgemeine Schmerzlinderung.

Bei Anwendung von **klassischen Weichteiltechniken** werden manuelle Druck- und Zugreize auf die Muskulatur ausgeübt. Dabei unterscheidet man solche, die in Richtung des Faserverlaufs des Muskels wirken (Längsdehnung), von solchen, die senkrecht dazu arbeiten (Querdehnung). In der Therapie kommen meist beide Komponenten zur Anwendung.

Bei der **funktionellen Weichteiltechnik** erfolgt ebenfalls unter Einbeziehung der Funktion des Muskels ein Druck oder Zug über anguläre Bewegungen; die Arbeit erfolgt gleichzeitig auf Ursprung und Ansatz zu, dadurch wird der Muskelbauch gedehnt. Dabei ist die Ausgangsposition diejenige, die durch eine Kontraktion des betroffenen Muskels herbeigeführt wird. Eine Hand umgreift den betroffenen Muskel, die andere Hand befindet sich in einer Position, in der sie das Gelenk, welches der Muskel bewegt, in Beugung und Streckung bringen kann. Der Muskel wird nun zunächst in eine angenäherte Position gebracht, indem das Gelenk entsprechend gebeugt (Muskelfunktion = Beugung) oder gestreckt (Muskelfunktion = Streckung) wird. Ausgehend von dieser Position wird der Muskel nun anschließend gedehnt, indem der Therapeut das Gelenk in die entgegengesetzte Position bewegt. Die Dehnung unterstützt er zusätzlich, indem er mit der Hand, die sich am Muskel befindet, mit sanftem Druck auf dessen Ursprung hin arbeitet. Annäherung und Dehnung werden nun rhythmisch mehrfach wiederholt. Bei zweigelenkigen Muskeln werden die Gelenke nacheinander von proximal nach distal behandelt, da der Therapeut nicht beide Gelenke zugleich bewegen und die Dehnung des Muskels durch Arbeit am Muskelbauch unterstützen kann.

Im Anschluss an die Anwendung funktioneller Weichteiltechniken ist eine Entschlackung sinnvoll (Fütterung von Reis; homöopathisches Ausleiten über das Lymphsystem).

Tab. 49 Beispiele für funktionelle Weichteiltechniken

Muskel	Ausgangsposition	Dehnung	Unterstützung
Ischiokrurale Muskulatur	a) Hüfte gestreckt b) Hüfte in Abduktion	a) Hüfte beugen b) Hüfte adduzieren	Arbeit auf den Muskelbäuchen kaudal am Femur nach proximal
M. quadriceps	a) Hüfte gebeugt b) Knie gestreckt	a) Hüfte strecken b) Knie beugen	Arbeit auf dem Muskelbauch kranial am Femur nach proximal
M. gastrocnemius	a) Knie gebeugt b) Tarsus gestreckt	a) Knie strecken b) Tarsus beugen	Arbeit auf dem Muskelbauch kaudal an der Wade nach proximal
M. trapezius	Skapula kranial	Skapula nach kaudal schieben	Arbeit auf dem Muskelbauch nach kranial
M. serratus dorsalis	Skapula ventral	Skapula nach ventral schieben	Sägende Arbeit zwischen Skapula und Wirbelsäule in die Tiefe; Skapula wird dabei rotiert
M. latissimus dorsi	Skapula kaudal bzw. nach vorn rotiert	Skapula nach kranial schieben bzw. nach hinten rotieren	Arbeit am Muskel nach kaudal
M. biceps brachii	a) Schulter gestreckt b) Ellbogen gebeugt	a) Schulter beugen b) Ellbogen strecken	Arbeit auf dem Muskelbauch kranial am Humerus nach proximal
M. triceps brachii	a) Schulter gebeugt b) Ellbogen gestreckt	a) Schulter strecken b) Ellbogen beugen	Arbeit auf dem Muskelbauch kaudal am Humerus nach proximal

Innere Organe

VISZERALE THERAPIE

GRUNDLAGEN DER VISZERALEN THERAPIE

Zum Viszeralen System gehören die inneren Organen mit ihren bindegewebigen Hüllen. Die beim Hund in der Viszeralen Osteopathie zur Anwendung kommenden Techniken orientieren sich an den Techniken aus der Humanosteopathie. Obwohl alle inneren Organe zum Viszeralen System gehören, lassen sich beim Hund bisher nur die Leber, der Magen sowie das Kolon als Teil des Dickdarms und verschiedene Anteile des Urogenitalapparates mit diesen Techniken untersuchen und behandeln.

Bei der Untersuchung und Behandlung des Viszeralen Systems steht dabei wieder vor allem die Beweglichkeit der Organe im Vordergrund. Dabei muss zwischen der **Mobilität** und der **Motilität** eines Organs unterschieden werden.

Viszerale Mobilität

Der Begriff der Viszeralen Mobilität bezeichnet die Bewegung der inneren Organe, die diese als Antwort auf **Rumpf- oder Atembewegungen** ausführen. Voraussetzung für eine uneingeschränkte Mobilität ist also eine freie Verschieblichkeit der Organe gegeneinander.

Die Kontaktflächen, an welchen sich die einzelnen Organe berühren, werden in der Viszeralen Osteopathie auch als **Artikulationsflächen** bezeichnet.

Viszerale Motilität

Der Begriff der Viszeralen Motilität bezeichnet dahingegen die unabhängigen, **eigenständigen Bewegungen** der inneren Organe. Diese setzen sich aus zwei Phasen zusammen, die *Expire* und *Inspire* genannt werden. Bei der *Expire*-Bewegung nähert sich das Organ der Mittelachse des Körpers an, bei der *Inspire*-Bewegung entfernt es sich von dieser. Wahrscheinlich handelt es sich hierbei um Positionen, die der Organbewegung während der **embryonalen Entwicklung** entsprechen; das bedeutet, das Organ pendelt zwischen der embryonalen Position und der Rückkehr zur eigentlichen Position.

In der klassischen Medizin wird im Gegensatz zur Bezeichnung in der Osteopathie der Begriff Motilität für solche Bewegungen verwendet, die reflektorisch oder vegetativ reguliert werden und bezieht sich in den meisten Fällen auf die Peristaltik des Darms. Dabei handelt es sich um eine durch das autonome Nervensystem kontrollierte, fortschreitende Bewegung an diesem Hohlorgan, die infolge ringförmiger, durch Muskelkontraktionen hervorgerufener Einschnürungen zustande kommt.

Viszerale Restriktionen

Einschränkungen der Organbeweglichkeit verändern nicht nur die Mobilität der Organe im Bereich der viszeralen Artikulationsflächen, sondern reduzieren auch den Bewegungsspielraum der organspezifischen Motilität.

Ursachen für viszerale Restriktionen:

- Entzündungen (führen zu Verklebungen der serösen Überzüge)
- Narben
- Ptose (= Absinken) von Organen im Sinne einer Hypermobilität aufgrund Bindegewebs- bzw. Bänderschwäche
- Viszerospasmus
- Tonusveränderungen in der Umgebung (Tonusveränderungen des Diaphragmas wirken sich z.B. auf die Beweglichkeit von Leber und Magen aus)

Effekte und Kontraindikationen viszeraler Behandlungen

Für die viszerale Behandlung aller inneren Organe gelten im Wesentlichen ähnliche Voraussetzungen. Sie zielen alle darauf ab, die jeweiligen Organfunktionen zu normalisieren bzw. zu verbessern. Dadurch kommt es zu lokalen, zum Teil aber auch zu systemischen Reaktionen.

Effekte der Viszeralen Therapie:

- Normalisierung der Bewegungsstörung am betroffenen Organ (durch das Lösen von Verklebungen, aber auch reflektorisch)
- Stimulation des arteriellen Zuflusses sowie des venösen und lymphatischen Abflusses
- Normalisierung des Organstoffwechsels
- Beseitigung parietaler Dysfunktionen im segmental zugehörigen Bereich
- Senkung des Sympathikotonus und dadurch Senkung des allgemeinen Muskeltonus
- Positiver Einfluss auf die Psyche

Durch die unabhängig vom Organ erzielten Effekte der Viszeralen Therapie stehen der Behandlung auch die gleichen Kontraindikationen entgegen.

Allgemeine Kontraindikationen für eine viszerale Behandlung:

- Lokale Entzündungen, akute entzündliche Organerkrankungen (Ausnahme Blasenentzündung)
- Fieberhafte Erkrankungen und akute Allgemeininfektionen
- Tumore
- Nieren- und Gallensteine
- Magendrehung
- Trächtigkeit

Relative Kontraindikationen:

- Kardiovaskuläre Störungen (abhängig vom Ausmaß)
- Hernien
- Obstruktionen
- Läufigkeit

Motilitätsprüfung

Die Untersuchung der Beweglichkeit der inneren Organe erfolgt mit Hilfe von *Listening*-Tests. Dazu legt der Therapeut seine Hand mit sehr geringem Druck (weniger als 100 g) auf den Körper in der Region oberhalb des entsprechenden Organs auf. Die Hand sollte dabei völlig passiv bleiben und lediglich dem, was sie spürt, folgen. Dies ist in der Regel eine sehr leichte Bewegung mit einer schwachen Amplitude, die zunächst wahrgenommen wird, dann aussetzt und wieder von neuem beginnt. Die Eigenbeweglichkeit der Organe besitzt in der Regel einen Rhythmus von sechs bis acht Schwingungen pro Minute. Andere Rhythmen des Körpers des Patienten und des Untersuchers (z.B. Atmung) müssen zunächst ausgeblendet werden, was Übung erfordert.

Als globaler Provokationstest hat sich in der Viszeralen Therapie der so genannte *Belt*-Test (= Gürtel-Test) bewährt. Dazu umfasst der Therapeut mit beiden Händen das Abdomen des Patienten, die Hände werden gedoppelt und geben nun einen vorsichtig dosierten Druckimpuls in das Abdomen. Dabei werden der Spannungszustand und die Druckempfindlichkeit getestet.

DAS PERIKARD

Anatomie und Funktion des Darms

Das Perikard bzw. der Herzbeutel bildet eine bindegewebige derbe Hülle um das Herz. Es besteht aus 2 Schichten, zum einen aus dem Pericardium fibrosum und zum anderen aus dem Pericardium serosum. Die äußerste Schicht, das Pericardium fibrosum besteht aus einem dichten Geflecht aus Kollagenfasern, in das elastische Fasern mit eingewoben sind. Dieser elasto-kollagene Komplex ermöglicht einerseits die permanenten Formveränderungen des Herzens während der Herzaktionen, andererseits wird eine Überdehnung des Herzbeutels verhindert. Das Pericardium serosum besteht aus 2 Schichten, einer inneren Schicht der Lamina visceralis und einer äußeren Schicht, welche fest mit dem Pericardium fibrosum verwachsen ist, der Lamina parietalis. Die Lamina visceralis wird auch als Epicard bezeichnet, da sie dem Herzen direkt anliegt. Dieses innere Blatt schlägt jeweils an den Ein- bzw. Ausgangsstellen der Gefäße in die Lamina parietalis um. Zwischen den beiden Blättern des Pericardium serosums befindet sich seröse Flüssigkeit, dieser sogenannte Liquor pericardii wird von der Lamina visceralis produziert und ermöglicht eine reibungsfreie Beweglichkeit des Herzens. Das Pericardium fibrosum ist über das Lig. phrenicopericardiacum fest mit dem Centrum tendineum des respiratorischen Diaphragmas verbunden. Das Perikard wird sensibel vom N. phrenicus innerviert.

Symptome bei Restriktionen des Perikards

- Rezidivierende Dysfunktionen der kaudalen HWS (C5 – C7)
- Rezidivierende BWS-Dysfunktionen Th 1 – 8
- Rezidivierende Rippendysfunktionen Rippe 1 – 8
- Lahmheit der Vordergliedmaße
- Endgradige Einschränkung der Vorführung der Vordergliedmaße

Hinweise auf eine Perikardrestriktion bei der Untersuchung

Neben den oben beschriebenen Befunden fällt meist beim abdominalen Listening ein starker Zug nach kranial auf, zusätzlich besteht sehr häufig eine sternale und mediastinale Restriktion.

Kontraindikationen

- Kardiomyopathien
- Perikarditis
- Myokarditis
- Primäre oder sekundäre Herztumore
- Perikarderguß
- Dekompensierte Herzinsuffizienz
- Rippenfrakturen

Mobilisation des Perikards

Der Patient befindet sich in Seitenlage rechts, der Therapeut steht am Kopf des Patienten, die Hände werden gedoppelt auf den Bereich 4.-8. Rippen parasternal platziert. Der Handballen befindet sich etwa mittig zwischen Sternum und Achselfalte auf Höhe der 4. Rippe, die Fingerspitzen liegen direkt parasternal im Bereich der 8. Rippe. Der Therapeut mobilisiert nun ca. 15x rhythmisch repetitiv in kranio-kaudaler Richtung.

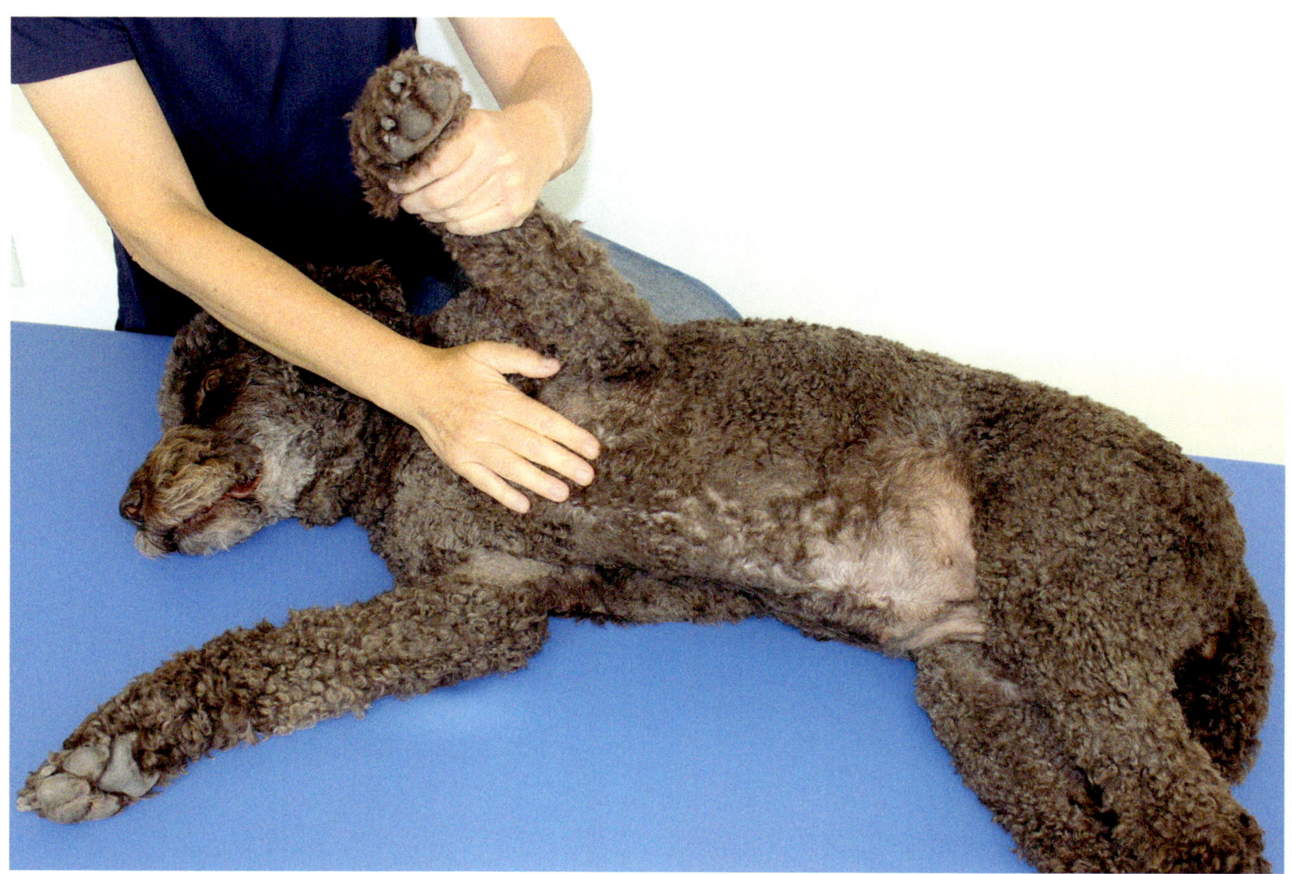

Foto 90: Das Perikard

DAS PERITONEUM

Das Peritoneum wird auch als „Bauchfell“ bezeichnet und ist eine aus zwei Schichten bestehende seröse Haut. Das äußere Blatt, das *Peritoneum parietale*, kleidet den Bauchraum innen aus. Die Innervation des äußeren Blattes erfolgt über die Spinalnerven und den *N. phrenicus*. Aufgrund dieser nervalen Verschaltung wird deutlich, warum Erkrankungen der Bauchorgane zu Lenden- bzw. Halswirbelsäulenproblemen führen können. Das innere Blatt, das *Peritoneum viszerale*, bedeckt als Serosaüberzug den Großteil der Bauch- und Beckenorgane. Zwischen äußerem und innerem Blatt befindet sich die Peritonealflüssigkeit. Sie garantiert das reibungslose Gleiten der inneren Organe gegeneinander und entlang der Rumpfwand. Die von der dorsalen Rumpfwand ausgehenden Duplikaturen des Peritoneums, d. h. die Verschmelzungen von parietalem und viszeralem Blatt, bilden die elastische Aufhängung der verschiedenen Darmabschnitte und der Fortpflanzungsorgane; sie werden als Gekröse bzw. Mesenterium bezeichnet. Die Mesenterien werden nach dem Organ benannt, das sie mit der Rumpfwand verbindet bzw. welches sie umgeben. Neben der Aufhängung dienen die Mesenterien den Gefäßen und Nerven des entsprechenden Organs als Leitstruktur, d. h. sie umgeben auch die Arterien, Venen und Nerven auf ihrem Weg von der Körperwand zu den viszeralen Organen.

Während der embryonalen Entwicklung und des damit verbundenen Längenwachstums der inneren Organe verlagern sich diese nach kaudal. Nach Abschluss dieses Abstiegs oder Deszensus der Organe rotieren der Magen und Anteile des Darmes innerhalb der Bauchhöhle und es kommt dadurch zu einer räumlichen Lageveränderung der einzelnen Bauchorgane. Dabei kommen einige Organe intraperitoneal und andere Organe retroperitoneal zu liegen. Der Retroperitonealraum wird vom *Peritoneum parietale* und der *Fascia transversalis* gebildet. Dieser Raum ist mit den retroperitoneal gelegenen Organen, wie z. B. der rechten Niere, sowie mit Fett und Bindegewebe ausgefüllt.

Außerdem entstehen durch die Drehung des Magens das große und das kleine Netz. Das große Netz wird als *Omentum majus* bezeichnet und das kleine Netz entsprechend als *Omentum minus*. Bei beiden Strukturen handelt es sich ebenfalls um Duplikaturen des Peritoneums. Das *Omentum minus* verbindet die kleine Kurvatur des Magens mit der Kaudalfläche der Leber und mit dem Anfangsabschnitt des Duodenums. Das *Omentum majus* zieht von der großen Kurvatur des Magens bis in Richtung Beckeneingang, dort schlägt es nach kranial um und verläuft wieder zum Magen zurück.

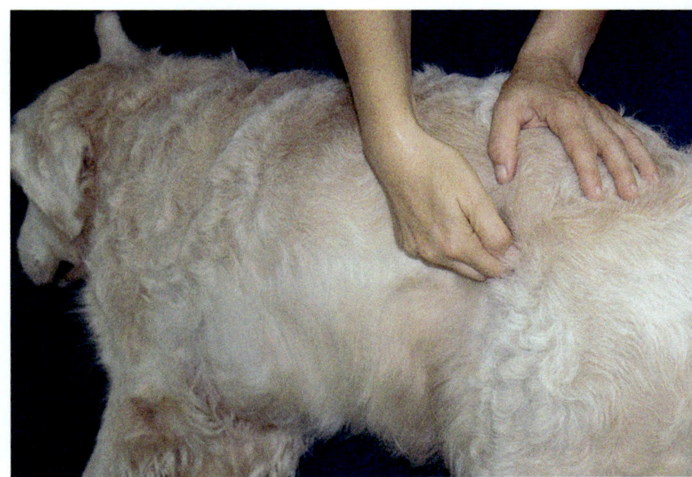

Foto 91: Test und Behandlung bei Verklebungen von Peritoneum und *Fascia iliaca*

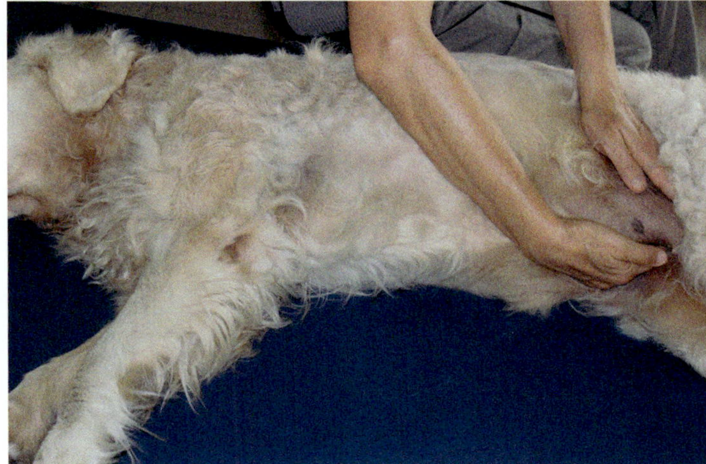

Foto 92: Lösen des *Omentum majus*

Funktion

Das Peritoneum dient dem mechanischen und thermischen Schutz der Eingeweide. Es sichert die Gefäß- und Nervenversorgung der Organe. Außerdem enthält die Peritonealflüssigkeit viele Zellen, wie z. B. Lymphozyten und Makrophagen, die u. a. Abwehrfunktionen übernehmen. Dadurch kommt dem Peritoneum auch eine wichtige immunologische Funktion zu.

Störungen des Peritoneums

- Bei Entzündungen (Peritonitis, Pankreatitis)
- Bei stumpfen Traumata
- Bei Operationen im Bereich des Bauchraums
- In der Folge können sich weitreichende Verklebungen der eigentlich gegeneinander verschieblichen Anteile des Peritoneums entwickeln.

Diagnostische Palpation der Verschieblichkeit des Peritoneums gegenüber der *Fascia iliaca*

Zur Untersuchung befindet sich der Hund in Seitenlage. Der Therapeut nimmt mit aufgestellten Fingern einer Hand Kontakt mit der Medialseite des *Os iliums* auf. Die Innenseiten der Finger gleiten dann auf der *Fascia iliaca* nach medial und testen die Verschieblichkeit und eventuelle Schmerzhaftigkeit des Peritoneums gegenüber der *Fascia iliaca* (Foto 91).

Lösen von Verklebungen zwischen Fascia iliaca und Peritoneum

Die Ausgangsstellung und die Ausführung entsprechen der diagnostischen Palpation. Zur Mobilisation kann der Therapeut den sanften Druck in Richtung der restriktiven

Barriere halten oder rhythmisch-repetitiv mobilisieren, bis eine deutliche Spannungsreduktion spürbar wird.

Lösen von Verklebungen des Omentum majus

Zur Mobilisation des *Omentum majus* befindet sich der Hund in Seitenlage. Der Therapeut legt beide Hände auf den Bauchraum des Hundes, die Fingerspitzen liegen kranial des *Os pubis*. Anschließend dreht der Therapeut die Hände so, dass nur noch die Kleinfingerseiten seiner Hände jeweils auf der rechten und linken Bauchseite liegen. Der Therapeut lässt seine Handkanten leicht einsinken und hebt das *Omentum majus* mit einer Supinationsbewegung nach ventral an. Unter Beibehaltung des Zuges wird das Gewebe in verschiedene Richtungen verschoben (Foto 92).

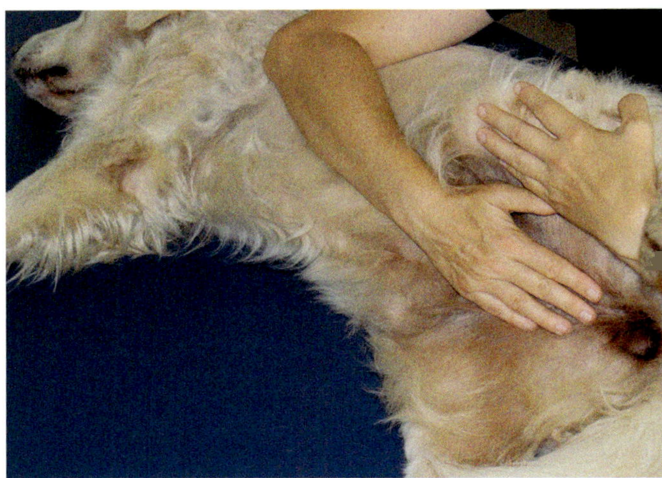

Foto 93: Lymphatische Behandlung des *Omentum majus*

Lymphatische Behandlung des Omentum majus

Zur lymphatischen Behandlung des *Omentum majus* befindet sich der Hund in Seitenlage. Der Therapeut legt beide Hände oder nur eine Hand auf den Bauchraum des Hundes, die Fingerspitzen liegen kranial des *Os pubis*. Der Therapeut lässt seine Hände in den Bauch einsinken, bis er Kontakt zum *Omentum majus* hat. Während der Einatmung wird das *Omentum majus* kaudalwärts und bei der Ausatmung kranialwärts verschoben (Foto 93).

DIE MILZ

Anatomie der Milz

Die Milz (lateinisch Lien, griechisch Splen) ist ein länglich geformtes Organ mit scharfen Rändern. Die Gestalt der Milz erinnert beim Hund an eine mittelalterliche Streitaxt und ist bei großen Hunden ca. 25 cm lang. Die Milz ist von einer dünnen, straffen Bindegewebskapsel umgeben und weist eine rotbraune Farbe auf. Die Milz befindet sich zwischen den beiden Blättern des Omentum majus kaudal der großen Kurvatur des Magens. Ihre Lage ist dabei abhängig von der Magenfüllung. Bei mäßiger Magenfüllung befindet sich die Milz ungefähr auf Höhe der 13. Rippe. Die ligamentäre Befestigung der Milz erfolgt einerseits über das Lig. gastrolienale und andererseits über das Lig. phrenicolienalis. Das Lig. phrenicolienalis ist ein Teil des vom Zwerchfell kommenden Abschnitts des Omentum majus, dessen vorderer Anteil eine Verbindung zur linken Niere herstellt, diese Bandverbindung wird als Lig. splenorenale bezeichnet. Die Milzfläche, welche der Bauchwand zugewandt ist, wird als Facies parietalis bezeichnet. Die Fläche, welche den Nachbarorganen zugewandt ist, wird als Facies visceralis bezeichnet. Im Bereich der Facies visceralis befindet sich der Hilus lienalis, der Ein- und Austrittsort für die Leitungsstrukturen der Milz. Beim Milzgewebe werden die rote Milzpulpa und die weiße Milzpulpa voneinander unterschieden. Die rote Pulpa besteht aus Blutgefäßen und Immunsystemzellen. Die weiße Pulpa ist in die rote eingebettet und besteht aus winzigen weißen Milzknötchen, in denen wiederum Lymphfollikel enthalten sind.

Funktion

Die Milz ist ein Organ des Lymphsystems. Sie gilt als Filteranlage des Blutsystems und hat so eine wesentliche Funktion bei der körpereigenen Immunabwehr. In Milz und Leber finden während der Fetalzeit die Blutbildung statt. Es entwickeln sich Erythro- Granulo-, Megalokaryo- und Lymphozyten. Postnatal findet in der weißen Milzpulpa ausschließlich noch eine Bildung von Lymphozyten statt. In der roten Milzpulpa werden die überalterten Erythrozyten abgebaut. Außerdem dient die Milz der Blutspeicherung.

Innervation

Die vegetative Innervation erfolgt vorwiegend sympathisch aus den Segmenten Th 5 – 9 über das Ganglion celiacum.

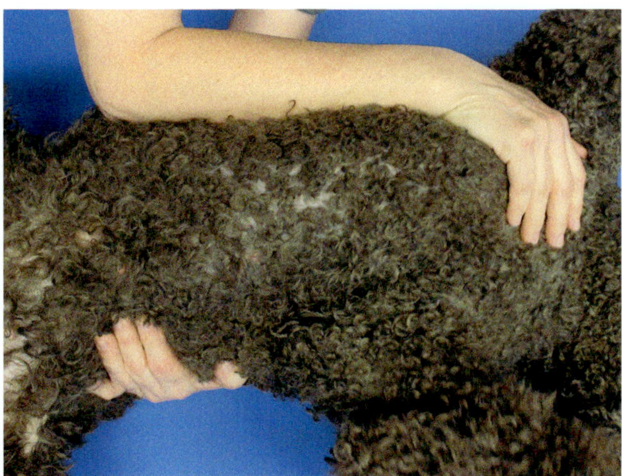

Foto 94: Fasziale Behandlung mit der Handanlage links

Symptome einer Milzrestriktion

- Zunahme des Bauchumfangs
- Atembeschwerden
- Schwäche/helle Schleimhäute
- Appetitlosigkeit
- Übelkeit/Erbrechen
- Geschwächtes Immunsystem

Hinweise auf eine Milzrestriktion bei der Untersuchung

Typische Dysfunktionen im Sinne einer Restriktion gibt es bei der Milz nicht. Die Behandlung der Milz empfiehlt sich, ganz allgemein, zur Stimulation des Immunsystems.

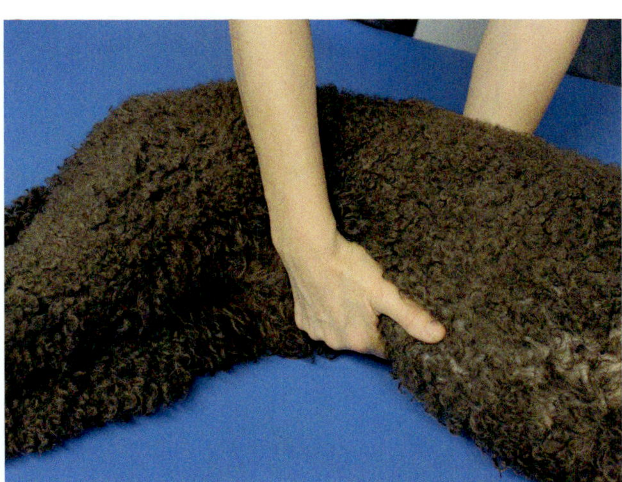

Foto 95: Fasziale Behandlung: Die Behandlungsposition

Kontraindikationen

- Splenomegalie
- Milztumore

Fasziale Behandlung der Milz

Der Patient befindet sich in Seitenlage links. Eine Hand wird unter dem Hund hindurchgeführt und kaudal des Rippenbogens auf der linken Seite platziert. Die andere Hand wird kaudal des linken Rippenbogens über der anderen Hand aufgelegt, d.h. die Hände werden gedoppelt. Mit beiden Händen so viel Druck ausüben, dass die Faszienebene erreicht wird. Anschließend üben beide Hände zeitgleich einen Zug nach kaudal aus und die erreichte Position wird über mehrere Atemzüge gehalten. Die Behandlung wird 5x wiederholt. (Foto 94 und 95)

Spleenflip als Recoiltechnik

Der Patient befindet sich in Seitenlage rechts. Der Therapeut steht hinter dem Patienten mit Blickrichtung zum Becken. Die Finger beider Hände gespreizt auf die linke hintere Thoraxhälfte auflegen. Anschließend bei gutem Kontakt mit den Rippen, diese nach kaudal bis zum Spannungsende führen, dort kurz fixieren und plötzlich loslassen. Die Technik wird 3x wiederholt. (Foto 96)

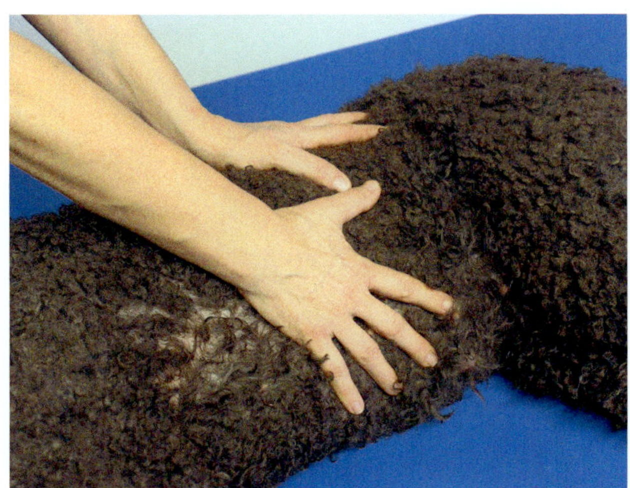

Fotot 96: Spleenflip

Milzpumpe

Der Patient befindet sich in Seitenlage rechts. Der Therapeut steht hinter dem, eine Hand liegt kaudal des Rippenbogens, die andere Hand wird auf den lateralen Rippenbogen über den hinteren Rippen aufgelegt. Nun werden beide Hände rhythmisch aufeinander zugeführt, dabei komprimiert die Hand über dem Rippenbogen die Rippen, während die andere Hand einen Schub nach kranial ausübt. Anschließend werden die Hände wieder gelöst. Die Technik wird 5x wiederholt. Vor der Milzpumpe sollte unbedingt die Leberpumpe durchgeführt werden. (Foto 97)

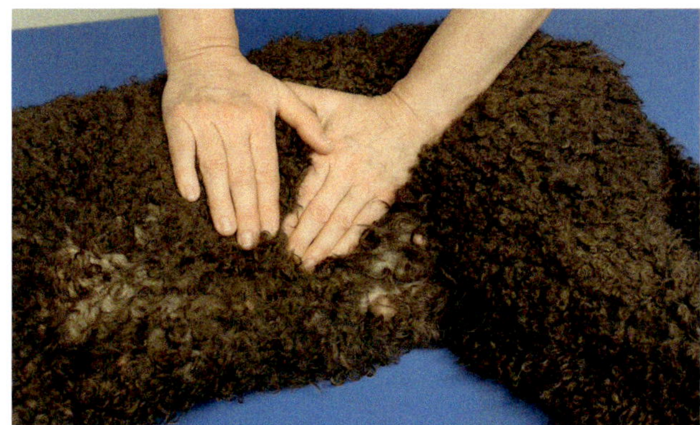

Foto 97: Milzpumpe

DIE LEBER

Anatomie und Funktion

Die Leber ist sowohl **Stoffwechselorgan** als auch größte exokrine Drüse des Körpers. Sie dient als Speicher für Glykogen, Fette und Eiweiße; sie synthetisiert Harnstoff (und Harnsäure) und ist an der Beseitigung der überalterten roten Blutkörperchen und an der Entgiftung beteiligt. Darüber hinaus spielt sie eine wichtige Rolle bei der Synthese zahlreicher Proteine und wichtiger Enzyme sowie im Stoffwechsel von Vitaminen, Hormonen und Blutgerinnungsfaktoren. Die Leber enthält zudem das System der Gallengänge, welche die Gallenblase speisen. Die Gallenblase befindet sich unmittelbar kaudal an die Leber angelagert.

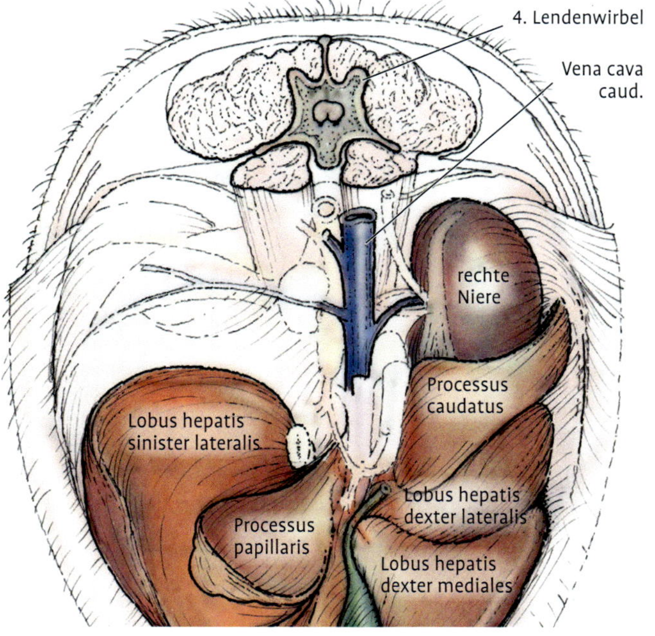

Abb. 39: Die Leber des Hundes.

Die Leber wird durch Einziehungen in die einzelnen Leberlappen, *Lobi*, unterteilt. Dies sind der *Lobus dexter* und der *Lobus sinister*, die sich wiederum jeweils in einen lateralen und einen medialen Anteil untergliedern lassen. Der mittlere Teil der Leber wird durch die auf der Rückseite quer verlaufende Leberpforte in den ventral von ihr gelegenen *Lobus quadratus* und den dorsal davon befindlichen *Lobus caudatus* gegliedert. Der *Lobus caudatus* wiederum wird nochmal in den rechts liegenden *Processus caudatus* und den links liegenden *Processus papillaris* unterteilt. Der rechte kaudale Leberlappen und der *Processus caudatus* artikulieren mit der rechten Niere. Die konvexe *Facies diaphragmatica* der Leber zeigt nach kranial und liegt der Zwerchfellkuppel an. Die konkave *Facies visceralis* zeigt nach kaudal und artkuliert mit dem Magen, dem Zwölffingerdarm, dem Kolon und der rechten Niere; diese Organe hinterlassen deutliche Impressionen auf der Oberfläche der Leber (Abb. 39).

Die Leber liegt vorwiegend intrathorakal mit dem größeren Anteil rechts der Medianen; lediglich der *Lobus hepatis dexter* kann extrathorakal kaudal des rechten Rippenbogens palpiert werden. Die kaudale Grenze rechts wird somit vom rechten Rippenbogen gebildet; die kaudale Grenze links befindet sich in Höhe des elften bis zwölften Interkostalraumes. Die vordere Lebergrenze befindet sich etwa im Bereich des achten Interkostalraumes; ventral reicht die Leber bis an die ventrale Bauchwand.

Die Blutversorgung der Leber lässt sich in drei Systeme unterteilen: 1. das Pfortadersystem, welches das nährstoffreiche Blut von den unpaaren Bauchorganen zum Kapillargebiet der Leber führt; 2. das nutritive System der *Arteria hepatica*, welches die Leber mit sauerstoffreichem Blut versorgt; und 3. das System der Lebervenen, die den ableitenden Schenkel zum Herzen hin repräsentieren. Über den *Ductus venosus* besteht embryonal eine Art Kurzschluss zwischen Pfortadersystem und ableitendem Venensystem.

Aufhängeapparat

Die Leber wird über mehrere Bänder an ihrem Platz gehalten und ist so über Bindegewebszüge mit anderen Organen verbunden.

Aufhängeapparat der Leber:

- Anteile des kleinen Netzes:
  - *Ligamentum hepatogastricum* → Verbindung zum Magen
  - *Ligamentum hepatoduodenale* → Verbindung zum Duodenum
- *Ligamentum triangulare dextrum et sinistrum* → fixieren den rechten und linken Seitenlappen am Zwerchfell
- *Ligamentum coronarium hepatis* → befestigt den rechten und linken Mittellappen am Zwerchfell; neben der *Vena cava*
- *Ligamentum hepatorenale* → verbindet den *Processus caudatus* mit der rechten Niere
- *Ligamentum falciforme hepatis* → zieht zur *Pars sternalis* des Zwerchfells; enthält das
  - *Ligamentum teres hepatis* von der Leber zum Nabel (obliterierte Nabelvene)

Innervation der Leber

Die vegetative Innervation geschieht über den *Plexus hepaticus*. Die sympathischen Anteile stammen von den *Nn. splanchnici* und kommen über den sympathischen Grenzstrang aus den Segmenten Th6-Th10; die parasympathischen Anteile kommen vom *N. vagus*. Die sensible Innervation erfolgt durch die rechtsseitigen Anteile des *N. phrenicus*, der von den Segmenten C5-C7 (individuelle Variationen) kommt.

Die nervale Versorgung der Leber über den *N. phrenicus* und den *N. vagus* bedingt, dass sich Dysfunktionen aus dem Halsbereich bzw. von der Vordergliedmaße auf die Leber auswirken können und umgekehrt.

Die physiologische Bewegung der Leber

Die physiologische Motilität der Leber ist eine **komplexe Bewegung**, bei der sich die Lage des Organs in allen drei Dimensionen des Raumes verändert. Um diese Bewegung besser beschreiben und erfassen zu können, wird sie in drei Komponenten zerlegt; jede dieser Komponenten beschreibt eine Rotation um jeweils eine der drei Raumachsen.

Die Beschreibung der physiologischen Bewegung erfolgt am stehenden Hund (Achtung: Die Untersuchung und Behandlung erfolgen in Seitenlage!).

Rotation um die Longitudinalachse: Die Longitudinalachse verläuft längs durch den Rumpf des Hundes in kraniokaudaler Richtung.

- **Expire-Bewegung:** Die Leber vollführt eine Rotation um die Longitudinalachse in der Form, dass der rechtsseitig, dorsal der Leberpforte liegende *Processus caudatus* um die Längsachse nach ventral rotiert; dies entspricht einer Bewegung im Uhrzeigersinn, wenn man von hinten auf den Hund schaut.
- **Inspire-Bewegung:** Die Rotationsbewegung erfolgt zurück zur Ausgangsposition; dies entspricht einer Bewegung gegen den Uhrzeigersinn, wenn man von hinten auf den Hund schaut.

Rotation um die Sagittalachse: Die Sagittalachse verläuft von oben nach unten, also in dorsoventraler Richtung durch den Hund.

- **Expire-Bewegung:** Die Leber vollführt eine Rotation um die Sagittalachse in der Form, dass der rechte Leberlappen und der *Processus caudatus* um diese Achse nach kranial rotieren; dies entspricht einer Bewegung gegen den Uhrzeigersinn, wenn man von oben auf den stehenden Hund schaut.
- **Inspire-Bewegung:** Die Rotationsbewegung erfolgt zurück zur Ausgangsposition; dies entspricht einer Bewegung im Uhrzeigersinn, wenn man von oben auf den Hund schaut.

Rotation um die Transversalachse: Die Transversalachse verläuft quer von einer Körperseite des Hundes zur anderen (rechts links) durch den Hund.

- **Expire-Bewegung:** Die Leber vollführt eine Rotation um die Transversalachse in der Form, dass die dorsal der Leberpforte gelegenen Anteile, *Processus caudatus* und *Processus papillaris*, nach kranial kippen.
- **Inspire-Bewegung:** Die Rotationsbewegung erfolgt zurück zur Ausgangsposition.

Symptome von Leberrestriktionen

- Oberbauchschmerzen rechts
- Rezidivierende Dysfunktionen der Halswirbelsäule im Bereich C5-C7 (über den *N. phrenicus*)
- Schulterprobleme rechts (über den *N. phrenicus* und die HWS)
- Rezidivierende Dysfunktionen der Halswirbelsäule im Bereich C0/C1 und C1/C2 (über den *N. vagus* und dessen Austritt durch das *Foramen jugulare*)

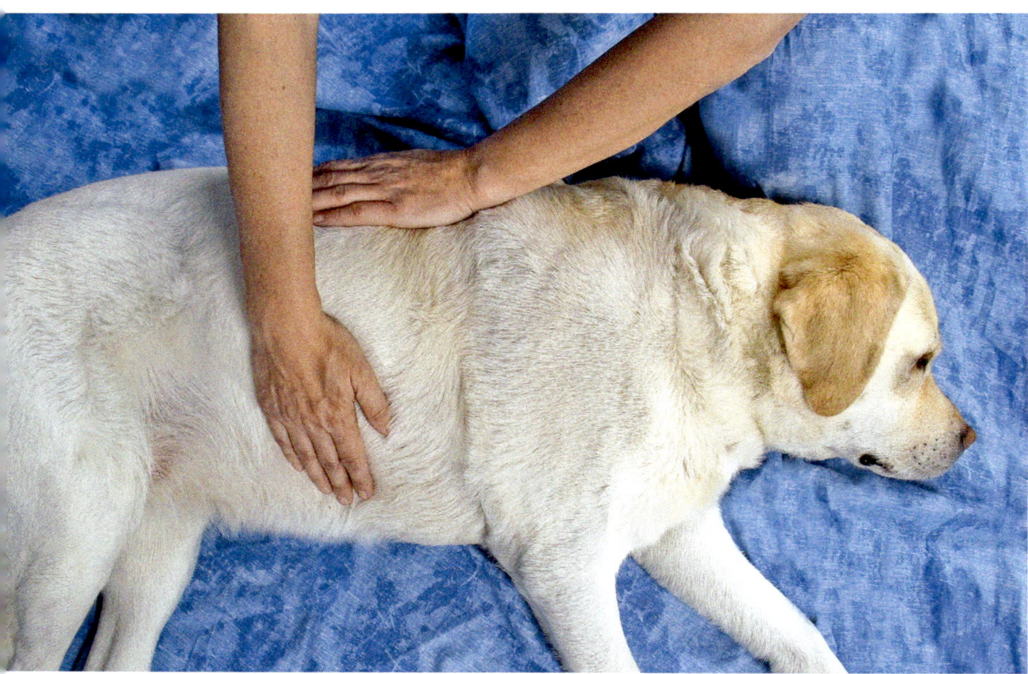

Foto 98: Handposition zur Untersuchung und Behandlung der Leber.

- Rezidivierende Dysfunktionen der Brustwirbelsäule im Bereich Th6–Th10 (über die sympathische Innervation)
- Sprung- und Kniegelenksprobleme ohne artikuläre Befunde (vgl. Verlauf des Lebermeridians über das Hinterbein)
- Verdauungsstörungen
- Seitenlage rechts wird gemieden
- Augen- und Ohrprobleme rechts
- Nächtliche Krämpfe
- Müdigkeit
- Verhaltensauffälligkeiten (aggressiv, depressiv)
- Fellveränderungen (fettig)
- Allergiebereitschaft

Die Symptome von Restriktionen der Leberbewegungen können sehr vielfältig sein.

Motilitätsprüfung der Leber

Da sich die Leber mehr rechts befindet, wird der *Listening*-Test in linker Seitenlage vorgenommen. Die Hand des Therapeuten wird nun auf die rechte Körperwand des Hundes im Bereich des Rippenbogens aufgelegt und sie versucht, der Leberbewegung passiv zu folgen (Foto 90). Es hat sich bewährt, die Motilität der Leber um die verschiedenen Achsen isoliert zu testen, später kann man die einzelnen Schritte zusammenfassen. Vor der Behandlung der Leber sollte immer zuerst das Zwerchfell untersucht und behandelt werden (s. Faszientechniken S. 139ff), da Restriktionen des Diaphragmas auch die Beweglichkeit der Leber einschränken.

Im Folgenden werden drei verschiedene Techniken beschrieben, die bei der Behandlung der Leber zur Anwendung kommen können.

Behandlung der Leber

Motilitätsbehandlung der Leber: Patient und Therapeut befinden sich in derselben Position wie bei der *Listening*-Technik. Bei der Motilitätsbehandlung sollte nun die Bewegung unterstützt werden, die am wenigsten eingeschränkt und deren Amplitude am größten ist. Anfangs werden die Bewegungen der verschiedenen Ebenen isoliert behandelt, später kann man alle Bewegungen zusammenführen.

Als Effekte der Motilitätsbehandlung der Leber können Müdigkeit sowie Übelkeit und Erbrechen auftreten; die Beschwerdesymptomatik kann bis zu drei Tage bestehen bleiben.

Hebung der Leber zur Motilitätsverbesserung: Der Patient befindet sich wiederum in linker Seitenlage; der Therapeut kniet hinter dem Patienten mit Blickrichtung auf die Pfoten. Nun legt er beide Hände auf den Rippenbogen auf, wobei die Fingerspitzen Kontakt zu der darunterliegenden Leber aufnehmen. Die Technik erfolgt atemsynchron; während der Ausatmung wird die Leber in Richtung auf die rechte Schulter des

Patienten angehoben. Dies wird zwei bis drei Mal wiederholt und mit einer Einatmung beendet (bei stark hechelnden Hunden ist eine Anwendung dieser Technik nicht möglich).

Die Hebung der Leber zielt darauf ab, die Bindegewebsspannung am Organ zu reduzieren und regt zudem die arteriovenolymphatische Zirkulation an.

Kompression der Leber zur Motilitätsverbesserung: Der Patient befindet sich in linker Seitenlage; der Therapeut kniet wiederum hinter dem Patienten. Nun modelliert sich die kopfferne Hand des Therapeuten an den rechten Rippenbogen, wobei die Fingerspitzen im Bereich des epigastrischen Winkels zu liegen kommen und die Leber so nach kranial hin abstützen. Die kopfnahe Hand liegt dorsolateral auf dem Thorax bzw. am unteren rechten Rippenbogen. Die Technik erfolgt atemsynchron. Während der Einatmung drückt die kopfnahe Hand auf den Rippenbogen nach kaudoventral, während mit der anderen Hand ein vibrierender Druck nach kraniodorsal ausgeübt wird. Mit der Ausatmung wird der Druck wieder vermindert. Die Technik wird vier bis fünf Mal wiederholt. Die Kompression der Leber zielt darauf ab, ihre Aktivität zu stimulieren; zusätzlich wird der venöse Abfluss angeregt.

DER MAGEN

Anatomie und Funktion

Der Magen (*Ventriculus, Gaster*) dient als **Nahrungsspeicher** und als Ort der **chemischen Verdauung**. Der Magensaft enthält unter anderem Pepsin, Labferment und Salzsäure. Der Hund besitzt einen einhöhligen Magen (im Gegensatz zum mehrhöhligen Magen der Wiederkäuer).

Der Magen besitzt die nach kranial zeigende, dem Zwerchfell anliegende *Facies parietalis* und die nach kaudal zeigende, den inneren Organen anliegende *Facies visceralis*. Die *Curvatura ventriculi major* bildet den ventralen Rand des Organs, die *Curvatura ventriculi minor* den dorsalen Rand. Die *Cardia* stellt den Mageneingang von der Speiseröhre her dar und befindet sich kranial am Organ auf der linken Seite; der *Pylorus* bildet den Magenausgang zum Duodenum hin und befindet sich weiter kaudal, ventral und mehr rechts. Als Magenknie wird die tiefste Stelle des Organs an der großen Kurvatur bezeichnet, ihm liegt die *Incisura angularis* an der kleinen Kurvatur gegenüber. Der Magensack wird als *Corpus ventriculi* bezeichnet, der *Fundus ventriculi* ist ein Blindsack in der Nähe des Mageneingangs.

Im Gegensatz zur Leber befindet sich der Magen von der Medianen aus gesehen mehr linksseitig; der Fundus liegt etwa in Höhe des elften bis zwölften Interkostalraumes am Zwerchfell. Der kaudale Magenrand befindet sich am linken Rippenbogen und ragt je nach Füllungszustand unterschiedlich weit nach hinten; bei starker Füllung kann er bis auf Höhe des dritten Lendenwirbels nach kaudal reichen.

Die Magenwand entspricht vom Grundaufbau her den übrigen Hohlorganen: Sie besteht aus einer innen liegenden Schleimhaut (*Tunica mucosa*), einer darunter liegenden Muskelschicht (*Tunica muscularis*) und der außen liegenden *Tunica serosa*. Die Magenschleimhaut ist als Drüsenschleimhaut ausgebildet. Die Muskelschicht setzt sich ihrerseits aus einer Längs- und einer Ringmuskelschicht zusammen, die durch zusätzliche schräge Fasern ergänzt werden.

Aufhängeapparat

Der Magen liegt zwischen den Serosadoppellamellen des kleinen und großen Netzes (*Omentum minus* und *Omentum majus*). Dabei bietet das Netz mechanisch betrachtet kaum Halt, was sich auch in der Tatsache widerspiegelt, dass aufgrund dieser langen Aufhängung und fehlenden Fixierung eine **Torsion** des Magens überhaupt möglich ist. Das kleine Netz reicht von dorsal her an den Magen heran und umfasst das *Ligamentum hepatogastricum* und das *Lig. hepatoduodenale*; das große Netz zieht als *Lig. gastrolienale* zunächst zur Milz und umschließt dann als Doppelfalte die *Bursa omentalis*, bevor es nach dorsal zum Pankreas zieht.

Innervation des Magens

Die Innervation des Magens erfolgt ähnlich wie die der Leber über sympathische Anteile der *Nn. splanchnici*,

> Die nervale Versorgung des Magens über den ***N. phrenicus*** und den ***N. vagus*** bedingt, dass sich Dysfunktionen aus dem Halsbereich bzw. von der Vordergliedmaße auf den Magen auswirken können und umgekehrt!

welche über den sympathischen Grenzstrang aus den Segmenten Th5-Th9 kommen; die parasympathischen Anteile stammen vom *N. vagus*. Die sensible Innervation erfolgt durch die linksseitigen Anteile des *N. phrenicus*, der aus der kaudalen Halswirbelsäule kommt.

Die physiologische Bewegung des Magens

Ähnlich wie bei der Leber beschrieben, ist auch die physiologische Motilität des Magens eine komplexe Bewegung, bei der sich die Lage des Organs in allen drei Raumrichtungen verändert. Zudem sind Größe und Lage des Organs stark von seinem Füllungszustand abhängig (s.o.). Um die Bewegung des Magens besser erläutern und begreifen zu können, bedient man sich ebenfalls eines Modells, welches die Rotationsbewegung um die drei Achsen des Raumes jeweils einzeln beschreibt.

Die Bewegungsbeschreibung erfolgt dabei wiederum am stehenden Hund, wobei der Hund für die Untersuchung und Behandlung auf der rechten Körperseite liegt.

Rotation um die Longitudinalachse: Die Longitudinalachse verläuft längs durch den Rumpf des Hundes in kraniokaudaler Richtung.

- **Expire-Bewegung:** Der Magen vollführt eine Rotation um die Longitudinalachse in der Form, dass der links und relativ weit dorsal liegende Magenfundus um die Längsachse nach ventral rotiert; dies entspricht einer Bewegung gegen den Uhrzeigersinn, wenn man von hinten auf den Hund schaut.
- **Inspire-Bewegung:** Die Rotationsbewegung erfolgt zurück zur Ausgangsposition; dies entspricht einer Bewegung im Uhrzeigersinn, wenn man von hinten auf den Hund schaut.

Rotation um die Sagittalachse: Die Sagittalachse verläuft von oben nach unten, also in dorsoventraler Richtung durch den Hund. Diese Bewegungskomponente ist im Gegensatz zu den beiden anderen Komponenten gut zu spüren.

- **Expire-Bewegung:** Der Magen vollführt eine Rotation um die Sagittalachse in der Form, dass der links liegende Magenfundus um diese Achse nach kranial rotiert; dies entspricht einer Bewegung im Uhrzeigersinn, wenn man von oben auf den stehenden Hund schaut.
- **Inspire-Bewegung:** Die Rotationsbewegung erfolgt zurück zur Ausgangsposition; dies entspricht einer Bewegung gegen den Uhrzeigersinn, wenn man von oben auf den Hund schaut.

Rotation um die Transversalachse: Die Transversalachse verläuft quer von einer Körperseite des Hundes zur anderen (rechts links) durch den Hund.

- **Expire-Bewegung:** Der Magen vollführt eine Rotation um die Transversalachse in der Form, dass der relativ weit dorsal gelegene Magenfundus nach kranial kippt.
- **Inspire-Bewegung:** Die Rotationsbewegung erfolgt zurück zur Ausgangsposition.

Symptome bei Restriktionen im Bereich des Magens

- Abnorme Hungergefühle
- Druckschmerzen im Epigastrium
- Hyperazidität; zeigt sich häufig durch vermehrtes Grasfressen oder das Aufnehmen von Erde
- Erbrechen
- Sonstige Verdauungsstörungen
- Rezidivierende Dysfunktionen im Bereich der kranialen Halswirbelsäule (C0/C1 und C1/C2) über den ***N. vagus***
- Rezidivierende Dysfunktionen der kaudalen Halswirbelsäule (über den ***N. phrenicus***)
- Rezidivierende Dysfunktionen und Probleme an der linken Schulter sowie Probleme der linken Vordergliedmaße (über den ***N. phrenicus***)
- Rezidivierende Dysfunktionen im Bereich von Th5-Th9 (über die sympathische Innervation)

Motilitätsprüfung des Magens

Bei der Untersuchung und Behandlung des Magens ist unbedingt zu berücksichtigen, dass der Hund mindestens zwei Stunden zuvor nicht mehr gefressen und keine größeren Wassermengen getrunken haben sollte! Dieser aus der Humanosteopathie stammende Grundsatz muss beim Hund zwingend beachtet werden, da bei dieser Tierart prinzipiell das Risiko einer Magendrehung nicht auszuschließen ist!
Die osteopathische Untersuchung und Behandlung des Magens ist bei Hunden, bei denen der Verdacht auf Magendrehung besteht oder die aufgrund einer Magendrehung bereits operiert wurden, absolut kontraindiziert!

Der Patient befindet sich in Seitenlage rechts, der Therapeut kniet hinter dem Hund mit Blickrichtung auf dessen Pfoten. Der Handballen der linken Hand kommt kranial des linken Rippenbogens auf Höhe des elften bis zwölften Interkostalraumes zu liegen, wobei sich Ring- und Kleinfinger unterhalb des Rippenbogens befinden. Der Therapeut palpiert nun die Bewegung des Magens im Sinne einer *Listening*-Technik (Foto 99).

Motilitätsverbesserung des Magens

Die Motilitätsverbesserung des Magens erfolgt über eine **Induktionsbehandlung**. Deren Ziel ist vor allem die Wiederherstellung der Amplitude der physiologischen Bewegung des Magens mit den oben beschriebenen Bewegungsrichtungen. Es wird zunächst die Bewegung

Foto 99: Handposition zur Untersuchung und Behandlung des Magens.

unterstützt, die am wenigsten eingeschränkt ist und deren Amplitude am größten ist, anschließend erfolgt die Behandlung der anderen Bewegungskomponenten. Vor allem das Wiedererlangen der Motilität um die **Longitudinalachse** ist Ausdruck für die Wiederherstellung einer guten Gesamtmotilität (diese Bewegungskomponente ist am einfachsten zu erspüren und dadurch auch am besten zu behandeln).

Entspannungstechnik für den Magen

Der Patient befindet sich in rechter Seitenlage, der Therapeut kniet hinter dem Hund. Die kopfnahe Hand des Therapeuten umfasst nun mit Daumen und Zeigefinger den Dornfortsatz des siebten Brustwirbels, während die kopfferne Hand auf dem epigastrischen Raum zu liegen kommt. Die flach aufliegende, kopfferne Hand übt nun einen leichten Druck in die Tiefe aus und führt dabei kleine Bewegungen in alle Richtungen aus, während die kopfnahe Hand über den siebten Brustwirbel einen konstanten Druck nach kranioventral gibt.

Die Behandlung des Magens bewirkt eine allgemeine **Schmerzlinderung** im vorderen Bauchraum, sie fördert die physiologische Peristaltik bei gleichzeitiger Entspannung des Pylorusbereiches und senkt den Tonus im Bereich des *Plexus solaris*.

DER DÜNNDARM

Anatomie des Dünndarms

Der Dünndarm schließt sich an den Pylorus des Magens an. Der Dünndarm kann in drei Abschnitte untergliedert werden. Der Zwölffingerdarm (Duodenum) beginnt am Pylorus, ist u-förmig und kann ebenfalls in vier Abschnitte unterteilt werden. Es werden eine Pars cranialis, Pars descendens, Pars transversum und eine Pars ascendens duodeni unterschieden. An der Papilla duodeni major (vateri) im Bereich der Pars descendens duodeni münden die Ausführungsgänge von Gallenblase und Bauchspeicheldrüse (Ductus choledochus und Ductus pancreaticus). Das Duodenum ist mit einem kurzen Gekröse an der dorsalen Rumpfwand fixiert. Es besteht über das Lig. hepatoduodenale (Anteil des Omentum minus) eine ligamtenäre Verbindung zwischen Duodenum und Leber. Auf Höhe der linken Niere geht das Duodenum in den zweiten Dünndarmabschnitt über. Dieser Abschnitt wird als Jejunum (Leerdarm) bezeichnet. Das Jejunum besitzt in etwa eine Länge von 4 Metern. Das Jejunumkonvolut legt sich in mehreren Schlingen von kranial nach kaudal und kommt an der ventralen Bauchseite zwischen Magen und Harnblase zu liegen. An das Jejunum schließt sich das sehr kurze Ileum (Hüftdarm) an. Das Ileum geht auf der rechten Bauchseite in das Colon über. Das Mesenterium von Jejunum und Ileum wird als Gekrösewurzel oder auch Radix mesenterii bezeichnet. Die Radix mesenterii verläuft leicht diagonal von links kranial (Rippenbogen) nach rechts kaudal bis an das Caecum und fixiert den Dünndarm an der dorsalen Rumpfwand. Kranial geht die Radix mesenterii in das schon oben erwähnte Lig. hepatoduodenale über. Der Wandaufbau des Dünndarms entspricht dem allgemeinen Wandaufbau des Kopfdarmes. Der Dünndarm weist allerdings eine Besonderheit auf: Durch Ausbildung von Falten und einer hohen Zottendichte, vergrößert er massiv seine Oberfläche. Eine wichtige Voraussetzung für die Resorptionsleistung des Dünndarms.

Funktion

Nach Passage des Magens gelangt der Speisebrei also zuerst in das Duodenum. Das Duodenum ist der Hauptort des enzymatischen Abbaus. In das Duodenum münden die Ausführungsgänge der Bauchspeicheldrüse und der Gallenblase. Neben dem Hydrogencarbonat (HCO 3-) zur Neutralisierung der Magensäure liefert die Bauchspeicheldrüse viele Enzyme zur weiteren Aufspaltung der Nahrung. Die Gallenblase liefert die Gallensäuren zur Fettspaltung. Im Duodenum werden schon die Mineralstoffe Eisen und Calcium resorbiert. Anschließend gelangt der Speisebrei in die weiteren Dünndarmabschnitte, hier findet vor allem die Resorption der Nährstoffe statt. Eine weitere wichtige Funktion ist die Wasseraufnahme: Im Dünndarm wird dem Nahrungsbrei 80% des Wassers entzogen. Dadurch wird er stark eingedickt. Die restlichen 20% werden vom Dickdarm aufgenommen. Eine wichtige Rolle bei der Abwehr von Viren, Bakterien und schädlichen Fremdstoffen spielt das sogenannte darmassoziierte lymphatische Gewebe. Es besteht aus zahlreichen einzelnen Lymphknoten in der Schleimhaut.

Innervation

Die Innervation des Dünndarms gliedert sich in Anteile, die innerhalb der Darmwand lokalisiert sind, und Anteile, die ihren Ursprung nicht im Darm nehmen, sondern von außen heranziehen und ihn innervieren. Die von außen an den Darm heranziehende vegetative Innervation erfolgt über parasympathische und sympathische Fasern sowie sensorische Nervenfasern. Die sympathische Innervation erfolgt über das Ganglion celiacum und das Ganglion mesentericum cranialis. Die sympathischen Nervenfasern stammen aus den Segmenten Th 9 – 12. Die parasympathische Innervation erfolgt über den N. vagus. Diese vegetative Innervation hat jedoch weitgehend nur modulierenden Charakter. Das in der Darmwand lokalisierte Nervensystem, das sogenannte autonome enterische Nervensystem, hält die eigentliche Organaktivität aufrecht. Das enterische Nervensystem ist in dichten Netzen organisiert, in denen Nervenzellanhäufungen, sogenannte Ganglien, auftreten. Zwei Nervenplexus werden unterschieden: der Plexus myentericus, der zwischen der zirkulären und der longitudinalen Muskelschicht der Tunica muscularis liegt, und der Plexus submucosus, der in der Tela submucosa liegt. Während der Plexus submucosus im Wesentlichen die Sekretion der Darmdrüsen steuert, reguliert der Plexus myentericus die Motilität des Darmes.

Symptome bei Dünndarmrestriktionen

- Spät-, Nacht-, Nüchternschmerz (insbesondere bei Problemen des Duodenums)
- Durchfall
- Erbrechen
- Vermehrte Darmgeräusche
- Gewichtsverlust
- Darmkrämpfe
- Aufgetriebener Bauch
- Rezidivierende BWS-Dysfunktionen Th 9 - 12
- Rezidivierende Rippendysfunktionen Rippe 9 – 12

Hinweise auf eine Dünndarmrestriktion bei der Untersuchung

Neben den oben beschriebenen anamnestischen Hinweiszeichen und Befunden fällt meist beim abdominalen Listening ein entsprechender Zug zur Restriktion bzw. in die Tiefe auf.

Kontraindikationen

- Akute Entzündungen
- Chronische Entzündungen, wie z.B. IBD (inflammatory bowel disease). Chronische Entzündungsprozesse können langfristig zu einer Gewebeschädigung der Darmwand führen, hier besteht die Gefahr, dass die Darmwand durch eine manuelle Mobilisation perforiert.
- Tumore
- Aszitis

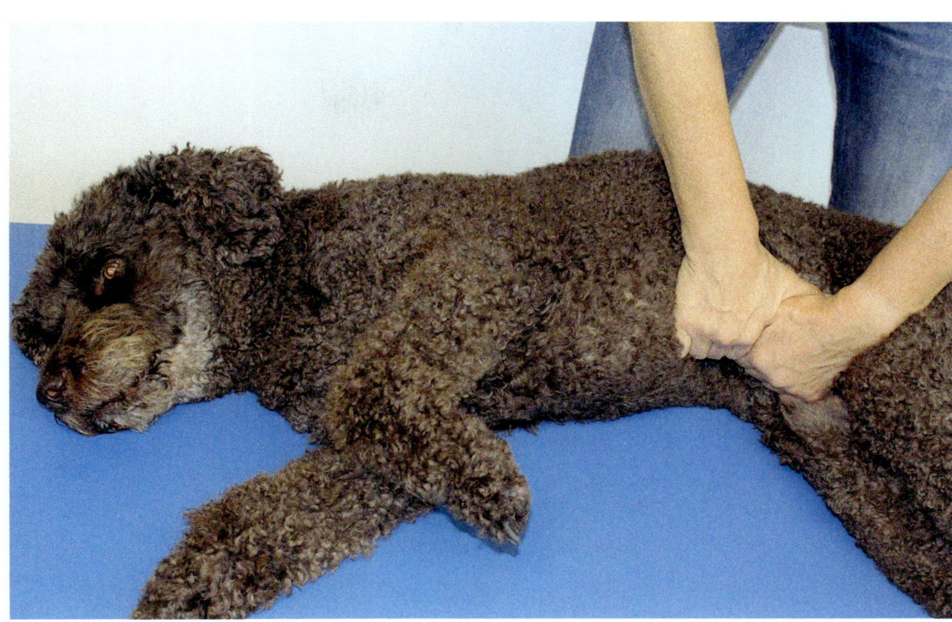

Foto 100: Despasmierung des Duodenums.

Despasmierung des Duodenums

Der Patient befindet sich in Seitenlage rechts. Der Therapeut steht auf der Dorsalseite des Patienten und die Fingerspitzen beider Hände dringen vorsichtig in den Bauchraum rechts ein, kraniale Hand i.B. des ventralen rechten Rippenbogens, die andere Hand wird kaudal an den lateralen Rand der Pars descendens duodeni angelegt (lateral der Pars ascendens des Colons). Die Dünndarmschlingen liegen auf den Handflächen, es erfolgt mit beiden Händen ein leichter Zug der Pars descendens duodeni nach medial bis zur Restriktionsgrenze. Diese Position wird bis zum Release gehalten. (Foto 100)

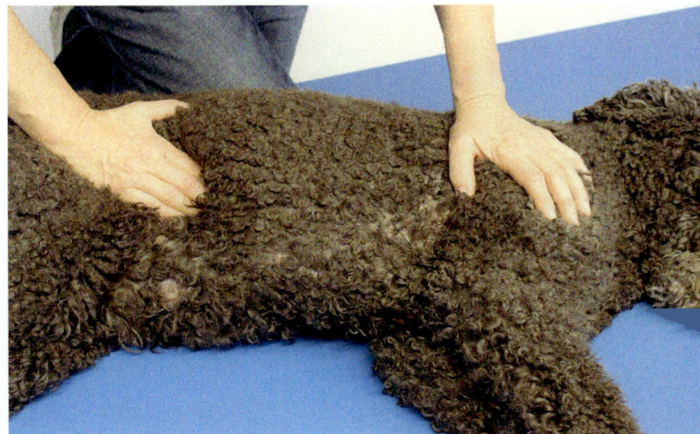

Foto 101: Drainage des Duodenums.

Drainage des Duodenums

Der Patient befindet sich in Seitenlage links. Der Therapeut steht an der Dorsalseite ca. auf Beckenhöhe. Die Fingerspitzen einer Hand dringen vorsichtig am kaudalen Ende der Pars descendens in den Bauchraum rechts ein. Es wird ein Druck in die Tiefe appliziert, dieser wird langsam gelöst und die Fingerspitzen werden im Verlauf der Pars descendens duodeni weiter kranial platziert. Es erfolgt erneut ein Druck in die Tiefe, der anschließend wieder langsam gelöst wird. Dies wird über die gesamte Länge der Pars descendens duodeni wiederholt. (Foto 101)

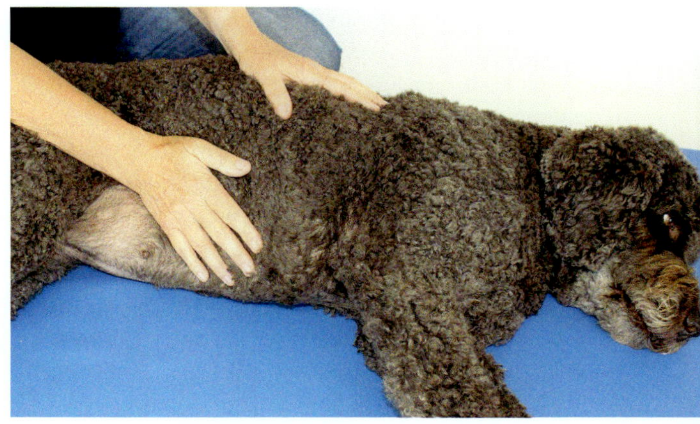

Foto 102: Test und Behandlung der Radix mesenterii.

Test und Behandlung der Radix mesenterii

Der Patient befindet sich in Seitenlage links. Die Untersuchungshand des Therapeuten wird im Verlauf der Radix mesenterii aufgelegt und ein Schub in Richtung

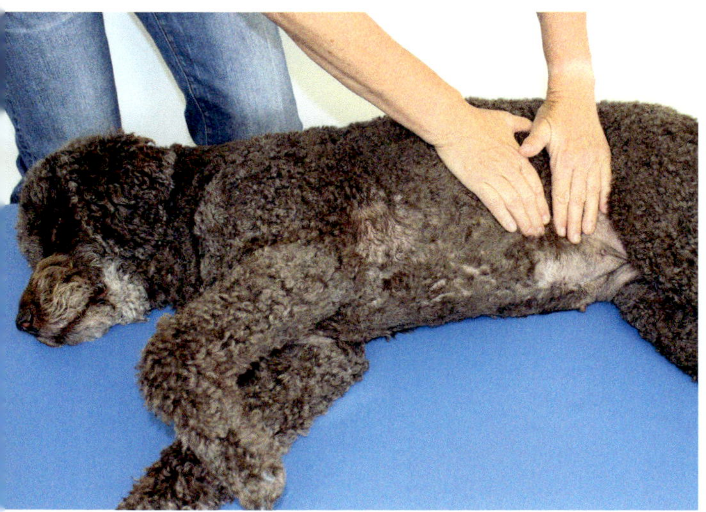

Foto 103: Test der Dünndarmschlingen.

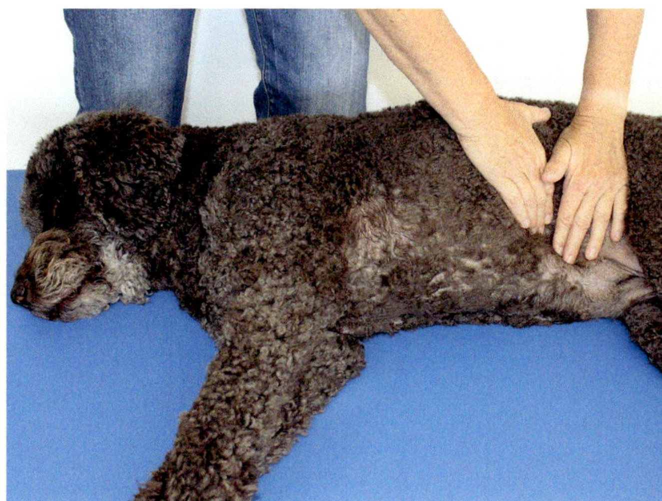

Foto 104: Behandlung der Dünndarmschlingen.

der dorsalen Fixation ausgeübt. Geprüft wird die Spannung der Radix mesenterii. Zur Mobilisation stellt der Therapeut das Gewebe an der Restriktionsbarriere ein, die Technik wird so lange gehalten, bis ein spürbares Releasephänomen eintritt. (Foto 102)

Test und Behandlung der Dünndarmschlingen

Der Patient befindet sich in Seitenlage links. Der Therapeut sinkt mit beiden Händen auf Höhe des Bauchnabels in das Abdomen ein und palpiert die Dünndarmschlingen auf Schmerzhaftigkeit und Spannungsunterschiede. Die Hände des Therapeuten beginnen auf der linken Seite des Abdomens und wandern von dort um den Bauchnabel herum nach kaudal und in den rechten hinteren Bauchabschnitt. Bei der Behandlung werden die auffälligen Abschnitte sanft gedehnt bzw. gegeneinander verwrungen, bis eine deutliche Spannungsreduktion zu spüren ist. (Foto 103 und 104)

DAS KOLON

Anatomie und Funktion des Darms

Der Darm erstreckt sich vom Pylorus bis hin zum Afterkanal. Er besteht aus Dünn- und Dickdarm, beide Anteile unterscheiden sich histologisch und funktionell durch Unterschiede in der Schleimhaut: Der Dünndarm besitzt so genannte Mikrovilli (Zotten), der Dickdarm besitzt Krypten. Die Darmlänge entspricht beim Hund etwa der 5-fachen Körperlänge (insgesamt also ein bis fünf Meter); davon entfallen etwa 90% auf den Dünndarm und von diesen noch einmal etwa 90% auf das Jejunum (Leerdarm).

Der **Dünndarm** besteht vom Magen zum Dickdarm aus gesehen aus den Anteilen **Duodenum** (Zwölffingerdarm), **Jejunum** (Leerdarm) und **Ileum** (Hüftdarm). Während das Ileum nur sehr kurz ist und äußerlich durch die *Plica ileocaecalis* markiert wird, repräsentiert das Jejunum den längsten Teil des Dünndarms. Seine flexiblen, girlandenartigen Schlingen nehmen den ventralen Teil der Bauchhöhle in Anspruch und sind aufgrund des langen Gekröses leicht gegeneinander und gegen die übrigen Bauchhöhlenorgane verschieblich. Dahingegen befindet sich das Duodenum aufgrund seines kurzen **Gekröses** weit dorsal und mehr oder weniger immer in derselben Position. Es besitzt eine *Pars cranialis* am Übergang vom Magen, die zudem den Gallengang und die Bauchspeicheldrüsengänge aufnimmt und über das *Ligamentum hepatoduodenale* mit der Leber verbunden ist, die *Flexura duodeni cranialis*, die *Pars descendens*, die auf der rechten Körperseite liegt, die *Flexura duodeni caudalis*, welche von hinten her einen Halbkreis um die vordere Gekrösewurzel bildet, die *Pars ascendens*, die auf der linken Körperseite liegt und mit dem *Colon descen-*

dens über die *Plica duodenocolica* verbunden ist und schließlich die *Flexura duodenojejunalis* am Übergang zum Leerdarm.

Der **Dickdarm** besteht aus dem kurzen **Zäkum** (Blinddarm), welches beim Hund keinen Wurmfortsatz besitzt, aus dem **Kolon** oder Grimmdarm, dem **Rektum** oder Enddarm und dem **Afterkanal**. Das Zäkum wird wie das Ileum durch die *Plica ileocaecalis* markiert, es wird auch als Divertikel des Dickdarms bezeichnet.

Die Darmwand weist einen ähnlichen **Aufbau** wie die Magenwand auf. Sie besteht aus einer innen liegenden Schleimhautschicht, einer mittleren Muskelschicht und einem serösen Überzug. Die Darmwand hat die Aufgabe, Nahrung aufzuschließen und zu resorbieren sowie den Nahrungsbrei durch die Peristaltik weiterzutransportieren und die Endprodukte auszuscheiden. Der Darm wird im Wesentlichen vom Vegetativum innerviert: Der Sympathikus hemmt die Darmtätigkeit, der Parasympathikus fördert sie.

Das **Kolon** befindet sich beim Hund relativ weit dorsal, es besteht ähnlich dem Buchstaben U aus drei Schenkeln: dem *Colon ascendens* auf der rechten Seite, dem *Colon transversum*, welches quer dem Zwerchfell anliegt, und dem *Colon descendens* auf der linken Körperseite, welches über die *Plica duodenocolica* mit der *Pars ascendens* des Duodenums verbunden ist. Das *Colon ascendens* befindet sich unterhalb der Querfortsätze der vorderen Lendenwirbelsäule; es geht mit der *Flexura coli dextra*, die sich ungefähr auf Höhe des 13. Brustwirbels befindet, in das *Colon transversum* über. Die *Flexura coli sinistra* liegt auf der linken Körperseite auf Höhe des 12. Brustwirbels, hier ist der Übergang zum *Colon descendens*. Etwa auf Höhe des 7. Lendenwirbels geht das *Colon descendens* dann in das Rektum über, welches mit dem Mesorektum unterhalb des Kreuzbeins befestigt ist.

Im Kolon findet der größte Teil der Rückresorption des in der Ingesta enthaltenen Wassers statt.

Anders als bei Leber, Magen und Harnblase geht es bei der Untersuchung und Behandlung des Kolons nicht so sehr darum, die Eigenbeweglichkeit des gesamten Organs zu erspüren und zu verbessern. Die Kolonmassage zielt als Stimulationsmassage vielmehr darauf ab, die Peristaltik zu normalisieren und dadurch die Darmpassage zu verbessern, sowie das Blut- und Lymphsystem und die Sekretion der gastrointestinalen Drüsen zu aktivieren.
Die Mobilitätstechniken haben das Ziel, Verklebungen zu lösen und *Trigger*-Punkte zu entspannen.

Ursachen für Kolonrestriktionen

Im Bereich des Kolons kann es neben den allgemeinen Ursachen für Beweglichkeitsstörungen durch Spasmen oder Verklebungen (wie Entzündungen und Narben) auch durch ein Megakolon-Syndrom zu einer Veränderung der Eigenbeweglichkeit und der Peristaltik kommen. Hierbei handelt es sich um eine gehäuft bei bestimmten Rassen (Chow-Chow, Dobermann, Schäferhund) vorkommende, wahrscheinlich **neuronal** bedingte Motilitätsstörung im Sinne einer **Hypo-** oder **Atonie**, deren genaue Ursachen jedoch noch unbekannt sind. Auch bei einer solchen Motilitätsstörung kann durch eine viszerale Behandlung des Kolons versucht werden, die Motilität zu normalisieren.

Symptome von Kolonrestriktionen

Die Symptome von Restriktionen des Kolons umfassen Verdauungsstörungen wie Durchfall, Verstopfung oder Blähungen, können sich aber aufgrund der segmental-reflektorischen Verbindung auf Dysfunktionen im Wirbelsäulen- und Kreuzbein-Beckenbereich erstrecken.

Symptome von Kolonrestriktionen:

- Verdauungsstörungen
- Rezidivierende Dysfunktionen im Sakroiliakalbereich und in der vorderen Lendenwirbelsäule.
- Rückenprobleme
- Hüft- und Kniegelenksbeschwerden
- Dysästhesien im Bereich von Hoden und Oberschenkel
- Entzündliche Gelenkerkrankungen

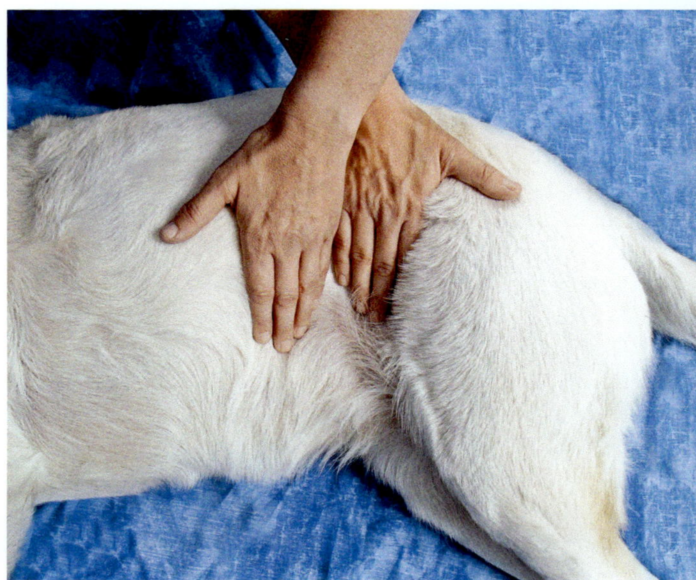

Foto 105: Handposition für die Kolonmassage Hand-über-Hand.

Die Kolonmassage

Für die Kolonmassage befindet sich der Patient in linker Seitenlage, der Therapeut doppelt seine Hände und gibt nun einen vibrierenden Druck in die Tiefe zur Detonisierung des Gewebes. Dabei beginnt er im Bereich des Zäkums und arbeitet sich über die *Flexura coli dexter*, das *Colon transversum*, die *Flexura coli sinistra* zum *Colon descendens* und schließlich bis zum Rektum vor. Anschließend wird eine Hand-über-Hand-Friktion im gesamten Dickdarmverlauf ausgeführt (Foto 86). Dabei erfolgt der Ablauf stets in Passagerichtung.

Die Kolonmassage wirkt normalisierend auf die **Darmperistaltik**, d.h., bei einem Viszerospasmus wird der Tonus gesenkt (Spasmolyse), bei einer sistierenden Peristaltik wird diese angeregt. Die Kolonmassage hat zudem einen **schmerzlindernden Effekt**.

Die Mobilisierung des Kolons

Die Mobilisierung des Kolons zielt darauf ab, Verklebungen zu lösen und erfolgt mit Hilfe spezifischer Techniken, die definierte *Trigger*-Punkte stimulieren bzw. zu deren Entspannung führen.

Colon ascendens und descendens: Für die Behandlung des *Colon ascendens* befindet sich der Patient in linker, für die Behandlung des *Colon descendens* in rechter Seitenlage (Foto 106 a). Beide Hände nehmen Kontakt mit dem medialen Rand des jeweiligen Kolonschenkels auf, es folgt eine **translatorische Verschiebung** von medial nach lateral und umgekehrt. Dann erfolgt eine **Längsdehnung**.

Da vor allem bei Obstipationen die Peristaltik zum Teil besser über eine reflektorische Reizung der parasympathischen Ursprungskerne im Sakralmark aktiviert werden kann, sollte in solchen Fällen die Kolonmassage durch eine Stimulation der Haut und Muskulatur der betreffenden Segmente (Haut im Bereich des Sakrums; Adduktoren-Muskulatur) unterstützt werden.

Colon transversum: Der Patient befindet sich für die Behandlung in Seitenlage, der Seitenbezug spielt keine Rolle. Beide Hände nehmen nun flächigen Kontakt mit dem kaudalen Anteil des *Colon transversum* auf. Überprüft wird die kraniale Verschieblichkeit, die kraniale Mobilisierung erfolgt unter Beibehaltung der Vorspannung; anschließend erfolgt eine **longitudinale Dehnung**.

Flexura coli dexter et sinistra: Der Patient befindet sich entsprechend in Seitenlage links (Behandlung der *Flexura coli dextra*) oder rechts (Behandlung der *Flexura coli sinistra (Foto 106 b)*). Beide Hände nehmen nun im Bereich der jeweiligen Flexur Kontakt mit dem *Colon ascendens* (*Flexura coli dexter*) und dem *Colon transversum* auf (bei Behandlung der *Flexura coli sinistra* entsprechend *Colon transversum* und *Colon descendens*). Die Mobilisierung erfolgt nun mit kleinen kreisenden Bewegungen.

Kombinierte Behandlung

Die Kolonmassage und die spezifischen Mobilisationstechniken können auch miteinander kombiniert werden.

Foto 106 a: Handposition zur Mobilisierung des Colon descendens über Längsdehnung.

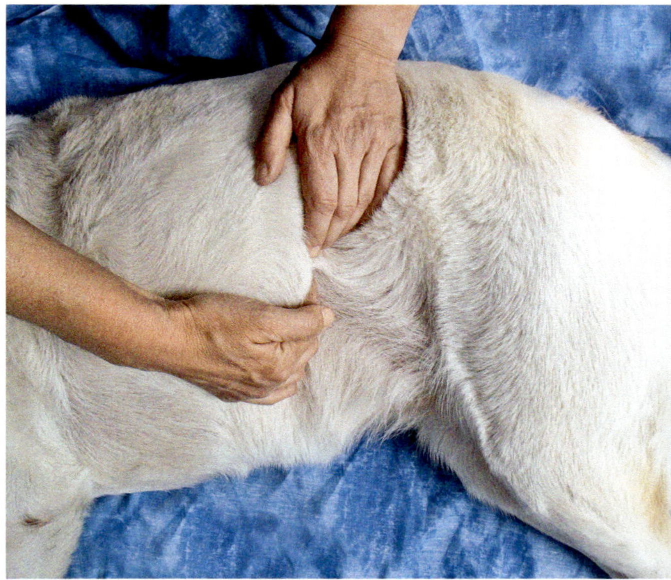

Foto 106 b: Handposition zur Mobilisierung der Flexura coli sinistra.

Es empfiehlt sich dazu, zunächst am auf der linken Seite liegenden Hund eine Kolonmassage durchzuführen und daran die Mobilisation des *Colon ascendens* anzuschließen. Anschließend erfolgt die Längsdehnung des Colon transversum und darauf folgend die Behandlung der *Flexura coli dextra*. Nun wird der Hund auf seine rechte Seite gelegt und es erfolgt die Mobilitätsbehandlung des *Colon descendens* und der *Flexura coli sinistra*. Auf diese Weise wird ein unnötiger Lagewechsel des Patienten vermieden.

DIE NIEREN

Anatomie und Funktion

Die Nieren sind paarig angelegte, bohnenförmige Organe. Sie liegen kaudal des Diaphragmas jeweils rechts und links neben der Wirbelsäule. Beim Hund liegt die rechte Niere mit ihrem kranialen Pol teilweise intrathorakal und damit deutlich weiter kranial als die linke Niere: Die rechte Niere befindet sich etwa auf Höhe des 12. Brustwirbels bis 2. Lendenwirbels, die linke Niere ist ungefähr auf Höhe von L1–L4 zu finden. Dieser Lageunterschied entsteht durch die ligamentäre Verbindung der rechten Niere zur Leber und durch die während der Embryonalentwicklung ablaufenden Prozesse des Deszensus und der Rotation der Bauchhöhlenorgane. Die Nieren sind von einer Fettkapsel und einer straffen bindegewebigen Kapsel umgeben. Die Fettkapsel dient als thermischer Schutz und der Lagefixation. Bei abgemagerten Tieren führt ein Verlust des Nierenfettes zu einem Absinken der Nieren nach ventral in den Bauchraum. Die Nieren bestehen jeweils aus der Nierenrinde, dem Nierenmark und dem Nierenbecken. In Nierenrinde- und Nierenmark liegen die kleinsten Funktionseinheiten der Niere, die sogenannten Nephrone. In den Nephronen wird über vielfältige Resorptions- und Filtrationsvorgänge der Harn gebildet. Im Bereich des Nierenbeckens befinden sich die ver- und entsorgenden Gefäße. Außerdem fließt der Harn vom Nierenbecken über die Harnleiter in die Harnblase. Die Nieren haben wichtige Aufgaben im Wasser- und Elektrolythaushalt und sind neben der Leber die wichtigsten Entgiftungs- und Ausscheidungsorgane des Körpers; sie sind insbesondere bei der Eliminierung von Stoffwechselendprodukten des Eiweißstoffwechsels von Bedeutung. Auch spielen sie bei der Aufrechterhaltung des Säure-Basen-Haushaltes eine große Rolle. Zudem produzieren die Nieren wichtige Hormone, wie z. B. das blutdrucksteuernde Renin und das für die Bildung der Erythrozyten wichtige Hormon Erythropoetin. Sie sind außerdem wie auch die Leber und die Haut am Vitamin-D-Stoffwechsel beteiligt.

Symptome von Restriktionen der Nieren

- Schmerzen und rezidivierende Dysfunktionen am thorakolumbalen Übergang und in der Lendenwirbelsäule

Die physiologischen Bewegungen der Nieren

Der Motor der Nierenbewegung ist das respiratorische Diaphragma. Die Nieren gleiten auf dem *M. psoas major* bei der Einatmung nach kaudal und entsprechend bei der Ausatmung nach kranial.

Diagnostische Palpation der rechten Niere

Der Hund befindet sich in Seitenlage links. Der Therapeut dringt ventral des *M. iliocostalis lumborum* auf Höhe von L2 sehr sanft mit den übereinandergelegten Daumen in den Bauchraum ein und palpiert vorsichtig nach kranial, bis der kaudale Nierenpol zu spüren ist. Während der Inspiration sollte ein zunehmender Widerstand durch den kaudalen Nierenpol zu spüren sein.

Diagnostische Palpation der linken Niere

Der Hund befindet sich in Seitenlage rechts. Der Therapeut dringt ventral des *M. iliocostalis lumborum* auf Höhe von L4 sehr sanft mit den übereinandergelegten Daumen in den Bauchraum ein und palpiert vorsichtig nach kranial, bis der kaudale Nierenpol zu spüren ist. Während der Inspiration sollte ein zunehmender Widerstand durch den kaudalen Nierenpol zu spüren sein (Foto 107).

Mobilisation der Niere

Die Ausgangstellung und die Ausführung entsprechen der diagnostischen Palpation. Zur Mobilisation wird die Niere mit den Daumen fixiert und mit der Ausatmung sanft nach kranial geschoben (Foto 107).

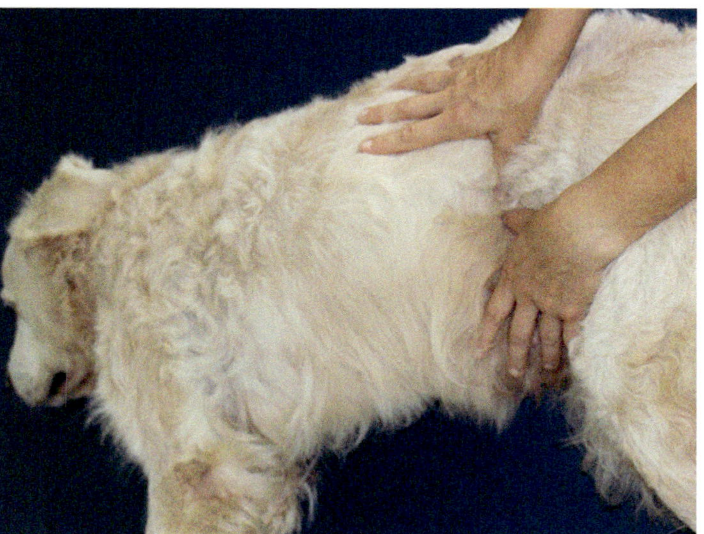

Foto 107: Palpation und Mobilisation der linken Niere

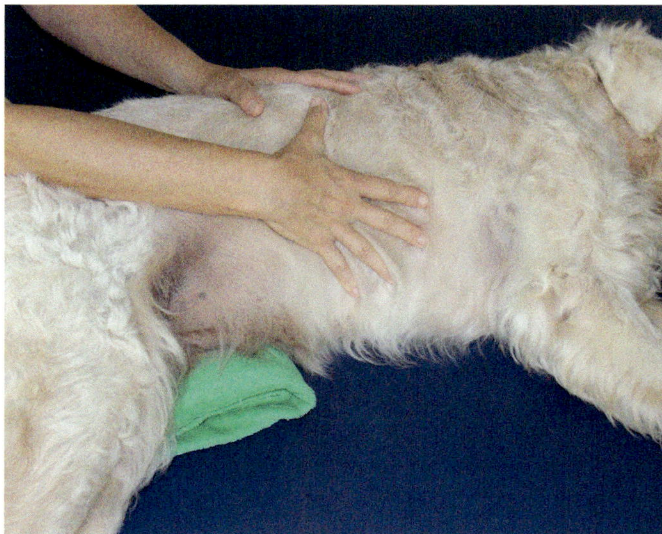

Foto 108: Mobilisation der rechten *Fascia renalis*

Mobilisation der Fascia renalis

Zur Mobilisation der rechten *Fascia renalis* befindet sich der Hund in Seitenlage links (Foto 108). Die Wirbelsäule wird durch eine kleine Unterlagerung in eine Lateralflexion nach links eingestellt. Der Therapeut befindet sich kaudal und umfasst mit beiden Händen von kaudal den Rippenbogen, während der kopfferne Unterarm gleichzeitig das Becken fixiert. Mit der Einatmung wird dann der Rippenbogen nach kranial geschoben, das Becken sollte dabei nicht vom Thorax mitgezogen werden. Dieser Vorgang wird mehrere Male wiederholt. Zur Mobilisation der linken Fascia renalis wird der Hund entsprechend auf der rechten Seite gelagert, die Mobilisation entspricht dann der Behandlung der rechten Seite.

Motilitätsprüfung der Nieren

Zur Überprüfung der rechten Niere wird der Hund in Seitenlage links und zur Überprüfung der linken Niere entsprechend in Seitenlage rechts (Foto 109) gelagert. Der Therapeut steht dorsal und platziert seine kopfferne Hand auf dem Bauchraum direkt auf der Niere, die kopfnahe Hand kommt gegenüber der anderen Hand auf der Dorsalseite zu liegen. Die Motilität der Nieren ähnelt den Bewegungen während der Ein- und Ausatmung. Dabei bewegt sich die Niere in *Inspire* nach kaudal und dreht sich nach außen. *In Expire* ist die Bewegung genau umgekehrt.

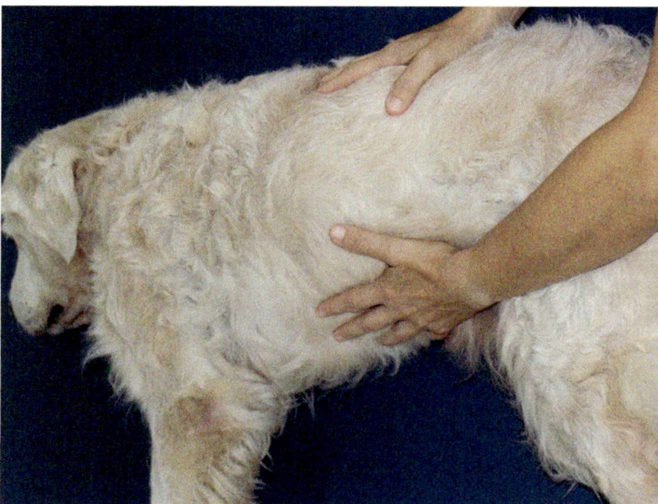

Foto 109: Mobilitätsprüfung und Behandlung der linken Niere

Motilitätsbehandlung der Nieren

Die Ausgangsstellung und die Ausführung entsprechen der Überprüfung der Motilität. Zur Behandlung wird nun die Bewegung in Inspire bzw. Expire verstärkt.

DIE HARNBLASE

Anatomie und Funktion

Die Harnblase ist ein entfaltungsfähiges Hohlorgan, das der Harnspeicherung dient. Bei starker Füllung reicht sie kranial weit über den Schambeinkamm und legt sich der ventralen Bauchwand an. Die Blasenmuskulatur gewährleistet durch den Verschluss des *Ostium urethrae internum* die statische Harnspeicherung; der Urinabsatz erfolgt willkürlich durch aktives Auspressen.

Die Blase besteht aus dem Blasenkörper (*Corpus vesicae*), der Blasenspitze (*Apex* oder *Vortex vesicae*), die den obliterierten Rest des Allantoisgangs (Urachusnabel) enthält, und dem Blasenhals (*Cervix vesicae*), der in die Harnröhre übergeht. Die Blase besitzt außen einen peritonäalen Überzug, darunter befindet sich ein dreischichtiger Muskelmantel; die innenliegende Blasenschleimhaut besteht aus Übergangsepithel und besitzt eine mächtige Submukosa.

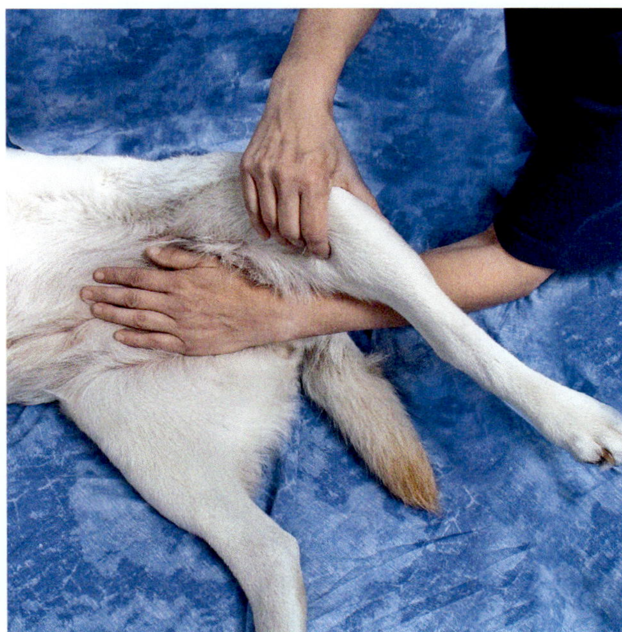

Foto 110: Handposition zur Untersuchung und Behandlung der Harnblase. Um die Position der Hand oberhalb der Blase sichtbar zu machen, hebt die andere Hand hier das Hinterbein an. Während der Behandlung wird diese Hand oberhalb des Sekrums aufgelegt!

Aufhängeapparat

Die Blasenbänder entwickeln sich aus **embryonalen Gefäßen**: Das *Ligamentum vesicae medianum* zieht von der Ventralfläche der Blase zum Nabel; es entwickelt sich aus dem Gekröse des Urachus. Die *Ligamenta vesicae lateralia* ziehen von der Seitenfläche der Blase seitlich zur Bauchhöhlenwand; sie entwickeln sich aus dem Gekröse der Nabelarterien und enthalten an ihrem freien Rand jeweils ein *Ligamentum teres vesicae* (obliterierte Nabelarterie).

Symptome von Restriktionen der Harnblase

- Blasenentleerungsstörungen (Urinverhaltung, Inkontinenz)
- Rezidivierende Blaseninfekte (eine Blaseninfektion stellt keine Kontraindikation für die Behandlung dar!)
- Rezidivierende Dysfunktionen von Sakrum und Becken (segmentaler Bezug)
- Rezidivierende Dysfunktionen im Bereich L2/L3 (segmentaler Bezug)
- Müdigkeit

Die physiologischen Bewegungen der Harnblase

Physiologischerweise bewegt sich die Harnblase nach dem folgenden Muster:

Während der *Expire*-Phase ist eine bogenförmige Bewegung der Harnblase nach dorsokranial spürbar. Während der *Inspire*-Bewegung hingegen bewegt sich die Blase im Bogen nach ventrokaudal.

Motilitätsprüfung der Harnblase

Der Patient befindet sich in Seitenlage, die untersuchende Hand des Therapeuten wird kranial der Beckensymphyse aufgelegt, dabei zeigen die Finger in Richtung Nabel. Der Therapeut nimmt nun die Bewegungen der Blase in *Expire* und *Inspire* wahr – wie oben beschrieben -, indem die Hand mit der Blasenbewegung mitgezogen wird.

Motilitätsbehandlung der Harnblase

Die Behandlung erfolgt, indem die Bewegungen in *Expire* und *Inspire* mit einer Hand verstärkt werden; dabei wird das Sakrum mit in die Behandlung einbezogen.

Der Patient befindet sich in Seitenlage, der Therapeut kniet hinter dem Patienten mit Blickrichtung auf dessen Pfoten. Nun wird die kopfferne Hand oberhalb der Symphyse aufgelegt, die kopfnahe Hand wird auf dem Sakrum platziert. Beide Hände arbeiten synchron: Die im Bereich der Symphyse aufgelegte Hand verstärkt die *Expire*- und *Inspire*-Bewegungen (Foto 110), während sich die auf dem Sakrum befindliche Hand entsprechend gegengleich bewegt.

Mobilitätsprüfung der Harnblase

Der Patient befindet sich wiederum in Seitenlage und der Therapeut kniet hinter dem Patienten. Nun wird die kopfferne Hand ebenfalls oberhalb der Symphyse aufgelegt. Über die Blasenbänder wird nun die kranial gelegene Apex der Harnblase von der Untersuchungshand des Therapeuten angehoben und kurz darauf wieder losgelassen. Auf diese Weise können die Elastizität und der Bewegungsspielraum der Blasenbänder getestet werden.

Mobilitätsbehandlung der Harnblase

Die Ausgangsstellung entspricht derjenigen bei der Mobilitätsprüfung der Blase. Die Apex wird nun über die Blasenbänder angehoben, bis ein spürbares *Release*-Phänomen eintritt.

DIE PERITONEALFALTEN DER GESCHLECHTSORGANE

Anatomie und Funktion

Im Bereich der Geschlechtsorgane steht nicht so sehr die Überprüfung und Behandlung der Eigenbeweglichkeit der Organe im Vordergrund, sondern es wird hier ausschließlich über den **Aufhängeapparat** behandelt.

Zwischen Blase und Rektum befindet sich eine Doppellamelle des Periotneums, die *Plica urogenitalis*; diese ist beim männlichen Tier kleiner, beim weiblichen Tier jedoch wesentlich stärker ausgeprägt, da sie als Halteapparat hier die Ovarien, die Eileiter und den Uterus beherbergt. Die einzelnen Abschnitte bilden eine anatomische und funktionelle Einheit, werden jedoch nach ihrem jeweiligen Organbezug einzeln benannt. Die Peritonealfalten der Geschlechtsorgane werden in das Gekröse, welches die zu- und abführenden Leitungsstrukturen führt, und in die damit in Verbindung stehenden Gonadenbänder unterteilt, welche den eigentlichen Aufhängeapparat der Keimdrüsen darstellen.

Peritonealfalten der Geschlechtsorgane der Hündin

Gonadenbänder: *Ligamentum suspensorium ovarii* und *Lig. inguinale ovarii*, welches sich wiederum aus dem *Lig. ovarii proprium* und dem *Lig. teres uteri* zusammensetzt.
Gekröse: Die Gekröse der Hündin stellen Anteile der *Plica urogenitalis* dar und werden gemeinsam auch als breites Mutterband (*Lig. latum uteri*) oder aufgrund ihres schrägen Verlaufes auch als Schrägbänder bezeichnet. Mesovarium, Mesosalpinx, *Lig. ovarium proprium* und der Eierstock selber bilden gemeinsam die Eierstockstasche (*Bursa ovarica*).
Das *Ligamentum latum uteri* besteht aus folgenden Anteilen:

- **Mesovar** (kranialer Abschnitt des *Lig. latum uteri*; enthält das *Lig. ovarii proprium* als Verbindung des Ovars mit der Uterushornspitze und bildet so einen Teil der Eierstockstasche)
- **Mesosalpinx** (vom Mesovarium ausgehende Sonderfalte, die beim Hund einen großen Fettkörper enthält und ebenfalls an der Bildung der Eierstockstasche beteiligt ist)
- **Mesometrium** (Doppellamelle des Peritoneums; zieht als Mesometrium zum Uterus hin und weicht am Organ als Perimetrium auseinander; das *Lig. teres uteri* stellt eine Nebenfalte am lateralen Rand des Mesometriums dar und tritt bei der Hündin mit dem *Processus vaginalis* in den Leistenspalt)

Peritonealfalten der Geschlechtsorgane des Rüden

- **Mesorchium** (bestehend aus der *Lamina parietalis* und der *Lamina visceralis* der *Tunica vaginalis*)
- **Mesepididymis** (durch das Gekröse des Nebenhodens wird das Mesorchium in einen proximalen und einen distalen Anteil unterteilt)
- **Mesofuniculus**
- **Mesoductus deferens** (besitzt eine *Plica ductus deferentis* und eine *Plica vasculosa*; sie bilden gemeinsam die *Plica urogenitalis* innerhalb der Bauchhöhle)

Ursachen für Restriktionen

Die Ursachen für Restriktionen im Bereich der Peritonealfalten der Geschlechtsorgane entsprechen denen, die allgemein zu Bewegungseinschränkungen der inneren Organe führen können. Dabei kommt hier den **Kastrationsnarben** aufgrund ihrer Häufigkeit eine besondere Bedeutung zu. Durch die enge ontogenetische und topographische Beziehung sollte bei kastrierten Tieren mit viszeralen Problemen immer auch die Harnblase mitbehandelt werden; ein Zusammenhang zwischen diesen Organsystemen zeigt sich auch im gehäuften Auftreten von Inkontinenz bei kastrierten Tieren.

Weiterere Aspekte, die bei kastrierten Tieren manchmal eine Rolle spielen, sind Störungen, die durch die Kastrationsnarben in Haut und Bauchmuskulatur verursacht werden können. Hier sollten auch die Lendenwirbelsäule, der Kreuz-Beckenbereich und die Hintergliedmaßen sowie die Bauchfaszie mit untersucht und behandelt werden.

Symptome von Restriktionen

- Rezidivierende Dysfunktionen im Lumbosakral-Bereich (segmentaler Bezug)
- Rezidivierende Dysfunktionen im Bereich L2/L3 (Segmentaler Bezug)
- Knieschmerzen (segmentaler Bezug zu L3; Reizung des *N. genitofemoralis*)
- Hüftgelenksbeschwerden (Reizung des *N. genitofemoralis*)
- Schwellungen der hinteren Extremität (aufgrund von Zirkulationsstörungen)

Elastizitätsprüfung des *Ligamentum latum* (bzw. Mesorchium und Mesoductus)

Der Patient befindet sich in Seitenlage, das oben liegende Bein wird etwas abduziert gehalten. Der Therapeut versucht nun, mit den kleinfingerseitigen Handkanten seitlich in das Abdomen bzw. zwischen Abdomen und Innenschenkel einzudringen. Die Bewegungsrichtung sollte dabei zuerst etwas nach dorsolateral gerichtet sein, erst beim Erreichen einer gewissen Tiefe kippen die Untersuchungshände nach dorsomedial um (Foto 111).

Durch ein wechselseitiges Verschieben der Hände nach medial wird nun die Verschieblichkeit bzw. Elastizität des *Ligamentum latum uteri* (bzw. Mesorchium und Mesoductus) im Seitenvergleich getestet. Diese Technik kann auch unilateral nacheinander durchgeführt werden, falls z.B. eine Abduktionsposition der Hintergliedmaße nicht möglich ist. Entscheidend ist wiederum der Seitenvergleich.

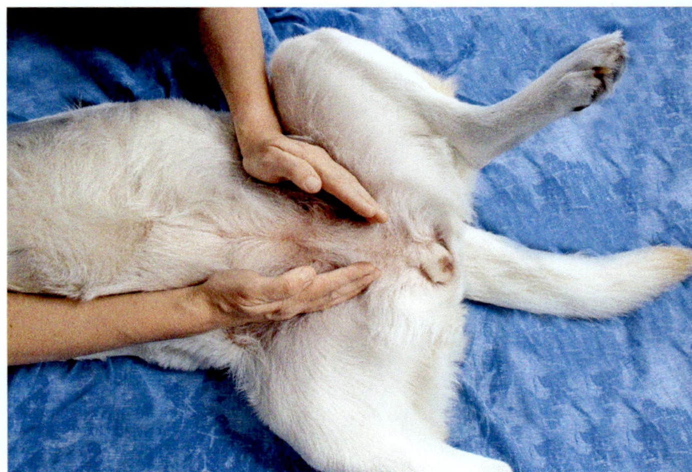

Foto 111: Mobilisation des Ligamentum latum.

Mobilisation des *Ligamentum latum* (bzw. Mesorchium und Mesoductus)

Ist eine Einschränkung der Mobilität vorhanden, wird in gleicher Ausgangsstellung und Handhaltung **rhythmisch repetitiv** gegen die Barriere gearbeitet, oder aber es wird mit der Haltetechnik gearbeitet. Während die rhythmischen Bewegungen die arteriovenolymphatische Zirkulation stimulieren, führt die **Haltetechnik** zur Wiederherstellung der Mobilität und zur Lösung von Verklebungen im Bereich der Geschlechtsorgane.

Allgemeine Entspannungstechnik

Der Patient befindet sich wiederum in Seitenlage, der hinter dem Hund kniende Therapeut legt nun eine Hand oberhalb der Beckensymphyse auf das Abdomen und platziert die andere Hand über dem Sakrum. Die abdominale Hand führt nun eine bogenförmige Bewegung nach dorsal und kranial aus, während die Hand über dem Sakrum in die entgegengesetzte Richtung nach ventral und kaudal arbeitet.

Zur Regulierung der Durchblutung kann rhythmisch gearbeitet werden; soll die Mobilität verbessert werden empfiehlt sich eine Haltetechnik.

> Generell sollte der Patient für einen Lagewechsel niemals über den Rücken gedreht bzw. gerollt werden (Gefahr der Magendrehung), sondern immer aufstehen und sich neu auf die andere Seite legen.

Schädel und Kreuzbein

KRANIOSAKRALE THERAPIE

GRUNDLAGEN DER KRANIOSAKRALEN OSTEOPATHIE

Im Jahre 1922 entdeckte **Wiliam G. Sutherland** im Rahmen seines Osteopathiestudiums zufällig **Pulsationen** am Schädel, deren Rhythmus unabhängig vom Atem- und Herzrhythmus des Patienten war. In weiteren Selbstversuchen entwickelte er ein Gerät, mit dem er Druck auf einzelne Schädelregionen ausüben konnte. Dabei notierte er akribisch, welche körperlichen Symptome sich jeweils in der Folge bei ihm einstellten. Dies führte ihn zu dem Schluss, dass der Schädel an seinen Nähten nicht wie ursprünglich angenommen kalzifiziert, sondern dass die Schädelnähte durch Membranen flexibel miteinander verbunden sind, sodass sie Bewegungen der einzelnen Schädelknochen gegeneinander ermöglichen. **Sutherland** bezeichnete diesen dritten Rhythmus des Körpers als PRM, **Primären Respiratorischen Mechanismus** (der PRM entspricht mit seiner Frequenz von etwa 8 bis 10 Zyklen pro Minute dem Rhythmus der Faszienbewegungen und ist wahrscheinlich ursächlich für diese Bewegungen). Obwohl der Nachweis dieser Theorien **Sutherlands** und die notwendigen Forschungsgrundlagen fehlten, konnte sich die Kraniosakrale Therapie über 50 Jahre hinweg entwickeln und behaupten.

In den 1970er Jahren schließlich gelang es **John F. Upledger** und **Jon Vredevoogd** bei ihren Grundlagenforschungen auf dem Gebiet der Anatomie und Biomechanik an der Michigan State University, nicht nur die Bewegungen der Schädelknochen nachzuweisen, sondern sie konnten darüber hinaus mit dem *Semiclosed Hydraulic System* den **Antriebsmotor** des Kraniosakralen Systems identifizieren. Dr. **Upledgers** Interesse an der Kraniosakralen Therapie wurde durch eine Beobachtung, die er während einer Operation an der Halswirbelsäule machte, geweckt: er assistierte bei dieser Operation einem Neurologen und sah hierbei zum erstenmal die rhythmischen Bewegungen der Dura mater. Vor allem in der jüngeren Vergangenheit stieg die Akzeptanz der klassischen medizinischen Disziplinen gegenüber der Kraniosakralen Therapie.

Dennoch gibt es in der Kraniosakralen Therapie bis heute noch viele Phänomene, die zwar therapeutisch reproduzierbare Erfolge herbeiführen, wissenschaftlich aber noch nicht erklärbar sind und daher oft als Plazebobehandlung eingestuft werden. Da ein Behandlungserfolg bei Anwendung von Plazebos die geistige Mitarbeit des Patienten voraussetzt, ist eine solche Behandlung bei Kleinkindern und auch bei Tieren wirkungslos. Die Kraniosakrale Therapie kann jedoch auch hier immer wieder beachtliche Erfolge nachweisen, deren Effekte nicht ausschließlich mit einer Plazebowirkung zu erklären sind.

Die Kraniosakrale Therapie begreift sich als integrative Methode, die die allgemeine Reaktionsfähigkeit des Patienten auch gegenüber anderen Techniken verbessert, und sollte daher immer im Zusammenhang mit den übrigen Techniken stehen.

ANATOMIE UND FUNKTION DES KRANIOSAKRALEN SYSTEMS

Die knöcherne Grundlage des Hirnschädels

Der Hirnschädel oder das Neurokranium wird von den *Ossa plana*, gebildet, die im Laufe der Ontogenese miteinander verschmelzen. Diese Verschmelzungsstellen werden auch als **Suturen** bezeichnet (in Abb. 40 als grüne Linien eingezeichnet). Während eine Beweglichkeit dieser Verbindungen beim ausgewachsenen Individuum bisher schulmedizinisch nicht nachgewiesen ist, konnten in histologischen Untersuchungen an den Schädelnähten ausgewachsener Tiere jedoch bereits in den 1920er Jahren **Mechanorezeptoren** identifiziert werden.

Das **Schädeldach** wird von den paarigen Stirnbeinen (*Ossa frontalia*), den ebenfalls paarigen Scheitelbeinen (*Ossa parietalia*) und dem unpaaren Zwischenscheitelbein (*Os interparietale*) gebildet, in der Kraniosakralen Therapie sind vor allem aber die Knochen der **Schädelbasis** von Bedeutung (Abb. 41).

Hinterhauptsbein: Am unpaaren Hinterhauptsbein (*Os occipitale*) unterscheidet man die Hinterhaupts-

Abb. 40: Der knöcherne Schädel.

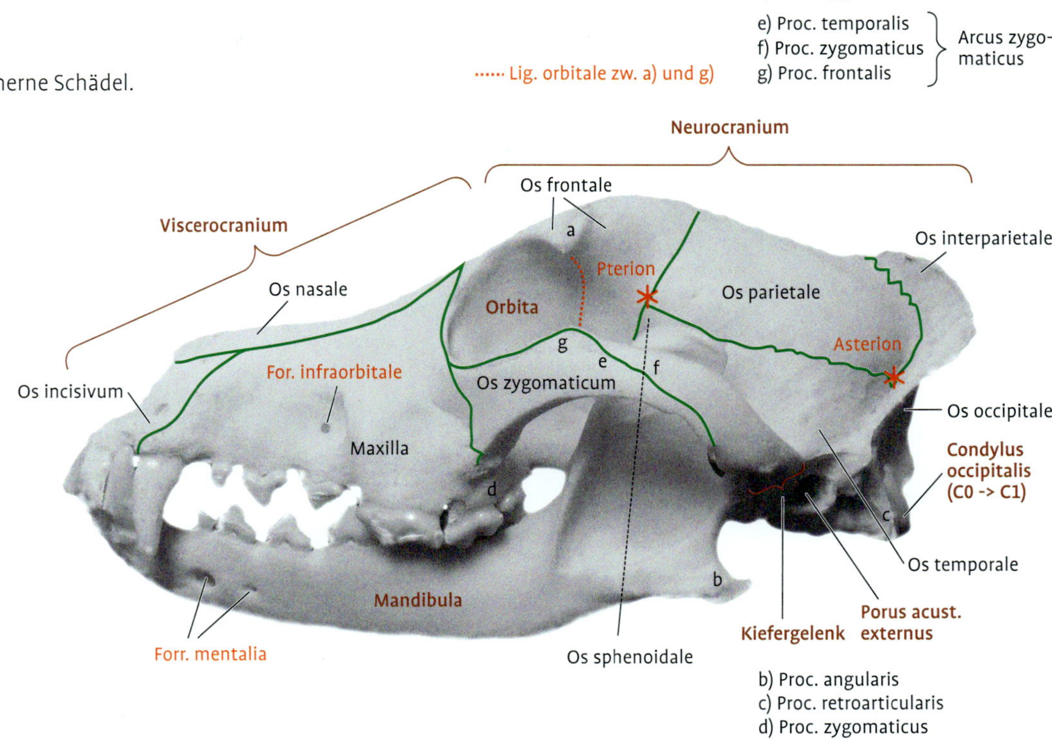

schuppe, *Squama*, die Seitenstücke, *Partes laterales*, und den Körper. Der Körper wird auch als *Pars basilaris* oder *Basisoccipitale* bezeichnet und steht mit dem Keilbein (*Os sphenoidale*) in Verbindung, wodurch das *Basisoccipitale* an der Bildung der Sphenobasilären Synchondrose (SBS) beteiligt ist, welche wiederum die zentrale Achse der kraniosakralen Bewegung darstellt. Alle Anteile des Hinterhauptsbeines begrenzen das *Foramen magnum*, durch welches die *Medulla oblongata* zum Rückenmark zieht. Seitlich davon befinden sich die Gelenkkondylen zur Artikulation mit dem Atlas (s. kraniale Halswirbelsäule). Daneben liegen, ebenfalls als Teil des *Basisoccipitale*, paarige Muskelfortsätze für die ventrale Hals- und Kopfmuskulatur.

Keilbein: Das ebenfalls unpaare Keilbein (*Os sphenoidale*) bildet das Gegenstück der Sphenobasilären Synchondrose. Beim Hund sind bis zum Alter von etwa zwei Jahren zwei mit Knorpel verbundene Anteile des Sphenoids zu erkennen, die als *Praesphenoid* (rostral) und *Basisphenoid* (kaudal) bezeichnet werden und erst später verknöchern. Die jeweiligen Körper befinden sich median und bilden den unteren Teil der Schädelbasis. Sie entlassen nach lateral die Keilbeinflügel, welche die rückseitige Wand der Orbita bilden und das *Foramen ovale*, das *Foramen rotundum*, die *Fissura orbitalis* und den *Canalis opticus* bilden bzw. begrenzen.

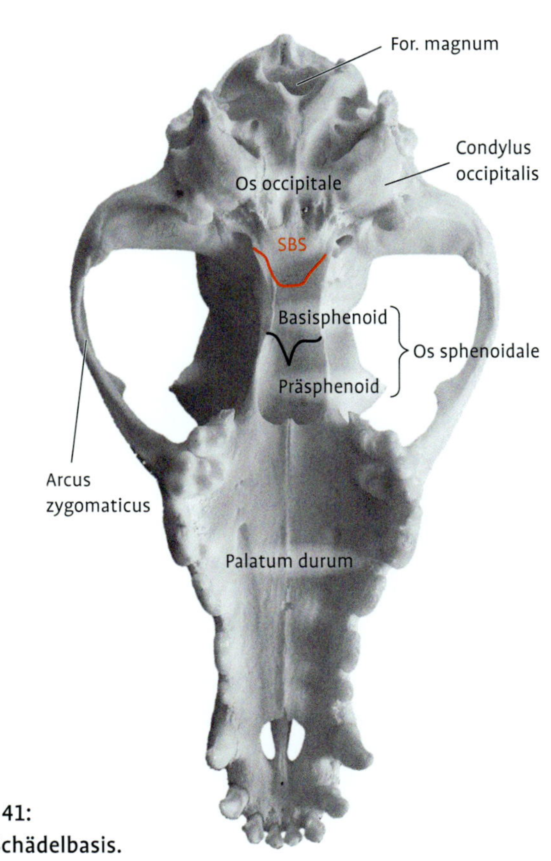

Abb. 41: Die Schädelbasis.

Schläfenbeine: Das paarige Schläfenbein (*Os temporale*) stellt einen weiteren, für die Kraniosakrale Therapie wichtigen Knochen dar. Es setzt sich ebenfalls aus drei Anteilen, der Schläfenbeinschuppe, *Squama*, dem Felsenbein (*Pars petrosa*) und dem Paukenteil (*Pars tympanica*), zusammen. Von der *Pars petrosa* ist äußerlich nur der *Processus mastoideus* als Muskelansatz sichtbar. Die *Pars petrosa* umschließt das Innenohr und besitzt Durchtrittsöffnungen für den *N. facialis* (VII. Hirnnerv), den *N. vestibulo-cochlearis* (VIII. Hirnnerv) und den *N. trigeminus* (V. Hirnnerv). Die *Pars tympanica* enthält die Paukenhöhle. Die Schläfenbeine besitzen in der Kraniosakralen Therapie eine besondere Bedeutung, da sie zum einen die Sphenobasiläre Synchondrose komprimieren, zum anderen auch in ihrer Eigenbeweglichkeit eingeschränkt sein können.

An der Bildung des Hirnschädels sind darüber hinaus noch das unpaare Flügelbein (*Os pterygoideum*) und das ebenfalls unpaare Siebbein (*Os ethmoidale*), welches das Neurokranium zur Nasenhöhle hin abgrenzt, beteiligt.

Wichtige Bezugspunkte in der Kraniosakralen Therapie sind das Asterion und das Pterion: Das ***Asterion*** stellt den Verbindungspunkt zwischen ***Os parietale***, ***Os occipitale*** und ***Os temporale*** dar; das ***Pterion*** stellt den Verbindungspunkt zwischen ***Os parietale***, ***Os frontale*** und ***Os sphenoidale*** dar.

Die Schädelsuturen

Die Schädelsuturen sind die Verbindungsnähte zwischen den einzelnen Schädelknochen. Diese Knochennähte sichern während des Wachstums die Flächenausbreitung der Schädelknochen und können somit als Wachstumsfugen bezeichnet werden. Im Bereich einer Sutur teilt sich das Periost in zwei Lagen und überbrückt mit der äußeren bindegewebigen Periostlage die Innen- bzw. Außenfläche der Nahtstelle und verbindet so die beiden Schädelknochen miteinander. Der freie zentrale Zwischenraum wird dann hauptsächlich von kollagenen Fasern und wenigen elastischen Fasern ausgefüllt. Innerhalb dieser zentralen Zone wurden neben Blutgefäßen auch Nerven für die vasomotorische Kontrolle gefunden. Es kann dabei zwischen zwei verschiedenen Nervenarten unterschieden werden. Die eine Nervenfaserart verläuft parallel zu den arteriellen Gefäßen und könnte für die Reflexübermittlung des vegetativen Nervensystems zur vasomotorischen Kontrolle dienen, während die andere Nervenfaserart in den Gefäßwänden der Venen und dem Sinus sagittalis dorsalis gefunden wurde. Sie könnte als sensibler Rezeptor dienen. Nach Abschluss des Schädelwachstums bilden sich die kleinen Blutgefäße in der Knochennaht zurück. Kollagenfaserbündel, so genannte Sharpey-Fasern, dringen in die beiden gegenüberliegenden Knochen ein und verfestigen die Knochennaht. Die Sharpey-Fasern werden von einer Arteriole und nichtmyelinisierten Nervenfasern begleitet. Diese nichtmyelinisierten Nervenfasern dringen dann am Knochen in den Haversschen Kanal ein. An Stellen, an denen mehrere Deckknochen zusammenstoßen, verbreiten sich die Suturen zu den Fontanellen. Das sind größere Lücken zwischen den einzelnen Schädelknochen, die durch Bindegewebe bedeckt sind. Die Fontanellen schließen sich in der Regel schon vor der Geburt. Bei Hunden kleinerer Rassen kann allerdings die Fontanelle zwischen Ossa frontalia und Ossa parietalia auch nach Abschluss des Schädelwachstums geöffnet bleiben. Auch wenn die Suturen mit fortschreitendem Alter mehr und mehr verknöchern, bleibt eine gewisse Restelastizität lebenslang bestehen. Ihre Funktion besteht darin, mechanische Belastungen auf die Knochenmatrix zu verteilen. Aufgrund der Anordnung der Kollagenfasern sichern sie in der Knochennaht die Breite des Nahtspaltes. Durch die Gestalt der Knochennaht können verschiedene Nahtformen unterschieden werden.

Folgende Nahtformen können unterschieden werden:

- Zahnnaht, Sutura serrata
- Schuppennaht, Sutura squamosa
- Blattnaht, Sutura foliata
- Glatte Naht, Sutura plana

Für unsere osteopathische Arbeit sind folgende Hauptsuturen von Bedeutung:

- Sutura coronalis; verbindet das Os frontale mit dem Os parietale
- Sutura sagittalis; verbindet die beiden Ossa parietalia
- Sutura squamosa; verbindet das Os parietale mit dem Os temporale
- Sutura lambdoidea; verbindet die Ossa parietalia mit dem Os occipitale
- Sutura frontonasalis; verbindet die Ossa frontalia mit den Ossa nasalia

Schädelhöhle und Foramina der Schädelbasis

Für das funktionelle Verständnis der **vielschichtigen Symptomatik** der kraniosakralen Dysfunktionen (insbesondere Dysfunktionen der Sphenobasilären Synchondrose und des *Os temporale*) ist die topographische Kenntnis der Schädelhöhle und der Foramina der Schädelbasis von entscheidender Bedeutung.

Die Foramina bieten den unterschiedlichen **Leitungsstrukturen** Durchtritt aus der Schädelhöhle nach außen und umgekehrt. Die Schädelhöhle umgibt das Gehirn, die

Hirnhäute, den Anfangsteil der Hirnnerven und die für die Versorgung zuständigen Blutgefäße. Sie hat eine längsovale Grundform. Zwischen Großhirn und Kleinhirn schiebt sich von dorsal quer das knöcherne Hirnzelt, *Tentorium cerebelli osseum*. Der Boden der Schädelhöhle (Schädelbasis) besitzt drei der Länge nach hintereinander liegende Schädelgruben, *Fossae cranii* (vordere, mittlere und hintere Schädelgrube):

Vordere Schädelgrube: Die *Fossa cranii rostralis* reicht von der *Lamina cribrosa* des Siebbeins bis zur *Crista orbitosphenoidalis*. Durch die vordere (und auch zum Teil durch die mittlere) Schädelgrube verläuft der *Canalis opticus*, der Durchtrittskanal für den *N. opticus* (II. Hirnnerv).

Mittlere Schädelgrube: Die *Fossa cranii media* schließt sich auf dem *Basisphenoid* liegend kaudal an die vordere Schädelgrube an. Sie reicht kaudal bis an die *Crista sphenooccipitalis* und im Zentrum befindet sich der so genannte Türkensattel, *Sella turcica*, mit dem *Dorsum sellae*.

Durchtrittsöffnungen der mittleren Schädelgrube

- *Foramen rotundum* → *N. maxillaris* (mittlerer Ast des V. Hirnnervs, *N. trigeminus)*
- *Fissura orbitalis* → *N. ophthalmicus* (oberer Ast des V. Hirnnervs, *N. trigeminus)*
- *Foramen ovale* → *N. mandibularis* (Unterkieferast des V. Hirnnervs, *N. trigeminus*; an der Grenze zur kaudalen Schädelgrube)

Hintere Schädelgrube: Die *Fossa cranii caudalis* reicht vom *Dorsum sellae* des *Basisphenoids* bis zum *Foramen magnum*. Sie besitzt zwischen der *Pars basilaris* des Hinterhauptsbeins und der *Pars petrosa* des *Os temporale* sowie den *Alae* des *Basisphenoids* verschiedene Durchtrittsstellen für die Hirnnerven. Die am weitesten kaudal gelegene Öffnung ist das *Foramen jugulare*; hier treten der *N. glossopharyngeus* (IX. Hirnnerv), der *N. vagus* (X. Hirnnerv), der *N. accessorius* (XI. Hirnnerv) und die *Vena jugularis* aus. Zwischen *Condylus occipitalis* und *Proccessus paracondylaris* verläuft der *Canalis nervi hypoglossi* für die Passage des *N. hypoglossus* (XII. Hirnnerv). Rostral davon befinden sich das *Foramen ovale* als Durchtrittsöffnung für den *N. mandibularis* (Unterkieferast des V. Hirnnervs; an der Grenze zur mittleren Schädelgrube) und der *Canalis caroticus* als Durchlass für die *A. carotis interna* sowie das *Foramen spinosum* als Öffnung für die *A. meningea media* und den *Ramus meningeus* des *N. mandibularis*. Auf der *Pars petrosa* des *Os temporale* findet sich der *Porus acusticus internus*. Dieser führt in den inneren Gehörgang, auf dessen knöchernem Grund weitere Öffnungen für die Passage von *N. facialis* (VII. Hinrnerv) und *N. vestibulocochlearis* (VIII. Hirnnerv) zu finden sind.

Durchtrittsöffnungen der hinteren Schädelgrube

- *Porus acusticus* internus → innerer Gehörgang; mit Öffnungen für die Passage von *N. facialis* (VII.) und *N. vestibulocochlearis* (VIII.)
- *Canalis nervi trigemini*
- *Foramen spinosum* → *A. meningea media*; *R. meningeus* des *N. mandibularis*
- *Canalis caroticus* → *A. carotis interna*
- *Foramen jugulare* (am weitesten kaudal) → *N. glossopharyngeus* (IX.), *N. vagus* (X.), *N. accessorius* (XI.); *Vena jugularis*
- *Canalis nervi hypoglossi* → *N. hypoglossus* (XII.)

Die kraniosakrale Bewegung nach SUTHERLAND

Sutherland identifizierte verschiedene anatomische Strukturen und biomechanische Vorgänge, die er als Bestandteile des Primären Respiratorischen Mechanismus und dadurch als physiologische Funktionseinheit ansah. Die Komponenten des Primären Respiratorischen Mechanismus nach **Sutherland** werden im Folgenden aufgeführt:

Artikuläre Komponente: Die artikuläre Komponente beinhaltet die Schädelknochen selbst sowie ihre gelenkigen Verbindungen über die Schädelnähte. Sie bildet die knöcherne Grundlage, die Bewegungsrichtungen und Bewegungsausmaße vorgibt.

Reziproke Membranspannung: Durch die längs im *Cavum cranii* verlaufende *Falx cerebri* und deren kaudale Fortsetzung, die *Falx cerebelli* (nur beim Menschen beschrieben) auf der einen Seite sowie durch das quer dazu stehende *Tentorium cerebelli membranaceum* auf der anderen Seite entstehen reziproke Spannungen innerhalb der intrakraniellen Membranen. Diese Membransysteme verbinden auch solche Schädelknochen miteinander, die nicht unmittelbar benachbart liegen. Sie können Schädelnahtrestriktionen bedingen bzw. manifestieren.

Zerebrospinale Flüssigkeit: Die zerebrospinale Flüssigkeit, der *Liquor cerebrospinalis*, leitet nicht nur den kraniosakralen Rhythmus weiter, sondern gilt auch als Antriebsmotor des Kraniosakralen Systems: Die Bewegungen der Schädelknochen stehen im Zusammenhang mit Produktion und Resorption des Liquors.

Zentrales Nervensystem: Durch seine engen Lage- und Funktionsbeziehungen zu den intrakraniellen Membranen und den Schädelknochen ist das ZNS Teil des Kraniosakralen Funktionssystems.

Mobilität des *Os sacrum*: Das *Os sacrum* ist nicht nur selbst beweglich, seine Beweglichkeit ermöglicht außerdem, dass der kraniosakrale Rhythmus über den Duraschlauch bis hin zum Sakrum übertragen wird. Hier-

Da die Produktion quantitativ größer ist als die Resorption, steigen der intraventrikuläre und subarachnoidale Liquordruck an. Dieser erhöhte Druck wirkt sich auf den knöchernen Schädel in Form einer Dehnung der Schädelnähte aus. Im Bindegewebe der ***Sutura sagittalis*** befinden sich Mechanorezeptoren, die auf diese Positionsveränderung mit einem ***Stretch***-Reflex antworten. Dieser führt über eine Vasokonstriktion zur Drosselung der Liquorproduktion (negative Rückkopplung; Neuriten dieser Rezeptoren ziehen direkt zum ***Plexus chorioideus*** der Seitenventrikel). Die Liquorresorption bleibt davon jedoch zunächst unbeeinflusst und die Druckverhältnisse kehren sich um. Die Schädelknochen werden durch die retraktile Eigenelastizität der vorgedehnten intrakraniellen Membranen zusammengezogen, was zu einem Druckanstieg in der ***Sutura sagittalis*** führt. Dadurch kommt es zur Inhibition des ***Stretch***-Reflexes und die Liquorproduktionsrate steigt wieder an.
Dieser rhythmische Wechsel im Zusammenhang mit der Liquorproduktion wird als der Motor der kraniosakralen Schädelbewegungen angesehen.

bei kommt der Tatsache, dass die Dura nur im Bereich des Schädels und der oberen Halswirbelsäule sowie am Sakrum mit der knöchernen Umhüllung direkt verbunden ist, eine besondere Bedeutung zu. Durch die Mobilität des Sakrums überträgt sich die rhythmische Bewegung der Schädelknochen auch auf das Becken und die Hintergliedmaßen.

Beziehung zu anderen Funktionssystemen

Neben den bereits von **Sutherland** beschriebenen Strukturen besitzt das Kraniosakrale System auch einen Bezug zu vier verschiedenen Systemen des Körpers:
Muskuloskelettales System: Da zum Kraniosakralen System unter anderem die Schädelknochen sowie das Sakrum gehören, steht es über diese mit einer Vielzahl von Knochen, Muskeln und Bändern unmittelbar in direkter Verbindung.
Vaskuläres System: Die Verbindung mit dem vaskulären System erfolgt über den *Liquor cerebrospinalis*, der über Filtration und Rückresorption mit dem Blutgefäßsystem in Verbindung steht.
Lymphatisches System: Auch die Verbindung zum lymphatischen System erfolgt über den Liquor, der ebenfalls zum Teil in das Lymphsystem resorbiert wird (über *Fila olfactoria* und Lymphabflusssystem der Nase). Ein weiterer Zusammenhang mit dem lymphatischen System entsteht durch den kraniosakralen Rhythmus, denn dieser setzt sich im Rhythmus des Fasziensystems fort, welches wiederum seinerseits die Lymphpumpe unterstützt.
Endokrines System: Ein Zusammenhang zum endokrinen System entsteht dadurch, dass sich die Hypophyse unterhalb des *Diaphragma sellae* befindet. Es ist denkbar, dass Fehlspannungen der intrakraniellen Membranen so auch Auswirkungen auf die Steuerung hormoneller Vorgänge haben.

Hieraus wird ersichtlich, dass funktionelle und strukturelle Veränderungen aller Körpersysteme auch die Funktion des Kraniosakralen Systems beeinflussen und umgekehrt.

Liquorbildung, Liquorfluss und Liquorresorption

Der *Liquor cerebrospinalis* wird auch als zerebrospinale Flüssigkeit (*cerebrospinal fluid; CSF*) bezeichnet. Beim Hund beträgt die Liquormenge im äußeren Liquorraum etwa 6-8 ml, im inneren Liquorraum etwa 4–8 ml. Der Liquor wird zu etwa 80% im *Plexus chorioideus*, einem Adergeflecht in den Wänden des Hirnventrikelsystems, und zu etwa 20% aus den Blutgefäßen der *Pia mater* gebildet. Der *Plexus chorioideus* entstammt seinerseits ebenfalls der *Pia mater*; er stellt ein intraventrikuläres Zottengeflecht mit auffallend weiten Kapillaren dar und ist in allen Hirnventrikeln vorhanden.

Da der Liquor über die Blut-Liquorschranke aus dem Blutplasma filtriert wird, weicht auch seine Zusammensetzung vom Blutmilieu ab: Er ist wässrig sowie zell- und eiweißarm. Die **Blut-Liquorschranke** wird von Endothelzellen gebildet, die keine größeren Moleküle passieren lassen (klinische Bedeutung bei Erkrankungen des ZNS, da auch die meisten Arzneimittel diese Barriere nicht passieren können). Die Innenauskleidung der Ventrikel mit Ependymzellen erlaubt außerdem einen Flüssigkeitsstrom aus dem Nervengewebe in die Ventrikel.

Die **Resorption** des Liquors erfolgt zum einen über die *Granulationes arachnoidales* im äußeren Liquorraum, die besonders im *Sinus sagittalis dorsalis* (Abb. 42) zu finden sind und die die Verbindung zum venösen Schenkel der Blutbahn darstellen, aber auch über Venen, die das *Cavum leptomeningicum* durchziehen. Neben der rein sinusoidalen Resorption gelten die meningealen Umhüllungen der Hirn- und Spinalnerven als zusätzliche Orte der Resorption. Von der Umhüllung der *Fila olfactorii* gelangt der Liquor vom Gehirn durch

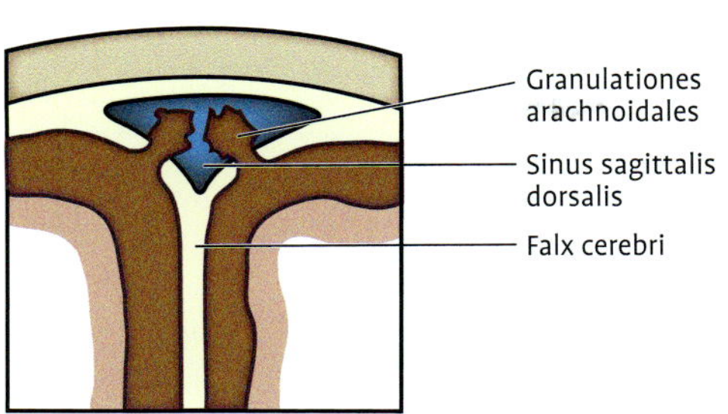

Abb. 42: Die Falx cerebri.

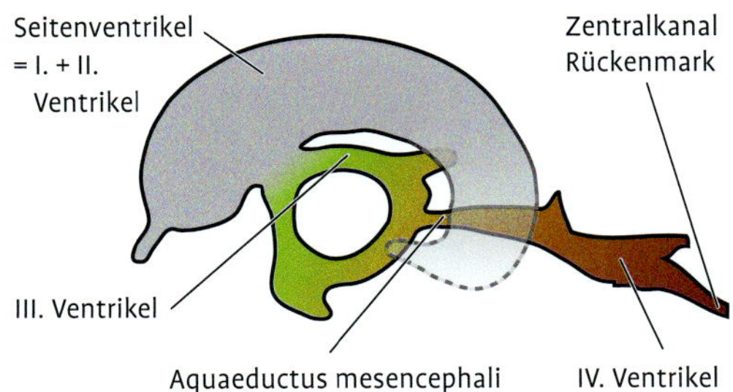

Abb. 43: Die Liquorräume des Gehirns.

die *Lamina cribrosa ethmoidalis* hindurch zur olfaktorischen Schleimhaut im Nasengrund, wo die Flüssigkeit über Lymphgefäße abtransportiert wird. Da dieser Abfluss **druckabhängig** ist, ist auch der Liquordruck abhängig vom Blutdruck.

Neben seiner Funktion als Antriebsmotor des kraniosakralen Rhythmus dient der Liquor vor allem als mechanischer, thermischer und chemischer Schutz für das Gehirn. So puffert er mechanische Stöße und Druckveränderungen ab und schützt das Gehirn über die Blut-Liquor- bzw. Blut-Hirnschranke vor chemischen und toxischen Einflüssen.

Die Gehirnventrikel

Der *Liquor cerebrospinalis* befindet sich im Bereich des Rückenmarkes im *Cavum subarachnoidale*. Im Bereich des Gehirns hingegen lässt sich ein innerer und ein äußerer Liquorraum unterscheiden (außen: ebenfalls *Cavum subarachnoidale*; innen: Ventrikelsystem). Gehirn und Rückenmark stehen so mit dieser Flüssigkeit in Verbindung, dass bestimmte Stoß- und Druckwirkungen von außen abgefangen werden können (äußerer Liquorraum). Darüber hinaus wirkt der Liquor auch als chemischer Puffer, als Transportmedium für Nährstoffe und beim Abtransport von Stoffwechselprodukten; er dient als Medium von Neurotransmittern und anderen Botenstoffen.

Die Gehirnventrikel repräsentieren im Bereich des Schädels den **inneren Liquorraum** (Abb. 43); sie entwickeln sich während der Ontogenese aus dem Lumen des Neuralrohrs. Die *Ventriculi laterales* (I. und II. Ventrikel) liegen in der rechten bzw. linken Großhirnhemisphäre. Das *Foramen interventriculare* stellt die Verbindung zwischen ihnen und dem unpaaren III. Ventrikel her. Dieser Ventrikel selbst befindet sich in der Medianen und ist durch die mediane Verklebung des Thalamus ringförmig. Am Übergang zum Mittelhirn geht aus dem III. Ventrikel der enge *Aquaeductus mesencephali* hervor, der am Übergang zum Rautenhirn in den IV. Ventrikel mündet. Dieser wiederum befindet sich im Bereich des Rautenhirns und steht nach kaudal mit dem Zentralkanal des Rückenmarks in Verbindung. Außerdem besitzt er Verbindungen zum *Cavum subarachnoidale* und damit zum äußeren Liquorraum.

In den beiden Seitenventrikeln I und II wird die Hauptmenge des Liquors gebildet, sie fließt von dort in den III. Ventrikel und über den *Aquaeductus mesencephali* weiter in den IV. Ventrikel. Von dort aus gelangt der Liquor über die *Cisterna cerebellomedullaris*, einem subarachnoidalen Hohlraum, weiter in den gesamten Subarachnoidalraum.

Die Sphenobasiläre Synchondrose und die kraniosakrale Bewegung

Unter der Vielzahl der Verbindungen der Schädelknochen untereinander nimmt die Sphenobasiläre Synchondrose (SBS) eine Sonderstellung in Bezug auf die Funktion des Kraniosakralen Systems ein. Sie stellt die Verbindung zwischen dem Körper des *Os sphenoidale* auf der einen Seite und der Basis des *Os occipitale* auf der anderen Seite dar. Aufgrund ihrer Lage in der Mitte der **Schädelbasis** und ihrer großen Beweglichkeit bildet sie das **Zentrum** des kraniosakralen Bewegungsmechanismus. Sie ermöglicht, dass zwischen Sphenoid und Occiput in einem bestimmten Rhythmus die so genannten Flexions- und Extensionsbewegungen der kraniosakralen Bewegung ablaufen (Abb. 44):

Bei einer **Flexionsbewegung** an der Sphenobasilären Synchondrose kommt es zu einer verstärkten **intrakraniellen Konvexität** an der Synchondroseregion; dabei drehen sich beide Knochen um ihre Transversalachsen in entgegengesetzte Richtung nach ventral.

Bei einer **Extensionsbewegung** an der SBS hingegen schwächt sich die intrakranielle Konvexität ab; dabei drehen sich beide Knochen wiederum um ihre jeweiligen Transversalachsen in entgegengesetzter Richtung nach dorsal.

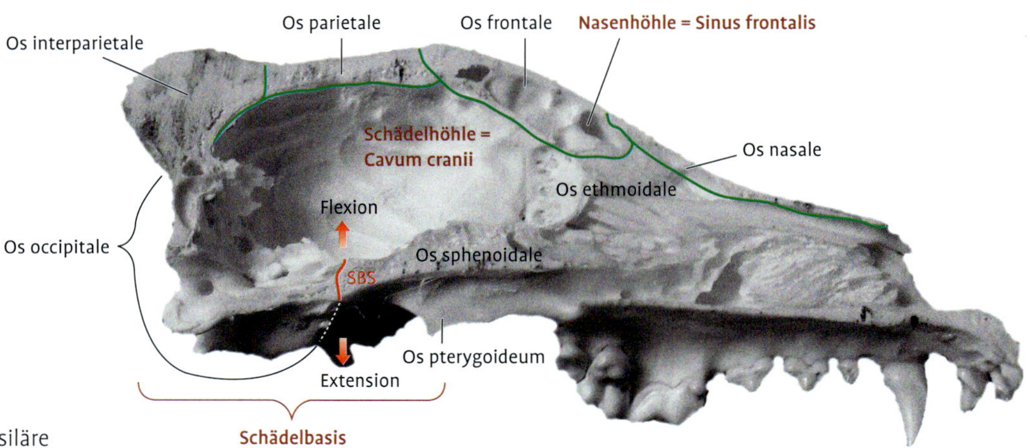

Abb. 44: Die sphenobasiläre Bewegung.

Diese Flexions- und Extensionsbewegungen im Bereich der Sphenobasilären Synchondrose wiederum übertragen sich direkt auf die benachbarten Schädelknochen, wobei die einzelnen Knochen dabei an ihren Nähten wie Zahnräder ineinander greifen. Sie werden außerdem indirekt über den Duraschlauch auf das Sakrum übertragen. Von dort aus breitet sich die kraniosakrale Bewegung jeweils über den gesamten Körper mit all seinen Knochen aus.

Bewegung der Schädelknochen: Die unpaaren Knochen in der Medianlinie des Schädels (und auch des restlichen Körpers; s.u.) führen eine Flexions- bzw. Extensionsbewegung jeweils um eine Transversalachse durch. Die Drehachse für alle diese Bewegungen ist die Sphenobasiläre Synchondrose, wobei Sphenoid und Okziput jeweils in gegenläufige Richtungen rotieren. Das *Os ethmoidale* folgt dabei der Bewegung des *Os occipitale* und das *Os vomer* (Pflugscharbein) folgt der Bewegung des *Os sphenoidale*. Die paarig angelegten Schädelknochen hingegen führen während der Flexionsbewegung eine Außenrotation und während der Extenisonsbewegung eine Innenrotation aus.

Bewegung der übrigen Knochen und Gewebe des Körpers: Die Extensions- und Flexionsbewegungen der Sphenobasilären Synchondrose laufen synchron mit einer Nutations- und Gegennutationsbewegung des Sakrums ab, da auch dieses ein unpaarer Knochen der Medianlinie ist. Während der Flexionsphase der Sphenobasilären Synchondrose bewegt sich die Basis des Sakrums nach dorsal (Kontranutation) und die Apex nach ventral; während der Extension der Sphenobasilären Synchondrose bewegt sich die Sakrumsbasis dann nach ventral (Nutation) und die Apex nach dorsal.

Die paarigen Knochen in der Peripherie (Gliedmaßen, Rippen) führen ähnlich wie die paarigen Schädelknochen eine Außenrotation während der Flexionsphase der Sphenobasilären Synchondrose und eine Innenrotation während der Extensionsphase aus. Diese Bewegungen werden durch das **fasziale System** vom Schädel in die Peripherie übertragen.

Aspekte der kraniosakralen Bewegung: Die kraniosakrale Bewegung kann im Hinblick auf ihre Frequenz, ihren Rhythmus, ihre Amplitude und ihre Symmetrie hin untersucht und beschrieben werden.

Die **Frequenz** des kraniosakralen Rhythmus liegt bei etwa 8 bis 10 Zyklen pro Minute und entspricht der Frequenz des Faszienrhythmus. Eine Abweichung der Frequenz findet sich oft im Rahmen zerebraler Erkrankungen; so führen meningeale Infekte beispielsweise zu einer Frequenzerhöhung. Auch ist eine Beeinflussung der Frequenz über das Vegetativum wahrscheinlich und zwar in der Form, dass eine Stressbelastung über eine Erhöhung des Sympathikotonus zu einer Erhöhung der Frequenz der kraniosakralen Bewegung führt.

Die **Amplitude** der kraniosakralen Bewegungen ist abhängig vom Allgemeinzustand des Patienten; so führt eine reduzierte Vitalität des Tieres zu einer Senkung der Bewegungsamplitude. Veränderungen der Symmetrie zwischen Bewegungen der rechten und linken Schädelseite bzw. zwischen Schädel und Sakrum sind auf Restriktionen der Schädelflexibilität oder der Beweglichkeit des Duraschlauches (*Dural-Tube-Mobility*) zurückzuführen. Die Flexibilität des Schädels ist abhängig von der Spannung der Schädelnähte und der **intrakraniellen Membranen**, während die Beweglichkeit des Duraschlauches von der Beweglichkeit des Sakrums abhängt, aber auch durch eventuell vorhandene Dysfunktionen in anderen Bereichen der Wirbelsäule beeinflusst wird.

Die Hirnhäute

Die Hirnhäute stellen die intrakranielle Fortsetzung der **Rückenmarkshäute** dar. Sie bestehen aus der äußeren Hirnhaut oder *Ektomeninx* auf der einen Seite, die zumeist als *Dura mater* bezeichnet wird und eine *Dura periostalis* und eine *Dura meningealis* aufweist, sowie aus der *Leptomeninx*, die sich aus *Arachnoidea* und *Pia mater* zusammensetzt.

Die *Dura mater* bildet die äußerste Schicht. Sie besteht aus derbem Kollagenfasergewebe. Ihr äußeres Blatt (*Dura periostalis*) ist im Schädelbereich eng mit dem Periost verschmolzen, ihr inneres Blatt liegt der *Leptomeninx* und den darunter befindlichen Windungen des Gehirns an. In bestimmten Bereichen bildet das innere Blatt Doppellamellen, die so genannten Duraduplikaturen. Diese bilden die in Längsrichtung in der Medianen verlaufende Großhirnsichel, *Falx cerebri,* und die Kleinhirnsichel, *Falx cerebelli* (wird beim Hund nicht beschrieben), die sich von dorsal her zwischen die Großhirn- und Kleinhirnhemisphären schieben. Zwischen ihnen befindet sich das quer hierzu verlaufende *Tentorium cerebelli membranaceum*, welches vom *Tentorium cerebelli osseum* entspringt und sich zwischen Großhirn und Kleinhirn einsenkt. An der Schädelbasis bildet die *Dura mater* das *Diaphragma sellae*, welches die Hypophyse überzieht, sodass sich diese extradural befindet. Diese Duraduplikaturen stellen durch ihre rechtwinklige Anordnung zueinander (*Falx cerebri* und *cerebelli* in Längsrichtung und *Tentorium cerebelli membranaceum* in Querrichtung) die Grundlage des reziproken Membranspannungssystems dar. Zwischen den Duradoppelblättern verlaufen außerdem die Sinusoide, die als weite Blutleitersysteme den venösen Abfluss aus dem Schädelbereich gewährleisten. Am Rande des *Foramen magnum* lösen sich die beiden Durablätter voneinander und ziehen getrennt in den Wirbelkanal. In ihm ist die *Dura mater* relativ frei beweglich und unabhängig vom Periost ausgespannt.

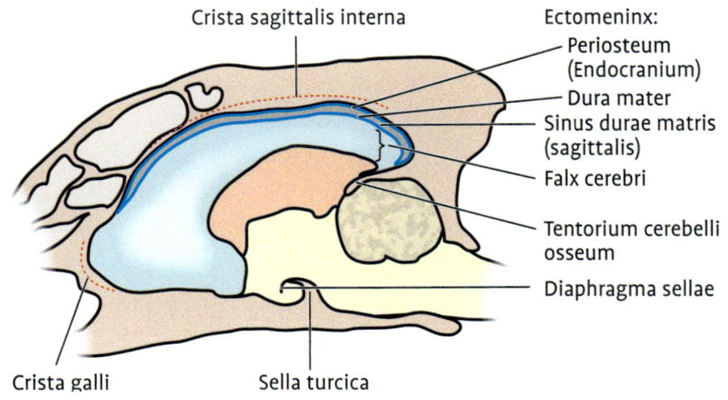

Abb. 45: Schädel medial geschnitten.

Die Duraduplikaturen

***Falx cerebri*:** zieht von der *Crista galli* des *Os ethmoidale* bis zur *Protuberantia occipitalis interna* des *Os occipitale*. Als dorsomediane Scheidewand trennt sie die beiden Großhirnhemisphären voneinander (Abb. 46).

***Tentorium cerebelli membranaceum*:** liegt quer zur *Falx cerebri,* überragt zeltartig das Kleinhirn und trennt Groß- und Kleinhirn voneinander.

***Falx cerebelli* (nur beim Menschen):** ein Ausläufer der *Falx cerebri*, verläuft wie diese dorsomedian und wölbt sich zwischen die beiden Kleinhirnhemisphären vor.

***Diaphragma sellae*:** eine Duraplatte, die den Türkensattel (*Sella turcica*) auf der Innenseite auskleidet und die Hypophyse umgibt; trennt die Hypophyse und den Hypothalamus von den übrigen Anteilen des Gehirns. Nur das *Infundibulum*, der Hypophysenstiel, durchbohrt diese Membran. Spannungsveränderungen des *Diaphragma sellae* können daher die Hypophysenfunktionen beeinträchtigen.

Der *Dura mater* innen anliegend befindet sich die *Arachnoidea*, die das äußere Blatt der *Leptomeninx* darstellt. Zwischen ihr und der *Pia mater* befindet sich der Subarachnoidalraum (*Cavum subarachnoidale sive Cavum leptomeningicum*), der mit Liquor gefüllt ist und den äußeren Liquorraum darstellt. Die *Pia mater* bedeckt als innerste der drei Hirnhäute direkt das Gehirn. Aus ihr gehen einerseits die Adergeflechte, *Plexus choroidei*, hervor, die sich in die Hirnventrikel stülpen und den *Liquor cerebrospinalis* bilden. In die Bluträume der *Dura mater*, vor allem in den *Sinus sagittalis dorsalis* hinein, bildet die Arachnoidea außerdem die zottenartigen *Granulationes arachnoidales*, welche der Liquorresorption dienen.

Aufgaben des intrakraniellen Membransystems:

- Bildung von venösen Sinusoiden (feste, geschützte Röhren für die venöse Blutableitung)
- Kräfteverteiler für alle extrakraniellen Krafteinwirkungen
- Retraktiles System, welches die Schädelknochen passiv aus der Flexionsposition zurück in die Neutralposition führt
- Stabilisation des Gehirns

Die Sinusoide des Gehirns

Die Venen des Gehirns münden in die so genannten Hirnblutleiter oder Sinusoide und besitzen wie diese weder Klappen noch eine Muskelwand. Die Sinusoide befinden sich in den Duplikaturen der *Dura mater*, bevorzugt in den Bereichen, wo die Duramembran an den Schädelknochen inseriert. Entsprechend der Lage zum Gehirn wird ein **dorsales** und **ventrales Hirnblutleitersystem** unterschieden.

BIOMECHANIK UND NOMENKLATUR DER KRANIOSAKRALEN DYSFUNKTIONEN

Eine Dysfunktion im Bereich des Kraniosakralen Systems äußert sich entweder darin, dass die kraniosakrale Bewegung in ihrer Frequenz, ihrem Rhythmus, ihrer Amplitude oder ihrer Symmetrie von der Norm abweicht, oder darin, dass die Beweglichkeit der einzelnen Schädelknochen zueinander eingeschränkt bzw. ihre relative Stellung zueinander nicht physiologisch ist.

Da die **Sphenobasiläre Synchondrose** als zentrale Achse der kraniosakralen Bewegung definiert ist, um welche die physiologischen Extensions- und Flexionsbewegungen stattfinden, orientiert sich auch die Benennung der kraniosakralen Dysfunktionen an der Stellung der beiden Knochen, die die Sphenobasiläre Synchondrose bilden: also am *Os sphenoidale* und am *Os occipitale*. Indirekt hat die Sphenobasiläre Synchondrose über die intrakraniellen Membranen und über die am Kopf ansetzenden Muskeln Verbindung zum gesamten Bewegungsapparat. Jede Bewegung des Keilbeins wird so auf den ganzen Körper übertragen.

Abweichungen des Kraniosakralen Systems, die untersucht und behandelt werden können:

1. Abweichungen der kraniosakralen Bewegung
   - Frequenz (Erhöhung bei Infektionen und Fieber, Erniedrigung bei Infarkt etc.)
   - Rhythmus (bei einem veränderten Rhythmus sind die zeitlichen Anteile von Extension und Flexion verschoben, d.h., jeweils eine Phase ist verkürzt oder verlängert)
   - Amplitude (eine niedrige Amplitude spricht für einen Mangel an Vitalität)
   - Symmetrie (eine asymmetrische kraniosakrale Bewegung geht meist mit dem Vorliegen einer Sphenobasilären Dysfunktion einher, die sich auch als so genannter *Strain* äußert)
2. Sphenobasiläre Dysfunktionen, *Strains*
   - *Torsion Strain*
   - *Sidebending Strain*
   - *Lateral Strain*
   - *Vertical Strain* inferior / superior
   - Sphenobasiläre Kompression
3. Dysfunktion des *Os temporale*

Sphenobasiläre Dysfunktionen

Beim Vorliegen einer Sphenobasilären Dysfunktion ist die kraniosakrale Bewegung nicht symmetrisch und bei der direkten Prüfung der dreidimensionalen Stellung von *Os sphenoidale* und *Os occipitale* zueinander fallen auch hier Asymmetrien auf.

Die Benennung der Sphenobasilären Dysfunktionen erfolgt, indem zuerst die Art der Veränderung der Stellung der Knochen zueinander, d.h. die Abweichung von der Mittelstellung der **Sphenobasilären Synchondrose**, angegeben wird. Anschließend erfolgt die Seitenbezeichnung; diese richtet sich nach der Stellung des Keilbeins, als Bezugspunkt dient dabei die *Ala major*. Gleichzeitig entspricht die Seitenbenennung in der Regel auch der freien Bewegungsrichtung bei der direkten Stellungsprüfung von Okziput und Sphenoid (Ausnahme: *Sidebending-Strain*; dort entspricht die Seitenbenennung der Seite, auf der die größere Amplitude der kraniosakralen Bewegung spürbar ist).

Die Behandlung der Sphenobasilären Dysfunktionen erfolgt immer über indirekt-direkte Techniken.

Torsion-Strain: *Torsion-Strains* der Sphenobasilären Synchondrose entstehen durch eine gegenläufige Rotation von *Os sphenoidale* und *Os occipitale* um eine gemeinsame Sagittalachse (Abb. 46). Während also das *Os sphenoidale* um die Sagittalachse nach rechts rotiert ist, ist das *Os occipitale* relativ dazu gesehen nach links rotiert oder umgekehrt. Man bezeichnet die Torsion nach jener Seite, auf der sich der Keilbeinflügel weiter dorsal bzw. deckenwärts befindet. Dies entspricht der freien Richtung bei der passiven Stellungsuntersuchung, da die Rotation bzw. Torsion des Keilbeins in diese Richtung leichter erfolgt als in die Gegenrichtung.

Merkmale eines *Torsion-Strain* rechts (rechter Keilbeinflügel dorsal):

- Das Keilbein steht auf der rechten Seite höher (Keilbein in Rotation rechts); das Okziput hingegen steht auf der linken Seite höher (Okziput in Rotation links).
- Die linke Hälfte der Crista nuchae (Okziput) erscheint höher (das Okziput ist nach links rotiert).
- Die rechte Stirnhälfte erscheint flacher und breiter.
- Das rechte Auge steht höher und weiter vor (das Sphenoid ist nach rechts rotiert).

Sidebending-Strain: Der *Sidebending-Strain* entsteht, wenn *Os sphenoidale* und *Os occipitale* jeweils um ihre eigenen Vertikalachsen in entgegengesetzte Richtungen rotieren (Abb. 47). Dadurch kommt es zu einer Seitneigung im Bereich der Verbindung der beiden Knochen miteinander. Der *Sidebending-Strain* wird nach jener Seite benannt, auf welcher sich die Konvexität der Sphe-

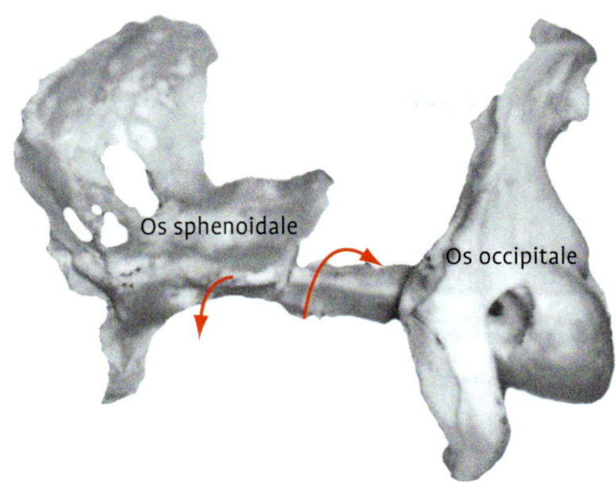

Abb. 46: Torsion-Strain (verändert nach Bäcker und Salomon 2003).

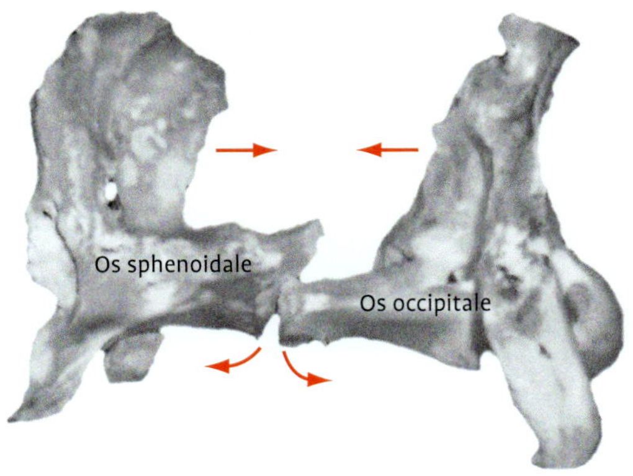

Abb. 49: Sidebending-Strain (verändert nach Bäcker und Salomon 2003).

nobasilären Synchondrose befindet. Dies entspricht insofern der freien Bewegungsrichtung, als auf der Seite der Konvexität eine größere seitliche Bewegung in der Flexionsphase der kraniosakralen Bewegung spürbar ist.

Merkmale eines *Sidbending-Strain* rechts (Konvexität rechts):

- Das rechte Os zygomaticum steht weiter rostral.
- Die rechte Stirnhälfte ist höher und schmaler, die linke flacher und breiter.
- Das rechte Auge steht weiter vor.
- Das rechte Ohr steht mehr ab.

Lateral-Strain: Der *Lateral-Strain* kommt dann zustande, wenn *Os occipitale* und *Os sphenoidale* um ihre jeweiligen Vertikalachsen in dieselbe Richtung rotieren (Abb. 48). Dies führt zu einer translatorischen Verschiebung zwischen Sphenoid und Okziput, sodass das Keilbein in Relation zum Okziput nach links oder nach rechts verschoben erscheint. Der *Lateral-Strain* wird nach jener Seite benannt, zu welcher das Keilbein verschoben ist. Dies entspricht der freien Richtung bei der passiven Stellungsuntersuchung, da das Keilbein sich leichter in diese Richtung verschieben lässt als in die Gegenrichtung.

Merkmale eines *Lateral-Strain* rechts (Keilbein nach rechts verschoben):

- Das Gesicht wirkt insgesamt asymmetrisch.
- Die Orbita erscheint rechts vergrößert.
- Die Crista nuchae (Okziput) ist nach links verschoben, dadurch ist auf der Seite der Abstand zum Ohr kleiner.

Hinweise auf das Vorliegen eines *Lateral-Strains* ergeben sich zudem, wenn der Hund wiederholt Augenprobleme hat, eine Konzentrationsschwäche oder motorische Störungen zeigt.

Vertical-Strain superior und Vertical-Strain inferior: Der *Vertical-Strain* entsteht durch eine gleichsinnige Rotation von Sphenoid und Okziput um ihre jeweiligen Transversalachsen. Dadurch kommt es zu einer relativen Verschiebung von Sphenoid und Okziput zueinander, und zwar jeweils nach dorsal (superior; Abb. 49) oder ventral (inferior; Abb. 50). Die Benennung erfolgt nach der relativen Position des Keilbeins; die Begriffe superior für oben bzw. dorsal und inferior für unten bzw. ventral stammen aus dem Humanbereich. Dies entspricht der freien Richtung bei der passiven Stellungsuntersuchung, da das Keilbein sich leichter in diese Richtung verschieben lässt als in die Gegenrichtung.

Beim *Vertical-Strain* superior ist das Sphenoid nach dorsal (superior), das Okziput nach ventral (inferior) verschoben; beim *Vertical-Strain* inferior ist das Os sphenoid nach ventral (inferior), das Okziput nach dorsal (superior) versetzt.

Merkmale beim *Vertical-Strain* superior:

- Die Stirn erscheint nach hinten fliehend.
- Der Unterkiefer ist häufig schmal.

Merkmale beim *Vertical-Strain* inferior:

- Die Stirn ist steil aufgestellt, schmal und hoch.
- Der Unterkiefer wirkt breit.

Weitere Hinweise auf das Vorliegen eines *Vertical-Strain* können Kopfschmerzen, Gleichgewichtsstörungen, Verhaltensänderungen und hormonelle Störungen sein (Zusammenhang zum Endokrinum besteht über die topographische Beziehung von Hypophyse und Sella turcica).

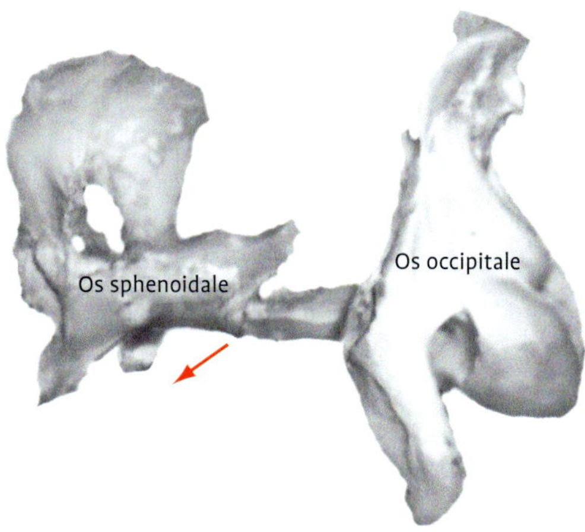

Abb. 48: Lateral-Strain (verändert nach Bäcker und Salomon 2003).

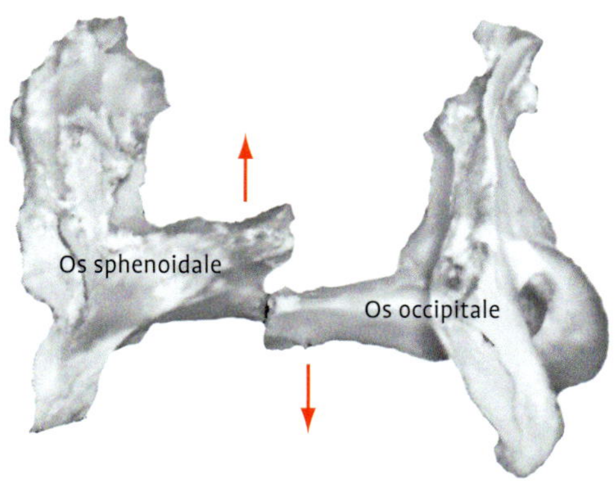

Abb. 49: Vertical-Strain superior (verändert nach Bäcker und Salomon 2003).

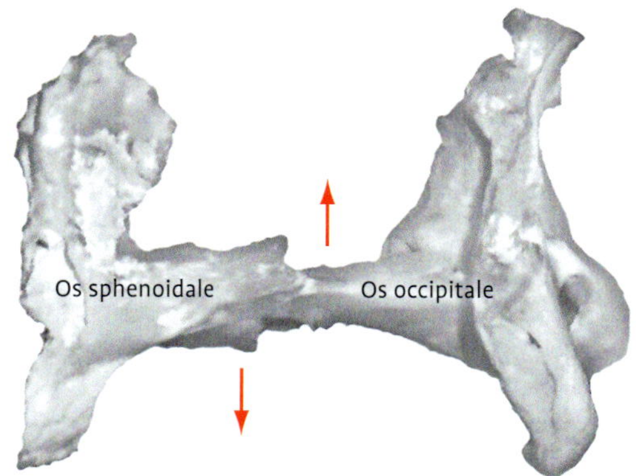

Abb. 50: Vertical-Strain inferior (verändert nach Bäcker und Salomon 2003).

Sphenobasiläre Kompression: Bei dieser Dysfunktion kommt es zu einer seitlichen Kompression der Sphenobasilären Synchondrose, die durch einen medialwärts gerichteten Druck des *Os temporale* hervorgerufen wird. Das *Os temporale* wird dabei zwischen dem *Os occipitale* und dem *Os sphenoidale* eingekeilt. Bei der palpatorischen Untersuchung der physiologischen Flexions- und Extensionsbewegungen findet man eine deutlich reduzierte Elastizität bis hin zur **Rigidität**.

Sowohl die Untersuchung auf das Vorliegen einer Sphenobasilären Kompression als auch die Behandlung einer solchen Dysfunktion erfolgen über die **„Ohrziehtechnik"**. Dazu greift der Therapeut von hinten beidseitig und sanft beide Ohrmuscheln an der Basis und zieht diese vorsichtig und gleichmäßig nach außen. Besteht eine einseitige Kompression, so hat man das Gefühl, dass sich das Ohr auf dieser Seite sehr viel schlechter nach lateral ziehen lässt. Die Therapie besteht darin, dass der Zug so lange gehalten wird, bis ein *Release*-Phänomen des Gewebes spürbar wird.

Bei der Ohrziehtechnik handelt es sich um eine direkte Technik (Foto 112).
Weitere Hinweise auf das Vorliegen einer Kompression der Sphenobasilären Synchondrose können Verhaltensstörungen, Schmerzen im gesamten Bewegungsapparat, Konzentrationsstörungen und Lernschwächen sowie unklare Lahmheiten sein.

Dysfunktionen des *Os temporale*

Das *Os temporale* (Schläfenbein) erfährt als paarig angelegter Knochen während der kraniosakralen Bewegung eine Außen- und Innenrotationsbewegung. Bei Vorliegen einer Dysfunktion kann es einerseits zu einer Kompression der Sphenobasilären Synchondrose kommen (s.S.193), andererseits können auch hiervon unabhängige Dysfunktionen vorliegen, bei denen es zu einer ein- oder beidseitigen Einschränkung der Außen- oder Innenrotationsbewegung kommt. Seine Bedeutung erhält das *Os temporale* durch die anatomischen Verbindungen zu den angrenzenden Schädelknochen, die Beziehung zum Gehör- und Gleichgewichtsorgan sowie die Lage des *Foramen jugulare* und der *A. carotis interna*. Aufgrund der Vielzahl von Dysfunktionen, die mit dem *Os temporale* zusammenhängen können, wird das Schläfenbein in der Kraniosakralen Osteopathie auch als *Troublemaker* bezeichnet.

Dysfunktionen des *Os temporale* sind häufig bedingt durch Muskeldysbalancen. Im Vordergrund stehen hier diejenigen Muskeln, die ihren Ansatz bzw. Ursprung im Bereich des Schläfenbeins haben. Dazu gehören: *M. temporalis*, *M. masseter*, *M. cleidomastoideus* und *M. sterno-*

mastoideus. Als weitere Ursachen kommen Störungen der Kaumechanik sowie Dysfunktionen der Sphenobasilären Synchondrose (s.S. 188) in Frage. Hinweise auf das Vorliegen einer Dysfunktion des *Os temporale* können ebenfalls Kopfschmerzen und Gleichgewichtsstörungen, aber auch Augenprobleme, Probleme mit dem Kiefergelenk und Kaustörungen (topographischer Bezug zum Kiefergelenk) sowie Störungen der Lautgebung und eine Tonuserhöhung des *M. trapezius* sein.

Untersuchung und Behandlung erfolgen mit Hilfe derselben Technik. Der Therapeut modelliert beide Hände um den *Arcus zygomaticus*, den Kiefergelenkwinkel und die Mandibula und führt beidseitig eine decken- bzw. schädeldachwärts und anschließend eine boden- bzw. zungengrundwärts gerichtete Traktion durch. Die Beurteilung erfolgt anhand der Symmetrie der Bewegung im Seitenvergleich (Foto 114 a).

Als paariger Knochen, der sich relativ weit lateral befindet, führt das Os temporale während der kraniosakralen Bewegung eine Innen- bzw. Außenrotation aus. Dabei entspricht eine Bewegung des Arcus zygomaticus zur Decke bzw. zum Schädeldach hin einer Innenrotation, die Bewegung des Jochbogens auf den Boden bzw. Zungengrund hin entspricht einer Außenrotation. Die Benennung richtet sich nach der Position, in der das Os temporale fixiert ist.

Die Mobilisierung erfolgt entsprechend mit Hilfe einer indirekt-direkten Technik: Liegt beispielsweise eine Restriktion bei der Bewegung in Richtung Zungengrund vor, wird zunächst in die freie Richtung, also in Richtung auf das Schädeldach hin mobilisiert; anschließend erfolgt die Mobilisierung in die entgegengesetzte Richtung (Foto 94 b), bis ein *Release*-Phänomen wahrgenommen wird.

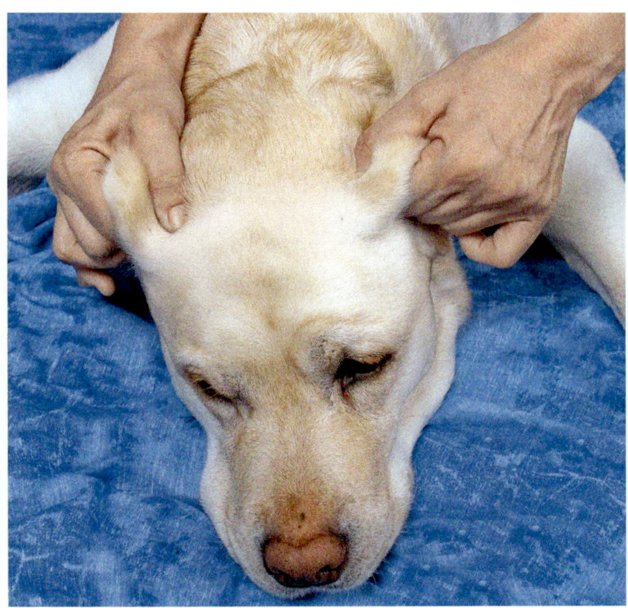

Foto 112: Ohrziehtechnik.

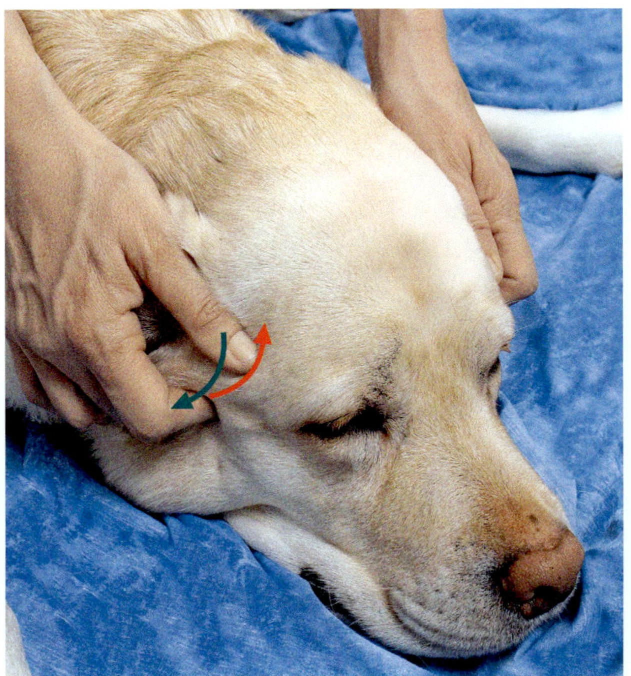

Foto 114 a: Test des Os temporale: Außenrotation (grüner Pfeil) und Innenrotation (roter Pfeil)

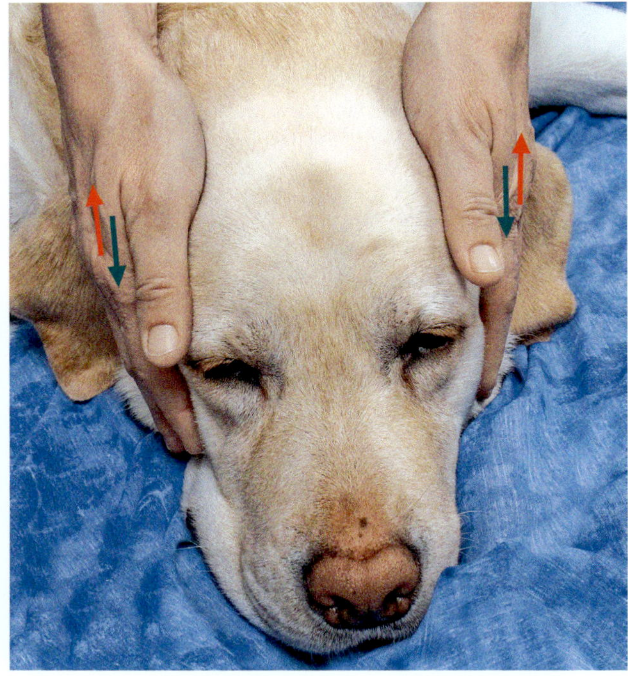

Foto 114 b: Mobilisation schädelbodenwärts (grüne Pfeile) und schädeldachwärts (rote Pfeile).

URSACHEN KRANIOSAKRALER DYSFUNKTIONEN

Die Ursachen für kraniosakrale Dysfunktionen können sehr vielfältig sein. Veränderungen in der Frequenz und der Amplitude der kraniosakralen Bewegung können z.B. auch mit Allgemeinerkankungen im Zusammenhang stehen (Frequenzerhöhung bei Infekten), aber auch durch kranielle Dysfunktionen bedingt sein (niedrige Amplitude bei Kompression der Sphenobasilären Synchondrose).

Asymmetrien in der kraniosakralen Bewegung bzw. Stellungsabweichungen von Keilbein und Hinterhauptsbein zueinander sprechen für das Vorliegen einer Sphenobasilären Dysfunktion. Hierbei kann zwischen so genannten **extrinsischen *Strains***, die ihre Ursache außerhalb des Schädels haben, und **intrinsischen *Strains***, bei denen die Ursache innerhalb des Schädels selbst zu finden ist, unterschieden werden. Als Ursachen für extrinsische *Strains* kommen Dysbalancen der Muskulatur, welche ihren Ursprung bzw. Ansatz an der Schädelbasis hat, in Frage, aber auch Traumata der Halswirbelsäule. Intrinsische *Strains* können auf asymmetrische Spannungsverhältnisse im Bereich der intrakraniellen Membranen zurückgehen oder aber auf direkte Traumata im Schädelbereich.

Prognostisch sind extrinsische *Strains* günstiger zu beurteilen, da hier die Ursache durch eine entsprechende Behandlung unter Umständen abgestellt werden kann. Beim Vorliegen intrinsischer *Strains* kommt es hingegen in der Regel zu Rezidiven, da deren Ursache nicht behoben werden kann.

Auch beim Hund kommt es vor, dass Welpen bereits mit einer Asymmetrie im Schädelbereich zur Welt kommen. Anders als beim Menschen entsteht diese wahrscheinlich nicht während der Geburt durch die Enge des Geburtskanals, sondern möglicherweise schon vorgeburtlich aufgrund intrauterinen Platzmangels. Solche Tiere zeigen oftmals Lern- und Konzentrationsschwächen; bei der kraniosakralen Untersuchung finden sich häufig intrinsische Strains.

Ursachen für Sphenobasiläre Dysfunktionen:

- Asymmetrische Spannungen im Bereich der intrakraniellen Membranen
- Dysbalancen der extrakraniellen Weichteilstrukturen, wie z.B. der Muskulatur, die ihren Ursprung bzw. Ansatz im Bereich der Schädelbasis hat
- Direktes Trauma des Schädels oder der Halswirbelsäule

Ursachen für Dysfunktionen des *Os temporale*

- Direkte Traumata
- Tonusveränderungen der Muskulatur (*M. temporalis, M. masseter, M. sternocleidomastoideus*)
- Störungen der Kaumechanik (Zahnfehlstellungen, Kiefergelenksprobleme)
- Dysfunktionen der Sphenobasilären Synchondrose

Tab. 50 Extrinsische und Intrinsische Strains

Extrinsische Strains	Intrinsische Strains
• *Torsion-Strain* • *Sidebending-Strain*	• *Lateral-Strain* • *Vertical-Strain* (superior; inferior) • SBS-Kompression

INDIKATIONEN FÜR EINE KRANIOSAKRALE BEHANDLUNG

Die Indikationen für eine kraniosakrale Behandlung ergeben sich im Wesentlichen aus den Ursachen für kraniosakrale Dysfunktionen.

Indikationen für eine Kraniosakrale Therapie:

- Dysfunktionen von Wirbelsäule, Sakrum und Becken
- Kopfschmerz
- Verhaltensauffälligkeiten
- Neurologische Erkrankungen (Diskopathie, Vestibulärsyndrom)
- Schulter- und Hüftgelenkserkrankungen
- Allgemeine Schmerzzustände, Polytrauma
- Kiefergelenksdysfunktionen
- Sinusitiden (bei Infekten der Nasennebenhöhlen ist der Liquorabfluss über die Duraumhüllungen der Fila olfactoria gestört, sodass es hier zu veränderten Druckverhältnissen kommt.)

SYMPTOME KRANIOSAKRALER DYSFUNKTIONEN

Die Symptome, durch die sich kraniosakrale Dysfunktionen äußern können, sind oft sehr unterschiedlich. Im Gegensatz zum Menschen besteht beim Hund die Problematik, dass man nur indirekt auf das Symptom **Kopfschmerz** schließen kann, welches beim Menschen häufig im Zusammenhang mit kraniosakralen Dysfunktionen steht, da der Hund dies nicht differenziert benennen kann.

Allgemeine Hinweise auf das Vorliegen kraniosakraler Dysfunktionen:

- Asymmetrien im Bereich des Schädels und des Gesichts
- Asymmetrien im Bereich der Augen und der Ohren
- Gesundheitliche Probleme im Bereich von Augen und Ohren (rezidivierende Ohrentzündungen; Entzündungen der Nasennebenhöhlen etc.)
- Kopfschmerz (beim Hund schwierig zu erkennen)
- Hormonelle Probleme (durch Beeinträchtigung der Hypophyse)
- Konzentrations- und Lernschwächen
- Motorische Störungen
- Verhaltensänderungen

Tab. 51 Symptome einzelner kraniosakraler Dysfunktionen

Dysfunktion	Asymmetrie	Sonstige Symptome
Torsion-Strain (extrinsisch)	Auf der einen Körperseite erscheint die *Crista nuchae* höher, auf der anderen Körperseite steht das Auge weiter vor und die Stirn wirkt breiter und flacher	
Sidebending-Strain (extrinsisch)	Auf der einen Körperseite steht das *Os zygomaticum* weiter vor, die gleichseitige Stirnhälfte erscheint höher und schmaler, das gleichseitige Auge steht weiter vor und das Ohr weiter ab	
Lateral-Strain (intrinsisch)	Das Gesicht wirkt insgesamt asymmetrisch; auf der einen Körperseite erscheint die Orbita vergrößert; die *Crista nuchae* erscheint zur Gegenseite verschoben, hier ist entsprechend der Abstand zum Ohr kleiner	• Augenprobleme • Konzentrationsschwäche • Motorische Störungen
Vertical-Strain: superior (intrinsisch)	Die Stirn erscheint nach hinten fliehend; der Unterkiefer ist häufig schmal	• Kopfschmerzen • Gleichgewichtsstörungen • Verhaltensänderungen (Depression) • Hormonelle Störungen
Vertical-Strain: inferior (intrinsisch)	Die Stirn ist steil aufgestellt, schmal und hoch; der Unterkiefer wirkt breit	• Kopfschmerzen • Gleichgewichtsstörungen • Verhaltensänderungen (Depression) • Hormonelle Störungen
SBS-Kompression (intrinsisch)		• Verhaltensstörungen • Verhaltensänderungen (Depression) • Schmerzen im gesamten Bewegungsapprat • Unklare Lahmheiten
Dysfunktion des *Os temporale*		• Kopfschmerzen • Gleichgewichtsstörungen • Augenprobleme • Kiefergelenkprobleme und Kaustörungen • Störungen der Lautgebung • Tonuserhöhung des *M. trapezius*

UNTERSUCHUNG UND BEHANDLUNG KRANIOSAKRALER DYSFUNKTIONEN

Bevor mit der eigentlichen Untersuchung der kraniosakralen Bewegung und der Beurteilung der Stellung der Schädelknochen zueinander begonnen wird, erfolgt zunächst die **Inspektion** des Kopfes. Dazu gehört die Beurteilung der Symmetrie des Gesichts und des Schädels, die Betrachtung der Stellung der Ohrmuscheln sowie der Größe und der Stellung der Orbita, die Betrachtung der Position des Unterkiefers und der Form der Stirn. Erst anschließend erfolgt die Beurteilung der kraniosakralen Bewegung mit Hilfe des *Fronto-Occipital-Hold*.

Die Untersuchung und Behandlung im kraniosakralen Bereich erfolgt mit sehr leichtem Kontakt; dabei sollte der Palpationsdruck, mit welchem die gesamte Hand angelegt wird, etwa 5 g nicht überschreiten, da sonst die physiologischen Bewegungen der Schädelknochen inhibiert werden. Von der Vorstellung her entspricht der Palpationsdruck dem Gewicht, mit welchem man die Hand auf einen auf einer Wasseroberfläche schwimmenden Schwamm auflegen kann, ohne dass dieser ins Wasser einsinkt. Um eine bessere Vorstellung von der Höhe des Druckes zu bekommen, kann man die Hand auf eine Briefwaage auflegen und das entsprechende Gewicht ablesen.

Vorgehensweise in der Untersuchung:

1. Inspektion des Schädels, insbesondere in Bezug auf die Symmetrie von Ohren, Augen und Stirn
2. Palpatorische Erfassung der pathologisch veränderten Bewegungsmuster mit Hilfe des Fronto-Occipital-Hold
3. Direkte manuelle dreidimensionale Bewegungsprüfung der Sphenobasilären Synchondrose

In der Humanosteopathie wird der kraniosakrale Rhythmus mit dem so genannten Gewölbegriff oder ***Vault Hold*** getestet, bei dem der Therapeut die Zeigefinger jeweils beidseits an die ***Ala major*** des Sphenoids anlegt; die Mittelfinger kommen vor dem ***Porus acusticus externus***, die Ringfinger dorsal davon zu liegen; die kleinen Finger berühren die ***Squama*** des ***Os occipitale***. Aufgrund der geringeren Amplitude des kraniosakralen Impulses beim Hund und der im Vergleich zum Menschen sehr viel länglicheren Schädelform muss hier jedoch auf eine Grifftechnik aus der Säuglingsbehandlung zurückgegriffen werden, die so beispielsweise auch in der Kraniosakralen Therapie beim Pferd zur Anwendung kommt.

Der *Fronto-Occipital-Hold*

Beim *Fronto-Occipital-Hold* (Foto 115 a + b) umfasst der Therapeut mit Daumen und Zeigefinger der einen Hand die Basis des Okziputs möglichst weit ventral am Übergang zum Atlantookzipitalgelenk (alternativ: Anlegen der Zeigefingerinnenkante), Daumen und Zeigefinger der anderen Hand werden von kaudal her hinter die Augäpfel, oberhalb des Jochbogens angelegt, sodass sie sich über den großen Keilbeinflügeln befinden (aufgrund der rasse- und typbedingt sehr unterschiedlichen Ausprägung des Schädels beim Hund ist es nicht bei jedem Tier möglich, direkten Kontakt zum Sphenoid aufzunehmen, da dieses zum Teil vom *Processus coronoideus* der Mandibula überdeckt wird).

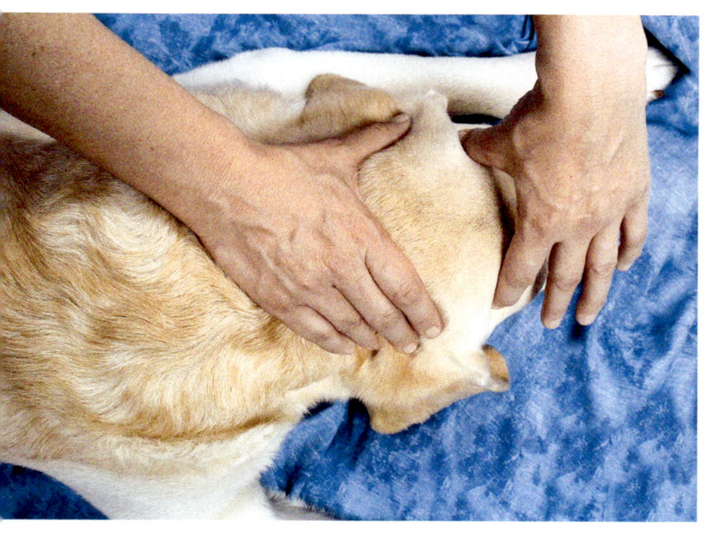

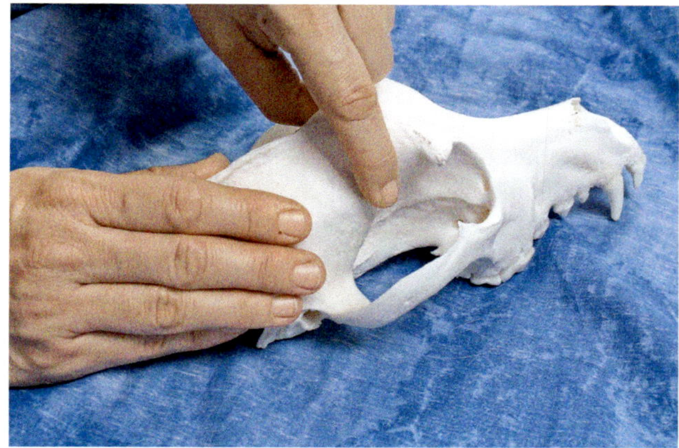

Foto 115 a: Griffposition Fronto-Occipital-Hold am Hund.
Foto 115 b: Griffposition ***Fronto-Occipital-Hold*** am Modell.

Erfassung des Bewegungsmusters

Nun versucht der Therapeut, möglichst viele Information über die Bewegungen des Hirnschädels während der Flexions- und Extensionsbewegung zu gewinnen. Beurteilt werden alle Aspekte der kraniosakralen Bewegung, in denen sich eine Abweichung äußern kann, also 1. die Frequenz, 2. der Rhythmus, 3. die Amplitude und 4. die Symmetrie der Bewegung. Der Symmetrie der Bewegung kommt eine besondere Bedeutung zu, da pathologische Bewegungsmuster oder Bewegungseinschränkungen auf das Bestehen einer Dysfunktion der Sphenobasilären Synchondrose hindeuten.

An diesem Punkt kann auch die Synchronität der Bewegung der Schädelknochen mit der Bewegung des Sakrums untersucht werden. Dafür muss der Hund sich in Seitenlage befinden, der Untersucher platziert dann die kopfnahe Hand am Okziput, während die kopfferne Hand flächigen Kontakt mit dem Sakrum aufnimmt.

Bewegungsprüfung und indirekt-direkte Mobilisierung

Der Therapeut belässt seine Hände in derselben Position des Fronto-Occipital-Hold, die er für die Beurteilung des Bewegungsmusters eingenommen hat. Nun testet er zunächst die Position des Okziputs in Relation zum Sphenoid; liegt eine Fehlstellung vor, mobilisiert er anschließend mit Hilfe einer **indirekten Technik**, indem er weiter in die Richtung der Dysfunktion, also in diejenige Richtung, die im Test die bessere Beweglichkeit zeigt, arbeitet und hier ein bis zwei Release-Phänomene abwartet. Anschließend wird mit Hilfe einer **direkten Technik** gegen die Barriere gearbeitet.

Test und Behandlung eines *Torsions-Strains:* Der Therapeut versucht, Okziput und Sphenoid gegeneinander zu drehen. Die Benennung bei Vorliegen einer Fehlstellung erfolgt nach der Seite, auf der das Keilbein höher steht; dies entspricht der Richtung, in der sich das Keilbein in Rotation frei bewegen lässt. Die Behandlung erfolgt als indirekt-direkte Technik, indem zunächst in die freie Bewegungsrichtung mobilisiert wird und ein bis zwei *Release*-Phänomene abgewartet werden. Dann erfolgt die Rückkehr zur Ausgangsposition, um anschließend mit Hilfe einer direkten Technik gegen die Barriere zu arbeiten, bis auch hier ein *Release* auftritt.

Test und Behandlung eines *Sidebinding-Strains:* Der Therapeut versucht als nächstes, eine Seitneigung der Sphenobasilären Synchondrose herbeizuführen. Die Benennung bei Vorliegen einer Fehlstellung erfolgt nach der Seite, auf der eine Konvexität ausgeprägt ist; diese Seite entspricht der Seite der freien Bewegungsrichtung, da auf der Seite der Konvexität eine größere seitliche Ausdehnung in der Flexionsphase der kraniosakralen Bewegung möglich ist. Die Behandlung erfolgt wiederum als indirekt-direkte Technik, indem zunächst in die freie Bewegungsrichtung mobilisiert wird und ein bis zwei *Release*-Phänomene abgewartet werden. Dann erfolgt die Rückkehr zur Ausgangsposition, um anschließend mit Hilfe einer direkten Technik gegen die Barriere zu arbeiten, bis auch hier ein *Release* auftritt.

Test und Behandlung eines Lateral-*Strains:* Der Therapeut versucht nun, Sphenoid und Okziput translatorisch seitlich gegeneinander zu verschieben. Die Benennung bei Vorliegen einer Fehlstellung erfolgt nach der Seite, zu der das Sphenoid verschoben ist; diese Seite entspricht der freien Bewegungsrichtung, da sich das Sphenoid in diese Richtung leichter verschieben lässt. Die Behandlung erfolgt als indirekt-direkte Technik, indem zunächst in die freie Bewegungsrichtung mobilisiert wird und ein bis zwei *Release*-Phänomene abgewartet werden. Dann erfolgt die Rückkehr zur Ausgangsposition, um anschließend mit Hilfe einer direkten Technik gegen die Barriere zu arbeiten, bis auch hier ein *Release* auftritt.

Test und Behandlung eines Vertikal-*Strains:* Der Therapeut führt nun eine translatorische Verschiebung von Sphenoid und Okziput gegeneinander nach oben und unten aus. Die Benennung bei Vorliegen einer Fehlstellung erfolgt nach der Richtung (oben = supererior; unten = inferior), zu der das Sphenoid verschoben ist; dies entspricht der freien Bewegungsrichtung, da sich das Sphenoid in diese Richtung leichter verschieben lässt. Die Behandlung geschieht ebenfalls als indirekt-direkte Technik, indem zunächst in die freie Bewegungsrichtung mobilisiert wird und ein bis zwei *Release*-Phänomene abgewartet werden. Dann erfolgt die Rückkehr zur Ausgangsposition, um anschließend mit Hilfe einer direkten Technik gegen die Barriere zu arbeiten, bis auch hier ein *Release* auftritt.

> Die Behandlung Sphenobasilärer Dysfunktionen erfolgt immer über indirekt-direkte Techniken. Eine Ausnahme stellt die SBS-Kompression dar. Diese verhindert den normalen kraniosakralen Rhythmus, sodass eine Beurteilung und Behandlung der *Strains* erst im Anschluss an die Behandlung der SBS-Kompression erfolgen kann.

„Ohrziehtechnik“ zum Test und zur Behandlung einer SBS-Kompression

Das Vorliegen einer SBS-Kompression zeigt sich bei der Beurteilung der kraniosakralen Bewegung höchstens in der Form, dass der kraniosakrale Rhythmus kaum wahrgenommen werden kann. Der direkte Test erfolgt über die so genannte Ohrziehtechnik. Dazu ergreift der

Therapeut sanft von hinten beidseitig die Ohrmuscheln des Hundes an der Basis und zieht diese vorsichtig und gleichmäßig nach außen weg. Besteht eine einseitige Kompression, so hat man das Gefühl, dass sich das Ohr auf dieser Seite sehr viel schlechter nach lateral ziehen lässt. Die Therapie besteht darin, dass der Zug so lange gehalten wird, bis ein *Release*-Phänomen des Gewebes spürbar wird (Foto 106). Bei der Ohrziehtechnik handelt es sich um eine direkte Technik.

Mobilitätstest und Mobilisierung des *Os temporale*

Um die Beweglichkeit des *Os temporale* zu testen, modelliert der Therapeut beide Hände über dem *Processus zygomaticus*, dem Kiefergelenkwinkel und der Mandibula an und führt beidseitig zunächst eine decken- bzw. schädeldachwärts und anschließend eine boden- bzw. zungengrundwärts gerichtete Traktion durch. Die Beurteilung erfolgt im Seitenvergleich. Zur Behandlung nimmt der Therapeut dieselbe Handhaltung ein, wie bei der Untersuchung. Die Mobilisierung erfolgt mit Hilfe einer indirekt-direkten Technik, indem zunächst die Mobilisierung in die freie Bewegungsrichtung und anschließend in die eingeschränkte Richtung ausgeführt wird. Dabei werden jeweils ein bis zwei *Release*-Phänomene abgewartet (Foto 114 b).

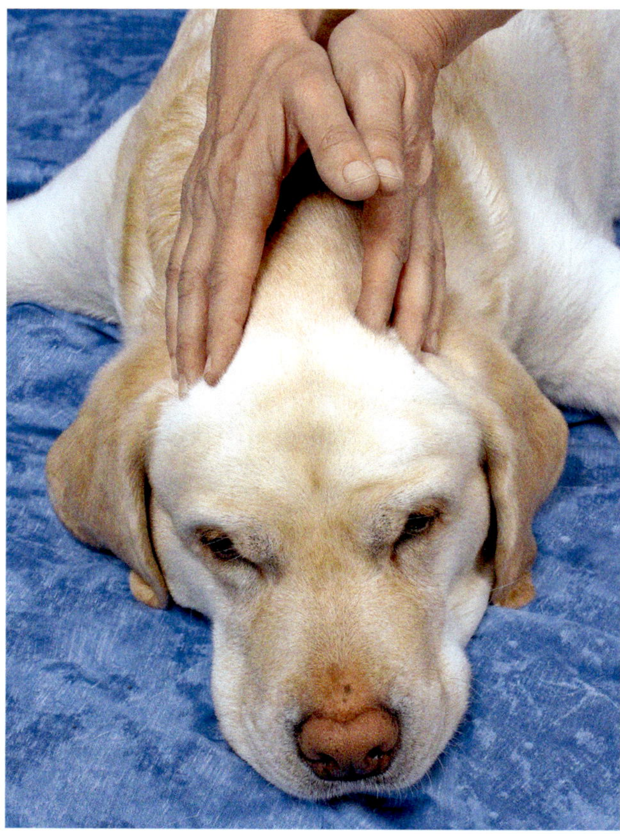

Foto 116 a: Parietal-Lift am Hund.

Behandlung der intrakraniellen Membranen

Die intrakraniellen Membranen gehören wie die Faszien der Peripherie zum **Bindegewebssystem** und werden daher mit Hilfe ähnlicher Techniken behandelt. Wie bei den Faszientechniken kommen dabei unter anderem so genannte *Uwinding*-Techniken zur Anwendung, deren Ziel es ist, Gewebespannungen zu lösen und einen neuen Gleichgewichtszustand der Membranen herzustellen. Während der Behandlung treten minimale Ausgleichsbewegungen auf – in dem Moment, wo diese Bewegungen zum Stillstand kommen, ist die Membranspannung ausgeglichen und die Technik beendet. Die Behandlung der intrakraniellen Membranen wird auch als *Membrane-Balancing* bezeichnet.

Parietal-Lift: Beim Parietal-Lift nimmt der Therapeut jeweils beidseitig mit Zeige- und Mittelfinger Kontakt zum *Os parietale* auf; der Kontaktpunkt liegt dabei etwa zwei fingerbreit oberhalb des *Porus acusticus externus* von dorsal an der Basis der Ohrmuschel. Nun übt er einen leichten decken- bzw. schädeldachwärts gerichteten Zug aus, als ob das Schädeldach nach oben abgenommen werden sollte (Foto 116 a + b). Das *Unwinding*-Phänomen ist hier als minimale Achterbewegung spürbar. Der Zug wird so lange beibehalten, bis der *Unwinding*-Prozess zum Stillstand kommt. Der Parietal-Lift entspannt hauptsächlich die vertikal verlaufenden Fasern der *Folx cerebri*.

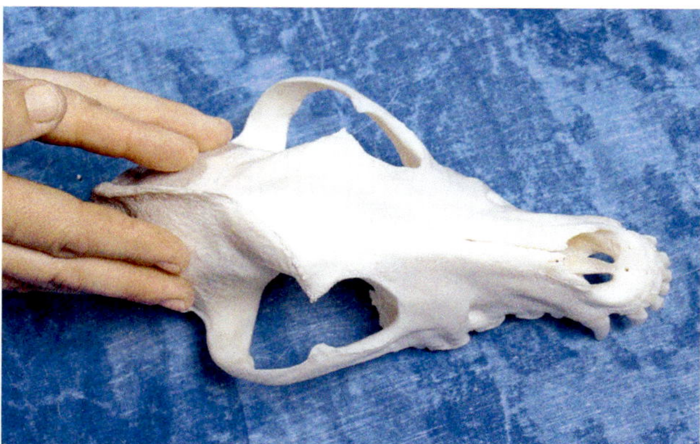

Foto 116 b: Parietal-Lift am Modell.

Frontal-Lift: Beim Frontal-Lift nimmt der Therapeut jeweils beidseitig mit Zeige- und Mittelfinger Kontakt zum *Os frontale* hinter dem *Processus zygomaticus* auf und übt nun einen leichten, nach rostral gerichteten Zug

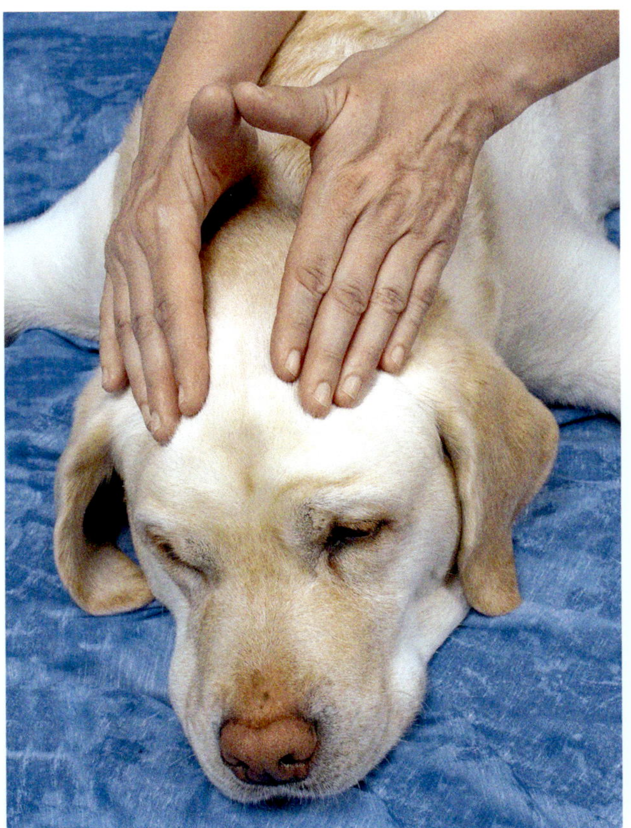

Foto 117 a: Frontal-Lift am Hund.

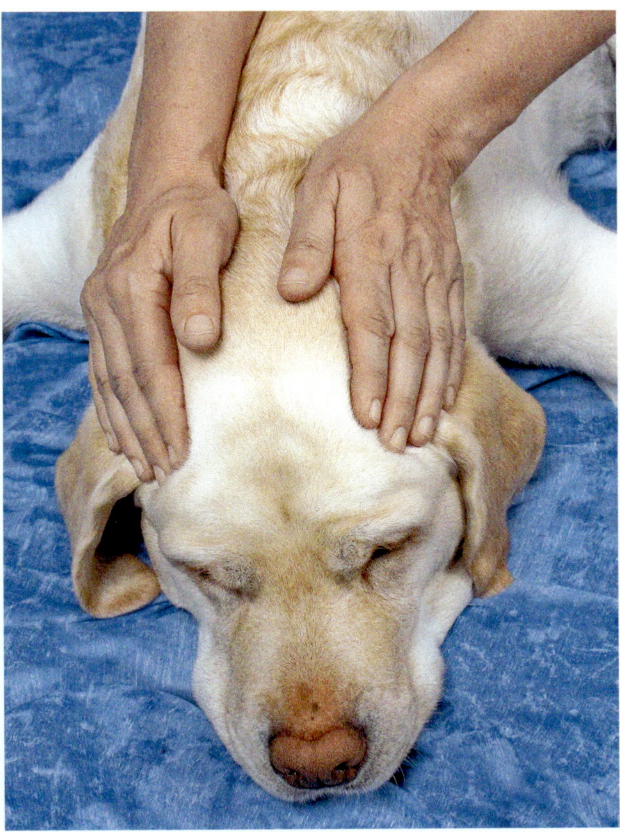

Foto 118 a: Sphenoidal-Lift am Hund.

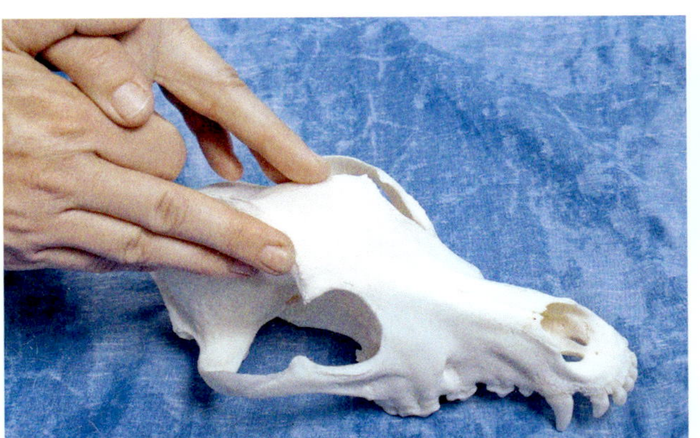

Foto 117 b: Frontal-Lift am Modell.

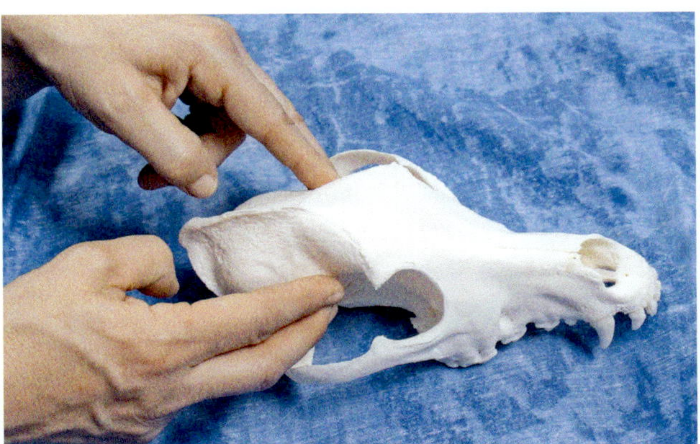

Foto 118 b: Sphenoidal-Lift am Modell.

bzw. Schub aus (Foto 117 a + b). Auch hier ist ein leichtes *Unwinding*-Phänomen spürbar und der Zug wird wiederum so lange beibehalten, bis die Bewegung zum Stillstand kommt. Der Frontal-Lift wirkt auf die horizontal verlaufenden Fasern der *Folx cerebri* ein.

Sphenoid-Lift: Beim Sphenoid-Lift nimmt der Therapeut jeweils beidseitig mit Zeige- und Mittelfinger durch das Gewebe hindurch Kontakt mit den Sphenoid-Flügeln auf (vgl. Griffanlage der rostralen Hand beim *Fronto-Occipital-Hold*; Foto 118 a + b). Nun übt er wiederum einen Zug bzw. Schub auf die Sphenoidflügel nach rostral aus. Auch hierbei kommt es zu einem *Unwinding*-Phänomen, welches meist jedoch nicht so deutlich spürbar ist, wie bei den vorangegangenen Techniken. Der Sphenoid-Lift entspannt vor allem das *Tentorium cerebelli*.

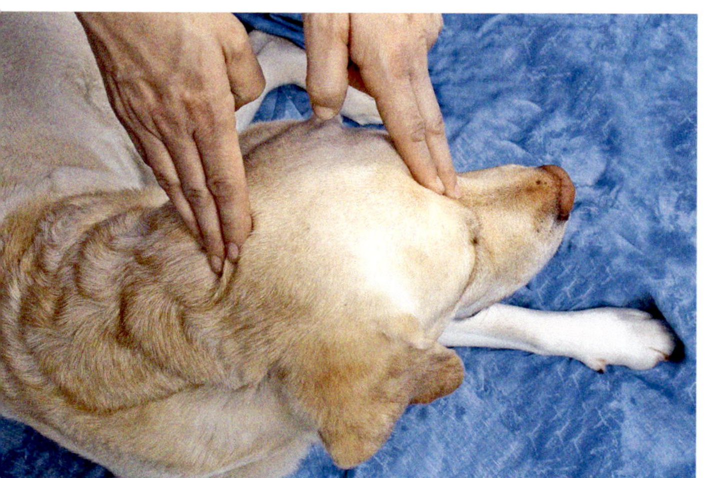

Foto 119: Release der Falx cerebri.

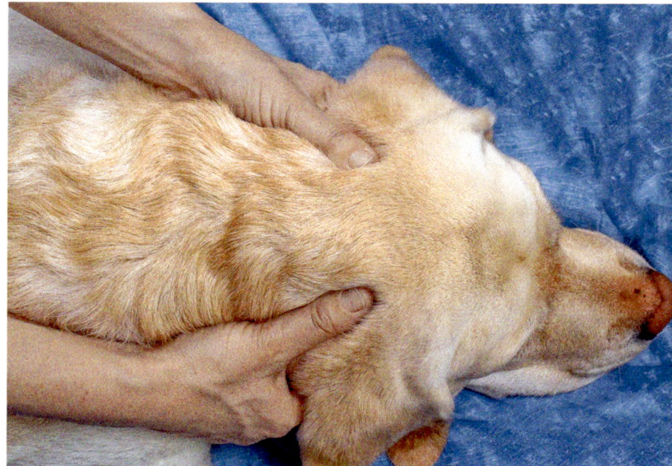

Foto 120: CV4-Technik.

Release-Technik für _Falx cerebri_ und _Tentorium cerebelli membranaceum:_ Bei dieser Technik legt der Therapeut Zeige- und Mittelfinger der einen Hand von vorne in der Medianlinie im Bereich der *Ossa frontalia* an; dies entspricht der Stelle, an der sich auf der Schädelinnenseite die *Crista galli* des *Os ethmoidale* befindet und die *Falx cerebri* ihren Ursprung nimmt (vgl. auch Akupunktur-Punkt Yin-Tang). Die andere Hand wird mit Mittel- und Zeigefinger von hinten kommend median am Okziput angelegt (Foto 119). Beide Hände werden nun kaum wahrnehmbar aufeinander zugeführt. Hierbei ist kein *Unwinding*-, sondern ein *Release*-Phänomen spürbar, bei welchem der Eindruck entsteht, dass das Gewebe unter den Fingern etwas weicher wird.

Techniken zur Verbesserung der Liquorzirkulation

CV4-Technik – _Stillpoint-Induction:_ Die Bezeichnung CV4 kommt aus dem englischen Sprachgebrauch und bedeutet, dass sich diese Technik auf den IV. Gehirnventrikel konzentriert (*Cerebral ventricle 4*). Der Therapeut nimmt von kaudal her mit beiden Daumen Kontakt zur *Squama* des *Os occipitale* auf und konzentriert sich nun auf die kraniosakrale Flexions- und Extensionsbewegung (Foto 120). Während der Extensionsphase des Schädels folgen beide Daumen der kranialwärts ausgerichteten Bewegung passiv, während der Flexionsphase jedoch verhindern sie nun mehr oder weniger aktiv die Bewegungsumkehr. Nach einigen Zyklen kommt dadurch die kraniosakrale Bewegung zum Stillstand (*Stillpoint-Induction*), die Position des Therapeuten bleibt unverändert, bis die Bewegung von neuem wieder einsetzt. Oftmals spürt man zeitgleich eine vertiefte Atmung und eine deutliche Entspannung des Patienten.

Die CV4-Technik wird auch als *Shotgun-Technique* bezeichnet, da sie bei sehr unterschiedlichen Problemen mit unterschiedlichen Behandlungszielen eingesetzt werden kann:

Ziele des CV4:

- Verbesserte Symmetrie und Synchronität des Kraniosakralen Systems
- Spannungsausgleich des Bindegewebes im gesamten Körper
- Verbesserte Liquordynamik (vor allem verbesserter Abfluss über den IV. Ventrikel; vergleichbar einer Lymphdrainage)
- Stressreduktion durch Tonussenkung des Sympathikus
- Fiebersenkung

Aufgrund der Verbesserung des Liquorabflusses durch diese Technik sollte zuvor ein dv-*Release* der kranialen Thoraxapertur (s. Faszientechniken S. 145) durchgeführt werden. Dadurch wird gewährleistet, dass die drainierte Flüssigkeit aus dem Schädel besser über den Venenwinkel abfließen kann.

Im Vergleich zu den zuvor beschriebenen Techniken bestehen im Hinblick auf die CV4-Technik einige Kontraindikationen.

Kontraindikationen der CV4-Technik:

- Trächtigkeit (unter Anwendung der Technik kommt es zur Ausschüttung von Oxytocin)
- Frische Kopfverletzungen
- Zerebrale Blutungen
- Hirntumore, Aneurysmen
- Hydrozephalus

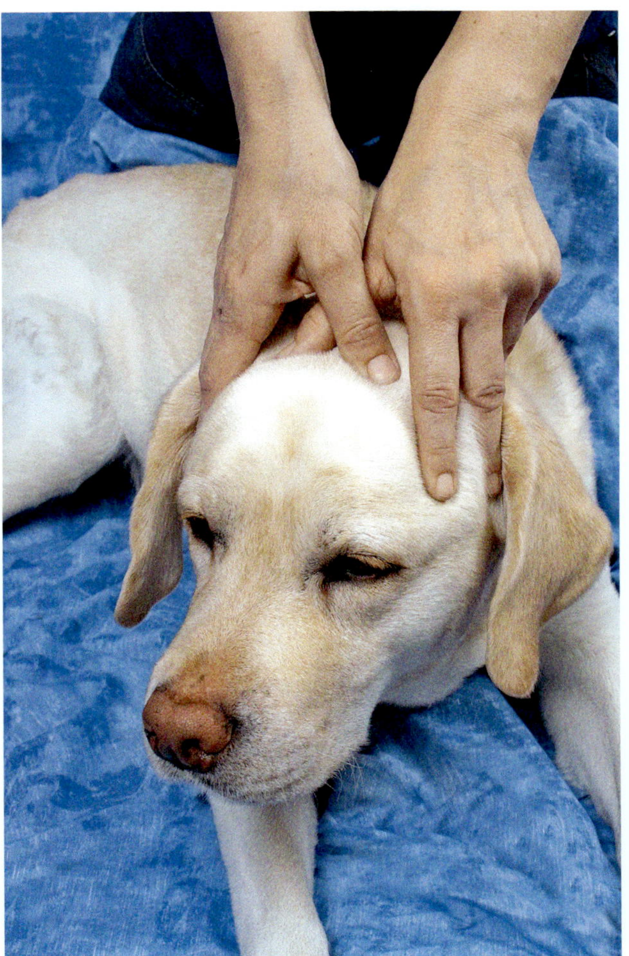

Foto 121: Sinus-Drainage-Technik 1.

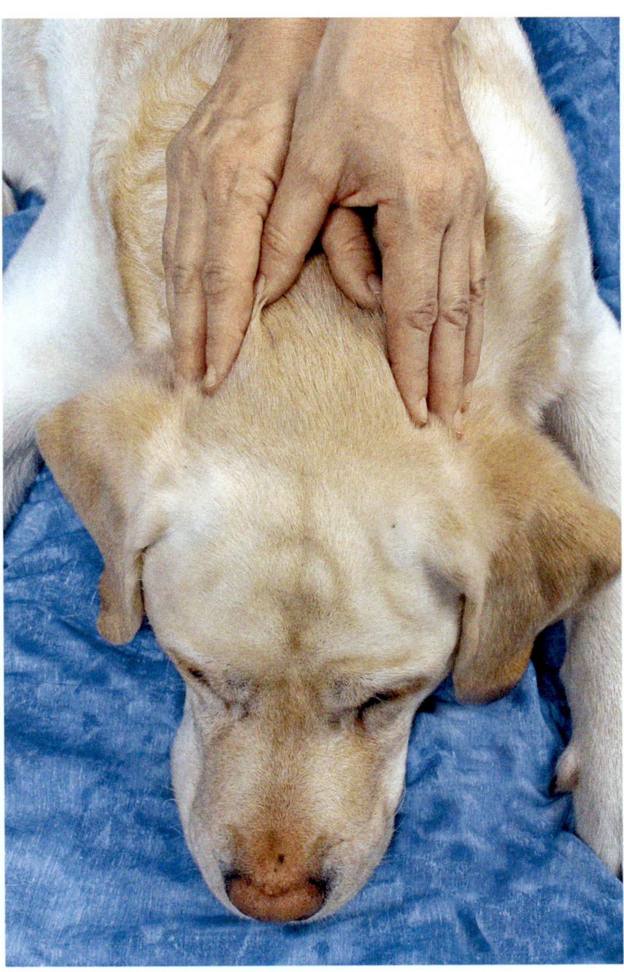

Foto 122: Sinus-Drainage-Technik 2.

Sinus-Drainage-Technik: Zur Verbesserung der Drainage des ***Sinus sagittalis dorsalis*** legt der Therapeut beide Daumen gekreuzt an den *Ossa parietalia* an, direkt paramedian der *Sutura sagittalis*. Zeige- und Mittelfinger liegen vor der Ohrmuschel, der Ringfinger dahinter auf Höhe der Scheitelbeinuntergrenze. Während der Flexionsphase des Kraniosakralen Systems spreizen nun beide Daumen die *Sutura sagittalis*, indem sie einen leichten Druck von medial nach lateral bewirken, und üben zudem gleichzeitig gemeinsam mit den Mittel- und Ringfingern einen kranialwärts gerichteten Zug aus (Foto 121). Während der Extensionsphase wird der Druck gelöst und in der nachfolgenden Flexionsphase wieder verstärkt.

Um die **Drainage der hinteren Schädelgrube** zu verbessern, nehmen Zeige- und Mittelfinger beidseits Kontakt mit dem Verbindungspunkt zwischen *Os parietale*, *Os occipitale* und *Os temporale* (so genanntes *Asterion*) auf (Foto 122). Während der Flexionsphase der kraniosakralen Bewegung drücken die Finger nun beidseitig gleichzeitig sanft gegen die *Ossa parietalia*. Während der Extensionsphase wird der Druck gelöst und in der nachfolgenden Flexionsphase wieder verstärkt.

Indikationen:

- Hormonelle Probleme (bei Beeinträchtigung der Hypophyse)
- Infekte der Nasennebenhöhlen
- Kopfschmerz (durch venöse Stase)

Untersuchung und Behandlung der Schädelsuturen

Die Notwendigkeit einer Überprüfung der Suturenelastizität bzw. einer Suturenbehandlung ergibt sich dann, wenn der craniosacrale Rhythmus nach einer osteopathischen Behandlung nicht ausreichend gut wiederhergestellt werden bzw. eine sphenobasiläre Dysfunktion nicht vollständig gelöst werden konnte.

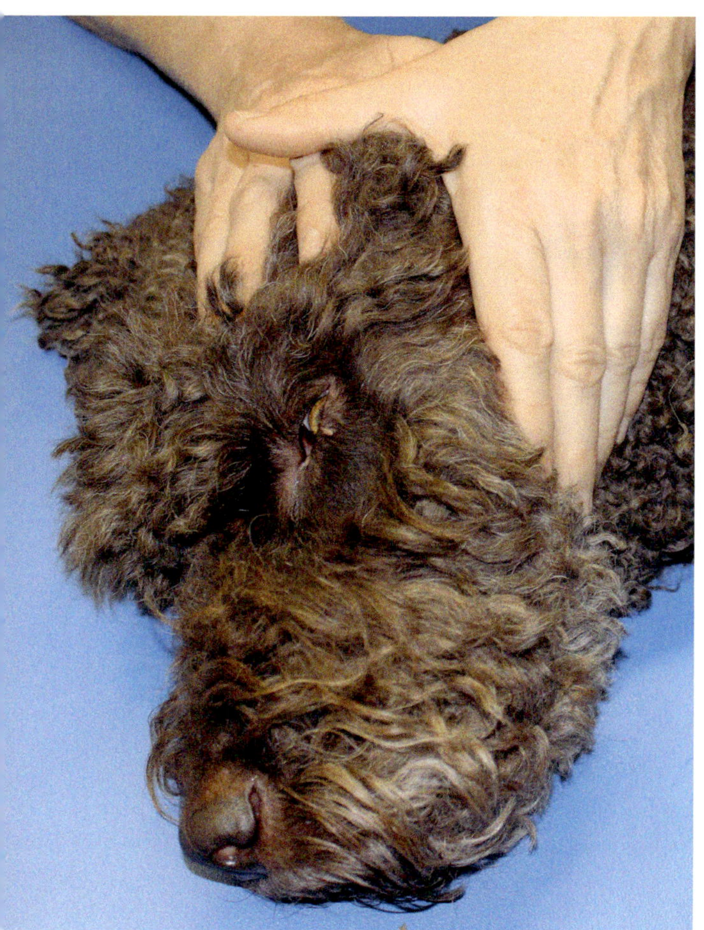

Foto 123: Elastizitätsprüfung und Behandlung der Sutura squamosa und Sutura sagittalis

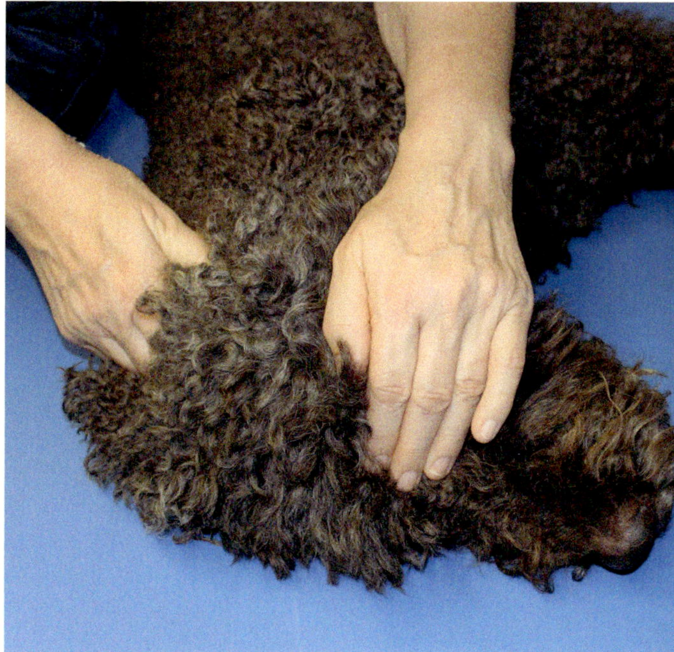

Foto 124: Elastizitätsprüfung und Behandlung der Sutura lambdoidea und Sutura coronalis

Elastizitätsprüfung und Behandlung der Sutura squamosa und der Sutura sagittalis

Der Zeigefinger der einen Hand des Therapeuten wird auf der Sutura squamosa positioniert, während je nach Schädelgröße Mittel- oder Ringfinger auf der Sutur sagittalis zu liegen kommen. Die andere Hand übt über die Mandibula einen Schub nach cephal aus. Die Finger auf den Suturen überprüfen, ob diese Bewegung in Form einer Kompression im Bereich der Suturen anläuft, beim Nachlassen des Schubes wird die elastische Rückstellfähigkeit der Suturen beurteilt. (Foto 123)

Zur Behandlung einer eingeschränkten Komprimierbarkeit der Sutur wird zuerst mit einer sogenannten V-Spread-Technik an der Sutur gearbeitet. Dazu wird jeweils ein Finger rechts und links neben der Sutur platziert, dann erfolgt eine Traktion, die bis zum Release gehalten wird. Anschließend wird die Sutur komprimiert (siehe Test). Auch diese Kompression wird bis zum Release gehalten.

Elastizitätsprüfung und Behandlung der Sutura lambdoidea und der Sutura coronalis

Eine Hand des Therapeuten wird flächig über dem Os frontale platziert, die Finger der anderen Hand liegen über der Sutura lambdoidea. Die Hand über dem Os frontale übt nun einen Schub in Richtung Occiput aus. Die Finger auf der Sutura lambdoidea überprüfen, ob diese Bewegung in Form einer Kompression im Bereich der Sutur anläuft, beim Nachlassen des Schubes wird die elastische Rückstellfähigkeit der Sutur beurteilt. Zur Beurteilung der Sutura coronalis wird eine Hand des Therapeuten flächig über dem Os occipitale platziert, die Finger der anderen Hand liegen über der Sutura coronalis. Die Hand über dem Os occiptale übt nun einen Schub in Richtung Os frontale aus. Die Finger auf der Sutura coronalis überprüfen, ob diese Bewegung in Form einer Kompression im Bereich der Sutur anläuft, beim Nachlassen des Schubes wird die elastische Rückstellfähigkeit der Sutur beurteilt. (Foto 124)

Zur Behandlung einer eingeschränkten Komprimierbarkeit der Sutur wird zuerst mit einer sogenannten V-Spread-Technik an der Sutur gearbeitet. Dazu wird jeweils ein Finger rechts und links neben der Sutur platziert, dann erfolgt eine Traktion, die bis zum Release gehalten wird. Anschließend wird die Sutur komprimiert (siehe Test). Auch diese Kompression wird bis zum Release gehalten.

Elastizitätsprüfung und Behandlung der Sutura frontonasalis

Der Zeigefinger der einen Hand des Therapeuten wird cephal der Knochennaht auf dem Os frontale platziert. Daumen und Zeigefinger der anderen Hand umfassen die Ossa nasalia. Die Finger im Bereich der Ossa nasalis führen nun eine Kompression, eine Traktion und eine Translation nach links und rechts an der Sutur durch. Zur Behandlung einer eingeschränkten Komprimierbarkeit der Sutur wird zuerst mit einer sogenannten V-Spread-Technik an der Sutur gearbeitet. Dazu wird jeweils ein Finger rechts und links neben der Sutur platziert, dann erfolgt eine Traktion, die bis zum Release gehalten wird. Anschließend wird die Sutur komprimiert. Auch diese Kompression wird bis zum Release gehalten.

Ist die Translation zu einer Seite eingeschränkt, arbeiten wir zuerst indirekt in die freie Richtung, halten bis zum Release und anschließend arbeiten wir direkt an der Restriktionsbarriere und halten ebenfalls bis zum Release. (Foto 125)

Das *Ten-Step-Procedure*

Die in der Kraniosakralen Therapie angewandten Techniken lassen sich in der Praxis gut mit Faszientechniken kombinieren (s. S. 153). Dabei hat sich eine bestimmte Reihenfolge von Techniken entwickelt, in die je nach Bedarf weitere fasziale oder kraniosakrale Techniken eingebaut werden können. Dieses *Ten-Step-Procedure* beinhaltet fünf Faszien- und fünf kraniosakrale Techniken.

Mit Hilfe des *Fronto-Occipital-Hold* (Technik 1) werden dabei zunächst die Frequenz, die Amplitude, der Rhythmus und die Symmetrie der kraniosakralen Bewegung beurteilt. Durch die anschließend ausgeführten Faszientechniken wird zum einen die Beweglichkeit des Sakrums verbessert (Lumbosakral-*Release*, Technik 2 und *Dural-Tube-Stretch*, Technik 5), zum anderen durch den dv-*Release* der vorderen Thorax-Apertur (Technik 4) die Drainage über den Venenwinkel vorbereitet.

Der *Cranial-Base-Release* (Technik 6) ist eine Technik, die einerseits Einfluss auf das Gewebe im Bereich des *Foramen jugulare* und damit auch auf die entsprechenden Leitungsstrukturen besitzt (vgl. Dysfunktionen der kranialen Halswirbelsäule), andererseits aber vor allem zur Senkung des Tonus der subokzipitalen Muskulatur geeignet ist. Eine beidseitige Tonuserhöhung der subokzipitalen Muskulatur führt zu einer vermehrten Flexionsbewegung der Sphenobasilären Synchondrose und schränkt gleichzeitig deren Extensionsbewegung ein. Bei Vorliegen einer einseitigen Tonuserhöhung führt dies zu einem *Torsion-Strain* oder auch zu einem *Sidebending-Strain* im Bereich der Sphenobasilären Synchondrose (Ausführung der übrigen Techniken: s. Kap. Faszientechniken S. 153).

Anschließend werden die *Unwinding*-Techniken zum Ausgleich intrakranieller Fehlspannungen angewandt (Parietal-Lift, Technik 7; Frontal-Lift, Technik 8 und Sphenoid-Lift, Technik 9). Sollten Hinweise auf kraniosakrale Dysfunktionen bestehen, schließen sich nun die Untersuchung und Behandlung von Dysfunktionen der SBS und des *Os temporale* an.

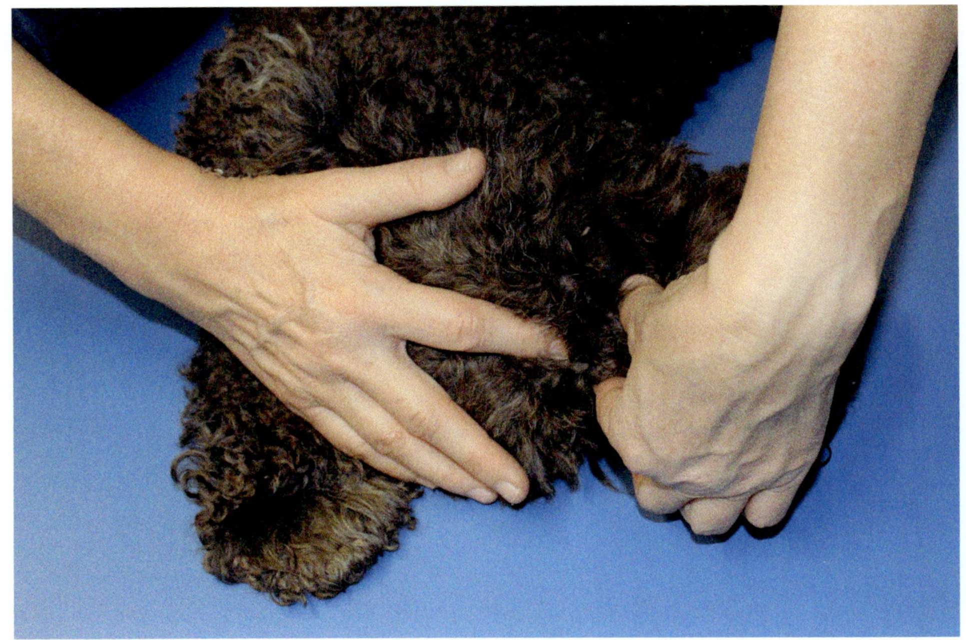

Foto 125: Elastizitätsprüfung und Behandlung der Sutura frontonasalis

Zum Abschluss wird die CV4-*Stillpoint-Induction* (Technik 10) durchgeführt.

Ablauf des *Ten-Step-Procedure*:

1. *Fronto-Occipital-Hold* (diagnostische Technik)
2. *Release* der *Fascia thoracolumbalis* / lumbosakrale Kompression–Dekompression (s. Faszientechniken S. 139; zur Verbesserung der Mobilität des Sakrums)
3. Diaphragma-*Release* (s. Faszientechniken S. 139ff.)
4. *Sandwich*-Technik zum *Release* der vorderen Thorax-Apertur (s. Faszientechniken S. 145; zur Verbesserung der Drainage über den Venenwinkel und zur Vorbereitung der CV4-Technik)
5. *Dural-Tube-Stretch* (s. Faszientechniken S. 146; zur Verbesserung der Mobilität des Sakrums und des Duraschlauches)
6. *Cranial-Base-Release* (s. S. 148)
7. Parietal-Lift (*Unwinding*-Technik)
8. Frontal-Lift (*Unwinding*-Technik)
9. Sphenoid-Lift (*Unwinding*-Technik)
   - Direkte dreidimensionale Prüfung und Behandlung der SBS
   - Bewegungsprüfung und Behandlung des Os temporale
10. CV4-*Stillpoint-Induction*

Behandlung des Gesichtsschädels

Eine Behandlung des Gesichtsschädels, wie sie beim Menschen durchgeführt wird, ist beim Hund in der Praxis nur bedingt umsetzbar, weil der Therapeut bei diesen Techniken mit einer oder mit beiden Händen

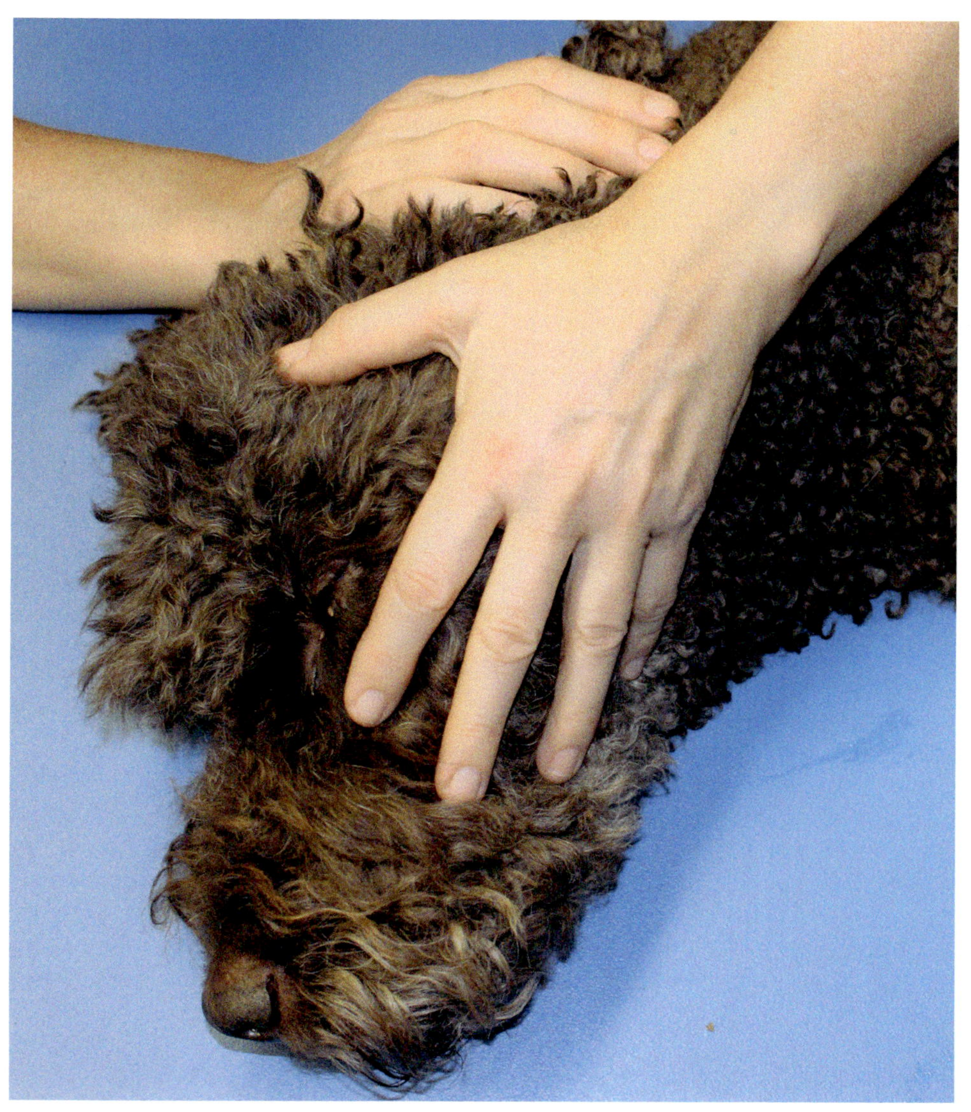

Foto 126: Untersuchung des Viscerocraniums

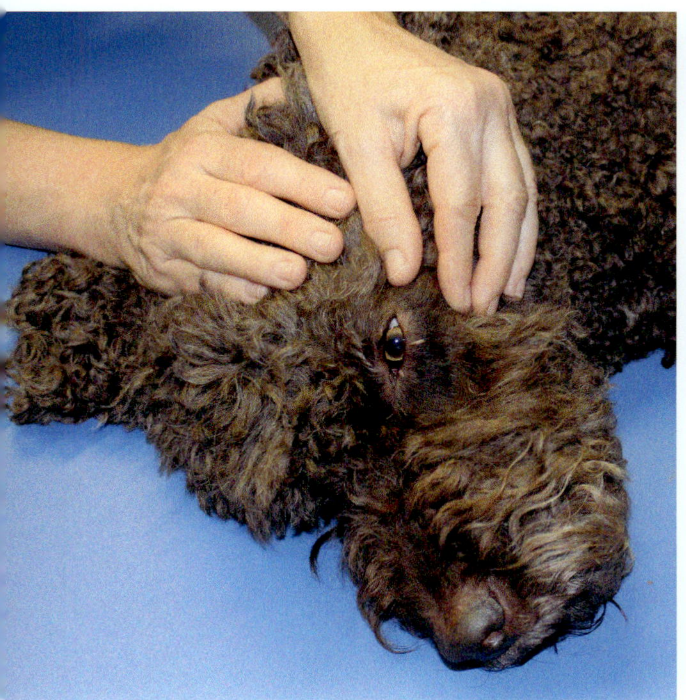

Foto 127: Test und Mobilisation Os zygomaticus

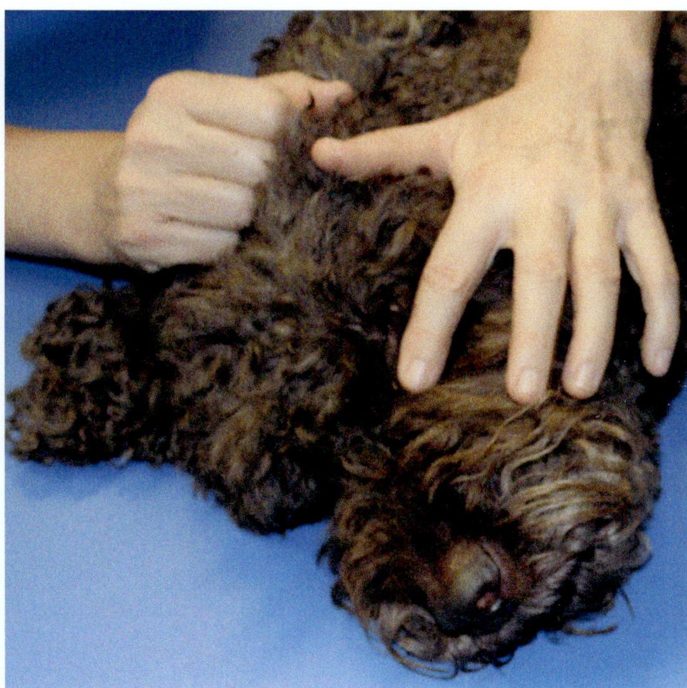

Foto 128: Test und Mobilisation Os lacrimale

intraoral, also in der Maulhöhle, arbeiten müsste und hierfür die *Compliance* beim Hund selten bzw. nur ungenügend gegeben ist. Wir arbeiten hier also ausschließlich mit Techniken, die bei unseren Hundepatienten gut umsetzbar und effektiv sind.

Untersuchung des craniosacralen Rhythmus im Bereich des Viscerocraniums

Zur Untersuchung wird der Zeigefinger der einen Hand über dem Os zygomaticum, der Mittelfinger über der Maxilla und der Ringfinger über der Mandibula platziert. Die Flexionsphase führt zu einer Verbreiterung des Viszerocraniums, d.h. Os zygomaticum, Maxilla und Mandibula drehen mit ihren kaudalen Anteilen nach rostral und cephal. (Foto 126)

Test und Mobilisation des Os zygomaticum

Der Behandler umfasst mit Daumen- und Zeigefinger einer Hand das Os zygomaticum und überprüft die Mobilität des Os zygomaticum. Dies kann über eine Listeningtechnik oder über die direkte Suche einer Restriktionsbarriere erfolgen. Die Testbewegungen sind Traktion/Kompression auf die unterschiedlichen Suturen zu und eine Translation, die nach cephal und mundbodenwärts gerichtet ist. Die Mobilisation erfolgt mittels einer Induktionstechnik oder alternativ mit einer Releasetechnik. Beim Anwenden einer Releasetechnik erfolgt zuerst eine Mobilisation in die freie Richtung und anschließend die direkte Mobilisation an der Restriktionsbarriere. (Foto 127)

Test und Mobilisation des Os lacrimale

Eine Mobilisation des Os lacrimale kann insbesondere bei Störungen des Tränenflusses eingesetzt werden. Zur Überprüfung der Mobilität wird der Zeigefinger der Untersuchungshand über dem Os lacrimale platziert. Die Mobilitätsprüfung kann über eine Listeningtechnik oder über die direkte Suche einer Restriktionsbarriere erfolgen. Die Testbewegungen sind Traktion/Kompression auf die unterschiedlichen Suturen zu und eine Translation, die nach cephal und mundbodenwärts gerichtet ist. Die Mobilisation erfolgt mittels einer Induktionstechnik oder alternativ mit einer Releasetechnik. Beim Anwenden einer Releasetechnik erfolgt zuerst eine Mobilisation in die freie Richtung und anschließend die direkte Mobilisation an der Restriktionsbarriere. (Foto 128)

TASSO

Patienten

BEHANDLUNGS-ABLAUF

Da eine osteopathische Untersuchung und Behandlung immer nach dem Prinzip der Ganzheitlichkeit erfolgen sollte, ist sie mehr als die Summe der einzelnen Diagnose- und Therapiebausteine. Die folgenden zwei Behandlungsbeispiele sollen verdeutlichen, wie dies in der Praxis aussehen kann.

FALLBEISPIEL 1: „FLAVIA“, LABRADORHÜNDIN, 6 JAHRE

„Flavia“ wurde aufgrund rezidivierender intermittierender Lahmheiten der linken Vordergliedmaße vorgestellt. Die Lahmheiten bestanden zum Zeitpunkt der Untersuchung seit etwa zwei Monaten.

Anamnese: Im ersten Lebensjahr waren bei „Flavia“ an beiden Ellbogengelenken eine *Osteochondrosis dissecans* (OCD) und ein fragmentierter *Processus coronoideus* (FPC) diagnostiziert und arthroskopisch-chirurgisch versorgt worden. Es bestand beidseitig die röntgenologisch gesicherte Diagnose einer Ellbogengelenksarthrose, welche rechts stärker ausgeprägt war als links. Die Lahmheit verstärkte sich bei nass-kalter Witterung.

Außerhalb des Bewegungsapparates trat bei „Flavia“ etwa zwei Mal pro Jahr eine *Otitis externa* auf; als Erreger konnten mehrfach Malassezien nachgewiesen werden. Seit drei Jahren zeigten sich bei Blutuntersuchungen erhöhte Leberwerte. Drei Monate vor der ersten Vorstellung war die Hündin kastriert worden.

„Flavia“ wurde mit Rohfutter ernährt. Die Hündin setzte mindestens sechs Mal pro Tag weichen Kot ab; sie fraß den Kot anderer Hunde.

Medikamentell erhielt „Flavia“ Hekla lava in einer D 1000 als homöopathische Arznei einmal monatlich; bei starker Schmerzhaftigkeit erhielt sie zusätzlich ein nichtsteroidales Antiphlogistikum.

Befunderhebung: „Flavia“ zeigte im Stand eine leicht durchhängende Rückenlinie; sie entlastete die rechte Vordergliedmaße. Das Gangbild wirkte insgesamt schwerfällig, der Kopf wurde tief getragen. Die Betrachtung von hinten ergab eine deutlich ausgeprägte, beidseitige Rotation am TLÜ; bei der Betrachtung von vorne zeigte sich eine deutliche Supination der Karpalgelenke in der Hangbeinphase.

Bei der Palpation der Temperatur ergab sich eine vermehrte Wärmeabstrahlung im Bereich der kaudalen Brustwirbelsäule. Beim *Local Listening* in Seitenlage bestand ein Gewebezug in Richtung auf die linke Oberbauchseite.

Die viszerale Befundung zeigte eine Einschränkung der Motilität von Magen und Leber. Bei der parietalen Befundung ergab sich eine Dysfunktion des Sakrums in Form einer R/L-Torsion; im Bereich der Wirbelsäule zeigte sich eine FSR rechts am 11. und 12. Brustwirbel (Th11 und Th12 FSR rechts). Am 5. Halswirbel lag eine Dysfunktion in FSR links vor (C5 FSR links). Beide Ellbogengelenke zeigten sich bei der manuellen Untersuchung nicht schmerzhaft, der Bewegungsumfang in Flexion betrug etwa 90°, es war eine Reststreckung von etwa 10° vorhanden.

Osteopathische Betrachtung: Das *Local Listening* sowie die viszeralen Befunde wiesen auf eine viszerale Beteiligung hin. Ein segmentaler Zusammenhang zu den Dysfunktionen der kaudalen Brustwirbelsäule war wahrscheinlich, eine Verbindung zum Segment C4 war ebenfalls nicht auszuschließen: Eine Reizung der viszeralen Organe des Oberbauches (Leber, Magen, Milz) korrespondiert mit Dysfunktionen in den Segmenten Th11 und Th12. Viszerale Reizungen des Oberbauchs können zudem zu einer Irritation des *N. phrenicus* führen, welcher aus der kaudalen Halswirbelsäule kommt, und somit die Dysfunktion im Segment C4 begründen. Diese können wiederum ihrerseits Beschwerden in der linken Schulter-Nackenregion bedingen.

In der Traditionellen Chinesischen Medizin werden den Segmenten Th11 und Th12 die *Shu*-Punkte von Magen und Milz zugeordnet; Magen und Milz sind wiederum dem Element Erde (5-Elemente-Lehre) zugehörig. Eine Dysbalance des Erdelements kann sich wiederum in dem häufigen Absatz von weichem Kot sowie in der Aufnahme von Kot anderer Hunde äußern; auch die Verschlechterung bei nass-kaltem Wetter korrespondiert mit dem Element Erde.

Die Dysfunktion im Bereich des Sakrums ist wahrscheinlich kompensatorisch entstanden. Ausgangspunkt der Problematik war möglicherweise eine Irritation der Leber (vgl. erhöhte Leberwerte), die dann über fasziale und ligamentäre Fehlspannungen die Motilitätseinschränkung und damit auch die funktionellen Beschwerden des Magens hervorgerufen haben konnte.

Durch den zeitlichen Zusammenhang zur Kastration war es wahrscheinlich, dass kompensatorische Mechanismen durch den operativen Eingriff aufgehoben worden waren.

Therapie:

1. *Ten-Step-Procedure* mit zusätzlich weitergehenden Techniken zur Behandlung des Zwerchfells.
2. Viszerale Behandlung von Magen und Leber: Techniken zur Verbesserung der Motilität.
3. Behandlung der Dysfunktionen der Brustwirbelsäule (Th11 und Th12 FSR rechts: indirekt-direkte Technik). Die ursprünglich vorhandenen Dysfunktionen im Bereich der Halswirbelsäule und des Sakrums waren zu diesem Zeitpunkt (nach Durchführen des *Ten-Step-Procedure*) nicht mehr vorhanden.
4. Dem Patientenbesitzer wurde zusätzlich empfohlen, zur Harmonisierung des Erdelementes einen Tierarzt mit Akupunkturausbildung aufzusuchen.

FALLBEISPIEL 2: „ARISHA“, MISCHLINGSHÜNDIN, 7 JAHRE, KASTRIERT

„Arisha“ wurde vorgestellt, da sie ihrer Besitzerin seit einigen Wochen zunehmend durch aggressives Verhalten gegenüber Artgenossen aufgefallen war. Die Hündin zeigte deutlich weniger Bewegungslust und lahmte immer wieder auf der linken Vordergliedmaße. Trotz physiotherapeutischer Behandlung hatten sich die Befunde nicht gebessert.

Anamnese: „Arisha“ war über eine Tierschutzorganisation aus Südeuropa nach Deutschland gekommen. Es bestand die Diagnose einer beidseitigen, hochgradigen Hüftgelenksdysplasie (mit PIN-Operation unbekannten Datums) sowie die eines *Cauda-equina*-Kompressionssyndroms ohne neurologische Ausfallserscheinungen. Ein Jahr zuvor war aufgrund dieser Befunde eine Goldimplantation durchgeführt worden. Seitdem befand sich die Hündin in regelmäßiger physiotherapeutischer Behandlung.

„Arisha“ wurde mit Rohfutter ernährt (BARF-Konzept). Weitere Erkrankungen waren nicht bekannt, eine medikamentelle Behandlung lag nicht vor.

Befunderhebung: Im Stand hielt „Arisha“ den Kopf tief. Sowohl im Schritt als auch im Trab zeigte sich eine Lahmheit (Lahmheitsgrad I) im Bereich der linken Vordergliedmaße. Auch in der Bewegung wurde der Kopf tief getragen, die Lendenwirbelsäule wirkte in allen Gangarten steif.

Bei der *Screening Examination* zeigte sich die Haut über der gesamten Lendenwirbelsäule fest (Kibler'sche Hautfalte). Die Extension der Halswirbelsäule war endgradig eingeschränkt.

Alle Gelenke beider Vordergliedmaßen waren frei beweglich; eine Schmerzreaktion war nicht auszulösen. An beiden Hüftgelenken war die Extension endgradig eingeschränkt.

Der kraniosakrale Rhythmus war nicht tastbar.

Bei der parietalen Befundung ergab sich, dass bei „Arisha“ im Bereich des Sakrums eine R/L Torsionsläsion vorlag. In der Lendenwirbelsäule zeigten die Segmente L3/L4 und L6/L7 Dysfunktionen. Es lag zudem eine Dysfunktion des Atlantookzipitalgelenks vor.

Osteopathische Betrachtung: Ein nicht zu ertastender kraniosakraler Rhythmus ist Hinweis auf eine Kompression der Sphenobasilären Synchondrose durch das *Os temporale*. Möglicherweise stand die von der Besitzerin beobachtete Verhaltensveränderung mit der Sphenobasilären Kompression oder aber mit der Dysfunktion des ersten Kopfgelenks im Zusammenhang. Auch die schlechte Reaktionslage des Körpers auf die physiotherapeutischen Reize konnte Folge der Kompression der Sphenobasilären Synchondrose sein.

Therapie:

1. Lösung der Kompression der sphenobasilären Synchondrose über die Ohrziehtechnik.
2. Behandlung der R/L Sakrumstorsion.
3. *Ten-Step-Procedure* zum Ausgleich sekundärer Fehlspannungen des Körpers; im Anschluss waren die parietalen Dysfunktionen im Bereich der Lendenwirbelsäule und der oberen Halswirbelsäule bereits verschwunden.
4. Fortsetzung der physiotherapeutischen Behandlung einmal wöchentlich.

Unmittelbar im Anschluss an die erste osteopathische Behandlung trug „Arisha“ den Kopf deutlich höher und der gesamte Bewegungsablauf wirkte harmonischer.

Darüber hinaus

ERGÄNZENDE MASSNAHMEN

ANSÄTZE DER KLASSISCHEN WESTLICHEN MEDIZIN

Die Unterteilung in die so genannte „Schulmedizin“ auf der einen und „Alternative Heilmethoden“ auf der anderen Seite erscheint aus unserer Sicht weder zeitgemäß noch sinnvoll. Mittlerweile werden an zahlreichen Hochschulen neben den Methoden der klassisch-westlichen Medizin auch Ansätze aus anderen Therapieformen unterrichtet. Vor allem für die Physikalische, aber auch für die Manuelle Medizin und für die Akupunktur sind einige der zugrunde liegenden Wirkungsmechanismen erforscht und beruhen auf denselben anatomischen, histologischen, physiologischen, biomechanischen und biochemischen Grundlagen wie die Methoden der „Schulmedizin“. Zudem verstehen sich die meisten dieser Therapieformen nicht als „Alternative“ zur klassischen Medizin, welche den Patienten oder Besitzer vor eine Entweder-Oder-Entscheidung stellt, sondern versuchen vielmehr, durch eine sinnvolle, individuell abgestimmte Auswahl von Behandlungstechniken, Heilmitteln und Arzneien möglichst optimale Heilungschancen zu ermöglichen. Daher erscheint es sinnvoller, die ursprünglich nicht zur klassisch-westlichen Medizin gehörigen Therapieformen als **„integrative“** oder **„komplementäre“ Therapieformen** zu bezeichnen.

Da die Mehrzahl der osteopathischen Patienten aufgrund von Beschwerden im Bereich des Bewegungsapparates vorgestellt und behandelt wird, ergeben sich hierdurch bestimmte Überschneidungsbereiche, in denen die Zusammenarbeit zwischen Tierarzt und Osteopath unerlässlich ist.

Diagnostik: In der osteopathischen Untersuchung steht die Befundung funktioneller Störungen wie beispielsweise Bewegungseinschränkungen an Gelenken im Vordergrund. Diese können jedoch auch eine strukturelle Komponente (Bandruptur, Arhtrose etc.) besitzen. Vor allem die bildgebende Diagnostik (Röntgenuntersuchung, Computertomographie, Magnet-Resonanz-Tomographie) ist hier von großer Bedeutung, um die Ursache einer Funktionsstörung zu identifizieren, strukturelle Schädigungen auszuschließen und die optimale Therapie festlegen zu können.

Chirurgische Eingriffe: Vor allem Zusammenhangstrennungen (Bandrupturen, Knochenfrakturen, Knorpelchips etc.), aber auch hochgradige dysplastische oder chronisch-degenerative Erkrankungen stellen so starke strukturelle Veränderungen dar, dass eine unmittelbare, ausschließlich funktionell orientierte osteopathische Behandlung nicht sinnvoll bzw. sogar kontraindiziert ist. In vielen Fällen können hier jedoch durch einen chirurgischen Eingriff die Voraussetzungen geschaffen werden, durch anschließende osteopathische Behandlungen weiteren Folgeerkrankungen vorzubeugen.

Medikamentelle Therapie / Schmerztherapie: Schmerz ist ein zentraler Aspekt, der nicht nur zu einer Funktionsstörung an einem einzelnen Gelenk, sondern zu einer deutlichen Einschränkung der Lebensqualität des Tieres führen kann. Schmerz kann sowohl die Folge funktioneller Störungen (z.B. Muskelschmerz bei Verspannung), als auch Folge struktureller Veränderungen (z.B. Entzündungsschmerz bei Arthrose-Schub) sein. Schmerzen im Bewegungsapparat werden häufig durch viele Faktoren bedingt – ein Ineinandergreifen verschiedener therapeutischer Ansätze bringt daher oftmals die **effektivste Schmerzlinderung**:

So kann häufig bei Patienten mit chronischen Arthroseschmerzen durch eine osteopathische und physiotherapeutische Betreuung die benötigte Menge an Schmerzmitteln bzw. nicht-steroidalen Antiphlogistika reduziert werden, da durch die durch sie bedingte Verbesserung der Gelenkfunktion und die Detonisierung verspannter Muskelgruppen ebenfalls eine Schmerzlinderung erreicht wird. Umgekehrt kann bei akuten Schmerzschüben durch die rechtzeitige Gabe von schmerz- und entzündungshemmenden Mitteln die Entstehung von Folgeschäden verhindert werden.

Während die Osteopathie ihren Schwerpunkt in der Befundung und Behandlung funktioneller Störungen sowie in der Prophylaxe von strukturellen Schäden hat, kommt die klassisch-westliche Medizin oft erst dann zur Anwendung, wenn bereits strukturelle Veränderungen vorliegen.

Der Übergang zwischen beiden ist jedoch fließend; zudem können auch osteopathische Techniken bei Vorliegen struktureller Veränderungen Schmerzen und Symptome lindern. Umgekehrt besitzt auch die klassisch-westliche Medizin wirksame Möglichkeiten, um strukturellen Veränderungen vorzubeugen.

INTEGRATIVE UND PROPHYLAKTISCHE BEHANDLUNGSANSÄTZE

Physiotherapie und Physikalische Medizin

Unter dem Begriff Physiotherapie versteht man die äußerliche Anwendung von Heilmitteln insbesondere im Bereich des Bewegungsapparates des Patienten. Hierzu zählen unter anderem die klassische Massage, die Bewegungstherapie bzw. Krankengymnastik und die Sportphysiotherapie, die Manuelle Lymphdrainage und die Physikalische Therapie. Der Begriff Physikalische Medizin umfasst diejenigen Therapiemethoden, bei denen physikalische Reize wie Wärme oder Kälte, Ultraschall oder elektrischer Strom (z.B. TENS-Geräte) gezielt zur Anwendung kommen. In Bezug auf die angewandten Techniken gibt es weite Überschneidungsfelder zwischen beiden Bereichen, dabei wird die Physiotherapie in Deutschland durch ausgebildete Physiotherapeuten (Ausbildung mit staatlichem Abschluss) bzw. Diplom-Physiotherapeuten (Fachhochschulstudium) ausgeführt, während die Ausübung der Physikalischen Medizin Ärzten obliegt.

Die Bewegungstherapie repräsentiert den Teil der Physiotherapie, der der **aktiven Krankengymnastik** entspricht. Dabei können sowohl beim Menschen als auch beim Hund unter anderem auch Übungen und Geräte aus verschiedenen Sportarten zur Anwendung kommen. Der Begriff Sportphysiotherapie hingegen befasst sich mit den speziellen physiotherapeutischen Fragestellungen von Patienten, die eine Sportart ausführen (z.B. *Agility, Obedience* etc.).

Geschichte und Herkunft

Ähnlich wie die Ursprünge manueller Therapieformen liegt auch der Ursprung der Physiotherapie in der Frühgeschichte; so kamen verschiedene **Massagetechniken**, aber auch Heilbäder bereits etwa 4000 Jahre vor unserer Zeitrechnung in Ostasien zur Anwendung. Die auch heute noch in der Physiotherapie zu findende Überzeugung, dass sich der gesunde Organismus im Gleichgewicht befindet und dass Krankheit durch eine Störung dieses physischen bzw. psychischen Gleichgewichtes zustande kommt, geht auf **Hippokrates** zurück. Im 18. Jahrhundert gewann dann vor allem die **Hydrotherapie** an Bedeutung; **Kneipp** kombinierte die äußerliche Anwendung von Wasser mit **medizinischen Heilkräutern**.

Prinzipien

Im Zentrum der Physiotherapie steht die Erhebung von Befunden in Bezug auf Aktivitäts- bzw. Bewegungseinschränkungen des Patienten sowie die anschließende Behandlung dieser Beschwerden. Dabei stehen die Strukturen des Bewegungsapparates im Vordergrund. Ziel ist es, durch die physiotherapeutische Behandlung eine **Normalisierung des Bewegungsbildes** zu erreichen. Durch die Anwendung manueller, aber auch physikalischer Techniken wird auf der einen Seite die Wahrnehmung des Patienten gefördert und auf der anderen Seite die Beweglichkeit verbessert. Die Verbesserung der Beweglichkeit dient wiederum der Wiederherstellung, Erhaltung und Förderung der Gesundheit des Patienten. Ein weiterer wichtiger Aspekt ist zudem die Reduktion von Schmerzzuständen, sodass insgesamt die Lebensqualität des Patienten verbessert wird.

Anwendungsgebiete und Bezug zur Osteopathie

Die Physiotherapie kommt beim Hund vor allem nach Operationen und Verletzungen zum Einsatz, findet jedoch auch häufig Anwendung bei jüngeren Tieren mit Gelenkdysplasien und älteren Hunden mit chronischen Beschwerden im Bereich des Bewegungsapparates. Die Anwendungsgebiete umfassen entsprechend **orthopädische Probleme** (Traumata, Gelenkdysplasien, Arthrosen, Zustand *post operationem* etc.) sowie **neurologische** und **muskuläre Erkrankungen** (Lähmungen etc.).

Da in der Physiotherapie ähnlich wie in der Osteopathie funktionelle Einschränkungen des Bewegungsapparates im Zentrum der Untersuchung und Behandlung stehen, ist eine Kombination beider Therapieformen häufig sinnvoll. Durch die osteopathische Behandlung werden Fehlspannungen ausgeglichen und funktionelle Dysfunktionen behoben, sodass die maximale funktionelle Kapazität des muskuloskelettalen Systems wieder hergestellt wird. Dieses Therapieergebnis kann durch entsprechende physiotherapeutische Heimübungsprogramme auch nach Beendigung der osteopathischen Behandlung aufrechterhalten werden. Dabei steht sowohl die Erhaltung der zentralnervösen Kontrolle der Muskelfunktion als auch die Verbesserung der Muskelkoordination und Muskelkraft im Vordergrund.

Therapieziele, die mit Hilfe eines geeigneten Übungsprogrammes verfolgt werden sollten:

- **Nervensystem:** Verbesserung der Sensomotorik mit dem Ziel, auf der einen Seite die propriozeptive Wahrnehmung zu verbessern und auf der anderen Seite die motorische Koordination zu optimieren
- **Muskulatur:**
  - Detonisierung hypertonen Gewebes
  - Dehnung verkürzter Muskelpartien (zum Einsatz kommen passive und aktive Dehnungen)
  - Kräftigung abgeschwächter Muskulatur zur Wiederherstellung symmetrischer Verhältnisse (Verbesserung der lokalen Ausdauer und Kondition innerhalb eines Muskels und zwischen verschiedenen Muskelgruppen durch komplexe Bewegungsmuster; z.B. Sitz-Steh-Übung: Sitzen aus dem Stand und Aufstehen vom Sitzen)
- **Herz-Kreislaufsystem/Atmungsapparat:** Verbesserung der allgemeinen Ausdauer mit dem Ziel, die Leistung des Herz-Kreislaufsystems zu ökonomisieren und den aeroben Stoffwechselbereich zu erweitern, die periphere Durchblutung zu verbessern, die Kapillarisierung der Skelettmuskulatur zu fördern und den Sympathikotonus zu senken

Anwendungsbeispiel Trainingsprogramm

Es empfiehlt sich, die Übungsprogramme so zu gestalten, dass mit einfachen Übungen begonnen und der Schwierigkeitsgrad dann sukzessive entsprechend des Therapiefortschrittes erhöht wird.

Trainingsprogramm zur Verbesserung der Sensomotorik und der motorischen Kontrolle:

1. **Dreibeinstand:** Ziel der Übung ist es, dass der Patient jede mögliche Position (nacheinander werden also alle vier Gliedmaßen vom Boden aufgenommen) mindestens 30 Sekunden lang halten kann.
2. Dreibeinstand mit **Veränderung der Rumpfposition:** Die Übung wird insofern modifiziert, als dass der Patient mit seinen Vordergliedmaßen höher (beispielsweise auf eine Stufe) gestellt wird und nun wiederum abwechselnd beide Hinterbeine angehoben werden. Anschließend wird der Patient mit seinen Hinterbeinen höher gestellt, sodass er eine Oberkörpertiefstellung einnimmt; nun wird jeweils nacheinander ein Vorderbein angehoben und gehalten.
3. Dreibeinstand mit **labiler Unterlage**: Beherrscht der Patient diese Übungen (Übung 1 und 2) ohne Probleme, wird zusätzlich eine labile Unterlage (z.B. Weichbodenmatte, Schaukel- oder Wackelbrett) verwendet, auf welche der Patient gestellt wird.
4. Aufbau der Übungen auf der labilen Unterlage: Es wird mit Übungsfolgen aus dem Liegen (leichteste Position) über das Sitzen bis hin zum Stehen begonnen. In den drei Positionen wird die labile Unterlage bzw. das Schaukelbrett bewegt, um so die **automatischen Gleichgewichtsreaktionen** zu stimulieren und auf diese Weise bestimmte Bewegungsmuster abzurufen.
5. **Dynamische Übungen** auf der labilen Unterlage: Der Patient befindet sich in den drei Ausgangsstellungen (Liegen, Sitzen, Stehen) auf der labilen Unterlage bzw. dem Schaukelbrett. Nun wird ein „Leckerchen" von rechts nach links bzw. von oben nach unten und umgekehrt geführt; der Patient sollte dem „Leckerchen" durch Kopfbewegungen folgen. Anschließend kann der Patient z.B. über ein Kommando (vgl. Distanzkontrolle) dazu gebracht werden, die jeweiligen Positionen frei und fließend zu wechseln. Auch Achter-Touren und Drehungen können geübt werden.

Beim Training mit dem Schaukelbrett wird dieses anfangs noch durch den Therapeuten kontrolliert; mit zunehmender Sicherheit wird das Schaukelbrett immer mehr frei gegeben.

Ein solches Trainingprogramm, welches zwar in erster Linie der Verbesserung der **Sensomotorik** dient, fördert gleichzeitig jedoch auch die **Rumpf-**, **Hüft-** und **Schulterstabilität**. Die Stabilität dieser Körperregionen stellt wiederum eine entscheidende Voraussetzung für die Flexibilität der Gliedmaßen dar; Rumpf, Hüft- und Schultergürtel repräsentieren das **strukturelle Zentrum** der Bewegung.

Krafttraining: Bei der physiotherapeutischen Behandlung von Hunden ist ein Krafttraining zur Vergrößerung des Muskelquerschnittes wie beim Bodybuilding nicht praktikabel. Vielmehr geht es darum, die lokale Ausdauer und Koordination innerhalb eines Muskels sowie zwischen verschiedenen Muskelgruppen zu verbessern. Auch ist es nicht möglich, einzelne Muskeln isoliert zu beüben, sodass das Training mit Hilfe von **komplexeren Bewegungsmustern** bzw. über die Aktivierung von **Muskelfunktionsketten** durchgeführt wird.

Beispiel Sitzübung: Die gesamte Übung umfasst zwei komplexe Bewegungsmuster: das Hinsetzen aus dem Stand und das Aufstehen aus der Sitzposition. Beide Anteile zusammen stellen sowohl eine exzentrische als auch eine konzentrische Muskelkräftigungsübung für die gesamte Streckerkette der Hintergliedmaße dar.

Muskeldehnungen: Die Muskulatur des Hundes kann sowohl aktiv als auch passiv gedehnt werden. Die aktiven Übungen bestehen wiederum aus komplexen Bewegungsmustern; hier steht nicht so sehr die Dehnung eines isolierten Muskels im Vordergrund, sondern die Verbesserung der Flexibilität einer Gesamtbewegung.

Tab. 52 Aufbautraining der Grundlagenausdauer beim untrainierten Hund (6-Wochen-Programm bei zwei bis drei Trainingseinheiten pro Woche)

Zeitraum	Wiederholungen	Belastungsdauer	Intensität	Wdh – Pause
1. Woche	2	3 Min.	Langsam bis mittlere Trabgeschwindigkeit	1 Min.
2. Woche	3	5 Min.	Langsam bis mittlere Trabgeschwindigkeit	1–2 Min.
3. Woche	3	8 Min.	Langsam bis mittlere Trabgeschwindigkeit	1–2 Min.
4. Woche	3	10 Min.	Langsam bis mittlere Trabgeschwindigkeit	1–2 Min.
5. Woche	2	15 Min.	Langsam bis mittlere Trabgeschwindigkeit	1–2 Min.
6. Woche	1	30 Min.	Langsam bis mittlere Trabgeschwindigkeit	keine

Tab. 53 Auswirkungen des allgemeinen Aufwärmens

Effekt	Auswirkung
Durchblutungserhöhung	Verbesserte Sauerstoff- und Nährstoffversorgung des Gewebes
Erhöhte Kontraktionsgeschwindigkeit der Muskulatur	Temperaturerhöhung um 1 °C bewirkt eine Steigerung der Kontraktionsgeschwindigkeit des Muskels um 20 %
Steigerung der Empfindlichkeit von Sinnesrezeptoren	Druck-, Berührungs- und Propriozeptoren werden sensibler → direkter positiver Einfluss auf das Koordinationsvermögen
Erhöhte Elastizität von Bindegewebsstrukturen	Bänder und Sehnen werden elastischer und dadurch weniger anfällig für Rupturen
Erhöhte Belastbarkeit der Gelenke	Die Temperaturerhöhung führt zu einer Veränderung der Viskosität der Synovia, sodass einwirkende Druckkräfte im Gelenk besser verteilt werden können

Beispiel Vorderkörpertiefstellung („Diener", „Verbeugen"): Diese Komplexbewegung verbessert vor allem die Flexibilität der Brustwirbelsäule und der Schultergelenke.
Konditionstraining: Das Ausdauertraining ist nicht nur ein grundlegendes Element im Hundesport, sondern auch in der Rehabilitation.

Die Ziele eines Ausdauertrainings sind dabei:

- Ökonomisierung der Herz-Kreislauf-Leistung
- Verbesserung der peripheren Durchblutung
- Vermehrte Kapillarisierung der Skelettmuskulatur
- Erweiterung des aeroben Stoffwechsels
- Senkung des Sympathikotonus

Nach dem Erarbeiten der Grundlagenausdauer sollte dann zum weiteren Training auch mit der so genannten Intervallmethode trainiert werden. Diese zielt darauf ab, die Entwicklung der Energiesysteme, die Laktattoleranz und die Laktatbeseitigung zu beeinflussen.

Exkurs Sportphysiotherapie – Auf- und Abwärmen

Obwohl immer mehr Hunde in den verschiedenen Sportarten spezifisch und auf technisch hohem Niveau ausgebildet und auch auf Turnieren geführt werden, spielt der gezielte **sportphysiotherapeutische Trainingsaufbau** dabei bisher nur eine untergeordnete Rolle. Dies spiegelt sich im häufigen Auftreten von akuten Sportverletzungen sowie in überlastungsbedingten degenerativen Erkrankungen wie Spondylosen und Arthrosen bei Sporthunden wider.

Die Sportphysiotherapie befasst sich mit der Therapie und Rehabilitation von Sportverletzungen, der Trainingslehre sowie mit der Vorbeugung von Verletzungen und von Überlastungsschäden im Sport. Eine besondere Bedeutung kommt dabei dem **Auf- und Abwärmen** des Hundes zu; durch ein sportartenorientiertes Auf- und Abwärmen kann zum einen die Leistungsfähigkeit des Hundes gesteigert werden, zum anderen wird Verletzungen und Überbelastungen vorgebeugt. Beim Aufwärmen oder *Warm up* wird generell zwischen dem allgemeinen und dem spezifischen Aufwärmen unterschieden.

Tab. 54 Beispiele für spezifische Aufwärmübungen

Zielsportart bzw. -Übung	Aufwärmübung
Slalom (*Agility*)	Slalom in Achtertouren durch die Beine; Drehungen um 360° („*Twist*")
Wendungen und Stopps	Spiel mit dem Knotenseil oder Ball
Gebrauchshundsport	Dosierte Beute- und Zerrspiele mit vielen Wendungen
Sprünge	Sprünge im Aufwärm-Parcours; bei Fehlen Sprünge über die Arme oder durch den Beinkreis etc.

Das **allgemeine Aufwärmen** enthält Übungen, die der Aktivierung des Herz-Kreislaufsystems und der Erwärmung großer Muskelgruppen dienen; es umfasst beispielsweise ein etwa zehnminütiges Traben. Das allgemeine Aufwärmen dient der Vorbereitung des Herz-Kreislaufsystems auf die bevorstehende Belastung; es kommt zu einer Steigerung der **Atem- und Herzfrequenz** auf Arbeitsniveau, sodass die Startverzögerung gering gehalten wird und der Hund von Beginn an leistungsbereit ist. Außerdem führt es zu einer Anhebung der **Körperkern-** und **Muskeltemperatur**. Eine Temperaturerhöhung führt wiederum zu einer Beschleunigung der Stoffwechselvorgänge im Körper (Reaktions-Geschwindigkeits-Temperatur-Regel), welche ihrerseits die Energiebereitstellung und damit die Leistungsfähigkeit während der körperlichen Belastung verbessern (Tab. 53).

Tab. 55 Allgemeine Regeln für das Aufwärmtraining

Je älter der Hund, desto länger und vorsichtiger das Aufwärmen
Je kälter die Witterung, desto länger das Aufwärmen
Je schlechter der Trainingszustand des Hundes, desto kürzer das Aufwärmen
Je phlegmatischer der Hund, desto intensiver das Aufwärmen
Je nervöser der Hund, desto weniger intensiv, aber zeitlich ausgedehnter das Training
Die Gesamtaufwärmzeit sollte 20 Minuten nicht übersteigen!
Eine Überbelastung durch das Aufwärmen muss unbedingt vermieden werden!
Zwischen Aufwärmen und Start sollten maximal 5–10 Minuten vergehen
Um ein Auskühlen des Körpers zu verhindern, sollten Hunde in der Wettkampfpause in der kalten Jahreszeit einen Mantel tragen und auf einer wärmenden Unterlage liegen!

Das allgemeine Aufwärmen hat jedoch nicht nur körperliche Auswirkungen, sondern nimmt auch positiven Einfluss auf das Verhalten: Es bedingt eine erhöhte Wachsamkeit durch die Aktivierung der *Formatio reticularis*, außerdem können Übererreguns- und Hemmungszustände positiv beeinflusst werden, sodass hyperaktive Hunde etwas beruhigt, eher phlegmatische Hunde jedoch aktiviert werden.

Das **spezifische Aufwärmen** dient dem Einspielen der Bewegungsautomatismen in Bezug auf die sportartspezifischen Bewegungsabläufe durch verwandte Übungen in niedrigerer Intensität (Tab. 54). Anschließend folgen zwei bis vier Steigerungsläufe über jeweils 100 Meter. Das spezielle Aufwärmtraining sollte maximal fünf bis zehn Minuten dauern.

Leider ist es auf Wettkämpfen im Hundesport – anders als im Pferdesport – bisher häufig aus Platzgründen nicht möglich, ein optimales Aufwärmprogramm durchzuführen.

Das **Abwärmen** oder *Cool down* ist besonders für die dauerhafte **Gesunderhaltung** des Sporthundes von Bedeutung. Durch ein langsames Abwärmen werden Stoffwechselschlacken besser abtransportiert und der Abbau von Stresshormonen wie Adrenalin und Kortisol wird beschleunigt. Die Arbeitsmuskeln entspannen schneller, wodurch Muskelverkürzungen vorgebeugt wird; dies gewährleistet eine optimale Muskelfunktion.

Nach einer körperlichen Belastung sollte der Hund über einen Zeitraum von etwa zehn Minuten, mindestens aber so lange, bis sich seine Kreislaufwerte wieder normalisiert haben, locker im langsamen Trab auslaufen. Danach können passive Dehnübungen sowie eine Lockerungsmassage folgen. In der kalten Jahreszeit sollte der Hund nach dem Abwärmprogramm passiv mit Hilfe eines Mantels warm gehalten werden.

Tab. 56 Einordnung von Begriffen nach ihrem Yin- und Yang-Aspekt

Yin-Aspekt	Yang-Aspekt
Dunkelheit	Helligkeit
Passivität	Aktivität
Organgewebe	Organfunktion
Stofflichkeit	Energie
Kälte	Hitze
Nacht	Tag
Bauch	Rücken
Chronizität	Akutes Geschehen
Parasympathikus	Sympathikus

Akupunktur

Die Akupunktur repräsentiert neben der chinesischen Kräuter- oder Phytotherapie und der Diätetik, Bewegungs- und Atemtherapie die dritte Säule der Traditionellen Chinesischen Medizin (TCM), welcher eine eigene Medizintheorie und -philosophie zugrunde liegt. Die Begriffe der **TCM** lassen sich daher nicht 1:1 auf westlich-anatomische Bezeichnungen bzw. Diagnosen übertragen.

Geschichte und Herkunft

Die Traditionelle Chinesische Medizinphilosophie geht bis in das dritte Jahrtausend vor unserer Zeitrechnung zurück. Im „Buch des gelben Kaisers" (*Huang-di-Nei-jing)* werden Akupunkturpunkte sowie Meridianverläufe und Stimulationstechniken beschrieben. Fast ebenso alt sind Berichte über die Behandlung von Tieren, insbesondere von Pferden, da diese vor allem im Krieg als Reit- und Zugtiere besondere Bedeutung besaßen. Im 17. Jahrhundert unserer Zeitrechnung gelangte die Akupunktur mit Handlungsreisenden und Missionaren nach Europa; die systematische Anwendung am Tier entwickelte sich außerhalb Asiens etwa ab den 1960er Jahren.

Prinzipien

In der Traditionellen Chinesischen Medizin wird Gesundheit definiert als ein Zustand, in dem sich alle körperlichen, geistigen und emotionalen Aspekte im Gleichgewicht befinden. Eine wichtige Voraussetzung für diese **Gleichgewichtszustände** stellen die beiden Elemente *Yin* und *Yang* dar. Der *Yin*-Begriff steht für die im Schatten liegende Seite eines Hügels, der *Yang*-Begriff für die sonnenbeschienene Seite. *Yin* und *Yang* verkörpern somit gegensätzliche Aspekte, die einander aber gleichermaßen bedingen und benötigen und werden durch die Monarde versinnbildlicht. Erkrankungen können entsprechend durch ein relatives Ungleichgewicht, also einen Mangel oder einen Überschuss eines dieser Elemente entstehen.

Ein weiterer zentraler Begriff der Traditionellen Chinesischen Medizin ist das *Qi*, welches als Einheit von Energie und Materie Grundlage aller stofflichen Gegenstände, aber auch aller Geschehnisse ist. Die Vorstellung des *Qi* entspricht im Wesentlichen dem physikalischen Modell des Dualismus des Lichtes, das sowohl als Teilchen (Photon; stofflicher Aspekt) als auch als Welle (energetischer Aspekt) beschrieben werden kann. Das *Qi* durchfließt den Körper aller Lebewesen in so genannten Leitbahnen oder Meridianen in einer bestimmten Richtung; den Meridianen und Organen sind dabei Tageszeiten zugeordnet, in denen die Aktivität des *Qi* jeweils besonders hoch ist (so genannte Organuhr). Darüber hinaus existieren verschiedene Arten von *Qi*: das so genannte **Erb-** oder **Ursprungs-**Qi, welches jedes Lebewesen von seinen Eltern erhält und welches im Laufe des Lebens aufgebraucht wird, sowie das Nahrungs- und das Atmungs-*Qi*, welches ständig aus der Nahrung und der Atemluft aufgenommen wird. Im Körper entstehen hier-

Tab. 57 System der fünf Wandlungsphasen

Element	Holz	Feuer	Erde	Metall	Wasser
Jahreszeit	Frühjahr	Sommer	Spätsommer	Herbst	Winter
Yin-**Organ (zugehöriges** *Yang*-**Organ)**	Leber (Gallenblase)	Herz (Dünndarm)	Milz (Magen)	Lunge (Dickdarm)	Niere (Blase)
Gewebe	Sehnen	Gefäße	Muskelfleisch	Haut	Knochen
Sinnesorgan	Augen	Zunge	Lippen	Nase	Ohren
Emotion	Zorn	Freude	Grübeln	Trauer	Angst
Pathogener Faktor	Wind	Hitze	Nässe	Trockenheit	Kälte

aus das *Qi*, welches die Meridiane und Organe durchfließt, sowie das Abwehr-*Qi*, welches mit der Funktion des Immunsystems in der westlichen Medizin vergleichbar ist. Krankheiten können somit durch einen Mangel an *Qi*, aber auch durch eine gestörte Fließrichtung entstehen.

Die Traditionelle Chinesische Medizin kennt ein System von **zwölf Meridianen**, die zwölf inneren Organen des Körpers zugeordnet werden. Diesen Organen werden wiederum bestimmte Funktionen zugeschrieben, welche zum Teil mit den tatsächlichen Organfunktionen korrespondieren, zum Teil aber auch hiervon abweichen. Die meisten Akupunkturpunkte liegen auf diesen zwölf Meridianen.

Ein weiteres System ist das der **fünf Wandlungsphasen**. Jede Phase wird dabei durch eine Jahreszeit und ein Element repräsentiert; diesen werden wiederum ein Organ, ein Gewebe und ein Sinnesorgan sowie eine Emotion und ein klimatischer bzw. pathogener Faktor zugeordnet. Jedes Lebewesen besitzt hauptsächlich Eigenschaften von einem dieser fünf Typen und zeigt dadurch auch typische Dispositionen für Erkrankungen bzw. für Organe und Gewebe, die für bestimmte pathogene Faktoren anfällig sind.

Anwendungsgebiete und Bezug zur Osteopathie

Das energetisch geprägte Verständnis der Traditionellen Chinesischen Medizin steht dem physiologisch-anatomischen Körperbild der westlichen Medizin gegenüber; entsprechend liegt das Anwendungsgebiet der Akupunktur als Form der **Regulationsmedizin** vor allem dort, wo funktionelle Ungleichgewichte bestehen. Dort, wo primär strukturelle Veränderungen bzw. Störungen vorliegen, sind der Anwendung Grenzen gesetzt.

Die Traditionelle Chinesische Medizin arbeitet ähnlich der Osteopathie mit einem **ganzheitlichen Ansatz**, verwendet jedoch andere, durch die ihr zugrunde liegende Philosophie geprägte Erklärungsmodelle. Dennoch lassen sich hier zahlreiche Überschneidungen finden. So entsprechen die zwölf Meridiane in ihrem Verlauf zum großen Teil dem Verlauf von Muskelfunktions- bzw. myofaszialen Ketten (z.B. Blasenmeridian: Verlauf über die dorsale kurze Kopfmuskulatur und die Halsstrecker zu den langen Rückenstreckern bis hin zur Streckmuskulatur der Hintergliedmaße) und folgen dabei den faszialen Spaltebenen; das Prinzip von *Yin* und *Yang* findet sich auf dieser Ebene in der abwechselnden Hemmung und Aktivierung von Flexoren und Extensoren wieder. Die Akupunkturpunkte selbst sind durch eine erhöhte Leitfähigkeit bei erniedrigtem Hautwiderstand gekennzeichnet; sie sind normalerweise nicht druckempfindlich, ist eine Druckdolenz vorhanden, deutet dies auf eine Störung im Meridianverlauf (bzw. im zugehörigen Organ hin). Viele Punkte befinden sich an anatomisch charakteristischen Stellen (Muskel-Sehnen-Übergänge; Durchtrittsstellen von Gefäß-Nerven-Bündeln durch Bindegewebsschichten) und stimmen zum Teil mit *Trigger*-Punkten der westlichen Medizin überein.

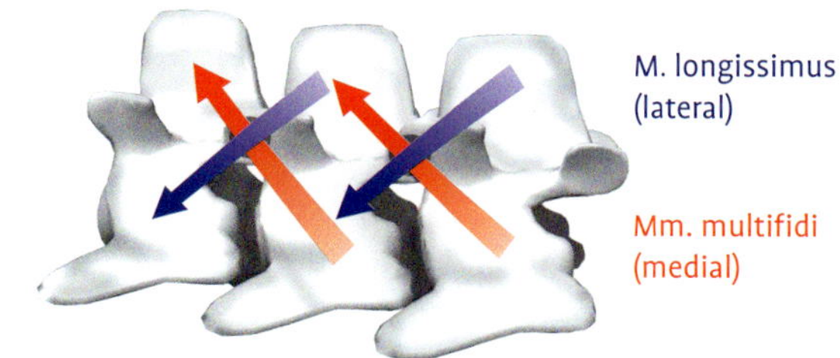

Abb. 51: Shu-Punkte.

Eine besondere Bedeutung kommt den so genannten *Shu*- oder Zustimmungspunkten zu (Abb. 51), welche sich auf dem Blasenmeridian (Abb. 52) befinden. Eine Druckdolenz dieser Punkte ist von besonderer Wichtigkeit in Bezug auf eine mögliche Störung des zugehörigen Meridians bzw. Organs. Diese Zuordnung beruht ontogenetisch betrachtet auf der metameren Gliederung des Körpers bzw. auf dem Phänomen der **Segmentalreflektorik**. Eine Reaktion des entsprechenden *Shu*-Punktes äußert sich als Berührungsempfindlichkeit der Haut (Dermatom) bzw. Druckempfindlichkeit der Muskulatur (Myotom; *M. longissimus*, *M. iliocostalis*, *Mm. multifidi*) und kann mit einer muskulären Verspannung der Muskelzacke, mit einer Dysfunktion des kleinen Wirbelgelenks, aber auch mit einer Störung des segmental zugehörigen Organs korrespondieren. Dabei spielen intrasegmentale Verknüpfungen des peripheren Nervensystems (viszero-somatomotorischer Leitungsbogen; kuti-viszeraler Leitungsbogen; viszero-kutaner Leitungsbogen) eine Rolle.

Um die Wirkungsweise der Akupunktur zu erklären, existieren mittlerweile verschiedene Modelle der westlichen Wissenschaft. So konnte eine Aktivierung des **endogenen Schmerzhemmungssystems** – und zwar sowohl auf Basis der Freisetzung endogener Opiate als auch auf nicht opioidvermittelter Basis (Einfluss auf Ausschüttung von Serotonin, ACTH und Noradrenalin) – nachgewiesen werden. Auch führt die durch die Akupunkturnadel gesetzte **Mikroläsion** zu einer lokalen Entzündung, welche wiederum das Immunsystem aktiviert. Die Weiterleitung lokaler Effekte ist ansatzweise durch das Zirkulations- (Transport über Blutgefäße) und das Nervensystem (vgl. Leitungsbögen) erklärbar; auch eine Weiterleitung über das Bindegewebssystem (vgl. Faszientechniken; System der Grundsubstanz) mit

Hilfe piezoelektrischer Effekte ist möglich. Neuere elektronenmikroskopische Untersuchungen konnten außerdem zeigen, dass sich bei einem Einstich der Nadel, der mit einer Drehung erfolgt, Kollagenfasern wie bei einem Wirbelsturm um die Nadel drehen. Hierdurch kommt es zu einer Art Mikrodehnung der Bindegewebsfasern.

Eine Kombination von Akupunktur und osteopathischen Techniken widerspricht sich also nicht; so können beispielsweise Dysfunktionen im Bereich der Wirbelsäule, welche eine Empfindlichkeit des entsprechenden *Shu*-Punktes bedingen, sowohl über parietale Techniken, aber auch mit Hilfe der Akupunktur behandelt werden. Allgemein wirken dabei die osteopathischen Techniken eher etwas schneller, wobei die Nadelakupunktur aufgrund des über etwa zehn Tage bestehenden Mikroentzündungsreizes eine etwas tiefgreifendere bzw. länger anhaltende Wirkung zeigt. Die strukturelle Osteopathie arbeitet dabei über einen mechanischen Impuls, während die Nadelakupunktur auf humoraler Basis (Entzündung) und durch eine Veränderung der lokalen Gewebeleitfähigkeit (piezoelektrischer Effekt) wirkt. So kann nicht nur die Nadelakupunktur, sondern auch eine osteopathische Behandlung myofaszialer Einschränkungen zur Beseitigung eines *Qi*-Staus führen.

Beispiele für Akupunkturpunkte mit Bezug zur Osteopathie

Da sich fast in jeder Region des Körpers eine Vielzahl von Akupunkturpunkten befindet und auch in der Osteopathie für jede Region verschiedene Behandlungstechniken existieren, werden hier (s.Tabelle 58) beispielhaft nur zwei Punkte beschrieben, die in beiden Therapieformen von Bedeutung sind.

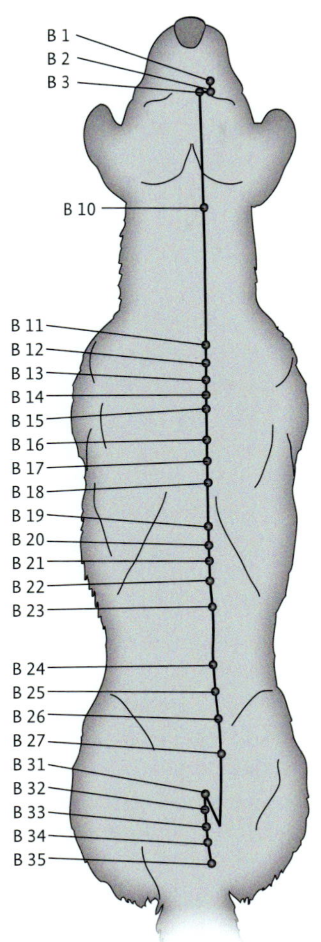

Abb. 52: Der Blasenmeridian (verändert nach Steingassner 1999).

Homöopathie

Die Homöopathie (griechisch: „ähnliches Leiden") ist eine weit verbreitete, jedoch nicht unumstrittene Therapieform, da die von ihr angenommenen Wirkmechanismen bisher wissenschaftlich nicht erklärbar und auch noch relativ wenig erforscht sind. In Deutschland gilt die Homöopathie im Humanbereich als **„besondere Therapierichtung"** (neben der Phytotherapie und der Antroposophischen Medizin); sie wird durch Ärzte und Heilpraktiker, aber auch von medizinisch nicht vorgebildeten Personen und von Patienten selbst angewandt. Auch im tiermedizinischen Bereich erfolgt die Anwendung durch Tierärzte sowie durch „Tierheilpraktiker" (anders als im

Tab. 58 Beispiele für Akupunkturpunkte mit Bezug zur Osteopathie

Akupunkturpunkt	Punktwirkung/Bedeutung	Osteopathischer Bezug
Bai Hui (LG03)	„Punkt der 1000 Begegnungen"; tonisiert das *Yang*, stärkt Rücken und Hintergliedmaßen	Lumbosakraler Übergang; Dysfunktionen des Sakrums; *Cauda-equina*-Kompressionssyndrom
BL10	„Himmelspfeiler"; vertreibt Wind, beseitigt Stau im Blasenmeridian, stärkt den Rücken	Insertionsstelle des *M. longissimus;* Bezug zur dorsalen kurzen Kopfmuskulatur (*Cranial-Base-Release*)

Humanbereich keine staatlich anerkannte bzw. reglementierte Ausbildung) und durch den Tierbesitzer selbst.

Der Homöopathie verwandte Therapieformen, die nach ähnlichen Grundsätzen arbeiten, sind die **Bachblüten-Therapie** sowie die Therapie mit **Schüssler-Salzen**.

Geschichte und Herkunft

Die Prinzipien der Homöopathie wurden ab 1796 durch den deutschen Arzt **Samuel Hahnemann** entwickelt; dabei berief sich **Hahnemann** auf Denkansätze, die schon von **Paracelsus** beschrieben wurden. Im Selbstversuch nahm **Hahnemann** als gesunder Mensch Chinarinde ein, welche zu jener Zeit als Mittel gegen Malaria verwendet wurde, und beobachtete in der Folge an sich selbst Malaria-ähnliche Symptome. Hieraus schloss er, dass eine Erkrankung durch das Mittel zu heilen sei, welches bei einem gesunden Menschen der Krankheit ähnliche Symptome hervorruft (mittlerweile wurde nachgewiesen, dass die Wirkung der Chinarinde gegen Malaria auf eine Hemmung des Fortpflanzungszyklus des Erregers zurückzuführen ist). Aufgrund der Toxizität vieler Arzneimittel, die vorwiegend im 17. Jahrhundert durch die Alchimisten Einzug in die Medizin fanden und aufgrund derer sicherlich viele Patienten den Tod fanden, begann **Hahnemann** die ursprünglich verwendeten Ausgangssubstanzen schrittweise zu verdünnen. **Hahnemann** selbst beschrieb bereits 1815, dass die Anwendung der homöopathischen Lehren nicht allein auf den Menschen beschränkt sei, sondern entsprechend auch auf das Tier übertragen werden könne.

Prinzipien

Die homöopathischen Prinzipien gehen auf die von **Hahnemann** postulierten Grundsätze zurück. Das *Simile-* oder Ähnlichkeitsprinzip besagt, dass ein homöopathisches Arzneimittel, welches zur Behandlung eines Patienten eingesetzt werden soll, bei einem Gesunden möglichst ähnliche Symptome hervorrufen muss („Ähnliches wird durch Ähnliches geheilt"). In der Geschichte der Homöopathie wurden so unzählige Mittel in Form einer „Arzneimittelprüfung am Gesunden" auf ihre möglichen Wirkungen hin untersucht und die Beobachtungen in Form von **Arzneimittelbildern** zusammengefasst.

Für die Auswahl des geeigneten, möglichst ähnlichen Mittels anhand der im Arzneimittelbild beschriebenen Symptome ist zudem die exakte Erhebung einer möglichst genauen, individuellen Anamnese des Patienten notwendig. Die individuellen Symptome des Patienten werden anschließend mit den Arzneimittelbildern verglichen. Auf der Grundlage der Anamnese kann ein für die momentan vorliegende Erkrankung möglichst passendes, so genanntes Akutmittel gefunden werden; es kann jedoch bei einer die gesamte Lebensgeschichte des Patienten umfassenden Anamnese auch das für diesen Patienten passende Typ- oder Konstitutionsmittel verordnet werden.

Ein weiteres Prinzip der Homöopathie ist die **Potenzierung**, eine schrittweise Verdünnung der Ausgangssubstanz mit Wasser, Alkohol oder Milchzucker. Auf jeder Verdünnungsstufe wird die Arznei dabei gemäß den Vorgaben **Hahnemanns** verschüttelt bzw. verrieben. Die Verdünnung erfolgt am häufigsten in Zehner-, Hunderter- oder Fünfzigtausender-Schritten (1:10 = Dezimal- oder D-Potenzen; 1:100 = Zentisimal- oder C-Potenzen; 1: 50000 = LM-Potenzen). Rein rechnerisch ist bei Potenzen ab D23 der Ausgangsstoff nicht mehr nachweisbar bzw. nicht mehr vorhanden. Um die stofflich nicht erklärbare Wirkungsweise höherer Potenzen zu erklären, werden Modelle informationeller Systeme (veränderte Molekülstruktur des Wassers bzw. elektronische Informationssysteme in der Grundsubstanz) herangezogen, deren Existenz bisher jedoch nicht nachgewiesen werden konnte. Niedrige Potenzen werden vorwiegend bei akuten Beschwerden eingesetzt, bei denen eine körperliche Symptomatik im Vordergrund steht; Hochpotenzen kommen bei chronischen Problemen zur Anwendung, die auch mit psychischen Symptomen bzw. Verhaltensänderungen in Zusammenhang gebracht werden.

Hahnemann postulierte außerdem, dass chronische Erkrankungen auf drei Grundleiden, den so genannten **Miasmen** basieren; er identifizierte die Psora (auf Krätze zurückgehende Erkrankungszeichen), die Sykose (auf Gonorrhoe zurückgehende Symptome) und die Syphilis als diese Grundleiden.

Homöopathische Arzneien werden auf alkoholischer Basis flüssig oder auf Milchzuckerbasis als Tabletten (Tiefpotenzen) oder Globuli (höhere Potenzen) eingenommen.

Anwendungsgebiete und Bezug zur Osteopathie

Der Anwendungsbereich der Homöopathie ist sehr breit; er umfasst sowohl chronische als auch akute Erkrankungen sowie die individuelle Typunterstützung eines Tieres. Die einzige Voraussetzung für eine homöopathische Behandlung ist das Vorhandensein eines oder mehrerer Krankeitssymptome, sodass aufgrund dieser das jeweils passende Mittel gefunden werden kann. Prinzipiell können so auch Erkrankungen aller Organsysteme sowie Allgemeinerkrankungen mit Hilfe homöopathischer Mittel behandelt werden. Als **Regulationstherapie** sind der Homöopathie insofern Grenzen gesetzt, als dass sie verlorene Gewebe bzw. Organe nicht ersetzen kann.

Tab. 59 Beispiele für Arzneimittel mit bewährten Indikationen im Bereich des Bewegungsapparates

Arzneimittel	Bewährte Indikationen	Modalitäten
Arnica (Bergwohlverleih)	Allgemeines Verletzungsmittel	Schmerz
Bryonia (Zaunrübe)	Heiße, gerötete Gelenkschwellungen (vgl. Arthritis)	Ruhe, Wärme und fester Druck auf das Gelenk bessern; Bewegungen und leichte Berührungen sind schmerzhaft
Calcium carbonicum	Konstitutionsmittel; bei Jungtieren mit kräftigem Körperbau bei weichem Bindegewebe und Wachstumsbeschwerden	
Calcium fluoricum	Konstitutionsmittel; Exostosen bei alten Tieren mit Bänderschwäche oder Verkalkungen im Bandapparat; schlecht heilende Frakturen; Wachstumsstörungen bei sehr hektischen Jungtieren	Leichte und andauernde Bewegung bessert; Druck, Kälte, Zugluft und Wetterwechsel verschlimmern
Calcium phosphoricum	Konstitutionsmittel; bei schlanken, feingliedrigen Tieren mit zartem Knochenbau; unruhige, lebhafte Tiere; schlecht heilende Frakturen; Wachstumsstörungen	
Causticum Hahnemanni	Arthrose mit Schwäche, Zittern und Lähmung; Gelenksteifigkeit; Bezug zum Ellbogengelenk	Leichte Bewegung und feuchtes Wetter bessern; Kälte und klare Luft verschlechtern
Harpagophytum (Teufelskralle)	Chronische Gelenkerkrankungen, Arthrosen; Spondylosen; Steifigkeit	Ruhe bessert; Bewegung und Wetterwechsel verschlechtern
Hekla lava	Arthrosen und Exostosen, v. a. an der Wirbelsäule	
Hypericum (Johanniskraut)	Akute Nervenverletzungen mit hochgradiger Schmerzhaftigkeit; Diskopathien	
Nux vomica (Brechnuss)	Konstitutionsmittel; starke Schmerzen mit hochgradigen Muskelverspannungen und Berührungsempfindlichkeit; Diskopathie	
Plumbum metallicum	Schlaffe Lähmungen ohne Schmerzhaftigkeit; Innervationsstörungen	
Rhus toxicodendron (Giftsumach)	Gelenkentzündungen als Folge von Überbelastung, Erkältung und Nässe	Fortgesetzte Bewegung und Wärme bessern („das Tier läuft sich ein"); Kälte, Nässe und Ruhe verschlechtern
Ruta graveolans (Weinraute)	Folge von stumpfen Traumata im Knochen- und Bänder-/Sehnen-Bereich	Bewegung und Wärme bessern; Ruhe, Nässe, Kälte und Überlastung verschlechtern
Silicea (Kieselsäure)	Konstitutionsmittel; Bindegewebsschwäche v. a. bei zarten und schwachen Tieren mit wenig Selbstbewusstsein	
Symphytum (Beinwell)	Gelenk- und Knochenerkrankungen durch Traumata; Frakturen; regt die Kallusbildung an	

Die Homöopathie versteht sich wie die Osteopathie als eine Therapieform, die auf den Prinzipien der Ganzheitlichkeit beruht und die Selbstheilungskräfte des Individuums aktiviert. Durch die Gabe einer homöopathischen Arznei, welche der **Reaktionslage** des Individuums entspricht, soll die körpereigene Regulation unterstützt werden. Eine Kombination beider Therapieformen ist daher möglich und widerspricht sich nicht.

Beispiele für homöopathische Arzneimittel

Um eine aus homöopathischer Sicht optimale Behandlung zu gewährleisten, muss für jeden Patienten individuell das passende Arzneimittel gefunden werden, welches der gezeigten Symptomatik am meisten entspricht. Anders als in der konventionellen Medizin ist es daher in der Homöopathie bei der Verordnung von Arzneimitteln nicht möglich, allgemeingültige Indikationsgebiete (wie beispielsweise „Entzündungs- und Gelenkschmerz“) festzulegen. Bei akuten Störungen können jedoch homöopathische Arzneimittel zur Anwendung kommen, für die so genannte **„bewährte Indikationen“** festgelegt wurden. Dies sind häufig Arzneimittel, die aus bestimmten Pflanzen gewonnen werden, welche auch in der Phytotherapie ähnliche Einsatzgebiete haben. Aufgrund einer „bewährten Indikation“ verordnete Arzneimittel werden meist als Tiefpotenzen (D6, D12) verabreicht.

Wissenswertes

SERVICE

AUTORINNEN

Christiane Gräff, M. Sc. Physiotherapie, ist Physiotherapeutin mit Zusatzqualifikationen in den Bereichen Manuelle Therapie, Sportphysiologie und Lymphdrainage. Sie absolvierte ein 5-jähriges Osteopathie-Studium am AVT-College und arbeitet seit über 15 Jahren in eigener Praxis im orthopädischen und unfallchirurgischen Bereich.

Durch eine Erkrankung ihrer eigenen Hündin begann sie, sich mit der Übertragung der beim Menschen eingesetzten Techniken auf das Tier zu befassen und betreibt nun zusätzlich eine Praxis für Physiotherapie und Osteopathie beim Hund.

Christiane Gräff ist gemeinsam mit Bettina Walker Begründerin des FBZ-vet in Bruchsal und unterrichtet dort canine Osteopathie.

Dr. Silke Meermann ist Tierärztin mit Zusatzbezeichnung Physiotherapie und Rehabilitation beim Kleintier. Sie legte die Prüfungen für Veterinärchiropraktik an der European Academy for Veterinary Chiropractic (EAVC) sowie bei der International Veterinary Chiropractic Association (IVCA) ab; sie absolvierte die Ausbildung in Struktureller Caniner Osteopathie am FBZ-vet.

Sie hat den Weiterbildungslehrgang Physiotherapie für Kleintiere am Vierbeiner Reha-Zentrum absolviert und ist selber als Gastdozentin u.a. für den DVG (Deutscher Verband der Gebrauchshundsportvereine) und die IAVC. Sie ist Sachbuchautorin im Hudnebereich und schreibt regelmäßig Fachartikel in verschiedenen Hundezeitschriften.

DANKSAGUNG

Unser Dank gilt Bettina Walker und Volker Brümmer für ihre unermüdliche Unterstützung über alle drei Auflagen hinweg.

Unsere Hunde Xantha und Lynn, die uns beim Schreiben der 1. Auflage begleitet haben, sind leider mittlerweile nicht mehr bei uns. Andi, Ebby, Maira, Shari und Taff haben zur Entstehung der 2. und 3. Auflage beigetragen.

Darüber hinaus möchten wir uns bei unseren Kolleginnen bedanken, die uns durch kritische Fragen immer wieder anregten, das Geschriebene noch einmal zu überarbeiten und so wesentlich zur jetzigen Form beitrugen.

Nicht zuletzt möchten wir uns auch bei unseren Patienten und Patientenbesitzern für ihr Vertrauen bedanken; die Erfahrungen der täglichen Arbeit und das Feedback der Besitzer, aber auch das der Hunde selbst ermöglichen es, stets mehr zu lernen und sich ständig weiterzuentwickeln.

LITERATUR

Alexander, Cécile-Simone (Hrsg.) (2004)
Physikalische Therapie für Kleintiere
Parey Verlag, Stuttgart

Barral, Jean-Pierre und Pierre Mercier (2005)
Lehrbuch der viszeralen Osteopathie, Bd. I
Urban & Fischer, München

Barral, Jean-Pierre und Pierre Mercier (2005)
Lehrbuch der viszeralen Osteopathie, Bd. II
Urban & Fischer, München

Bäcker, Brigitte und Walter Salomon (2003)
Kraniosakrale Therapie bei Pferden – Grundlagen und Praxis
Sonntag Verlag, Stuttgart

Van den Berg, Frans (Hrsg.) (2007)
Angewandte Physiologie Bd. III
Therapie, Training, Tests
Thieme Verlag, Stuttgart

Beute-Faber, Roel und Piet Beute Faber (2000)
Atlas der Hunde-Anatomie – der Hund von außen, von innen und in der Bewegung, 2. Auflage
Kynos Verlag, Mürlenbach

Bocksthaler, Barbara, David Levine und Darryl Millis (2004)
Physiotherapie auf den Punkt gebracht – Rehabilitation und Schmerzmanagement – Ein Leitfaden für die Kleintierpraxis
BE Vet Verlag, Babenhausen

Brunnberg, Leo (2001)
Diagnosing Lameness in Dogs
Blackwell Wissenschafts Verlag, Berlin-Wien

Bruns, Sabine und Frank Lausberg (2006)
Sport mit dem Hund – der gesunde Weg zu Spaß und Erfolg
Cadmos-Verlag, Brunsbek

Chaitow, Leon (2003)
Positional Release-Techniken
Urban & Fischer, München-Jena

Chaitow, Leon (2003)
Neuromuskuläre Techniken
Urban & Fischer, München-Jena

De Coster, Marc und Annemie Pollaris (2007)
Viszerale Osteopathie
Hippokrates, Stuttgart

Draehmpaehl, Dirk und Andreas Zohmann (1998)
Akupunktur bei Hund und Katze
Ferdinand Enke Verlag, Stuttgart

Eschbach, Dennis, Drew Spisak, Gary Marr und Heidi Bockhold (2004)
Principles and Practice of Basic Animal Chiropractic Adjusting Techniques
Options for Animals International, Welsville

Evrard, Pascal (2004)
Kraniosakrale Pferdeosteopathie für Tierärzte – Leitfaden zur Anwendung
Sonntag Verlag, Stuttgart

Evrard, Pascal (2004)
Lehrbuch der Strukturellen Osteopathie beim Pferd
Ferdinand Enke Verlag, Stuttgart

Frewein, Josef und Bernd Vollmerhaus (Hrsg.) (1994)
Anatomie von Hund und Katze
Blackwell Wissenshafts-Verlag, Berlin

Furck, Valeska (2005)
HD: was nun? Hüftgelenksdysplasie vorbeugen, erkennen und behandeln
Cadmos Verlag, Brunsbek

Greenman, Philip E. (2005)
Lehrbuch der Osteopathischen Medizin, 3. Auflage
Karl F. Haug Verlag, Stuttgart

Gösmeier, Ina (2003)
Akupunktur: Gesundheit erhalten – Krankheiten heilen mit Akupunktur, Akupressur und chinesischen Kräutern, 1. Auflage
Müller Rüschlikon Verlags AG, Cham

Hallgren, Anders (2003)
Rückenprobleme beim Hund – Untersuchungsreport
Animal Learn Verlag, Grassau

Hinkelthein, Edgar und Christoff Zalpour (2006)
Diagnose- und Therapiekonzepte in der Osteopathie
Springer, Heidelberg

Hohmann, Mima (Hrsg.) (2008)
Physiotherapie in der Kleintierpraxis – von der Befundung zum Therapieplan
Sonntag Verlag, Stuttgart

Jaggy, André (Hrsg.) (2007)
Atlas und Lehrbuch der Kleintierneurologie, 2. Auflage
Schlütersche Verlagsgesellschaft mbH & Co KG, Hannover

Kaltenborn, Freddy (1982)
Manuelle Therapie der Extremitätengelenke
Olaf Norlis Bokhandel, Oslo

Kasper, Markus und Andreas Zohmann (2007)
Ganzheitliche Schmerztherapie für Hund und Katze
Sonntag Verlag, Stuttgart

Langen, Barbara und Beatrix Schulte Wien (2004)
Osteopathie für Pferde – Grundlagen und Praxis
Sonntag Verlag, Stuttgart

Mai, Sabine (2006)
Bewegungstherapie für Hunde – in Hundesport und Rehabilitation
Sonntag Verlag, Stuttgart

De Morree, Jan Jaap (2001)
Dynamik des menschlichen Bindegewebes
Urban & Fischer, München-Jena

Nickel, Richard, August Schummer und Eugen Seiferle (2003)
Lehrbuch der Anatomie der Haustiere, Bd. I Bewegungsapparat, 8. Auflage
Parey Verlag, Stuttgart

Nickel, Richard, August Schummer und Eugen Seiferle (2004)
Lehrbuch der Anatomie der Haustiere, Bd. II Eingeweide, 9. Auflage
Parey Verlag, Stuttgart

Nickel, Richard, August Schummer und Eugen Seiferle (2003)
Lehrbuch der Anatomie der Haustiere, Bd. IV Nervensystem, Sinnesorgane, Endokrine Drüsen
Parey Verlag, Stuttgart

Paoletti, Serge (2001)
Faszien – Anatomie – Strukturen – Techniken – Spezielle Osteopathie
Urban & Fischer, München-Jena

7. Pet-Vet-Kongress (2005)
Kleintiertagung für Tierärzte und Tierarzthelferinnen mit Industrieausstellung – Tagungsband – Der lahmende Patient
BPT-Landesverband Baden-Württemberg, Stuttgart

Redwood, Daniel und Carl S. Cleveland III (2003)
Fundamentals of Chiropractic
Mosby, St. Louis

Richter, Philipp und Eric Hebgen (2007)
Triggerpunkte und Muskelfunktionsketten Hippokrates, Stuttgart

Schoen, M. Allen (Hrsg) (2003)
Akupunktur in der Tiermedizin – Lehrbuch und Atlas für die Klein- und Großtierbehandlung
Elsevier GmbH / Urban & Fischer, München-Jena

Schomacher, Jochen (2007)
Manuelle Therapie
Thieme Verlag, Stuttgart

Schulte Wien, Beatrix (2005)
Aus der Reihe Gesundes Pferd: Osteopathie – Bewegungsblockaden vorbeugen, erkennen und beheben, 3. Auflage
Müller Rüschlikon Verlags AG, Cham

Steingassner, Hans-Martin (1999)
Akupunktur für den Menschen und seine liebsten Haustiere
Verlag Maudrich, Wien

Upledger, John E. und Jon D. Vredevoogd (1983)
Craniosacral Therapy
Eastland Press, Seattle

Upledger, John E.
Craniosacral Therapy II – Beyond the Dura
Eastland Press, Seattle

Zink, M. Christine (2005)
Fitnesstraining für Hunde – für Alltag und Hundesport
Müller Rüschlikon Verlags AG, Cham

BILDQUELLEN

Titelfoto und das Foto auf S. 226: Silke Klewitz-Seemann
Alle Abbildungen wurden nach Vorlagen der Autorinnen und der Literatur von Martin Koch umgesetzt.
Heike Schmidt-Röger: S. 10, 32, 127, 130, 158, 182, 208 und 225
Christiane Gräff: S. 75, 76, 77, 139, 162, 163, 164, 165, 166, 173, 174, 178, 204, 205, 206, 207, 212 und S. 237
Silke Meermann: S. 149, 152, 153, 232 und das Autorenfoto auf S. 228
Thomas Rebel/REBEL SHOTZ: Autorenfoto Frau Gräff, S. 228
Alle weiteren Fotos von Andrea Obliegi.

GLOSSAR

Antiklinaler Wirbel: auch diaphragmatischer Wirbel genannt; 10. Brustwirbel des Hundes, an welchem sich die biomechanischen Eigenschaften kranial und kaudal unterscheiden

Atlanto-axial-Gelenk: Gelenk zwischen 1. und 2. Halswirbel; auch als C1-C2 bezeichnet

Atlanto-occipital-Gelenk: Gelenk zwischen Okziput (Hinterhauptsbein) und 1. Halswirbel; auch als C0-C1 bezeichnet

Atlas: Synonym für den 1. Halswirbel

Autochtone Rückenmuskulatur: Anteil der Rückenmuskulatur, deren Spannungszustand unwillkürlich-reflektorisch reguliert wird

Axis: Synonym für den 2. Halswirbel

Backward Torsion: Bei einer Backward Torsion handelt es sich um eine non-neutrale Dysfunktion des Sakrums. Das Sakrum rotiert dabei über die gegenüberliegende Achse, z.B. Rechtsrotation über eine linke Achse: R/L Sakrumtorsion)

BWS: Brustwirbelsäule

CTÜ: Cerviko-Thorakaler Übergang

Direkte Technik: Technik, bei der gegen die eingeschränkte Bewegungsrichtung bzw. Barriere gearbeitet

Divergenz-Störung: Bezeichnung einer Dysfunktion der Wirbelsäule, bei der das Öffnen der Facettegelenke nicht möglich ist

Downslip: Beckenrotation nach kaudo-dorsal; entspricht posterior-inferior Ilium

ESR: Dysfunktion der Wirbelsäule, bei der sich das betroffene Segment in Extension befindet; man unterscheidet eine ESR rechts und eine ESR links; die Seitenbezeichnung gibt an, in welcher Richtung die Seitneigung und Rotation fixiert sind

Extension: Streckung

Flexion: Beugung

Forward Torsion: Bei einer Forward Torsion handelt es sich um eine neutrale Dysfunktion des Sakrums. Das Sakrum rortiert dabei über die gleichseitige Achse, z.B. Rechtsrotation über eine rechte Achse: R/R Sakrumtorsion)

FSR: Dysfunktion der Wirbelsäule, bei der sich das betroffene Segment in Flexion befindet; man unterscheidet eine FSR rechts und eine FSR links; die Seitenbezeichnung gibt an, in welcher Richtung die Seitneigung und Rotation fixiert sind.

Golgi-Sehnenorgan: Rezeptorart vorwiegend an Muskel-Sehnen-Übergängen; Teil des Kontrollmechanismus der Muskelspannung

Gruppenläsion: Dysfunktion der Wirbelsäule, bei der zwei oder mehrere benachbarte Wirbel betroffen sind

Heteronym: Bewegungsverhalten im Bereich der Wirbelsäule: Seitneigung und Rotation erfolgen in entgegengesetzte Richtungen

Homonym: Bewegungsverhalten im Bereich der Wirbelsäule: Seitneigung und Rotation erfolgen in dieselbe Richtung

HWS: Halswirbelsäule

Indirekte Technik: Technik, bei der das Gewebe bzw. das Gelenk in die Richtung bewegt wird, in die es gut beweglich und nicht eingeschränkt ist

Joint Play: „Gelenkspiel"; in der manuellen Therapie werden in der Neutralstellung des Gelenkes neben den passiven Gelenkbewegungsmöglichkeiten auch Translations-, Traktions-/Kompressionsbewegungen untersucht

Kapselmuster: auch Kapsuläre Zeichen nach Cyriax: durch kapsuläre Veränderungen pathologisch eingeschränkte Gelenkbeweglichkeit

Kompression: Behandlungstechnik, die vorwiegend an den Gliedmaßengelenken eingesetzt wird und mit einer Annäherung der Gelenkflächen verbunden ist

Konvergenz-Störung: Bezeichnung einer Dysfunktion der Wirbelsäule, bei der das Schließen der Facettegelenke nicht möglich ist

Konvex-Konkav-Regel nach Kaltenborn: Behandlungsregel der Manuellen Therapie, die beschreibt, in welche Richtung der distale Gelenkpartner bewegt wird

Kranio-sakrale Techniken: Techniken, die vor allem auf die Behandlung des Schädels, aber auch der Hirn- und Rückenmarkshäute abzielen

Kyphose: dorsal aufgewölbte Wirbelsäule, „Buckel"

Listening-Technik: Technik, bei der die Hand des Therapeuten den erfühlten Gewebespannungen folgt und „in das Gewebe hineinhorcht"

Lordose: Hängerücken; „Hohlkreuz“

L/L: Sakrums-Dysfunktion; forward torsion mit Linksrotation über die linke schräge Achse

L/R: Sakrums-Dysfunktion; backward torsion mit Linksrotation über die rechte schräge Achse

LSÜ: Lumbo-sakraler Übergang

LWS: Lendenwirbelsäule

Manipulation: Behandlungstechnik an Gelenken, die mit einem kurzen, schnellen und flachen Behandlungsimpuls ausgeführt wird; vgl. a. chiropraktische Thrust-Techniques

Mobilisation: Behandlungstechnik an Gelenken und Weichgeweben, die über weiche, rhythmische Bewegungen arbeitet

Mobilität: Beweglichkeit eines Organs als Ganzes z.B. als Folge der Atembewegungen

Motilität: Eigenbewegung eines Organs

Muskelspindelzelle: Rezeptorart im Muskelbauch; Teil des Kontrollmechanismus der Muskellänge

Myofasziale Ketten: Muskelfunktionsketten; die Muskeln einer Kette arbeiten synergistisch und sind durch ein bindegewebiges Kontinuum der Faszien miteinander verbunden

Myofasziale Läsionsketten: innerhalb dieser myofaszialen Ketten können Dysfunktionen einer Struktur auf andere Strukturen der Kette übertragen werden

Myofasziale Techniken: Techniken, die das Weich- und Bindegewebe behandeln; diese Techniken werden im Zusammenhang mit dem Verlauf myofaszialer Ketten angewandt

Neutral Läsion: bei einer neutralen Läsion befindet sich das betroffene Segment in einer Neutralstellung.

Die neutrale Position ermöglicht die Seitneigung einer Wirbelgruppe mit einer Rotation zur Gegenseite der Seitneigung. Dem gegenüber stehen die non-neutralen Dysfunktionen. ESR und FSR sind non-neutrale Dysfunktionen, da sich das betroffene Segment in einer Flexion bzw. Extension befindet. Bei Non-Neutralen Dysfunktionen sind Rotation und Seitneigung zur selben Seite gekoppelt

Nozizeptor: Schmerzrezeptor

Nullstellung: Begriff aus der Manuellen Therapie: willkürlich definierte Stellung, von der aus der Bewegungsumfang des Gelenkes gemessen und angegeben wird

Osteopathische Läsion: Synonym für Bewegungseinschränkung; s.a. somatische Dysfunktion

Parasympathisches Nervensystem: Teil des Vegetativums; „Rest and Digest“

Parietale Techniken: Techniken, die an der Körperwand, also am Bewegungsapparat (Knochen, Muskeln) ausgeführt werden)

Piezo-elektrischer Effekt: physikalisches Phänomen, welches die Umwandlung von mechanischen Druck- und Zugkräften in elektrische Ladung bezeichnet und umgekehrt

Primäre Kurvatur: konvexe, embryologische Krümmung der Wirbelsäule (Kyphose)

PRM (Primärer Respiratorischer Mechanismus): Begriff aus der Kraniosakralen Therapie; bezeichnet den Rhythmus, in welchem sich die Schädelknochen sowie die Hirn- und Rückenmarkshäute und das Sakrum bewegen, sowie die Abhängigkeit der Bewegung dieser Anteile voneinander

Release-Technik / Release-Phänomen: bei einigen Listening-Techniken kommt es am Ende der Behandlung zu einem Phänomen, bei dem sich die Gewebespannung löst

R/L: Sakrums-Dysfunktion; backward torsion mit Rechtsrotation über die linke schräge Achse

R/R: Sakrums-Dysfunktion; forward torsion mit Rechtsrotation über die rechte schräge Achse

Sekundäre Kurvatur: konkave Wirbelsäulenkrümmungen (Lordosen); entwickeln sich erst postnatal

Somatische Dysfunktion: Synonym für Bewegungseinschärnkung; s.a. osteopathische Läsion

Sphenobasiläre Synchondrose (SBS): Verbindung von Keilbein (Sphenoid) und der Basis des Hinterhauptbeins (Okziput) an der Schädelbasis; gilt als gedachte Achse der kraniosakralen Bewegung

Strain-Counterstrain-Technik: Im Fokus dieser Technik stehen schmerzempfindliche Muskel- und Sehnenpunkte, dabei bringt der Therapeut den Patienten bzw. das Gewebe in eine völlig schmerzfreie Position. Ziel ist es, die Muskelfaser zu verkürzen, dass sich das Gewebe entspannen kann. Diese schmerzfreie Position wird für 90 sec. gehalten, anschließend bringt der Therapeut den Patienten bzw. das Gewebe wieder in seine Ursprungsposition

Strukturelle Osteopathie: im Gegensatz zu energetischer Osteopathie

Sympathisches Nervensystem: Teil des Vegetativums; „Fight and Flight“

Ten-Step-Procedure: Behandlungsablauf, der das Kraniosakrale System sowie das Fasziensystem als Gesamtheit behandelt

TLÜ: Thorako-lumbaler Übergang

Traktion: Behandlungstechnik, die vorwiegend an den Gliedmaßengelenken zum Einsatz kommt und zu einer Entfernung der Gelenkflächen voneinander führt

Translation oder translatorische Bewegung: Bewegung parallel zu einer Ebene. Translatorische Bewegungen kommen bei allen Bewegungen eines Wirbels vor. So verschiebt sich ein nach links seitgeneigter Wirbel parallel nach rechts und umgekehrt.

Unwinding-Technik / Unwinding-Phänomen: bei einigen Listening-Techniken kommt es am Ende der Behandlung zu einem Phänomen, bei dem sich die Fehlspannung im Gewebe in einer Achter-Bewegung löst

Upslip: Beckenrotation nach kranioventral; entspricht anterior-superior ilium

Viszerale Techniken: Techniken, die auf die Behandlung der inneren Organe, Viscera, abzielen

VSC: Vetebraler Subluxations-Komplex; chiropraktisch. Bezeichnung für Wirbelgelenks-Dysfunktion

ZNS: Zentrales Nervensystem

REGISTER

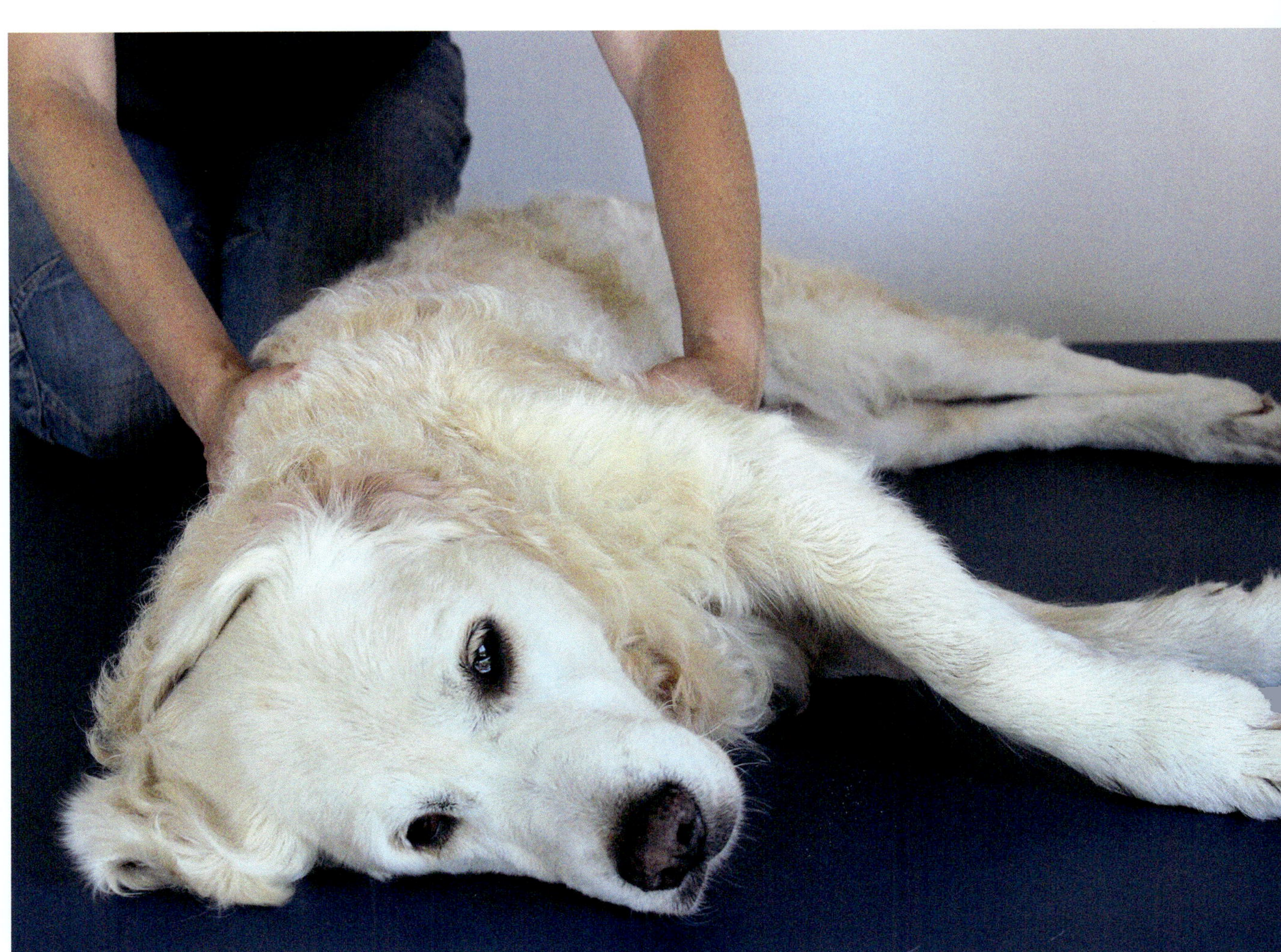

Die Autorinnen und der Verlag weisen darauf hin, dass keine der beschriebenen Techniken eine Alternative zur notwendigen tierärztlichen Untersuchung und Behandlung darstellt. Bei Zweifeln hinsichtlich des Gesundheitszustandes Ihres Hundes verständigen Sie bitte zuerst den Tierarzt.
Autorinnen und Verlag empfehlen, die allgemein im Umgang mit Hunden erforderlichen Sicherheitsmaßnahmen einzuhalten. Autorinnen und Verlag lehnen jegliche Schadenersatzforderungen ab, die auf Unfällen, Verletzungen oder sonstigen Schäden gründen, die im Zusammenhang mit einer in diesem Buch beschriebenen Behandlung entstanden sind.
Die Informationen in diesem Buch wurden mit aller Sorgfalt und nach bestem Wissen und Gewissen zusammengestellt. Dennoch kann für Ungenauigkeiten oder eventuelle Fehler keine Haftung übernommen werden.

Die Fallbeispiele entstammen dem Patientengut von Frau Gräff; die entsprechenden berufsrechtlichen Vorschriften für Tierärzte bleiben somit unberührt.

IMPRESSUM

Bibliografische Information der Deutschen Nationalbibliothek
Die Deutsche Nationalbibliothek verzeichnet diese Publikation in der Deutschen Nationalbibliografie; detaillierte bibliografische Daten sind im Internet über http://dnb.d-nb.de abrufbar.

Gendergerechtigkeit und Inklusion sind bei uns gelebte Praxis – bei der Auswahl unserer Themen, bei der Recherchearbeit, in der Gestaltung. Unsere Texte meinen alle. Damit unsere Inhalte jedoch gut lesbar bleiben, verzichten wir in diesem Werk auf die jeweilige Mehrfachnennung oder Anpassung der Schreibweise bestimmter Bezeichnungen an die weibliche, männliche oder diverse Form.

Wollgrasweg 41, 70599 Stuttgart (Hohenheim)
E-Mail: info@ulmer.de
Internet: www.ulmer.de
Lektorat: Helen Haas, Alessandra Kreibaum, Jennifer Zajonz
Herstellung: Isabell Scherrieble
Umschlagentwurf: Verlag Eugen Ulmer
Gestaltung und Satz: Susanne Junker, www.redsign.de, Stuttgart
Reprodution: time:ray, Jettingen
Druck und Bindung: Firmengruppe Appl, aprinta Druck, Wemding
Printed in Germany

ISBN 978-3-8186-1644-1

HIER KÖNNEN SIE WEITERLESEN

Die Akupressur kann auch bei Hunden Heilungsprozesse beschleunigen und Linderung verschaffen. In diesem Leitfaden erfahren Sie alles rund um die Akupressur beim Hund, wo welche Meridiane verlaufen und wo genau die Akupressurpunkte beim Hund liegen, sodass Sie selbst eine Akupressurbehandlung an Ihrem Tier durchführen können. Genaue Meridiantafeln zeigen Ihnen den Meridianverlauf und helfen Ihnen, die Akupressurpunkte sicher zu finden. Mit Informationen zu verschiedenen Techniken, zu besonderen Akupressurpunkten sowie einem Verzeichnis einiger Krankheiten und zugehörigen Akupressurpunkten beim Hund.

Meridiantafeln für die Akupressur beim Hund. S. Specht. 3., erw. u. akt. Auflage 2022. 44 Seiten, 22 Farbfotos, 20 Zeichnungen, Spiralbindung. ISBN 978-3-8186-1436-2.

ALLES ÜBER BARF

BARF: Welche Vor- und Nachteile die Frischfleischfütterung Hund und Halter bietet, wie eine ausgewogene Rationsgestaltung aussieht, wie man bedarfsgerechte Futterpläne selbst erstellt, was es bei Hundekrankheiten zu beachten gilt, was eigentlich hinter gängigen Ernährungsmythen steckt u.v.m. Exemplarische Futterpläne für verschiedene Gewichtsklassen und unterschiedliche Aktivitätsniveaus runden das Ganze ab. Fachlich fundierte Fakten auf dem neuesten Stand der Forschung liefern wichtiges Hintergrundwissen für alle, die mehr wissen möchten – sachlich, objektiv, kritisch.